人造板制造学

（上册）

唐忠荣　编著

科学出版社

北京

内 容 简 介

本书全面论述传统"三板"的制造原理、方法和技术进步,按照先共性后个性的原则逐层讨论,赋予读者联想比较,深入浅出,便于掌握。全书分上、下册,共 12 章,汇集作者 30 余年在人造板制造领域的生产实践经验和教学科研思想,对人造板制造技术的理论基础、技术发展和科学成果进行系统介绍,紧密结合生产实际,充分展示现代科研成果和承载前辈学术成就,全面呈现新知识、新技术、新工艺和新产品的时代精髓。本书插图全部由作者精心设计绘制,更加直接、准确、充分地表达了作者的思想内容。全书内容新颖,知识全面,层次清楚,结构合理,学术先进,图文并茂。

本书适合木材科学与技术学科的广大师生、科研工作者以及人造板制造企业的工程技术人员参考阅读,也可作为高等院校相关专业的参考教材。

图书在版编目(CIP)数据

人造板制造学. 上册/唐忠荣编著. —北京:科学出版社,2015.3
ISBN 978-7-03-043597-2

Ⅰ. ①人… Ⅱ. ①唐… Ⅲ. ①人造板生产—制板工艺
Ⅳ. ①TS653

中国版本图书馆 CIP 数据核字(2015)第 044964 号

责任编辑:牛宇锋 王晓丽/责任校对:桂伟利
责任印制:张 倩/封面设计:蓝正设计

科学出版社 出版
北京东黄城根北街 16 号
邮政编码:100717
http://www.sciencep.com
新科印刷有限公司印刷
科学出版社发行 各地新华书店经销
*
2015 年 3 月第 一 版 开本:720×1000 1/16
2015 年 3 月第一次印刷 印张:28 1/4
字数:553 000
定价:165.00 元
(如有印装质量问题,我社负责调换)

序

随着社会经济的发展、人类文明的进步和生活水平的提高，人们对木材及其制品质量提出了越来越高的希望，同时也对木材工业技术提出了越来越高的要求。尤其是近几十年来，世界木材资源的重点逐步从天然林向人工速生林转移，新型木材原料的材性、加工和应用技术，以及相应的文化内涵都形成了新的技术范畴。当前，我国木材工业在投资主体、经营模式、管理机制和市场流通等方面都发生了巨大变化，出现了与计划经济时代完全不同的运行模式，形成大、中、小企业并行，先进与落伍技术共存的运作现状。自 20 世纪 80 年代中期"引进、吸收和消化"人造板技术以来，人造板工艺技术、设备制造和管理水平等方面跃上了一个新台阶，人造板领域的众多专家和学者在人造板工业化制造理论研究和实践应用方面取得了突破性进展和骄人的成绩。半个多世纪以来，国内出版了大量与木材工业相关的专业图书，对促进我国木材工业的发展作出了突出的贡献。

为了推动我国木材工业的可持续发展，培养和造就一支充满活力的年轻技术队伍，满足现代人造板生产、设计和科学研究需要，促进管理人员和工程技术人员知识更新，方便本科生、研究生更好地掌握人造板先进制造技术。《人造板制造学》（上、下册）作者根据自己多年生产、科研和教学经验，参阅国内外相关文献，结合现代科研成果和学术思想，特编著了该书。

全书分上、下册，共 12 章，根据人造板制造的工艺过程，以绪论、人造板生产原材料、单元制造、干燥、单元加工及贮运、施胶、板坯成形与处理、热压胶合、素板处理与加工 9 章全面论述传统"三板"的制造原理、方法和技术进步，按照先共性后个性的原则逐层讨论，赋予读者联想比较，层次清楚，深入浅出，便于掌握；并以其他木材植物人造板、无机胶凝人造板和非木材植物人造板 3 章内容进行补充阐释，构建人造板制造完整体系。

该书汇集作者 30 余年在人造板制造领域的生产实践经验和教学科研理念，对人造板制造技术的理论基础、技术发展和科学成果进行系统诠释阐述，紧密结合生产实际，充分展示现代科研成果和学术成就，全面呈现新知识、新技术、新工艺和新产品的时代精髓。

该书插图全部由作者精心设计绘制，更加直接、准确、充分地表达了作者的思想内容。全书内容新颖，知识全面，结构合理，学术精湛，图文并茂。

　　该书适合木材科学与技术学科的广大师生、科研工作者以及人造板制造企业的工程技术人员参考阅读，也可作为高等院校相关专业的参考教材。

李　坚

中国工程院院士

2013 年 11 月于哈尔滨

前　　言

人造板是一种绿色资源产品，广泛应用于家具装饰、建筑建造和交通运输等行业，与人们的日常生活紧密相连，与社会发展同步并行。进入 21 世纪以来，我国人造板工艺技术和设备技术逐渐与世界先进水平接轨，质量不断提高，新产品层出不穷，产量稳居世界首位，人造板产业步入了健康快速的发展道路。

人造板工业化制造是人造板工艺技术、设备技术、自动控制技术和管理技术的集合。自 20 世纪 80 年代中期"引进、吸收和消化"以来，人造板工业经历了从测绘仿制到自主创新，从初始的继电器控制到现代的计算机系统控制，从小生产到大规模生产的发展过程，在工艺技术、设备制造和管理水平等方面跃上了一个新台阶。

随着人造板科学技术的不断发展，人造板领域的众多专家和学者在人造板工业化制造理论研究和实践应用方面取得了突破性进展，但作为系统传授人造板知识的专业书籍并未与时俱进。本书汇集作者 30 余年在人造板制造领域的生产实践经验和教学科研思想，对人造板制造技术的理论基础、技术发展和科学成果进行系统化的阐释，力求做到理论与实践紧密结合，充分展示现代科研成果和承载前辈学术成就，全面呈现新知识、新技术、新工艺和新产品的时代精髓，以期能满足现代人造板生产、设计和科学研究需要，促进管理人员和工程技术人员知识更新，方便本科生、研究生更好地掌握人造板先进制造技术。此即作者之初衷。

全书分上、下册，共 12 章，按人造板制造的工艺过程，以绪论、人造板生产原材料、单元制造、干燥、单元加工及贮运、施胶、板坯成形与处理、热压胶合、素板处理与加工 9 章阐述主导产品，并以其他木材植物人造板、无机胶凝人造板和非木材植物人造板 3 章内容进行补充，以求达到多而不乱，重点突出，逻辑层次分明的目的；从人造板制造体系的共性出发，创新地将人造板制造划分为备料、制板和后处理 3 个工段和单元制造、干燥、单元加工、施胶、板坯成形、热压和后期处理等 7 个工序，按照先共性后个性的原则逐层讨论，赋予读者联想比较，易于掌握；为更加直接、准确地表达内容，本书全部插图由作者精心设计绘制，部分源自生产实际。

本书编写过程中参阅了国内外相关文献，并从中引用了许多珍贵的数据和资料，在此向这些论文著作的作者表示衷心感谢！本书得到了中南林业科技大学木材科学与技术学科和湖南省教育厅重点科研项目的支持，也得到了中南林业科技大学木材科学与工程教研室全体同仁的关心，在此一并表示感谢！

中国工程院李坚院士给予本书学术方向上的指导，并提出宝贵的建议，在此特别表示感谢！

由于本书涉及技术面较广，生产实践性较强，囿于作者知识水平，书中难免存在疏漏与不足之处，恳请广大读者批评指正。

作　者

2014 年 11 月

于长沙

目　录

（上册）

第1章 绪 论

人造板是一种绿色低碳的可再生资源产品,已广泛应用于家居家饰、建筑建设、汽车制造、纺织包装、航空航天等领域。人造板工业的快速发展不但可为人们现代生活需求提供有力的物质保障,缓解优质木材资源短缺的资源矛盾,同时也可有效地推动工业人工林的迅猛发展、改善森林资源结构。因此,人造板工业的健康快速发展对国民经济发展有着非常重大的意义。

人造板是以木材或非木材植物为原料,将经过机械加工制造而成的各种特定构成单元按照一定的排列原则,通过胶合、复合或自结合的方法压制而成的板材、型材或模压制品。根据人造板的定义,其包括以下几方面的含义。

(1)人造板的原材料来源限制于植物资源。植物资源包括木本植物、草本植物和藤本植物3大类,其中主要以木本植物中的乔木为主,其次为草本植物中的竹材,再次为农作物秸秆。此外,灌木、藤和农作物果壳利用相对较少。

(2)构成单元为经过机械加工制造的特定形式。人造板的品种很多,其构成单元形态各异,因此其性能及排列方式也不尽相同。构成单元主要有单板、刨花和纤维,此外还有细小规格毛方、木束等。排列形式主要有平行排列、交错和随机排列等多种。

(3)单元的结合有胶黏剂胶合、复合和自结合3种方式。人造板胶黏剂包括有机胶黏剂和无机胶黏剂两大类,且以有机胶黏剂胶合为主,而无机胶黏剂胶合主要指水泥和石膏类人造板。人造板复合是指不同的人造板构成单元或人造板单元与其他材料按照一定比例结合的人造板材,如木塑复合材料、木陶瓷等。自结合为利用构成单元自身特性在水热作用下进行的再结合或者通过对结合单元界面进行调控后的再结合。

(4)定形采用压制方法。人造板的定形必须对板坯进行加压,以保证单元间的充分接触,减少间隙,形成一定的规则形状。其压制方法包括冷压和热压两种,且以热压方法为主。热压方法能有效地缩短热压周期,改善胶合质量,但加热方式限制了成品厚度、增加了能源消耗。

总之,人造板制造应根据材料特性选择合适的制造工艺方法,同时也要根据单元形态和产品性能需要来确定单元的排列方式和方法,选择合适的结合方式和胶黏剂种类等。

1.1 人造板工业进程

1.1.1 人造板的发展历程

公元前 3000 年的古埃及首先制成锯制薄木,主要用做装饰材料;第一台旋切机发明于 1818 年,19 世纪末才开始批量生产胶合板,直到 20 世纪初逐步形成胶合板工业。目前生产胶合板有 3 大区域:北美以针叶材生产厚单板,压制结构用厚胶合板;北欧以小径木生产接长单板,压制结构用横纹胶合板;东南亚以大径木热带雨林阔叶材主要生产三层胶合板。我国以生产三层胶合板为主,用进口材作为面板;少部分生产国产材厚胶合板,且多用做建筑模板。

德国首先于 1941 年开始建厂生产刨花板,1948 年发明了连续式挤压机,20 世纪 50 年代开始生产单层热压机,并在英国 Bartev 连续加压热压机的基础上发明了近代结构简单、技术先进的连续热压机,广泛应用于刨花板和干法中密度纤维板生产线。此后由于合成树脂胶产量增加、成本降低,更加促进了刨花板工业的发展,使其成为三板中年产量最大的一个板种。我国刨花板生产起始于新中国成立初期。在 80 年代中期,我国引进德国年产 $1.8 \times 10^4 \mathrm{m}^3$、$3 \times 10^4 \mathrm{m}^3$ 和 $5 \times 10^4 \mathrm{m}^3$ 成套刨花板生产技术,在引进、吸收和消化的基础上,刨花板技术和产业得到了迅速发展。1997 年我国开始生产定向刨花板(又称定向结构刨花板)。21 世纪,湖北宝源年产 $2 \times 10^5 \mathrm{m}^3$ 的定向刨花板生产线和福建三明年产 $4.5 \times 10^5 \mathrm{m}^3$ 的普通刨花板生产线的投产,标志着我国刨花板生产上了一个新的台阶。

纤维板制造脱胎于造纸工业中的纸板生产技术,开始生产的是软质纤维板,20 世纪初在美国等成为一种工业。1926 年应用 Mason 爆破法开始生产硬质纤维板,1931 年瑞典 Sunds 公司的 Asplund 发明了连续式木片热磨机,促进了湿法硬质纤维板的发展,并成为主要的生产方法。1952 年美国开始生产干法硬质纤维板;1965 年开始正式建厂生产中密度纤维板(MDF)。我国在 1958 年开始生产湿法硬质纤维板,80 年代开始发展干法中密度纤维板。湿法生产的废水处理技术和成本等问题,致使干法生产成为纤维板发展的趋势。从 90 年代中期开始,我国干法纤维板进入快速发展阶段,而大型热磨机和连续热压机的技术突破,标志着我国人造板设备和工艺技术跨上了一个新的台阶,但与世界先进水平仍存在较大差距。到 21 世纪初,我国中密度纤维板的产量已居世界首位,而湿法纤维板则淡出历史舞台。

1.1.2 人造板的生产现状

进入 21 世纪以来,世界人造板产量以年均 7% 的速度持续增长,2007 年产量

超过 $2.8 \times 10^8 \, m^3$。2008 年因受全球金融危机的影响,人造板产量下挫 6.36%,但人造板工业在亚洲、特别是在中国的强劲拉动下,2009 年全球产量回升了 5 个百分点,重新步入快速发展轨道。2010 年,世界人造板产量再创历史新高,超过 $3 \times 10^8 \, m^3$。

近十几年来,全球刨花板年产量始终保持在 $1 \times 10^8 \, m^3$ 左右,金融危机前,年均增长 4.78%,2007 年产量高达 $1.11 \times 10^8 \, m^3$。受危机冲击,刨花板产量不断下滑,2010 年降到 $9 \times 10^7 \, m^3$ 左右。2009 年全球刨花板、胶合板、中密度纤维板三大板比例为 40:35:25,2010 年在中国胶合板产量增长 60% 的冲击下,三大板比例调整为 35:38:27,但刨花板依然是全球人造板生产的主要品种。胶合板受金融危机影响最大,2008 年产量下降 9.45%,但在亚洲经济复苏的带动下迅速反弹,2010 年产量达到 $1 \times 10^8 \, m^3$,超过刨花板成为第一大板种。中密度纤维板受金融危机影响不大,进入 21 世纪以来一直持续平稳增长,年均增长率高达 11.8%,全球产量从 2001 年的 $2.362 \times 10^7 \, m^3$ 提高到 2010 年的 $7 \times 10^7 \, m^3$,10 年增长了近 2 倍。

从五大洲地域来看,亚洲始终占据着世界人造板的主导地位。金融危机对欧洲和美洲的人造板生产影响很大,但对其他三大洲几乎没有影响,其中亚洲人造板工业逆市拉升,其产量占全球总产量份额由 2007 年的 42% 增长到了 2009 年的 50%。

2007 年前,欧洲、美洲的刨花板产量占全球总量的 82.3%,金融危机导致欧美建筑行业不景气,引起人造板需求下降,造成多家工厂倒闭、减产,产量急剧下滑。2009 年,欧美刨花板产量比 2007 年下降了 22.74%。胶合板一直是亚洲人造板的强项,2009 年亚洲胶合板产量超过全球产量的 70%。中密度纤维板生产也集中在亚洲,而且连年持续高速增长,2009 年亚洲中密度纤维板产量占到全球产量的 63%。

中国人造板产量自 2005 年排名世界第一以来就一路飙升,2010 年更是大步跨越,以 33.03% 的惊人增长速度达到 $1.54 \times 10^8 \, m^3$,2012 年达到 $2.85 \times 10^8 \, m^3$。中国已成为令人瞩目的世界人造板超级大国。

“十一五”期间,中国内地累计生产人造板 $5.2585 \times 10^8 \, m^3$,其中胶合板 $2.1422 \times 10^8 \, m^3$、纤维板 $1.5946 \times 10^8 \, m^3$、刨花板 $5.51 \times 10^7 \, m^3$、其他人造板 $9.707 \times 10^7 \, m^3$。

世界人造板生产使用情况见表 1-1~表 1-4。从表中可以看出,世界人造板产量稳步增长,尽管受到 2008 年世界金融危机的冲击,但总产量依然保持良好势头;从表 1-2 可以看出,我国人造板总产量远远高于世界其他国家,但刨花板产量发展处于弱位;从表 1-3 中可看出,胶合板占的比例逐年下降,这是因为天然林大径木数量的下降;而利用小径材、加工剩余物产品的产量比例上升,尤以干法生产的产品发展更为迅速。

表 1-1　国外人造板产量　　　　　　　　　　（单位：×10⁴ m³）

年份	美国	德国	加拿大	法国	马来西亚	巴西	波兰	俄罗斯	土耳其	日本	世界
1970	2 302.6	580.1	328.8	231.2	41.5	81.9	104.5	—	16.8	822.9	6 978.0
1980	2 639.7	830.7	480.2	314.0	107.9	248.2	201.7	—	44.6	1028.0	10 134.2
1990	3 704.0	963.5	635.8	331.5	195.3	289.2	139.5	—	78.1	863.2	12 900.7
2000	4 572.3	1 406.4	1 504.0	553.8	578.5	580.3	461.5	475.0	237.0	560.7	18 530.3
2002	4 105.0	1 369.3	1 609.3	546.0	675.0	667.4	489.4	568.4	271.4	489.3	19 457.1
2004	4 451.4	1 635.0	1 661.9	614.6	809.4	851.3	649.1	723.7	383.3	528.8	23 664.3
2006	4 435.9	1 740.0	1 763.6	665.7	888.7	845.6	735.6	896.5	498.9	551.4	26 434.7
2007	4 091.1	1 770.6	1 763.7	669.7	1 216.9	874.9	853.4	1 048.8	545.9	531.3	28 160.5
2008	3 557.6	1 467.4	1 222.0	616.8	1 305.6	861.1	812.4	1 066.5	561.4	460.9	26 860.4
2009	2 909.7	1 481.3	1 103.4	616.8	1 305.6	861.1	775.4	861.9	548.2	460.9	25 541.3

数据来源：联合国粮农组织数据库（http://faostat.fao.org/），包含胶合板、单板、刨花板、硬质纤维板、软质纤维板和中密度纤维板，部分是预测数据，可能与各国统计有出入

表 1-2　2009 年主要生产国各种人造板产量　　　（单位：×10⁴ m³）

名次	总产量		胶合板		单板		刨花板		硬质纤维板		软质纤维板		中密度纤维板	
	国别	产量	国别	产量	国别	产量	国别	产量	国别	产量	国别	产量	国别	产量
1	中国	7 995	中国	3 622	中国	312	美国	1 348	德国	144	美国	276	中国	2 741
2	美国	2 910	马来西亚	921	马来西亚	101	中国	1 151	中国	144	马来西亚	124	德国	342
3	德国	1 481	美国	885	巴西	62	德国	931	美国	66	波兰	62	美国	296
4	马来西亚	1 305	印尼	335	新西兰	51	加拿大	715	俄罗斯	58	加拿大	43	巴西	200
5	加拿大	1 103	巴西	267	加拿大	45	波兰	471	巴西	51	日本	37	波兰	175
6	俄罗斯	861	日本	259	印尼	43	俄罗斯	456	波兰	20	西班牙	39	韩国	169
7	巴西	861	印度	215	美国	40	法国	453	法国	13	瑞士	29	马来西亚	127
8	波兰	775	俄罗斯	211	德国	39	巴西	275	马来西亚	12	中国	26	法国	102
9	法国	617	加拿大	210	韩国	38	意大利	270	匈牙利	11	泰国	23	俄罗斯	100
10	土耳其	548	智利	102	俄罗斯	32	泰国	260	泰国	9	印尼	18	智利	93
世界	25 541		7 820		1 206		9 395		790		770		5 560	

数据来源：联合国粮农组织数据库（http://faostat.fao.org/），包含胶合板、单板、刨花板、硬质纤维板、软质纤维板和中密度纤维板，部分是预测数据，可能与各国统计有出入

表 1-3　各种人造板所占的比例　　　　　　　　　（单位：%）

年份	硬质纤维板	轻质纤维板	MDF	刨花板	胶合板
1970	—	13	—	32	55
1980	—	8	—	46	45
1990	—	7	—	50	43
1995	5	4	6	46	39
2000	5	3	11	48	33
2009	3	3	23	39	32

中密度纤维板是人造板中发展最迅速的品种,近 20 年内以 40% 的年均增长率增长,1995 年产量为 $7.88 \times 10^6 \mathrm{m}^3$,2000 年达 $1.905 \times 10^7 \mathrm{m}^3$,2009 年达到 $5.56 \times 10^7 \mathrm{m}^3$。另外,定向刨花板在北美和欧洲得到快速发展。2005 年,北美定向刨花板产量达到 $2.687 \times 10^7 \mathrm{m}^3$,约是欧洲($4.053 \times 10^6 \mathrm{m}^3$)的 6 倍。而人造板千人消耗量以加拿大最高,为世界平均消耗量的 9 倍多,中国也达到了发达国家水平,为世界平均消耗量的 2 倍多。

表 1-4　各国人均消费人造板量(2009 年)　　　(单位:m^3/千人)

国家	世界	加拿大	德国	美国	法国	中国	意大利	巴西	日本
消费量	40.5	360.9	180.4	106.5	102.5	87.3	72.4	52.5	36.4

中国人造板生产发展和使用情况见表 1-5 和表 1-6。新中国成立初期,我国人造板产量近于零状态,到 20 世纪 90 年代开始进入迅猛发展阶段,尤其在进入 21 世纪以来,10 年产量增加了 7 倍多。但从表 1-6 可看出,我国人造板应用主要集中在家具制造业;而国外则主要用在建筑业,一般占到 50% 左右。这也就体现为我国刨花板发展相对迟缓,而胶合板和纤维板发展较快。

表 1-5　中国人造板产量　　　(单位:$\times 10^4 \mathrm{m}^3$)

年份	人造板总产量	胶合板	纤维板 总产量	纤维板 MDF	刨花板	其他人造板
1951	1.69	1.69	—	—	—	—
1955	5.18	5.18	—	—	—	—
1960	20.71	14.76	5.96	—	—	—
1965	22.06	13.90	5.02	—	3.14	—
1970	24.04	17.07	5.47	—	1.50	—
1975	37.37	19.21	15.49	—	2.67	—
1980	91.43	32.99	50.62	—	7.82	—
1985	165.93	53.87	89.50	5.0	18.21	4.35
1990	244.60	75.87	117.24	8.69	42.80	8.69
1995	1 684.60	759.26	216.40	53.69	435.10	273.84
2000	2 001.66	992.54	514.43	329.8	286.77	207.92
2005	6 392.89	2 514.97	2 060.56	1 854.14	576.08	1 241.28
2010	15 360.83	7 139.66	4 354.54	3 894.24	1 264.20	2 602.43
2011	20 919.29	9 869.63	5 562.12	4 973.41	2 559.39	2 928.15

表 1-6　中国人造板应用比例　　　(单位:%)

板种	用途 家具	建筑	交通运输	包装	其他
胶合板类	41.3	50.1	3	2.2	3.4
纤维板类	78.2	11.5	0.9	5.4	3.7
刨花板类	85.6	3.9	1.8	2.5	6.7
细木工板	65.6	19.4	0	0	15
总　计	63.33	26.26	1.88	2.52	6.01

1. 1. 3　人造板生产的发展趋势

人造板的高速发展需要使用大量自然资源——木材,破坏了生态环境,危及人们的生存,因此人造板使用的木材资源从天然林为主转向人工林。此外,竹材、农业剩余物等非木材资源也引起了人们的重视。总体来说,人造板生产发展趋势体现在以下几方面。

(1)坚持生产低污染、低能耗、绿色环保的人造板产品,减小对生态环境的破坏。

小规模、高能耗的生产线将逐步淘汰,取而代之的将是生产规模大,能源消耗低,劳动生产率高的现代化生产线;自动化、智能化设备的研发和利用将继续得到发展,单机生产率和设备的能源利用率得到提高;清洁生产得到重视和发展,利用生产废料生产热能将会在更多生产线得到应用;先进制造技术不断发展,产品的制造精度和原料的利用率将不断提高;胶黏剂技术进一步发展,多品种的低毒胶黏剂的应用,使人造板产品的安全性等得以保证。

(2)非木材植物纤维人造板的生产规模和设备技术将继续改进,劳动生产率和产品性能得以提高。

很多非木材植物纤维人造板借用了木材人造板的工艺设备技术,或多或少地存在一些技术问题,一些特殊的非木材植物纤维人造板设备技术依然落后,设备产能低,有些甚至依靠人工作业。这些问题将要解决和完善。

(3)产品、技术不断创新,呈现出更多性能优越、功能齐全的新产品。

随着生产技术的不断进步,产品的结构更加科学合理,产品性能更加优越,且可以生产符合使用需求的复合人造板等;如喷蒸真空热压技术,采用新型胶黏剂,应用计算机模拟技术开发人造板生产过程中各工序的模型技术等高新技术的应用。

(4)工艺、设备和管理技术同步发展,先进制造技术得到广泛重视。

人造板生产过程将实现计算机同步管理,生产成本得到有效控制,原料利用更加科学合理,单位产品的能源消耗降低,构成单元形态更加符合工艺要求,落后生产技术得到改进。产、学、研结合更加紧密,科研成果的转化周期缩短,知识产权得到有效保护。

(5)生产规模不断扩大,规模效益得到呈现。

规模化生产不但可以提高人均劳动生产率,减少人力资源成本,同时可以降低产品的能源和资源消耗,以及可减少销售成本和增大市场竞争力。

1.2 人造板的分类和命名

1.2.1 人造板的分类

众多的人造板都是在胶合板、纤维板和刨花板的基础上发展起来的。原材料种类、制造方法和胶黏剂种类的不同,导致人造板产品的性能差异很大,其适合使用的环境也不同。人造板的品种很多,分类方法也很多。

1. 按构成单元形态及胶合特性分类

按照统一的方法进行命名和分类。命名原则:首先是单元形态,其次是板坯构成,而将加工方法、饰面结果和使用环境作为定语进行命名归类。按照此原则,人造板就可分为胶合板类、刨花板类、纤维板类、层积重组类和复合类等。其定义及特征描述如下。

1)胶合板类

胶合板:由木段旋切成单板或由毛方刨切成薄木,再用胶黏剂胶合而成的三层或多层的板状材料,通常用奇数层单板,并由相邻层单板的纤维方向互相垂直胶合而成。其构成的基本单元是单板或薄木,特征是具有以相邻层纹理互相垂直为主组坯胶合的板材。主要产品有普通胶合板、航空胶合板、异形胶合板和竹胶合板等,细木工板归于此类。

单板类人造板的特征:①构成单元形态为规则几何形状,且形体尺寸较大,包括单板、小方小条等;②板坯层次清晰,分层组坯,层内纤维平行排列,而层间纤维可以平行排列,也可以交错排列;③成品密度小,构成单元之间胶合后几乎无间隙。其主要产品见表1-7。

表 1-7 胶合板类人造板产品

普通胶合板		功能胶合板	结构胶合板		异形胶合板
材种	木材	水泥模板	胶合板厚板		单向
	竹材	阻燃胶合板	细木工板		双向
	其他	装饰胶合板		单板层积材	成形
胶种	Ⅰ类	防虫胶合板	层积材	集成（木）材（胶合层积木）	—
	Ⅱ类	防腐胶合板			—
	Ⅲ类	抗静电胶合板	塑化材	层积塑料	—
	Ⅳ类	轻质细木工板		塑化胶合板	—
层次	n 层	—		—	—

2）刨花板类

刨花板类：以植物纤维材料为原料（木材纤维和非木材纤维），经专用机械制成刨花，施加一定量的胶黏剂和添加剂后，铺装成板坯、热压（热力和压力的作用下）而制成的一种板材。其构成的基本单元是刨花，刨花是独立单元，单元完整。其主要产品见表1-8。

表 1-8　刨花板类人造板产品

	普通刨花板	功能刨花板	结构刨花板	异形刨花板
材种	木材 竹材 其他	阻燃刨花板 抗静电刨花板 饰面刨花板	定向结构刨花板 华夫刨花板 华夫定向刨花板	单向 双向 横压成形
胶种	有机 无机	空心结构刨花板 室外型刨花板	—	—
结构	单层（均质结构） 渐变结构 多层结构	防潮型刨花板	—	—
密度	轻质 中密度 高密度	—	—	—

3）纤维板类

纤维板类：是以植物纤维为主要原料，经过纤维分离、纤维处理、成形、热压或干燥工序制成的产品。其构成的基本单元是纤维，其主要产品见表1-9。

表 1-9　纤维板类人造板产品

	普通纤维板	功能纤维板	异形纤维板
材种	木材 竹材 其他	阻燃纤维板 隔磁纤维板 防潮纤维板	单向 双向 模压成形
胶种	有机 无机	饰面纤维板 防潮型纤维板	—
结构	单层/均质结构 渐变结构 多层结构	—	—
密度	轻质 中密度 高密度	—	—

4）积层重组类

人造板除了胶合板类、刨花板类和纤维板类，还有以不规则的长条单元或束状单元为构成单元积成胶合的人造板。这类单元按全顺纹结构组坯，由于成品结构和性能接近木材，所以归结为积层重组材，简称重组材；如果层内纤维同向，层间纤维交错,归结为积层合材,简称积层材。

(1)积层胶合类。

积层胶合类是指以植物纤维材料为原料(木材纤维和非木材纤维),经机械加工后不具有规则几何形状的束状或条状单元体堆积成层,分层组坯,经施胶、热压(热力和压力的作用下)而制成的一种板材。其构成的基本单元是无规则的束状或条状单元等。特征是相邻层纤维互相垂直,层内纤维同向,排列不规整,有些单元的长度达到产品的长度。其特点是板坯分层组合,层内排列无序或有序,层间层次清楚明显。这类产品主要有层集胶合材和集成材。

层积胶合材:束状单元或不规则长条单元积成组坯,且层内纤维同向,层间纤维方向交错。这类产品有木束积层材、竹束积层材、竹篾积层材等。这类产品有竹篾层积材和秸秆层积材。

(2)重组胶合类。

重组胶合类是指以植物纤维材料为原料(木材纤维和非木材纤维),经机械加工后不具有规则几何形状的束状或条状单元体全顺纹方向组坯,经施胶、热压(热力和压力的作用下)而制成的一种板材。其构成的基本单元是无规则的束状或条状单元等。特征是纤维同向,断面排列不规整,有些单元的长度达到产品的长度。其特点是单元全顺纹组合,板坯不分层次,成品纵横性能差异性较大。

重组材是指束状单元或不规则长条单元按纤维同向积成组坯后经胶黏剂胶合而成的板材。这类产品有重组竹、重组木、单板条层积材和秸秆重组材等。

5)集成材

集成材是指经机械加工制成的具有一定规则的几何形状的植物纤维材料(木材、竹材)按全顺纹方向组坯,沿长度或宽度或厚度方向胶合起来的板材或型材。其特征是构成单元具有一定规则的几何形状,并且按规律集成起来。集成材是一维或二维或三维胶接均可。这类产品有指接板、饰面指接板、多层的集成板材和方材等。

6)复合人造板

复合人造板是指将一种人造板和另一种人造板,或一种人造板构成单元和另一种构成单元,或人造板和其他材料等结合以改善人造板性能压制而成的板材。主要产品见表 1-10。

表 1-10　复合人造板

饰面人造板		功能人造板	成品复合板
贴面人造板	装饰人造板		
薄木贴面	木纹印刷	碳纤维	成品复合
浸渍纸贴面		金属	原料复合
其他材料贴面		其他	结构复合

2. 按生产方法和产品特性分类

根据板坯成形时的运输载体种类和热压时板坯含水率的高低，人造板可分为湿法、干法和半干法三大类。湿法和半干法主要用于纤维板生产，湿法纤维板生产由于废水用量大，净化难度大，成本高，已处于政策淘汰阶段；半干法采用高含水率成形热压，不需要干燥工序，甚至可实现无胶结合，但铺装困难，成品质量难以保证；目前人造板生产几乎全部为干法生产。

根据人造板热压时加压形式和产品特点，人造板可分为平压、挤压和滚压三大类。平压法是加压方向垂直于板面，可分为连续式和周期式，其产品特点是板平面强度大，长、宽方向吸水厚度膨胀小，板的厚度方向变形大；滚压法是用辊加压，未解决变形问题，由于板本身是曲面加压，其产品特点类似于平压法生产的板材；挤压法是加压压力方向平行于板面，其产品特点是板的宽度方向强度较大，厚度方向吸水膨胀变形小，长度方向吸水膨胀大、强度小。这三类方法对产品的适用性见表 1-11。

表 1-11　人造板热压方法的适用性和工艺特点

热压方法	胶合板类	刨花板类	纤维板类	积层重组类	工 艺 特 点
平压法	＋	＋	＋	＋	垂直板面加压，平面定形，成品平直
滚压法	－	＋	＋		垂直板面加压，曲面定形，成品拉直
挤压法	－	＋	－	－	平行板面加压，压缩比决定板坯压力

注：＋代表适合使用，－代表不适合使用

3. 按照人造板功能分类

按功能分类，也就是按产品的使用性能和用途分类，可将人造板分为结构材料（结构型）和功能材料（非结构型）两大类，见表 1-12。结构材料指具有较好的力学性能（如强度、韧性和高温性能等）而可用做结构件的材料，它主要利用材料或制品的力学强度性能。功能材料指具有特殊的电、磁、热、光等物理性能或化学性能的材料，它利用材料力学性能以外的所有其他功能的材料。严格地说，结构材料也是一类功能材料，它属于力学功能型材料。

表 1-12　人造板按功能分类

类　　别		特点及产品
结构型人造板		指以承载为目的的高强度性能人造板。主要产品有集成材、单板层积材、定向刨花板、华夫板、重组材、积层材等
非结构型人造板	普通型	指适合在室内普通使用的未经特殊处理的人造板，一般只施胶黏剂和防水剂，主要产品有普通胶合板、普通刨花板和普通纤维板等
	功能型	指为了特殊目的而进行了装饰、阻燃、防水、防虫、防腐或抗静电性能等处理的特殊用途人造板，主要产品有阻燃纤维板、阻燃刨花板和阻燃胶合板等

人造板材料本身具有一定的物理力学性能,不同性能的人造板对使用环境具有一定的要求。因此,一方面应根据使用环境选择合适的材料,另一方面又要根据使用环境要求制造适合环境使用的材料。

1.2.2 人造板的命名

1.名称内涵

人造板名称应体现人造板主要性能和特点,构成单元形态、单元排列方式、胶黏剂种类、生产方法、产品形状和原材料种类等。

(1)原材料种类:人造板原材料主要有木材、竹材、秸秆(玉米秆、高粱秆、棉秆等)、果壳等。

(2)胶黏剂种类:有机胶黏剂主要有脲醛树脂、酚醛树脂、三聚氰胺树脂、三聚氰胺树脂改性脲醛树脂、异氰酸酯等;无机胶黏剂主要有水泥、石膏、粉煤灰和矿渣等。

(3)承载性:有结构用人造板和非结构用人造板。

(4)生产方法:主要指平压法、滚压法和挤压法。

(5)构成单元特性:主要有胶合板、刨花板、纤维板、积层胶合和复合类等,且要根据单元的形态和排列方式归结到产品的具体品种。

(6)产品结构:均质结构、渐变结构、多层结构和复合结构等。

(7)产品形状:平面型、曲面型和模压制品。

(8)功能化:指进行阻燃、防水、防火、防虫、防腐和抗静电等处理。

2.命名原则

人造板命名原则主要按照"承载性×生产方法×功能化×胶黏剂种类×产品结构×原材料种类×功能改性×产品形状×产品种类"顺序进行。名称中常被省略的有功能人造板、原材料种类、胶黏剂种类中的脲醛树脂、生产方法和平面型产品等。例如,结构型异氰酸酯胶合杨木胶合板;建筑用酚醛树脂胶合竹席胶合板;异氰酸酯胶合定向结构刨花板;阻燃刨花板等。一般以不超过3个类别限制语为妥,如果名称太长,可将主要特征部分加入名称内,次要部分设置为定语或补充说明。定语部分的排列顺序不用限定。例如,结构型酚醛树脂平压法生产的渐变结构竹质阻燃刨花板。

1.3 人造板产品性能

1.3.1 基本性能内涵和指标

人造板的基本性能主要包括外观性能、物理性能、力学性能和耐久性能。此外,人造板性能还包括加工性能、表面性能、滞燃性能、防火性能和防腐性能等特殊性能。

人造板的性能主要受原材料性质、产品密度、生产方法(构成单元的形式、施胶方法和胶合方法等)、胶黏剂的种类和用量等的影响。一般来说,原材料性能好、板坯结构均匀、施胶均匀且充足、产品密度高的产品,其力学强度就比较高。例如,胶合板力学性能好、尺寸稳定性好,是因为胶合板生产中,胶合板板坯的均匀性好,压制后成品板的内应力小;胶合界面施胶均匀且充足,胶合面积大。而对其耐久性来说,普遍认为对苯二酚酚醛树脂、酚醛树脂、异氰酸酯优于三聚氰胺树脂和三聚氰胺改性脲醛树脂,其次是脲醛树脂,而聚乙酸乙烯酯较差,其对应的产品的耐久性也是如此。例如,普通刨花板沸煮 1min,刨花板就会变成刨花浮在水面;普通中密度纤维板沸煮 5min,产品就会变得抛松,可以轻易地将纤维撕散开;而高密度纤维板地板即使沸煮 30min,其厚度也变化不大,强度也损失不多;普通胶合板沸煮 1h,厚度变化不大,但强度损失较大。

人造板的基本性能和最终使用的场合是相互制约的。基本性能限定了其适合的使用场合,而其使用场合也约束了其基本性能要求。例如,室外用结构材就必须具有较好的力学性能耐候性;作为装饰用材,表面必须有美丽的木纹图案;在高层建筑中应用,不但要有装饰或其他功能,而且要有阻燃性能。

1. 外观性能

外观性能是指通过人体感官或借助简单工具可以直接检测到的性能。产品不同,其外观性能也存在差异。对于不同的人造板品种,其外观性能要求内容不同,主要包括产品的如下项目:①外形尺寸及偏差(长、宽和高三维方向);②边缘不直度、垂直度;③平整度(翘曲度);④材质缺陷(活节、死节、腐朽、变形等);⑤加工缺陷(叠芯离缝、鼓泡、分层、压痕、局部松软、板面砂光波浪纹,明显的杂物等);⑥表面光洁度等。具体规定参见相应产品标准。

2. 物理性能

人造板的物理性能包括自身的物理性能、抗水和抗气候环境影响的性能两方面。主要包括密度、含水率、吸水率、吸水厚度膨胀率和甲醛释放量等。此外还有导电性能、导热性能和声学性能等。

人造板生产过程中,构成单元大都需要经过干燥和热压定形。因此,其产品含水率较低,一般要求在 5%～11%,且人造板的平衡含水率比木材约低5%。人造板的密度一般高于原材料密度,尤其是纤维板、刨花板等构成单元不规则,板坯空隙大等需要较高温度和较大压力定形的产品。无厚度控制装置生产的人造板会随热压温度和压力提高,热压时间延长,其产品密度加大。

甲醛释放量主要是指以脲醛树脂作为胶黏剂生产的产品,而以酚醛树脂和三聚氰胺树脂生产的板材,甲醛释放量很低。人造板对水和对气候环境的稳定性,主要由使用胶黏剂的种类来决定,一般室内干燥环境用材主要用脲醛树脂胶黏剂生产,潮湿环境用三聚氰胺改性脲醛树脂胶黏剂生产,室外环境采用酚醛树脂或异氰酸酯胶黏剂生产。人造板的主要物理性能要求见表1-13。

表1-13 人造板主要物理性能要求

产品类别		含水率/%	密度/(g/cm³)	对水的稳定性				甲醛释放量*
				膨胀率/%		吸水率/%		
				厚度	极限体积	24h	极限	
胶合板类	普通胶合板	6～16	—	—	—	—	—	≤5.0mg/L
	航空桦木胶合板	4～10	—	—	—	—	—	—
	细木工板	6～14	—	—	—	—	—	—
	木材层积塑料	<7	>1.3	—	<22	<5	<20	—
	木胶合板模板	6～14	—	—	—	—	—	—
	竹编胶合板	≤15						
刨花板类	普通刨花板	4～13	0.4～0.9	≤8.0(2h)	—	—	—	≤30mg/100g
	定向结构刨花板	2～12		≤25.0(2h)	—	—	—	≤8.0mg/100g
纤维板类	中密度纤维板	3～13	0.65～0.8	≤8.0(24h)	—	—	—	≤8.0mg/100g
	硬质纤维板	3～13	>0.8					

*胶合板采用干燥器法,刨花板和中密度纤维板采用穿孔器法,定向结构刨花板仅采用脲醛树脂时测定

3. 力学性能

人造板的力学性能是指其抵抗外力的能力。人造板要求有足够的弹性、刚性、强度、握螺钉力和适当的机械加工性能。对人造板力学性能的研究、检测,不仅能为用材部门提供合理使用人造板的理论依据,而且还为人造板生产单位或其他研究部门探求新的加工方法和寻找新的利用途径建立理论依据。人造板在使用和设计制造时都必须考虑强度问题,既要保证产品有足够的强度,并保证产品在使用中有一定的安全性,同时,又要节省材料,以达到最大限度的利用。

人造板主要用做家具材料、装修材料和建筑材料等。根据其使用环境不同,对材料的力学强度要求也不一样。作为材料的最大特性就是要承受一定的载荷并保证在某一环境下有一定的使用时间,因此对人造板的力学性能进行检测,为材料使用提供理论依据是十分必要的。

人造板的力学性能主要包括静曲强度和弹性模量、结合强度、胶合强度、抗压强度、抗拉强度、握螺钉力和冲击韧性等。人造板性能指标见表1-14。

表1-14 人造板主要力学性能

产品名称		抗弯性能/MPa		结合强度/MPa			握螺钉力		顺纹抗拉强度/MPa	顺纹抗压强度/MPa	冲击韧性/MPa
		静曲强度	弹性模量	胶合强度	内结合强度	表面结合强度	垂直板面	平行板面			
层合板类	普通胶合板	—	—	≥0.7	—	—	—	—	—	—	—
	航空桦木胶合板	—	—	≥2.2	—	—	—	—	≥45	—	—
	细木工板	≥12(横)	—	≥0.7	—	—	—	—	—	—	—
	木材层积塑料	—	—	—	—	—	—	—	≥255	≥157	≥78
	木胶合板模板	≥35	≥4000	≥0.7	—	—	—	—	—	—	—
	竹编胶合板	≥20	≥5000	—	—	—	—	—	—	—	—
刨花板类	普通刨花板	≥16	—	—	≥0.3	≥0.9	≥1100	≥700	—	—	—
	定向结构刨花板	≥18	≥2500	—	≥0.28	—	—	—	—	—	—
纤维板类	中密度纤维板	≥21	≥1800	—	≥0.4	≥0.6	—	—	—	—	—
	硬质纤维板	≥49									

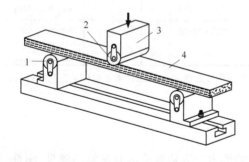

图1-1 静曲强度及弹性模量检测加载示意图
1. 支撑辊；2. 加载辊；3. 压头；4. 试件

1）静曲强度

静曲强度是表示人造板抵抗弯曲外力而不破坏的最大承载能力，是决定人造板做结构部件的重要性能。人造板与其他许多材料构件一样，在外力作用下将产生弯曲变形，甚至破坏。人造板作为结构用人造板和功能性人造板使用中常会受到弯曲载荷的作用，这个指标的大小直接影响产品的使用场所。人造板静曲强度检测一般采用集中载荷（中心点）加载的形式进行，见图1-1。其计算公式如下：

$$\sigma = \frac{3P_{\max}L}{2bh^2}$$

式中，σ——静曲强度，MPa；

$P_{\max}$——破坏载荷，N；

L——两支承辊中心距，mm；

b——试件宽度，mm；

h——试件厚度，mm。

2）弹性模量

弹性模量是指人造板在比例极限内的应力与应变之间的关系，是表示人造板刚度的性能指标。对于受弯曲作用的人造板构件，足够的抗弯强度性能虽然可以保证构件不会破坏，但刚度不够则会产生过大变形，同样影响制品的使用。因此必须对其构件的变形限制在一定范围内，即应满足刚度要求。人造板弹性模量检测一般与静曲强度检测同步进行，其检测原理参见图 1-1。计算公式如下：

$$E = \frac{l^3}{4bh^3} \times \frac{\Delta f}{\Delta s}$$

式中，E——试件的弹性模量，MPa；

$\qquad l$——两支座间中心距离，mm；

$\qquad b$——试件宽度，mm；

$\qquad h$——试件厚度，mm；

$\qquad \Delta f$——在载荷-变形图中直线段内力的增加量，N；

$\qquad \Delta s$——在 Δf 区间试件变形量，mm。

3）内结合强度

人造板内结合强度是测定构成单元之间胶合质量的重要指标，通过垂直于板面的载荷而使其破坏，因此亦称为垂直平面抗拉强度，见图 1-2。计算公式如下：

$$\sigma = \frac{P_{\max}}{L \times B}$$

式中，$P_{\max}$——试件的破坏载荷，N；

$\qquad L$——试件的长度，mm；

$\qquad B$——试件宽度，mm。

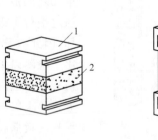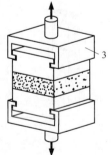

图 1-2　内结合强度检测示意图

1. 卡头；2. 试件；3. 夹具

内结合强度主要用于检测以刨花和纤维为构成单元的人造板。其强度值随板密度增加而呈正比例增加。正常情况下,在做垂直板面抗拉试验时,破坏发生在芯层部位,因为芯层密度低,构成单元之间的胶结力差。由此可见,密度梯度对内结合强度影响较大,当平均密度一定时,密度梯度越大,则内结合强度越低。

4)握螺钉力

人造板握螺钉力也称握钉力,是指人造板对钉子或螺钉的握持能力。主要用于以刨花或纤维构成单元的人造板检测。影响握钉力的因素很多,其中密度影响极大。对钉子的握持能力随板的密度几乎呈直线或略呈曲线关系增加。其次是钉的直径、钉入深度、钉入方向等。当钉子垂直于板面钉入时,纤维被挤压而分开(指平压法刨花板),这些被分开的纤维和钉之间产生较大的摩擦,这样使握钉力大大增加。当钉平行于板平面钉入时,钉与刨花纤维平行,因此握钉力低。握螺钉力的测定分为垂直板面(简称板面)握螺钉力和平行板面(简称板边)握螺钉力两种,见图1-3。

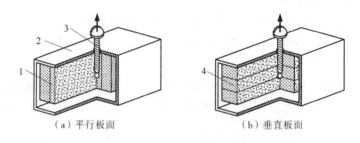

（a）平行板面　　　　　（b）垂直板面

图1-3　握螺钉力检测示意图
1. 平行板面试件;2. 卡头;3. 自攻螺丝;4. 垂直板面试件

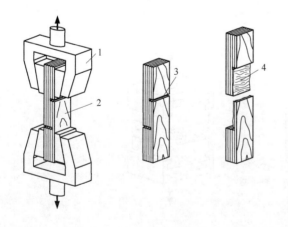

图1-4　胶合强度检测示意图
1. 自锁夹头;2. 试件;3. 切口;4. 破坏面

5)胶合强度

人造板胶合强度是测定构成单元之间胶合质量的重要指标,通过平行于板面的载荷而使其破坏,因此亦称为剪切强度。主要用于检测以单板为构成单元的人造板或者检测胶黏剂的胶合质量等。要求层与层之间分界明显且平整。根据胶黏剂种类检测其不同耐候条件下的胶合强度,一般根据胶黏剂的种类差异而对试件进行相应的处理后再进行检测,见图1-4。

6）蠕变

人造板是一种弹塑性材料，当其在弯曲载荷作用下，除产生弹性变形外还产生塑性变形，并且变形随时间增加而增加时，这种现象称为人造板蠕变。虽然很多材料都有蠕变性能，但是人造板的蠕变更为严重，它的蠕变比木材大。近年来，人造板大量用于结构部件，其强度一般都能满足使用要求，但是在刚度上尚存在很多问题，不但瞬时变形大，而且蠕变比较严重，有的人造板隔板甚至使用一两年后最大变形可达 4~6mm。这不但影响制品的整体效果，还影响使用性能。人造板长时间承受静载荷会产生蠕变，这对于越来越多的做结构材料的木质人造板，尤其是以刨花或纤维构成单元的人造板，是极为重要的问题。

7）硬度

指固体材料对外界物体机械作用（如压陷、刻画）的局部抵抗能力。它采用不同的试验方法来表征不同的抗力。硬度不是材料独立的基本性能，而是反映材料弹性、强度与塑性等的综合性能指标。

8）冲击韧性

材料的塑性是指材料受力时，当应力超过屈服点后，能产生显著的变形而不即行断裂的性质。材料的抗冲击能力常以使其破坏所消耗的功或吸收的能除以试件的截面面积来衡量，称为材料的冲击韧度。对于承受波动或冲击载荷的零件及在低温条件下使用的材料性能，必须考虑抗冲击性能。韧性高的材料一般都有较高的塑性指标，但塑性指标较高的材料，却不一定具有较高的韧性，原因是在静载荷下能够缓慢塑性变形的材料，在动载荷下不一定能迅速塑性变形。韧性可理解为材料在外加动载荷突然袭击时的一种及时并迅速塑性变形的能力。因此，冲击值的高低取决于材料有无迅速塑性变形的能力。

9）耐磨性能

磨损是各种各样的不规则变化因素造成的，人造板用做地板、桌面等构件时，要求有较高的耐磨损性。为了提高人造板的耐磨性能，可以在板面涂上油漆或者采用耐磨材料覆面。

此外，人造板的力学性能还包括表面胶合强度、顺纹拉伸强度、横纹拉伸强度、表面结合强度、顺纹胶层剪切强度、顺纹抗压强度等。总之，人造板的力学性能指标都是根据其产品特征和使用环境要求进行设计的，不但要检测整体强度，还需要检测胶合质量。

4. 耐久性能

天然耐久性主要指材料在自然环境状态下，其性能指标随时间的迁移仍保持可应用性的一种评价指标，它能够反映材料的优劣程度。天然耐久性可分为生物作用的耐久力和非生物作用的耐久力。后者主要指产品对于环境条件的变化情况,其物理力学性能的保持率。

　　人造板产品在使用中受到气候的变化,如吸湿受潮、解湿干燥、加热冷冻等,使得木材单元和胶黏剂变形,但相互受到胶黏剂的胶合作用,不能自由变形,形成内应力,久而久之促使胶层变弱而破坏,最终使产品的物理力学性能降低直至产品破坏;产品受太阳光、紫外线等照射,促进胶黏剂老化而降低产品性能等。耐久性能检测需要很长的时间过程才能测出产品性能随使用时间变化的降解规律,因此人们根据影响产品性能变化的主要气候因素设计了许多快速老化试验方法,目前主要检测人造板在大差异的温度和湿度环境变化,或较高温度的热水或强光照射等方法处理试件条件下的残存力学性能,以短时间高强度的处理条件下的力学性能指标作为衡量产品的抗老化性能。

　　木质人造板在室外自然老化期间,物理力学性能变化显著,在随后的循环中变化缓和。酚醛树脂制造的人造板较氨基树脂制造的人造板的耐候性强。对于以脲醛树脂胶合的人造板,由于脲醛树脂是线形分子,且存在未完全反应的游离羟基,所以具有吸水和解吸作用,一旦人造板芯层反复收缩、膨胀,就会产生很大的内应力,造成人造板内部结构疏松,纤维交织能力大幅度下降,人造板在室外曝露使用或者仅只曝露在室外时,板材就会松散、破坏,在自然老化一年以后,就基本分层,经水沸煮或喷蒸处理,就会完全破碎。

　　酚醛树脂制造的板材比脲醛树脂或异氰酸酯树脂制造的板材的耐腐朽性高。这是因为胶黏剂中含有未反应的游离酚。当增加胶黏剂的用量时,耐腐朽性提高。这是因为胶黏剂抑制了板材的厚度膨胀率,限制了菌丝向板材内部侵入,其结果防止了板材力学性能的降低。高密度纤维板一般比刨花板的耐腐朽性、耐白蚁性能优良,而软质纤维板则差。

　　木质人造板构成单元的材料是植物纤维材料,主要由纤维素、半纤维素、木素组成,在气候变化条件下都会不同程度地产生吸湿——解吸、吸水、降解、氧化、可溶物的流失,以及其他物理化学变化。曝露室外的人造板板材由于板材表面受到紫外线、水和热的综合作用而降解,紫外线的辐射引起木材细胞壁中木素的光化学降解,而雨水和流动的空气带走降解产物,从而使表层纤维和细刨花部分流失而使得板材表层变得疏松、粗糙。

　　经研究发现室外自然老化和加速老化对人造板的物理力学性能显著变化,厚度膨胀率增大,密度减小,开始曝露时的影响很剧烈,随着曝露时间的延续和循环次数的增加,其性能下降幅度逐渐减小,老化对于人造板的垂直平面抗拉强度的影响大于对其静曲强度的影响。

　　影响木质人造板的耐老化性的决定因素主要有:①胶黏剂的耐水、耐热性;②人造板构成的均匀性和构成单元的形态和化学组成;③老化的外界环境条件等。

5.特殊性能

人造板除具有以上性能外,根据使用环境要求,还可以生产出具有阻燃、防潮防水、防火、防虫、吸音、防静电、电磁屏蔽等特殊性能的材料。因此,人造板也具有这些特殊性能。

(1)滞燃性能。材料按照其燃烧性能可分为易燃、可燃、难燃和不燃 4 个类别,木材和人造板属于可燃物,因此,人造板必须进行阻燃处理,才能有效地改善其滞燃性能,满足特殊环境的使用要求。植物纤维的主要成分是纤维素、半纤维素和木素等三种高分子化合物,因此人造板的燃烧包含一系列的物理变化和化学反应。由于热分解过程各不相同,所以人造板中的燃烧过程的行为和作用错综复杂。人造板的滞燃性能主要包括火焰蔓延性、放热性、烟气密度、烟气毒性等方面。

(2)表面性能。表面性能是指材料表面的理化性能、耐久、耐候、耐老化性能等,其检测内容主要包括表面吸收性能测定、表面耐划痕性能检测、表面耐污染性能检测、表面耐磨性能检测、表面耐香烟灼烧性能检测、表面耐干热性能检测、耐高温性能检测、耐老化性能检测、表面耐冷热循环性能检测、色泽稳定性能检测、表面耐水蒸气性能检测、表面耐龟裂性能等。

1.3.2　人造板的特点

1.产品性能特点

人造板是以木材或非木材植物纤维为原料经胶合而制成的板材,但与锯材相比,它具有很多锯材无法比拟的特点,总体来说表现在以下几方面。

(1)幅面大,规格品种多,适应性大,应用范围广。

人造板的幅面大,使用过程中不需要拼接。其幅面主要为 1220mm × 2400mm,此外还可以根据使用需要生产更大幅面尺寸的板材。其厚度规格从 2mm 到 40mm 均可生产,采用特殊工艺和有些产品可以生产更多厚度规格的材料。人造板品种多,根据不同使用环境要求,可以生产出不同种类的产品。

(2)材质均匀、功能可调,不易开裂变形、纵横强度可调控。

人造板作为人工材料,其产品性能稳定,材质均匀,不易变形开裂,没有木材那种因树种、年龄、早晚材等因素造成的性能差异。此外,作为人造板构成单元的单板及各种碎料等易于浸渍,因此可作阻燃、防腐、抗缩、耐磨等各种功能性处理。

(3)结构性好、形状规则、加工性能好,便于机械化大生产。

人造板幅面尺寸大,厚度规格齐,形状规整,可以适用不同的使用要求,便于机械化大生产。同时也适合于异形加工和雕刻等。

(4)大部分人造板产品密度大、强度较低、耐久性差。

　　人造板的胶层会老化，长期承载能力差，使用期限比锯材短得多。而人造板密度普遍高于木材，使得人造板制成的产品密度大，尤其作为家具用材，使得家具搬移麻烦。刨花板类和纤维板类产品的抗弯和抗拉强度一般不及其锯材强度的50％，但对于低强度低密度的木材，其人造板力学性能指标可优于其锯材产品。

　　（5）具有湿胀干缩特性，但可以调控。

　　人造板的构成单元的湿胀干缩特性和原材料一致，顺纤维方向变化小，横纤维方向变化大。因为构成单元交错排列的板坯结构，单元纵向变化小而牵制单元的横向变化，所以人造板纵横方向尺寸变化较小。但是，人造板胶合加压的压力方向尺寸变化大，且随压力加大而尺寸变化率加大。

　　（6）表面平整度和光洁度因产品不同而相差较远，但便于后续加工。

　　胶合板表层保持了木材弦切面的木材纹理和构造特点，表面比较粗糙；渐变及多层结构刨花板表层细刨花，表面较平整；中密度纤维板的纤维分离度高，单元细小，表面光滑细腻，内部质地均匀；细木工板和指接集成材类似于天然木材，又有较好的尺寸稳定性和耐潮性。总之，经砂光后的人造板产品表面平整光滑，完全可以满足不同用途的需要。

2. 产品结构特点

　　人造板构成单元纤维纵向和横向存在较大的物理力学性能差异，且单元或产品因表面施胶等造成不同形态大小的单元也存在物理性能及表面特征的差异。这些因素都会造成人造板内部单元因外部环境状态的变化而产生不同步的变形，造成单元之间的相互制约而产生内应力。

　　例如，当人造板含水率发生均匀变化时，板内构成单元将会发生变形（吸湿膨胀、解吸干缩），因变形而产生的应力计算公式为

$$\sigma = \varepsilon \cdot E$$

$$\varepsilon = \frac{\Delta L}{L}$$

式中，σ——应力，MPa；

　　ε——应变，其值与木（竹）材材种、纤维方向、含水率变化值等有关；

　　L——材料原长或宽或厚，mm；

　　ΔL——材料由于含水率的变化而引起的伸长量或收缩量，mm；

　　E——木（竹）材的弹性模量（同材种、纤维方向、含水率等有关），MPa。

　　为了保持人造板在生产和使用过程中形状尺寸的稳定和力学性能要求，人造板产品结构和人造板板坯成形应遵循以下原则。

　　（1）对称原则。

　　在人造板的对称中心平面两侧的相应层内的单元的树种、形态、厚度、制造方

法、纹理方向、施胶量和含水率等影响单元物理力学性能的因子都应相同,即对称分布于对称中心平面两侧。这种对称包括长度、宽度和厚度方向,尤其是厚度方向。对称原则也包含了胶合板生产中的奇数层原则。

(2)均匀原则。

均匀原则包括两方面:一方面是指人造板板坯和产品中,同一厚度层内的单元的树种、形态、厚度、制造方法、纹理方向、施胶量和含水率等影响单元物理力学性能的因子都应相同。这样可以减小层内单元的内应力,且保证砂光质量;另一方面是指人造板板坯和产品中,在平面方向任意单位面积内的含水率、质量应均匀分布,否则会增大产品内应力,引起产品变形。

(3)单元排列原则。

人造板单元排列方式直接影响产品的物理力学性能。单元的平行排列有利于减小单元间的间隙,提高单向强度;单元垂直排列有利于减小成品的纵横物理力学性能的差异性,甚至提高产品平面方向的尺寸稳定性。例如,胶合板、细木工板、定向结构板等的相邻层交错排列能有效地提高成品的横向强度和横向尺寸的稳定性。而定向结构板的层内定向、单板层积材、重组木、木(竹)积层材等的单元平行排列,产品的纵向强度大。总之,单元的排列方式对产品的物理力学性能影响很大,生产中应根据产品的需要选择合适的排列方式。

(4)密度和厚度原则。

人造板胶合必须要保证单元胶合界面有足够的接触面积,以保证胶合强度。对于设定了厚度的产品,板坯要有足够的质量和厚度才能保证板坯一定的压缩率而使单元充分接触,以增加胶合面积、改善胶合界面,达到提高胶合强度的目的。一般人造板在一定范围内增大施胶量或增加产品密度,其力学性能指标都会显著增加。

1.4 人造板生产工艺

1.4.1 传统三板简述

1.胶合板

胶合板是由三层或多层不同纹理方向排列的薄木胶合而成的,通常交替的各层间互成直角排列。薄木制造方法包括旋切、刨切和锯切等,并可拼接而成大幅面单元,通常为旋制的薄木(单板)。

木材作为建筑材料的主要缺点是不均匀性、各向异性和吸水性。胶合板单板的交叉排列在很大程度上可以克服这些缺点,但这些改进不能适用于特殊用途,如果需要高的抗拉强度,就不能用胶合板,因为胶合板表板的顺纹强度由于相邻单板

(芯板)纹理垂直于表板纹理而显著降低了。用胶合板制造的大部分构件,都有很高的抗扭曲能力。木材(包括胶合板)的重要特性可以用强度对密度的比值(强重比)表示其高弹性、低导热系数和大幅面等有利因素。胶合板容易胶合,它与金属材料相比,容易加工、功率消耗低、价格较低,是一种绿色资源材料。另一优点是胶合板通过加工成饰面胶合板、厚芯合板或复合板等,有效地消除或缓解木材的固有缺陷,同时也可以使用少量的优质木材生产出纹理美观、性能优越的胶合板材。在1930年左右生产的层压木就是为了生产顺纹抗拉强度高、横纹力学性能变化小的板子。

胶合板的主要类型见图 1-5。在美国和英国,单板交叉排列胶合的板子和厚芯合板均称为胶合板。

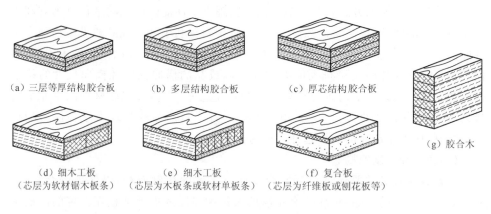

(a) 三层等厚结构胶合板　　(b) 多层结构胶合板　　(c) 厚芯结构胶合板

(g) 胶合木

(d) 细木工板　　　　　　(e) 细木工板　　　　　　(f) 复合板
(芯层为软材锯木板条)　(芯层为木材板条或软材单板条)　(芯层为纤维板或刨花板等)

图 1-5　胶合板的主要类型

2. 刨花板

刨花板是以木材或其他非木材植物纤维为原料,经专门设备加工成刨花或碎料,施加胶黏剂和其他添加剂热压而成的板材。按板材结构分单层、三层、渐变结构刨花板和定向结构刨花板等。

因为刨花板结构比较均匀,加工性能好,可以根据需要加工成大幅面的板材,是制造家具较好的原材料。刨花板产品可直接使用,不需要再次干燥,吸音和隔音性能也很好。但其边缘粗糙,容易吸湿,所以用刨花板制作的家具封边工艺就显得特别重要。另外刨花板相对于其他木材锯材密度较大,因此制品质量比较大。木质刨花板可按如下方法归类。

刨花板按产品分为低密度($0.25\sim0.45\mathrm{g/cm^3}$)、中密度($0.55\sim0.70\mathrm{g/cm^3}$)、高密度($0.75\sim1.3\mathrm{g/cm^3}$)3 种,但通常生产的多为密度为 $0.65\sim0.75\mathrm{g/cm^3}$ 的刨花板。按板坯结构分为单层、三层(包括多层)、渐变 3 种。按耐水性分为室内耐水类和室外耐水类。按刨花在板坯内的排列方式分为定向型和随机型两种。此外,还有非木材材料如棉秆、麻秆、蔗渣、稻壳等所制成的各种刨花板,以及用无机胶黏材料制成的水泥木丝板、水泥刨花板等。刨花板的规格较多,一般厚度为 4.0~40mm 不等,以 19mm 为标准厚度。在评定刨花板的质量时,经常考虑的物理性质有密度、含水率、吸水性、厚度膨胀率等,力学性质有静力弯曲强度、垂直板面抗拉强度(内胶结强度)、握钉力弹性模量和刚性模量等,工艺性质方面有可切削性、可胶合性、油漆涂饰性等。对特殊用途的刨花板还要按不同用途分别考虑电学、声学、热学和防腐、防火、阻燃等性能。

此外,根据刨花板表面状况可分为未饰面刨花板和饰面刨花板,未饰面刨花板包括砂光刨花板和未砂光刨花板;饰面刨花板包括浸渍纸饰面刨花板、装饰层压板饰面刨花板、单板饰面刨花板、表面涂饰刨花板和 PVC 饰面刨花板等。

刨花板模压技术是指一次压制成形的产品技术。成熟的工艺有 3 种。热模法可以少用胶料或不用胶料,靠木质素在封闭热模中活化流动而起胶合作用,但需冷却脱模,热量消耗大,生产率低,已逐渐淘汰。箱体成形法是用特殊压机加压,一次加压制成产品,用于制造包装箱。热压成形法主要制造家具配件、室内装修配件和托板等产品,胶黏剂以脲醛树脂为主,制品表面用单板或树脂浸渍纸复贴,一次成形。此外,还有在已制成的刨花板表面,或未经热压的成形板坯上用模板加压,制成浮雕图案的平面模压法等。

3. 纤维板

纤维板是以木材和其他植物纤维为原料,经过纤维分离,通过铺装使纤维交织成形,利用纤维自有的胶黏性或施加胶黏剂、防水剂等助剂,经热压制成的一种人造板。纤维板具有材质均匀、纵横强度差小、不易开裂和可直接雕刻等优点,用途广泛。制造 $1m^3$ 中密度纤维板需 2.0~2.5m^3 的木材,可代替 $3m^3$ 锯材或 $5m^3$ 原木。

根据产品密度可将纤维板分为低密度、中密度和高密度纤维板。根据生产方法可分为非压缩型和压缩型纤维板两大类。非压缩型产品为软质纤维板(密度小于 0.4g/cm^3);压缩型产品有中密度纤维板(密度为 0.4~0.8g/cm^3)和高密度纤维板(密度大于 0.8g/cm^3)。根据板坯成形工艺可分为湿法纤维板、半干法纤维板、干法纤维板和定向纤维板。软质纤维板质轻,空隙率大,有良好的隔热性和吸声性,多用做公共建筑物内部的覆盖材料。经特殊处理可得到孔隙更多的轻质纤维板,具有吸附性能,可用于净化空气。中密度纤维板结构均匀,密度和强度适中,有较好的再加工性。产品厚度范围较宽,具有多种用途,如家具用材、电视机的壳体材料等。高密度纤维板密度通常都在 0.8g/cm^3 以上,生产上已达到 0.93g/cm^3,已达到欧美同类产品先进水平。板面质地细密、平滑,在环境温、湿度变化时,尺寸稳定性好，容易进行表面装饰处理。内部组织结构细密、特别具有密实的边缘，可以加工成各种异型的边缘，并且不必封边直接涂饰，可以取得较好的造型效果。组织结构均匀，内外一致，因此可以进行表面的雕花加工和加工成各种断面的装饰线条，适于代替天然木材作结构材料。

湿法硬质纤维板产品厚度范围较小，在 3～8mm。强度较高，3～4mm 厚度的硬质纤维板可代替 9～12mm 锯材薄板材使用。多用于建筑、船舶、车辆等，由于废水处理的技术和经济问题，目前已处于政策淘汰阶段。

1.4.2　生产工艺流程

1. 人造板基本工艺流程划分

人造板的品种很多，生产工艺均有差异，但其基本工艺和流程大致相同。人造板制造过程可以分为备料、制板和后期加工 3 个工段，主要包括单元（基本单元）制造、干燥、单元加工、施胶、板坯成形、热压、中间贮存和后期处理等工序。其基本工艺流程见图 1-6。

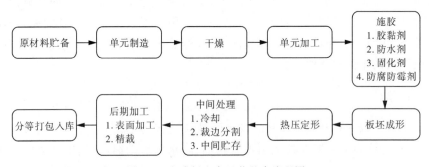

图 1-6　人造板生产工艺基本流程图

备料工段：备料是指将原材料加工成符合人造板生产工艺要求的合格构成单元的所有工序。包括湿单元制备、单元干燥和干单元加工等 3 部分。

制板工段：指将构成压制成规格毛板。包括施胶、成形、预压、热压、冷却、裁边到堆垛。

后期加工工段：指将毛板加工成符合出厂要求的工业产品。

单元制造：指原料经特殊机械加工制造成基本单元体，如单板、刨花、纤维的制造等。

干燥：去除湿单元中的多余水分。使含水率和均匀性满足生产工艺要求。

单元加工：指对干燥后的单元体进行机械加工，使其形态尺寸符合生产工艺要求的过程。

施胶：指对合格构成单元施加胶黏剂、防水剂、固化剂和缓冲剂等。

板坯成形:指将施胶后的构成单元按照产品的结构要求,构成一定形状和规则,符合工艺要求的板坯。

加压定形:指在加热或不加热的条件下,将板坯加压制成一定厚度和密度的板材或型材。人造板生产一般采用热压(加热加压)方法。

中间处理:指产品在定形后,对其进行处理,使板材内部的温度和含水率进行平衡,消除板材的温、湿应力,并裁割成一定规格尺寸的产品。

后期加工:指对产品进行最终处理,使产品符合出厂要求。包括表面加工、分等、打包和消纳甲醛等。

2.胶合板生产工艺流程

胶合板是由木段旋切成单板或由毛方刨切成薄木,再用胶黏剂胶合而成的三层或多层的板状材料,通常用奇数层单板,并使相邻层单板的纤维方向互相垂直胶合而成。用来制作胶合板的树种有椴木、桦木、水曲柳、榉木、色木、柳桉木、榆木和杨木等。其生产工艺流程见图1-7。

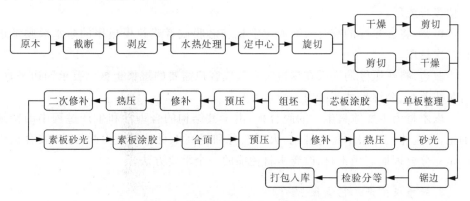

图 1-7　典型胶合板生产工艺流程图

主要工序说明如下。

水热处理:将木段放入热水中进行浸泡,以增加木材的含水率和温度,故又称为木段的水热处理。减小单板背面的裂隙,提高单板质量;节子的硬度显著下降,旋切时不易崩刀;树脂和细胞液渗透出来,有利于单板干燥、胶合、砂光、油漆和饰面。水热处理的方法有水煮、水与空气同时加热、蒸汽热处理。

旋切:将木段做定轴回转,旋到刀刃平行于木段轴线做直线进给运动,切削沿木材年轮方向进行的切削过程。旋切是胶合板生产中最主要的环节,其质量直接影响人造板的最终质量。旋切分为有卡旋切和无卡旋切,有卡旋切主要是加工直径较大的木材,而无卡旋切则是加工小径原木。旋切机按木段是否绕自身轴线旋转可分为同心旋切和偏心旋切两类,同心旋切机中又分为卡轴旋切机和无卡轴旋切机两种。偏心旋切可获得美观的径向花纹,但生产率比同心旋切低。

单板整理:包括剪切、拼板和修补。将干燥的带状单板、零片单板剪切成规格单板和可拼接单板,窄条单板经过拼接成整张单板,有缺陷的整张单板可通过修补达到工艺的质量要求。

涂胶:把分类的单板通过涂胶机进行涂胶,用三聚氰胺防水胶与面粉适当比例混合均匀,另加红粉加以区别,使面部涂胶均匀适当。

组坯:把涂过胶的单板放在案子上铺成客户要求的尺寸与规格,采用互补错层方式进行拼接与修补,使多层胶合板结构更加牢固。

预压:把组坯板坯先进行一次冷压,然后放入预压机通过一定的压力进行预压适当的时间。

热压:把涂胶组坯预压好的板坯通过一定温度和一定压力在热压机上进行适当时间的热压,使多层胶合板牢固地黏合起来。

砂光:将热压后的胶合板通过砂光机对其表面进行砂光,使板面光洁美观,以方便覆膜成形。

覆膜:将砂光好的胶合板双面覆上桃花芯膜或者建筑模板用的防水黑膜纸进行二次热压。

裁边:将热压好的毛板在锯边机上裁成客户需要的规格板材。要求四边平直,对角线差小,公称尺寸范围内无边角亏缺。

以木材为主要原料生产的胶合板,由于其结构的合理性和生产过程中的精细加工,可大体上克服木材的缺陷,大大改善和提高木材的物理力学性能,胶合板生产是充分合理地利用木材、改善木材性能的一个重要方法。

3.纤维板生产工艺流程

纤维板生产工艺分湿法、干法和半干法 3 种。湿法生产工艺是以水作为纤维运输的载体,其机理是利用纤维之间相互交织产生摩擦力、纤维表面分子之间产生结合力和纤维含有物产生的胶结力等的作用下制成一定强度的纤维板。干法生产工艺以空气为纤维运输载体,纤维制备是用一次分离法,一般不经精磨,需施加胶黏剂,板坯成形之前纤维要经干燥,热压成板后通常不再热处理,其他工艺与湿法相同。半干法生产工艺也用气流成形,纤维不经干燥而保持高含水率,不用或少用胶料,因此半干法克服了干法和湿法的主要缺点而保持其部分优点。干法中(高)密度纤维板的生产工艺流程见图 1-8、图 1-9 和图 1-10。

纤维板生产工艺主要工序有纤维分离、纤维处理、板坯成形、热压和后期处理等。

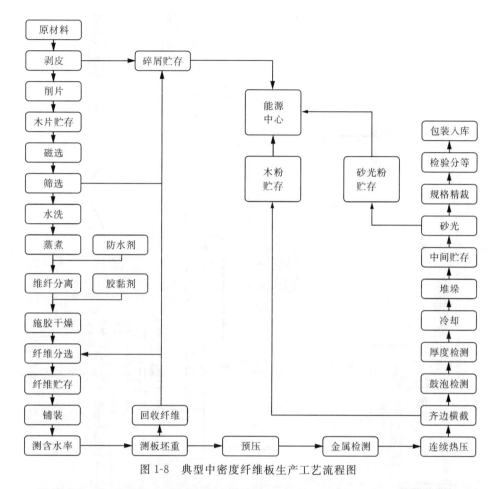

图 1-8　典型中密度纤维板生产工艺流程图

纤维分离：又称制浆，是把制浆原料分离成纤维的过程。纤维分离方法可分机械法和爆破法两大类，其中机械法又分热力机械法、化学机械法和纯机械法。热力机械法是先将原料用热水或饱和蒸汽处理，使纤维胞间层软化或部分溶解，在常压或高压条件下经机械力作用分离成纤维，再经盘式精磨机精磨（干法纤纸板制浆一般不经精磨）。此法生产的纤维浆，纤维形状完整，交织性强，滤水性好，得率高，针叶材的浆料得率可达 90%～95%，耗电量小；纤维经精磨后长度变短，比表面积增加，外层和端部帚化，吸水膨胀性提高，柔软，塑性增高，交织性好。因此，热力机械法是国内外纤维板工业中所用的主要制浆方法。化学机械法是用少量化学药品，如苛性钠、亚硫酸钠等对原料进行预处理，使木质素和半纤维素受到一定程度的破坏或溶解，然后再用机械力的作用分离成纤维。纯机械法是将纤维原料用水浸泡后直接磨成纤维，根据原料形状又分原木磨浆法和木片磨浆，此法应用极少。爆破法是把原料在高压容器中用压力为 4MPa 的蒸汽进行短时间（约 30s）

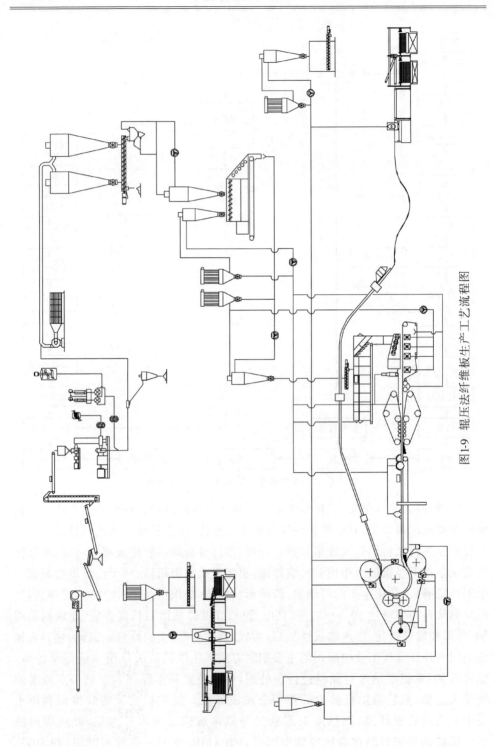

图1-9　辊压法纤维板生产工艺流程图

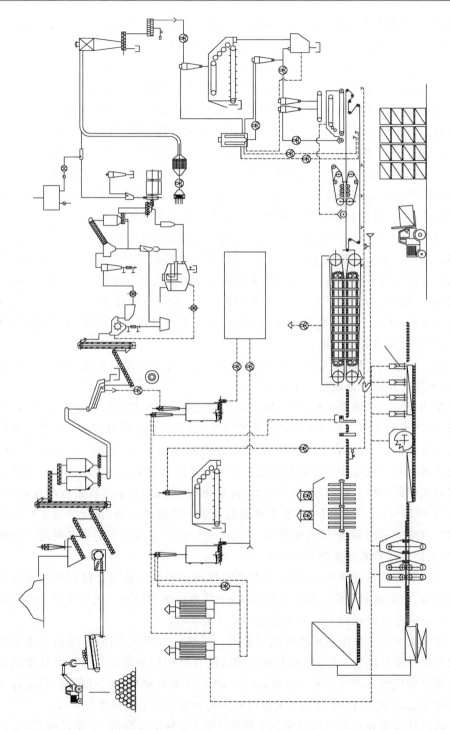

图1-10 连续平压法纤维板生产工艺流程图

热处理,使木素软化,碳水化合物部分水解,接着使蒸汽压升至 $7\sim8MPa$,保持 $4\sim5s$,然后迅速启阀,纤维原料即爆破成絮状纤维或纤维束。

浆料处理:即根据产品用途,分别进行防水、增强、耐火和防腐等处理,以改善成品有关性能。硬质、半硬质纤维板浆料要用石蜡乳液处理提高耐水性,而软质板浆料既可用松香乳液,也可用石蜡-松香乳液。施加防水剂可在浆池或连续施胶箱中进行。用于增强处理的增强剂要能溶于水,能被纤维吸附,并能适应纤维板的热压或干燥工艺,硬质纤维板多用酚醛树脂胶。耐火处理以施加耐火药剂如 $FeNH_4PO_4$ 和 $MgNH_4PO_4$ 等较为普遍。在浆料中加入五氯酚或五氯酚铜盐可起到防腐的作用。处理后的浆料,或经干燥进行干法成形,或在调整浓度后直接进入成形机作湿法成形,制成一定规格并有初步密实度的湿板坯。

纤维干燥:干法生产纤维板要求热压时的纤维含水率为 $6\%\sim8\%$,而纤维分离后的浆料含水率一般为 $40\%\sim60\%$,因此需在成形前进行干燥。纤维干燥可采用两种管道气流干燥方法:一级干燥法温度为 $250\sim350℃$,时间为 $5\sim7s$;二级干燥法第一级温度为 $160\sim180℃$,含水率降至 20%,第二级温度为 $140\sim150℃$,含水率降至 $6\%\sim8\%$,两级干燥的全部时间约12s。干燥设备有直管型、脉冲型、套管型3类,主要为直管型干燥。

板坯成形:有湿法成形与干法成形两大类,软质板和大部分硬质板用湿法成形;中密度板和部分硬质板采用干法成形。

湿法成形用低浓度浆料,经逐渐脱水而成板坯,其基本方法有箱框成形、长网成形、圆网成形3种。箱框成形是把浓度约为 1% 的浆料由浆泵送入一个放在垫网上的无底箱框内,在箱底用真空脱水,箱框顶部用加压脱水,此法主要用于生产软质纤维板。长网成形所用设备与造纸工业中长网抄纸机类似。$1.2\%\sim2.0\%$ 浓度的浆料从网前箱抄上长网,经自重脱水、真空脱水、滚筒压榨脱水而形成湿板坯,含水率为 $65\%\sim70\%$。圆网成形也是从造纸工业中移植过来的,在纤维板生产中常用的是真空式单圆网型,浆料浓度为 $0.75\%\sim1.5\%$,由真空作用浆料吸附于圆网上,经滚筒加压脱水并控制板坯厚度。

干法成形有气流成形、机械成形和真空机械成形。将施加石蜡和胶黏剂等的干燥纤维,由定量料仓均匀地送给铺装头,借纤维自重和垫网下面真空箱的作用使干纤维均匀落在成形网带上形成连续的纤维板坯带。

半干法成形多采用机械或气流成形机。借机械力或气流作用,使高含水率的结团纤维分散并均匀下落,形成渐变结构或混合结构的湿板坯。但因湿纤维结团现象难以借机械力或气流完全分散,在实际生产中板坯密度均匀性较差,而易影响产品质量。20 世纪 70 年代初在美国研究成功干纤维静电定向成形。

软质纤维板和采用湿法成形的干热压工艺(又称湿干法)的硬质纤维板,其板坯都要经过干燥。干燥设备有间歇式和连续式两大类。干燥 1kg 水消耗 $1.6\sim$

1.8kg 蒸汽。软质纤维板坯干燥后的终含水率为 1%～3%。用湿干法制造硬质纤维板时,板坯含水率不宜太高,否则热压时易于发生鼓泡。

热压:湿法生产硬质纤维板需用压力为 5～6MPa,干法为 2.5～3.5MPa,半干法为 6MPa。湿成形经干燥后的板坯压成硬质纤维板,压力要高达 10MPa。湿压法所用温度为 200～220℃。干法加压时无干燥阶段,温度以能使胶黏剂快速固化为准,一般采用 180～200℃;以阔叶材为原料时,热压温度可适当提高,最高可达 260℃。半干法热压温度不宜超过 200℃,以防板坯中熔解木素和糖类热解焦化,使产品强度明显下降。用湿干法制造硬质板要求温度达 230～250℃。干法纤维板热压方法有周期式多层热压法、连续式平压法、滚压法等。

后期处理:湿法和半干法纤维板在热压后需经热处理和调湿处理,干法纤维板则直接进行湿热平衡处理(冷却)。中密度纤维板表面需砂光,软质纤维板表面有时需开槽打洞,硬质纤维板作内墙板用时表面可开"V"形槽或条纹槽。纤维板的表面加工,通常有涂饰和覆贴两种方法。至于浮雕、压痕、模拟粗锯成材表面的深度压痕等工艺,大都在板坯热压时一次形成,不属再加工范围。

中密度纤维板内部结构均匀,密度适中,尺寸稳定性好,变形量小,物理力学性能适中;表面平整光滑,机加工性能好,可在其上粘贴刨切的薄木或花纹新颖、美丽,因此在家居装饰中深受人们喜爱,常用于制作家具、隔板等。

中密度纤维板生产的能源材料消耗见表 1-15。从表中可以看出,新建生产线的原材料、能源消耗都显著低于早期建设生产线,这主要是设备技术和工艺技术进步,以及生产规模的扩大等。

表 1-15 纤维板生产的能源材料消耗比较

项 目	早期建设	近期建设	备注
木材消耗/m³	1.8～2.0	1.5～1.6	
电能消耗/(kW·h/m³ 成品)	350～400	250～300	以 15mm 成品板计算
热能消耗/(Gcal/m³ 成品)	1.3～1.5	1.0～1.2	

4.刨花板生产工艺流程

刨花板亦可称为碎料板或微粒板,是将木材等原材料切削成一定规格的碎片,经过干燥、拌以胶黏剂、硬化剂、防水剂,在一定的温度下压制而成的一种人造板材。

因为刨花板结构比较均匀,加工性能好,可以根据需要加工成大幅面的板材,是制作不同规格、样式的家具较好的原材料。制成品刨花板不需要再次干燥,可以直接使用,吸音和隔音性能也很好。但它也有其固有的缺点,因为边缘粗糙,容易吸湿,所以用刨花板制作的家具封边工艺就显得特别重要。另外由于刨花板容积较大，用它制作的家具，相对于其他板材，也比较重。普通刨花板的生产工艺流程见图 1-11 和图 1-12。

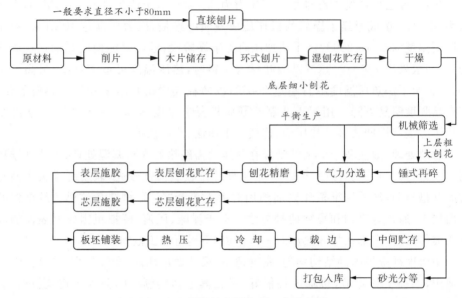

图 1-11　普通刨花板生产工艺流程图

刨花制造：指将原材料制造成刨花基本单元的过程，对于木材来说，主要有直接刨片法和削片-刨片法两种。直接刨片法是将木材直接加工成刨花，而削片-刨片法则是将木材先制造成木片，然后再将木片刨切成刨花。刨花的形态尺寸对刨花板质量影响非常显著，不同品种的刨花板对刨花的形态尺寸要求不同。

刨花干燥：刨花制造过程中，一般要求木材含水率为 40%～60%，而热压要求板坯平均含水率为 10%～15%，因此，施胶前必须对刨花进行干燥。一般要求干燥后含水率表层为 12%～16%，芯层为 10%～14%。合适的刨花含水率不但可以有效地缩短热压时间，提高压机产量，同时还可以改善产品质量。

刨花分级：通过机械筛选和气流分选对刨花进行分级，不但可以分选出表层和芯层刨花，实现芯层表层分开施胶，同时对那些粗大刨花实现加工，满足生产要求。

刨花再碎：将不能满足生产工艺要求的刨花进行加工，同时可以调整表层芯层刨花的比例，实现平衡生产。

刨花施胶：将有限的胶黏剂均匀施加到刨花表面，利于刨花间的胶合。施胶方法有雾化施胶法、摩擦施胶法等。要求对刨花和胶黏剂进行精确计量，且能准确控制刨花和胶黏剂的比例，以达到施胶均匀的目的。

刨花铺装：将施胶后的刨花按照"均衡、均匀、对称"的原则铺装成质量和结

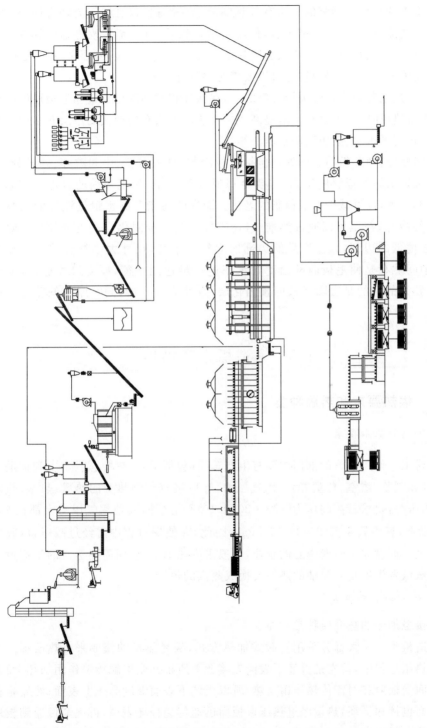

图1-12 单层热压法刨花板生产工艺流程图

构符合要求的板坯。铺装的方法有气流铺装、机械铺装和机械气流联合铺装。气流铺装分选能力强,板面细腻平滑,但芯层结合较差;机械铺装改善芯层的胶合质量,但表层相对较粗;机械气流联合铺装是表层采用气流铺装,芯层采用机械铺装,既可以改善成品板表面质量,也可以改善芯层胶合质量。

热压:是刨花板生产的关键工序之一,在保证胶黏剂固化质量和毛板厚度的前提下,缩短热压时间,可以有效地提高产量。热压方法有周期式的单层和多层热压法、连续式的平压法、滚压法和挤压法等。

后期处理:刨花板的后期处理包括毛板冷却、裁边分割、中间贮存、砂光分等。从热压机出来的毛板温度很高,需要冷却到70℃以下,使毛板内的含水率和温度达到基本平衡,且可减少脲醛树脂的老化。而酚醛树脂等耐水耐热性好的胶黏剂则不需要冷却,甚至可以通过热堆放,让胶黏剂进一步固化。裁边分割是去除密度低、强度低的边部,且使产品的边部四周整齐平直,尺寸大小符合产品的规格要求;中间贮存是使毛板内部温度含水率进一步达到平衡,厚度尺寸稳定,便于砂光。砂光的目的是去除毛板的预固化层,且使表面光滑,同时厚度偏差达到产品要求。

1.5　人造板生产供热

1.5.1　供热要求和热源种类

1.供热的基本要求

木材工厂使用蒸汽的部门主要有生产车间(包括干燥、热磨、热压等)和辅助生产车间(如制胶、浴室、食堂等)。用气压力,除以蒸汽作为热源的热风、热水、热油干燥、热压等,要求较高的压力[$(13\sim20)\times10^5$ Pa]之外,其他用气压力大都在 7×10^5 Pa 以下,有些只要求$(2\sim3)\times10^5$ Pa。因此,在使用过程中需经过减压,以确保用气安全。而设立了热能中心的企业,一般采用热油供热,而需要蒸汽的生产设备则通过蒸汽发生器将导热油的热能转换成蒸汽的热能。

2.热源种类和特点

1)接触加热的热介质种类和要求

人造板生产绝大部分采用接触式加热方式,板坯热量的获取来自热压板。在周期式热压过程中,首先是板坯下表面先接触下压板并受接触传热作用加热,而板坯上表面受辐射和对流传热作用受热,所以板坯下表面温度高于上表面;然后是板坯上表面也接触板坯,热量经过热压板板面迅速传递板坯表层,再逐渐传递到板坯中心部位。板坯在热压过程中板坯表层先于芯层受热,热量通过表层,传递给芯层,因此,板坯存在着表层温度高而芯层温度低的温度梯度问题,特别是在热压初期,随着热压的进行,温度梯度将逐渐减小。在热力作用下,表层水分受热向芯层扩散,板坯含水率由最初表层含水率高、芯层含水率低改变为芯层含水率高、表层含水率低,形成了与含水率分布相反的含水率梯度。在热压过程中,含水率的移动是产生的水蒸气的分压力作用而使水分向芯层扩散,而将热量迅速传递到芯层。板坯的表层和芯层的温度梯度及温度不能同步上升是接触式传热热压的方法固有的问题,这也要求根据这一特点制定合理的热压工艺。周期式热压存在板坯在压机中"受热不受压"的现象,因此,板坯表层的胶黏剂固化时而板坯没有被压缩到一定的密度。因此,就会形成一定厚度的密度低、强度低的表层,即预固化层。连续式热压机很好地解决了板坯在热压机中"受热不受压"的问题,因此,连续式热压法不存在和很少有预固化层。

接触加热作为人造板的主要加热方式广泛用于人造板制造,接触加热的热能由热压板通道内部流动的导热介质(载体热体)提供,热介质的特性直接影响热压板的温度高低和温度的稳定性。作为人造板热压的热介质应符合以下要求:①优良的热传导性能,能快速高效地将热能传递给热压板;②在常压下具有高沸点和低冷凝温度;③热稳定性好,热焓值较高,且不易燃烧;④无毒、无臭和低腐蚀性,利于锅炉设备和输送管道运转;⑤价格低廉,经济性能好。目前人造板使用的热介质主要有蒸汽、过热水和高温热油。

2)人造板热介质的特点比较

(1)饱和蒸汽热焓值较低,温度波动大,运行压力较高,设备密封要求高且故障率高,需要有专门余热回收设备,否则能耗高。此外,饱和蒸汽会产生冷凝水和水垢,这些都会影响热传导效率。但设备简单,投资少,仍是人造板热压选用的主要热介质。

(2)过热水的热容量远大于蒸汽,无冷凝水排放,可循环利用,热利用率高,但设备系统复杂,设备密封要求高,易含杂质产生沉淀结垢,对加热系统有腐蚀作用。

(3)导热油在沸点下运行,热容量大,传热稳定,热效率高,无腐蚀和结垢,系统运行压力低,易于密封和防漏,但热油价格昂贵、可燃,并易产生污染。

不论采用任何一种热介质、对同一块压板不同部位均要求温差小,一般要求小于 3℃;对于多层压机,各层热压板的温差应小于 5℃。据此,高温热油优于热水,远优于蒸汽。热压板加热管路的合理分布,关系到热压板自身的均匀传热和板坯的均匀加热。新型压机将蒸汽通道由横向改为纵向,这样减少弯曲,且降低蒸汽压损失。

在热压板的热介质中,饱和蒸汽还常被使用,为了使热量得到充分利用,可以将废气再次循环使用,以获得最大的经济效益。

1.5.2 供热系统

1. 锅炉供热

锅炉的额定容量 Q,可按下式确定:

$$Q = 1.15 \times (0.8Q_c = Q_s + Q_z + Q_g)$$

式中, Q——锅炉额定容量,t/h;

　　Q_c——全厂生产用的最大蒸汽耗量,t/h;

　　Q_s——全厂生活用的最大蒸汽耗量,t/h;

　　Q_z——锅炉房自用蒸汽量,t/h(一般取 5%~8%);

　　Q_g——管网热损失,t/h(一般取 5%~10%)。

锅炉型式的选择,要根据全厂用气负荷的大小、负荷随季节变化的曲线、所要求的蒸汽压力以及当地供应燃料的品质,并结合锅炉的特性,按照高效、节能、操作和维修方便等原则确定。木材加工工厂一般采用沸腾炉、链排炉和煤粉炉,其炉型应根据燃料的特性和热效率进行选择。

2. 热能中心供热

人造板企业的热能中心以企业生产过程中所产木粉、锯屑等木质废料为燃料,经燃烧炉燃烧而产生的热能(如热风、热油、蒸汽等多种热载体)供给企业生产用热的热能供给设备。燃烧炉燃烧产生的热烟气直接供给干燥机用热;燃烧所产生的热能的一部分用于加热导热油装置,热油通过蒸汽发生器产生蒸汽用于热磨机等用气设备;用气设备除氧器排出的热水用做石蜡熔化;热油直接作为连续压机的加热介质。热能中心能充分利用人造板生产过程中产生的剩余物,将废料转化为工厂所需的各种热能,可节省大量燃煤,降低生产成本;有利于环境保护,是一套高效、节能、环保的热能供给设备。

1)热能中心工艺流程

中密度纤维板生产线主要用热载体为热风、热油和蒸汽。年产 $1 \times 10^5 \mathrm{m}^3$ 的中密度纤维板生产线和为其配套的热能中心以国产设备为主;年产 $2 \times 10^5 \mathrm{m}^3$ 的中密度纤维板生产线和为其配套的热能中心以进口设备为主。

热能中心由燃料供给系统、燃烧室燃烧系统、导热油炉供热系统、蒸汽锅炉供热系统和热烟气供热部分组成。用以加热空气,导热油和水产生热油和蒸汽。热油用于热压,蒸汽用于热磨、熔蜡、风选、制胶等,热烟气则经除尘后再供干燥机干燥纤维。主要设备包括燃烧室、热油交换器、烟气混合室、烟气除尘器、蒸汽发生器等。此外还包括相应的风机、油泵、水泵、水处理设备、除尘器等辅助设备。

2)热能中心热负荷计算

纤维板热能中心供热主要包括热压、热磨、熔蜡、木片预热、制胶、风选、干燥、废水燃烧和生活用热部分。年产 $1 \times 10^5 \mathrm{m}^3$ 中密度纤维板厂和年产 $2 \times 10^5 \mathrm{m}^3$ 中密度纤维板厂热能中心热负荷情况见表 1-16。年产 $2 \times 10^5 m^3$ 中密度纤维板厂热能中心的供热量应满足工艺最大用热要求。为了保证生产的可靠性,总供热量取最大热量总和并留有适当余地,最终选定热能中心额定容量为生产实际最大用热量:42 300kW(152.82GJ/h)。

表 1-16　中密度纤维板厂热能中心热负荷情况

项目	年产 $1 \times 10^5 m^3$ 中密度纤维板厂/kW(GJ/h)		年产 $2 \times 10^5 m^3$ 中密度纤维板厂/kW(GJ/h)	
	最大消耗	平均消耗	最大消耗	平均消耗
热压	2 088(7.54)	1 856(6.70)	2 320(8.37)	2 088(7.54)
热磨	5 220(18.84)	4 640(16.75)	8 354(30.14)	6 960(25.12)
熔蜡	232(0.84)	232(0.84)	348(1.26)	232(0.84)
木片预热	928(3.35)	928(3.35)	1 160(4.18)	696(2.51)
制胶	1 160(4.18)	—	1 392(5.02)	1 044(3.76)
风选	928(3.35)	—	1 044(3.77)	812(2.93)
干燥	10 090(36.42)	—	25 990(93.78)	20 880(75.36)
废水燃烧	812(2.93)	—	1 160(4.18)	1 160(4.18)
生活用热	348(1.26)	—	464(1.67)	348(1.26)
合计	21 808(78.71)	—	42 224(150.72)	34 300(125.60)

3)热能中心系统

中密度纤维板厂热能中心由燃料供给系统、燃烧室燃烧系统、导热油炉供热系统、蒸汽锅炉供热系统和热烟气供热系统等五大部分组成,如图 1-13 所示。系统简述如下。

(1)燃料供给系统。

燃料供给系统根据企业生产过程中所产木质废料可分为粉状(木粉、锯屑等)燃料供给系统和块状(树皮、碎块等)燃料供给系统。粉状燃料供给系统由粉状废料收集输送设备、木粉料仓等设备组成。粉状燃料经收集输送到粉料仓内贮存,从粉料计量料仓下部出料螺旋定量输出,由多台输送风机送至喷嘴,喷入悬浮燃烧室内燃烧。粉状废料的喷燃量可根据燃烧室内温度自动调节。粉状燃料供给系统工艺流程为:粉料仓→定量出料螺旋→输送风机→止回安全阀→粉尘喷射装置→燃烧炉。

块状燃料供给系统由块状废料收集输送设备、活化料仓和木片输送设备组成。枝桠、树皮碎木和块状废料经破碎机破碎成一定规格,经皮带运输机送到活化料仓,由活化料仓下部活底出料机构根据燃料需求量由出料机构将燃料定量推出至控制给料皮带运输机,由上料皮带运输机将燃料送到能源中心燃烧进料斗燃烧槽。其燃料供给系统工艺流程为:活化料仓→定量出料螺旋→燃烧槽→燃烧炉。

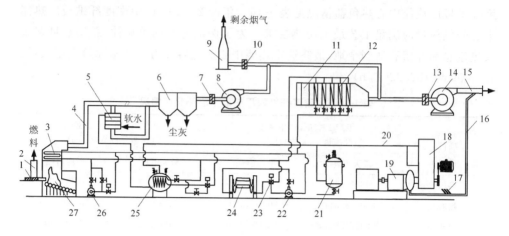

图1-13　年产$8 \times 10^4 m^3$中密度纤维板热能系统原理图

1.燃料推进装置;2.燃料斗;3.热油加热器;4.热风管;5.冷水预热器;6.烟气除尘器;7.调节风门;
8.烟气排风机;9.烟囱;10.烟囱调节风门;11.空气滤清器;12.空气加热器;13.干燥调节风门;
14.干燥风机;15.纤维干燥管道;16.纤维输送管道;17.施胶管;18.木片蒸煮器;
19.纤维分离系统;20.蒸汽管道;21.制胶反应釜;22.热油循环泵;23.电动比例调节阀;
24.热压板;25.蒸汽发生器;26.锅炉循环油泵;27.燃烧室

(2)焚烧炉燃烧系统。

块状废料由燃烧进料斗落在往复炉排上,由斜往复炉排逐步推下,并在炉排上燃烧。炉排下设计成对称的相互密封的助燃风室,每个助燃风室的给风量可以各自调节,以使不同的混合比的燃料均可达到最佳燃烧工况。炉排为水冷炉排,以确保连续长期高温燃烧,冷却循环水循环至除氧器为除氧器提供热量。

砂光粉和锯屑等用专用喷燃设备喷入炉内,在悬浮燃烧室燃烧。喷嘴采用多层周边布置,在炉内产生强烈的扰动,有利于空气和燃料充分混合,燃烧彻底。

燃烧室上设有三个烟气出口,分别向蒸汽锅炉、热油炉和烟气混合室输送高温烟气。各个烟气通道上均设置烟道调节阀或变频控制风机,以便控制蒸汽锅炉、热油炉和烟气混合室的实际供热量。烟气量多余时,可开启燃烧室上紧急烟囱,将部分烟气向外排放,控制系统自动减少向炉内的燃料供应量,同时相应减少助燃风风量。

燃烧室侧安装全景彩色监视摄像头,监视能源中心燃烧情况和各部位运行情况,监视显示器布置在控制中心内,便于随时观察。

(3)导热油炉系统。

导热油炉系统以高温烟气为热源,产生240~280℃的热油,采用的设备与常规热油炉基本相同。导热油炉的实际供热量和供热温度通过烟气管道上的阀门和变频风机采用无级连续调节;导热油炉中设置吹灰装置;导热油炉主要提供热压机所需的导热油,通过导热油循环供给热压机所需热量;导热油的循环采用两级强制循环系统:一级循环为导热油炉的供热循环;二级循环为各用热油设备的热循环。两级循环系统以三通调节阀连接,以保证用热设备要求的控制温度。

(4)蒸汽锅炉系统。

蒸汽锅炉系统以燃烧室的烟气作为热源产生饱和蒸汽。蒸汽锅炉的压力、温度和水位均可自动调节,并控制在设定的安全范围内。供给蒸汽发生器的水预先经过软化和除氧处理。软化水装置采用三塔式流动床水处理装置;采用热力除氧器除氧。

蒸汽发生器产生的饱和蒸汽先进入分气缸,由分气缸向各用气点分配蒸汽,再由厂区供热管道输送至各车间,以满足不同生产设备和生产线的用热要求。

(5)烟气混合利用系统。

从导热油炉、蒸汽锅炉和燃烧室排出的烟气,最终全部进入烟气混合室进行混合。为了使烟气混合室出口温度便于调节,在烟气混合室中还要加入适量的新空气,从而使烟气混合室输出的烟气温度恒定,满足纤维干燥工艺要求。烟气应通过除尘、除灰系统处理以达到工艺使用要求。采用铸铁多旋风除尘器除尘,效率较高,除尘后的全部烟气送至干燥工序,只在燃烧炉启动时有少量烟气排放大气。使用的燃料为木废料,因此除尘器排出的细灰和炉排下灰渣量都较少,可分别采用螺旋运输机和刮板出渣机集中后用手推车运离。

年产 $1\times10^5\,m^3$ 和 $2\times10^5\,m^3$ 中纤板厂各工序木质废料主要参数见表1-17。

表 1-17　年产 $1\times10^5\,m^3$ 和 $2\times10^5\,m^3$ 中纤板厂各工序木质废料主要参数

工序名称	木质废料种类	发热量/(kJ/kg)	年产 $1\times10^5\,m^3$		年产 $2\times10^5\,m^3$	
			木质废料数量/(kg/h)	热量/(GJ/h)(Gcal/h)	木质废料数量/(kg/h)	热量/(GJ/h)(Gcal/h)
剥皮	树皮	6 280	425	2.67(0.64)	810	5.09(1.21)
木片筛选	木屑	12 540	1 450	18.18(4.34)	1 950	24.45(5.84)
成形	废纤维	16 250	125	2.03(0.48)	450	7.31(1.75)
锯边	锯屑	17 061	1 008	17.20(4.11)	1 286	21.94(5.24)
砂光	砂光粉	17 061	1 407	24.00(5.73)	2 038	35.54(8.48)
补充料	枝桠木片	12 540	768	9.64(2.30)	3 762	47.17(11.26)
小　计			5 183	73.69(17.60)	10 290	141.5(33.80)

参 考 文 献

陈广琪. 1991. 竹木复合材料的研究[D]. 南京:南京林业大学.

陈剑平,胡广斌,李元春. 2012. 世界定向刨花板生产能力现状[J]. 科技致富向导,(21):217.

东北林学院. 1990. 胶合板制造学[M]. 北京：中国林业出版社.

方桂珍，刘一星，崔永志，等. 1996. 低相对分子质量 MF 树脂固定杨木压缩木回弹技术的初步研究[J]. 木材工业，10(4)：18-22.

顾继友，胡英成，朱丽滨. 2009. 人造板生产技术与应用[M]. 北京：化学工业出版社.

何翠花. 1991. 竹木复合胶合板的试制报告[J]. 木材工业，5(4)：50-51.

胡广斌. 2011. 世界刨花板生产能力发展概况[J]. 林产工业，38(3)：44-46.

华毓昆. 1999. 改变观念迎接 21 世纪的挑战[J]. 林产工业，26(1)：9-10.

科尔曼 F F P，等. 1984. 木材与木材工艺学原理（人造板部分）[M]. 北京：中国林业出版社.

李坚，陆文达，刘一星，等. 2002. 木材科学[M]. 北京：高等教育出版社.

李淑君. 2001. 新型多孔碳材料——木陶瓷的研究[D]. 哈尔滨：东北林业大学.

林产工业通讯. 2010. 2009 年我国人造板产量[J]. 林产工业，37(5)：12.

林时峰. 2008. 2007 年我国人造板产量[J]. 林产工业，35(4)：45.

林时峰. 2009. 2008 年我国人造板产量[J]. 林产工业，36(4)：30.

刘建萍. 1999. 木制品新品种——胶合木[J]. 木材工业，13(6)：39-41.

卢远桂，等. 1993. 胶合木[M]. 北京：中国农业出版社.

陆文达. 1993. 木材改性工艺学[M]. 哈尔滨：东北林业大学出版社.

吕斌，唐召群，等. 1998. 强化复合地板生产工艺特点、性能及安装[J]. 林产工业，25(1)：36-38.

吕斌，周梅剑，唐召峰，等. 1999. 我国三层实木复合地板的质量现状[J]. 木材工业，13(4)：29-30.

马荣. 1998. 木材陶瓷[J]. 兵器材料科学与工程，(6)：45-48.

马荣. 1998. 木材陶瓷的制备与性能研究[J]. 西安交通大学学报，(8)：57-61.

潘淑清，周玉申. 2004. 中密度纤维板工艺设计[M]. 广州：华南理工大学出版社.

屈永标. 1997. 钢木复合多功能门[J]. 建筑人造板，(2)：35.

唐忠荣，李克忠. 2006. 木质材料性能检测[M]. 北京：中国林业出版社.

唐忠荣，刘欣，张士成. 2010. 木材工业工厂设计[M]. 北京：中国林业出版社.

王思群. 1991. 竹木复合定向刨花板的研究[D]. 南京：南京林业大学.

吴章康. 2000. 竹木复合中密度纤维板工艺条件的研究[J]. 木材工业，14(3)：7-10.

向仕龙，蒋远舟. 2008. 非木材植物人造板[M]. 北京：中国林业出版社.

向仕龙，李赐生. 2010. 木材加工与应用技术进展[M]. 北京：科学出版社.

徐咏兰. 2002. 中高密度纤维板制造与应用[M]. 长春：吉林科学技术出版社.

于夺福. 2000. 发展强化复合地板[J]. 木材工业，14(1)：21-23.

苑金生. 1998. 新颖奇特的木材[J]. 建筑人造板，(2)：42-43.

约翰·瓦德斯沃德，胡广斌. 2010. 2009 年世界中密度纤维板生产能力调查[J]. 中国人造板，增刊：5-12.

中国林学会木材工业分会秘书处. 2010. 2010 年我国人造板产量统计数据[J]. 木材工业，25(4)：54.

中国林业学会木材工业分会. 2005. 2004 年我国人造板产量[J]. 林产工业，32(4)：28.

中国林业学会木材工业分会. 2006. 2005 年我国人造板产量[J]. 林产工业，33(4)：10.

中国林业学会木材工业分会. 2008. 2006 年我国人造板产量[J]. 林产工业，35(4)：45.

周定国，华毓坤. 2011. 人造板工艺学[M]. 北京：中国林业出版社.

周贤康. 1999. 水泥刨花板化学助剂的选择[J]. 林产工业，26(5)：3-6.

周兆，曹建春，汤佩钊，等. 2000. 铝箔覆面刨花板[J]. 木材工业，14(1)：32-34.

朱家琪，罗朝辉，黄泽恩. 2001. 金属网与木单板的复合[J]. 木材工业，15(3)：5-7.

Felby C，Pederson L S，Nielsen B R. 1997. Enhanced auto adhesion of Wood fibers using phenol oxidizes. Holzforsehung，51(3)：281-286.

Han G P，Kawal S，Umemura K，et al. 2001. Development of high-performance UF bonded reed and wheat straw medium-density fiberboard. Journal of Wood Science，(47)：350-355.

Hiroshi I，et al. 1999. Mechanical properties of wood ceramics：A porous carbon material. Journal of Porous Materials，(6)：175-184.

Hsu W E，Schwald W. 1988. Chemical and Physical changes required for producing dimensionally stable wood based composites. Wood Science and Technology，(22)：281-289.

Sauter S L. 1996. Developing composites from wheat straw. Proceedings 30th International Particleboard Composite Materials Symposium：197-214.

Sekino N. 1997. Thinkness welling and internal bond strength of particleboard made from steam pretreated particles. Mokuzui Gobkaishi，(12)：78-82.

第2章 人造板生产原材料

人造板生产中形成产品主体的物质(原材料)包括木材植物纤维和非木材植物纤维两大类,其中又以木材植物纤维原料为主;帮助、促进形成产品的物质(辅助材料)包括胶黏剂和添加剂(固化剂、缓冲剂和填充剂等)。此外,为了满足产品的特殊使用条件要求,还可施加改性剂(阻燃剂、防腐剂和防霉剂等)。本章主要介绍人造板生产的原材料,而辅助材料在第6章进行介绍。

2.1 原料种类和来源

2.1.1 木材植物纤维原料

1.我国森林资源清查结果

森林状况主要包括森林的数量和质量两个具体指标,森林数量主要用森林面积和森林蓄积量来表示,森林质量主要用林分单位面积蓄积量和林种树种结构来表示。从1999~2003年,历时5年,国家林业局组织完成了第六次全国森林资源清查。全国森林资源清查,简称一类调查,以省(区、市)为单位进行,以抽样调查理论为基础,以固定样地调查为主进行实测的方法,在统一的时间内,按照统一的要求清查全国森林资源宏观现状及其消长变化规律,其结果是评价全国和各省(区、市)林业和生态建设的重要依据。

第六次全国森林资源清查的结果显示,全国林业用地面积达到 $2.85 \times 10^8 \text{hm}^2$,森林面积 $1.75 \times 10^8 \text{hm}^2$,森林覆盖率 18.21%,活立木总蓄积量 $1.3618 \times 10^{10} \text{m}^3$,森林蓄积量 $1.2456 \times 10^{10} \text{m}^3$。

第七次全国森林资源清查于2004年开始,到2008年结束,清查结果如下:全国森林面积 $1.954\,522 \times 10^8 \text{hm}^2$,森林覆盖率 20.36%。活立木总蓄积 $1.4913 \times 10^{10} \text{m}^3$,森林蓄积 $1.3721 \times 10^{10} \text{m}^3$。除港、澳、台地区外,全国林地面积 $3.037\,819 \times 10^8 \text{hm}^2$,森林面积 $1.9333 \times 10^8 \text{hm}^2$,活立木总蓄积 $1.4554 \times 10^{10} \text{m}^3$,森林蓄积 $1.3363 \times 10^{10} \text{m}^3$。天然林面积 $1.196\,925 \times 10^8 \text{hm}^2$,天然林蓄积 $1.1402 \times 10^{10} \text{m}^3$;人工林保存面积 $6.168\,84 \times 10^7 \text{hm}^2$,人工林蓄积 $1.961 \times 10^9 \text{m}^3$,人工林面积居世界首位。

2. 森林资源的变化特征

1) 第六次清查结果显示特征

第六次与第五次清查结果相比,森林面积持续稳定增长,有林地面积增加 $1.5968 \times 10^7 \mathrm{hm}^2$,森林覆盖率由 16.55% 增加到 18.21%,增长了 1.66 个百分点,平均每年增加 0.33 个百分点,增速相当于过去 50 年平均水平的 2 倍以上;森林蓄积量稳步增加,蓄积净增 $8.89 \times 10^8 \mathrm{m}^3$,年均净增 $1.78 \times 10^8 \mathrm{m}^3$,其中人工林蓄积量净增 $4.9 \times 10^8 \mathrm{m}^3$,占森林蓄积量净增量的 55.07%;在蓄积量增加的同时,森林质量得到了改善。林分每公顷林木数量增加 72 株,每公顷蓄积量增加 $2.59 \mathrm{m}^3$,中龄林和近熟林面积比例提高 2.99 个百分点,阔叶林和针阔混交林面积比例增加 3 个百分点,全国商品林与公益林的比例由 $83:17$ 变为 $63:37$。随着林业改革的逐步深入,非公有制林业成效突显,所占比重越来越大。其中,非公有制森林面积比例达到 20.32%,蓄积量比例占 6.77%,尤其是在现有的未成林造林地中,非公有制比例达 41.14%。从发展趋势看,林业后备资源充足,现有中幼龄林面积 $9.688\ 16 \times 10^7 \mathrm{hm}^2$、未成林造林地面积 $4.8936 \times 10^6 \mathrm{hm}^2$,近几年平均每年 $8 \times 10^6 \mathrm{hm}^2$ 左右的营造林成果,使得我国森林生态系统涵养水源、保持水土、防风固沙、调节气候、保护环境等多种综合效益将大幅度提高。

中国森林面积占世界的 4.5%,列第 5 位,森林蓄积量占世界的 3.2%,列第 6 位,人工林面积 $5.325\ 73 \times 10^7 \mathrm{hm}^2$,占我国有林地面积的 31.51%,居世界首位。从不利因素看,我国森林覆盖率仅相当于世界平均水平的 61.52%,人均森林面积不到世界平均水平的 $1/4$,人均森林蓄积量不到世界平均水平的 $1/6$,我国森林资源总量不足。

从林地流失情况看,第六次全国森林资源清查期间,全国有 $1.010\ 68 \times 10^7 \mathrm{hm}^2$ 林地被征占用等原因改变为非林地,其中有林地转变为非林地面积达 $3.6969 \times 10^6 \mathrm{hm}^2$,形势严峻。

从采伐现状看,林木过量采伐还相当严重。十五期间全国年均超限额采伐达 $7.554\ 21 \times 10^7 \mathrm{m}^3$;东北、内蒙古重点国有林区实施天保工程以来,采伐消耗量虽明显减少,但是由于多种原因,目前年均采伐消耗量是该林区合理采伐量的 3.24 倍。

从森林经营看,管理水平普遍不高。人工林树种单一,杉木、马尾松、杨树 3 个树种面积所占比例达 59.41%;人工林每公顷蓄积量 $46.59 \mathrm{m}^3$,只相当于林分平均水平的 55%,森林抚育不及时,森林质量低的状况尚未根本改善。

2) 第七次清查结果显示

第七次清查与第六次清查间隔五年内,中国森林资源呈现六个重要变化。两次清查间隔期内,森林资源变化有以下几个主要特点。

(1) 森林面积蓄积持续增长,全国森林覆盖率稳步提高。

森林面积净增 $2.0543\times10^7\text{hm}^2$，全国森林覆盖率由 18.21% 提高到 20.36%，上升了 2.15 个百分点。活立木总蓄积净增 $1.128\times10^9\text{m}^3$，森林蓄积净增 $1.123\times10^9\text{m}^3$。

（2）天然林面积蓄积明显增加，天然林保护工程区增幅明显。

天然林面积净增 $3.9305\times10^6\text{hm}^2$，天然林蓄积净增 $6.76\times10^8\text{m}^3$。天然林保护工程区的天然林面积净增量比第六次清查多 26.37%，天然林蓄积净增量是第六次清查的 2.23 倍。

（3）人工林面积蓄积快速增长，后备森林资源呈增加趋势。

人工林面积净增 $8.4311\times10^6\text{hm}^2$，人工林蓄积净增 $4.47\times10^8\text{m}^3$。未成林造林地面积 $1.046\,18\times10^6\text{hm}^2$，其中乔木树种面积 $6.3701\times10^6\text{hm}^2$，比第六次清查增加 30.17%。

（4）林木蓄积生长量增幅较大，森林采伐逐步向人工林转移。

林木蓄积年净生长量 $5.72\times10^8\text{m}^3$，年采伐消耗量 $3.79\times10^8\text{m}^3$，林木蓄积生长量继续大于消耗量，长消盈余进一步扩大。天然林采伐量下降，人工林采伐量上升，人工林采伐量占全国森林采伐量的 39.44%，上升 12.27 个百分点。

（5）森林质量有所提高，森林生态功能不断增强。

乔木林蓄积量增加 $1.15\text{m}^3/\text{hm}^2$，年均生长量增加 $0.30\text{m}^3/\text{hm}^2$，混交林比例上升 9.17%。有林地中公益林所占比例上升 15.64%，达到 52.41%。随着森林总量的增加、森林结构的改善和质量的提高，森林生态功能进一步得到增强。中国林业科学院依据第七次全国森林资源清查结果和森林生态定位监测结果评估，全国森林植被总碳储量 $7.811\times10^9\text{t}$。我国森林生态系统每年涵养水源量 $4.947\,66\times10^{11}\text{m}^3$，年固土量 $7.035\times10^8\text{t}$，年保肥量 $3.64\times10^8\text{t}$，年吸收大气污染物量 $3.2\times10^7\text{t}$，年滞尘量 $5.001\times10^9\text{t}$。仅固碳释氧、涵养水源、保育土壤、净化大气环境、积累营养物质和生物多样性保护等 6 项生态服务功能年价值达 10.01 万亿元。

（6）个体经营面积比例明显上升，集体林权制度改革成效显现。

有林地中个体经营的面积比例上升 11.39 个百分点，达到 32.08%。个体经营的人工林、未成林造林地分别占全国的 59.21% 和 68.51%。作为经营主体的农户已经成为我国林业建设的骨干力量。

第七次全国森林资源清查结果表明，我国森林资源进入了快速发展时期。重点林业工程建设稳步推进，森林资源总量持续增长，森林的多功能多效益逐步显现，木材等林产品、生态产品和生态文化产品的供给能力进一步增强，为发展现代林业、建设生态文明、推进科学发展奠定了坚实基础。

我国木质基材料的生产和加工已不能采用传统的木材加工方法，必须利用一切可利用资源，引进现代材料加工理念，应用材料设计原理，使有限的木质材料资源得到充分高效的利用。通过胶接技术、复合技术和重组技术，将低质材、劣等材、速生小径材、森林抚育间伐材的枝桠和小径材,加工成为国民经济建设发展和人们生活水平提高所需要的各类人造板材。

2.1.2　人造板原料来源

1.人造板原料特征

作为人造板生产原料的木材植物纤维原料,包含树木的全身都可以用来生产人造板。目前主要采用优质原木来生产胶合板,其余部分用来生产刨花板和纤维板,随着森林资源的匮乏,优质资源的减少,生产人造板的原材料的质量等级在不断降低。

木材作为森林的主体,也是人们保护生态环境的主体。其作为材料具有以下特征。

木材是一种可再生的生物质材料,它不同于其他材料,因树种不同、立地条件不同,材质差异极大。同时,木材的来源——树木又是人类生存地球的绿色屏障,是人类赖以生存的宝贵资源和财富,因此木材是一种特殊材料。

木材是一种功能材料,它具有其他材料所不具备的特殊功能。例如,木材的调湿功能、木材的装饰功能、木材的吸音功能、木材和人类生活的友好协调性等,木材与人类有不解之缘,是人类生产与生活所必需的重要材料。

木材是一种天然生物质复合材料。特殊的生理构造赋予木材特殊的性能。木材的生物学特性,致使木材的变异性非常大,是一种非均质材料。

基于以上木材的特殊性,决定了木材加工原理与方法的特殊性。因此,为充分地利用木材资源,必须依据不同种类、不同规格、不同性质木材原料的特点研究木材的加工原理,确定人造板的生产工艺和技术。

2.人造板原料的主要来源

人造板生产的木材植物纤维原料除生产胶合板需要的优质原木外,主要包括小径材、间伐材、劣质材、森林采伐剩余物和木材加工剩余物等。主要来源如下。

(1)原木类原料。原木类原料包括小径材、劣等材、间伐材。优质的天然林大径级原木、人工速生林的大径级原木,以及各类中小径级原木等原料均适合于生产胶合板、单板集成材、集成板材和集成方材(也称为胶接木材)等。但这些生产过程中产生的不适合材料均可用做纤维板和刨花板原材料。

(2)枝桠材。枝桠材主要来源于采伐和造材。树木伐倒后经打枝去头,留下树干(原条),剩下大量枝桠材。原条运到储木厂,进行造材又产生一定量的截头等即造材剩余物。这两类剩余物可以作为人造板生产的原料使用,主要用于生产木片,可用做刨花板、纤维板等生产原料；无论人工林还是天然林的培育都需进行间伐，以培养优质木材，因此产生大量的小径材和枝桠材。这类原料可用于生产刨花板、纤维板等，亦可用做重组材等。这类原料由于生长期短，材料的力学强度比较低。

（3）木材加工剩余物。木材加工剩余物包括截头、刨屑、锯末粉和砂光粉等。木材加工生产是以木材为原料，通过机械加工方法，直接制造木材半成品和产品的过程，包括制材生产、木制品加工制造等，产品有板方材、各类实木家具、建筑的门、窗、地板、楼梯扶手等，以及室内装饰装修材料。木材加工剩余物主要包括板皮、截头、刨花、锯屑、小木块等。目前中小木材加工企业将这类原料作为燃料处理。

（4）木片。近年来，木片已经成为林业生产的一个产品。林区大量的采伐剩余物、抚育伐剩余物、造材剩余物和各类木材加工剩余物可直接将其加工成木片供应市场。木片生产既解决了分散小批量原料集中利用问题，又降低了运输成本，更便于集中高效利用。去皮优质木片可用于生产优质人造板，还可以用于造纸。目前已有许多人造板生产厂家直接使用木片生产人造板。

（5）灌木类植物。灌木类是无明显直立主干的木本植物。灌木的经济价值大体可分为薪炭用灌木、工艺灌木、观赏灌木、饲料灌木、香料灌木和药用灌木等。灌木薪炭林燃烧后产生大量的热能可用于取暖、做饭等，与煤和石油相比，可以做到永续利用。工艺灌木的枝条纤细，可用于编织工艺晶，如任柳、紫穗槐、胡枝子、柠条、沙柳、乌柳等都是编制筐篓、席和日用工艺品的必要原料。因此，灌木虽不提供粗壮的主秆供家具等利用，但其在日常生活中的利用仍是十分广泛的。近年在我国已经开展利用沙柳制造人造板的开发研究。

2.2　人造板生产原料的性质

人造板是利用木材和非木木材植物单元通过胶接或复合而制成的人造板材，人造板的性能在很大程度上与其构成单元性能相关。人造板生产原料的基本性质包括物理性质、力学性质、化学性质和加工性质等。了解人造板生产原料的性质，有利于制定合理的生产工艺、调整和控制人造板的性质，以及有效地解决人造板的加工利用问题。

2.2.1　人造板生产原料的物理力学性质

人造板生产原料的物理性质是指原料不经过化学变化，也不需要承受载荷就能表现出来的性质。主要包括水分含量及存在状态、质量大小和干缩湿胀等，此外，还有原料对电、热、声的传导性，电磁波的透射性等，其中一些性能将直接影响人造板生产和产品性能。含水率的高低将直接影响单元的制造质量和能耗，质量的大小将影响产品的力学性能和产品的密度等。

1. 木质原料的水分与干缩湿胀

木质原料中的水分即含水率直接影响原料的许多性质,如质量、强度、干缩与湿胀、耐久性、燃烧性和加工性能等,尤其是对胶合单元的制造和胶接工艺密切相关。木质原料中的水分有两种,即自由水和结合水。自由水存在于细胞腔和细胞间隙内,与木质材料的质量、保存性和燃烧性相关。结合水存在于细胞壁内,也称为吸湿水、吸着水,与细胞壁物质的羟基以氢键形式结合,直接影响木质材料的干缩湿胀与强度,对人造板生产它直接关系到木质原料的弹塑性,与人造板生产工艺直接相关。

在木材干燥过程中,当细胞腔内的自由水完全蒸发,而细胞壁的结合水没散失时;或者当干木质材料的细胞壁吸满结合水,即细胞壁水分达到饱和状态,但细胞腔内完全没有自由水时,木质原料含水状态称为纤维饱和点。纤维饱和点是木质原材料性变异的转折点。木材原料含水率在纤维饱和点以上变化时,木材强度不变,没有干缩湿胀变化。而在纤维饱和点以下变化时,木质材料的强度随含水率的降低而增加,同时随含水率降低而产生收缩,木材绝干后,收缩达到最大值;反之,随含水率的增加而膨胀,直至达到纤维饱和点。纤维饱和点会因木材的树种不同而有差别,约为 30%。

木材的干缩湿胀各个方向差别显著,一般顺纤维方向(纵向)最小,弦向最大,纵向干缩率一般为 0.1%~0.3%,而径向干缩率和弦向干缩率则为 3%~6% 和 6%~12%。这是木材构造所致,主要是细胞壁的结构,由于主导作用的纤维细胞壁中次生壁中层(S_2 层)的纤丝排列方向与细胞轴接近平行,即木材的纵向,所以木材的横向干缩湿胀最大,纵向的干缩湿胀最小。

由于木材具有干缩湿胀特性,所以人造板构成单元也具有和木材一样的干缩湿胀的特性,且人造板构成单元还具有比表面积大和压缩变形的特征。因此,为提高人造板的尺寸稳定性,对那些压缩率大、施胶量不足以防水的人造板,必须在人造板生产过程中进行防水处理,如添加石蜡等憎水物质,以保证产品的尺寸稳定性,否则无法满足人造板的使用环境要求。

2. 木材的密度

木材的密度是指单位体积的木材的质量,它与木材的许多物理性能都有密切相关。木材密度是木材物理性能的一项重要指标,可以根据它来估算木材的质量,判断木材的物理力学性能(强度、硬度、干缩率、湿胀率等)和工艺性能等,对人造板生产有着很大的指导作用。

木材是多孔性物质,其外形体积由细胞壁物质、纤维孔隙(细胞腔、细胞间隙、纹孔等)和超微孔隙(微纤丝之间的空隙等)构成,其密度除木材容积密度外,还有细胞壁密度和木材细胞壁物质密度（实质密度）。实质密度与树种关系很小，不同树种之间基本相同，所以木材的孔隙度和密度之间存在直接关系。木材的实质密度大约为 $1.5\text{g}/\text{cm}^3$。木材细胞壁密度因树种不同而异，一般为 $0.71\sim 1.27\text{g}/\text{cm}^3$。

影响木材密度的因子很多，变化的幅度很大，通常根据它的含水率不同分为：基本密度＝绝干木材质量/生材体积；生材密度＝生材质量/生材体积；气干密度＝气干材质量/气干材体积；绝干密度＝绝干材质量/绝干材体积。最常用的是基本密度和气干密度。不同树种的木材密度与含水率、木材构造、抽提物含量等有关，而木材的构造和抽提物又受树龄、树干部位、立地条件等的影响。

木材的强度与刚性随木材密度而变化，其实质是单位体积内所含木材细胞壁物质数量的多少，决定木材强度与刚性的大小。木材密度的大小直接关系到用其制造的人造板的密度。当工艺条件一定时，使用密度小的木材原料制成的人造板材的密度也低；反之，使用密度大的木质原料制成的人造板材的密度高。另外，密度低的木质原料在压制人造板时，可压缩率大，相对胶接面积大，并且可以相对节省原料。密度还影响人造板制造过程中的加工性能，低密度木材可以采用较小的切削角刀具和较硬的干燥条件，反之亦然。

3. 人造板生产原料的力学性质

木质材料力学性质表示木质材料抵抗外部机械力作用的能力。外部机械力的作用有拉伸、压缩、剪切、弯曲、扭转、冲击等。由于组成木质材料的细胞是定向排列的，各项强度也就有平行纤维方向与垂直纤维方向的区别，对于木材垂直纤维方向又分为弦向和径向，同项强度因木材各向异性，其大小在三个方向各不相同。

影响木材强度的因素很多，主要是木材缺陷，其次是木材密度、含水率、生长条件、木材构造等。密度大，强度亦大，所以密度通常是判定木材强度的标志。产地不同、生长条件不同，木材强度亦会有差异。在同一株树上，因部位不同，强度也会有差别，如靠近髓心部分，易开裂，强度亦较低。

木材的力学性质直接左右实木制品的性质。但是，当将木材加工成小的胶合单元后再重组胶接时，木材的力学性质对人造板的性质的影响程度则相对减小，胶合单元越小其影响的程度越少。特别是当将木材分离成纤维时，再重组胶接或复合成人造板材后，木材自身的力学性质对人造板材性质的影响就更小。这主要是因为人造板的力学性质取决于原料自身强度和胶合强度两方面，采用高强度胶合时，木材强度就直接影响产品的强度，但纤维板和普通刨花板的力学强度一般只为木材强度的 $1/4\sim 1/3$，因此，木材强度对产品强度影响不大，但胶合界面和胶合质量则影响很大。

2.2.2　人造板生产原料的化学性质

木质材料的化学组成可大致分为主要成分和少量成分(抽提物)两种,主要成分是由纤维素、半纤维素和木素构成的,抽提物则是由脂肪族化合物、芳香族化合物、萜烯类化合物、含氮化合物、果胶和无机物等构成的。

1. 木材的元素组成

木材的元素组成,来源于抽提物的氮元素除外,碳约为50%,氢约为6%,氧约为44%,树种间的差别极少。除含有大量生物碱的特殊树种外,氮的含量一般在0.05%～0.4%。由于木材的元素组成大致是一定的,所以除了作为评论它的燃料价值以外,是没有什么意义的。以前曾认为木材是均一的化学物质,是树种间元素组成差别很小的缘故。

2. 木材的化学组成

木材的化学组成,可大致分为主要成分和少量成分。主要成分是构成细胞壁和胞间层的物质,是直接参与树木形成的成分。即主要成分广泛、大量地存在于所有树种中,包括非木质原料中,它的总量可达到90%甚至更多。相反,抽提物虽然有时也沉积于细胞壁中,但多数存在于细胞腔或特殊组织中,直接或间接与树木的生理作用有关。抽提物的含量,因树种而有显著差别,有些成分只在特殊树种中才能找到。

木材的化学成分如图2-1所示,作为一定的化合物定量地进行分离是困难的。常把纤维素和半纤维素合起来的高聚糖合称为综纤维素。

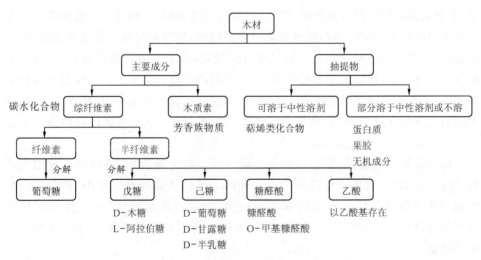

图2-1　木材化学成分的构成

1)纤维素

纤维素约占木材的 50%，是不溶于水的简单聚糖，是 D-葡萄糖以 β-1,4-苷键结合的链状高分子化合物，具有特殊的 X 射线图。纤维素的分子式可用 $(C_6H_{10}O_5)_n$ 表示，$C_6H_{10}O_5$ 为葡萄糖基，n 为聚合度。天然状态下的棉、麻和木纤维素，n 近于 10 000。

由许多不同长度的纤维素巨分子链组成微纤丝，而细胞壁的骨架又由微纤丝以各种不同的角度缠绕而成。关于微纤丝的具体结构和尺寸尚有不同说法，比较公认的两种结构理论认为，微纤丝内的纤维素巨分子链不是混乱地纠缠在一块，而是程度不同地、有规律地排列起来的。排列严密的区段显晶体特征，称为结晶区；排列程度疏松的区段称为无定形区。

有人测得构成针叶材最基本的微纤丝直径约为 3.5nm，微纤丝中的结晶部分约占整个体积的 70%。纤维素巨分子链相互间之所以能有秩序地排列，是因为其上自由羟基之间的距离在 0.25～0.3nm 时可以形成氢键。分子链间氢键的存在对纤维素的吸湿性、溶解度、反应能力等都有很大的影响。

纤维素为白色、无臭、无味、各向异性的高分子物质，密度 1.52～1.56g/cm³，比热容在 0.32J/(kg·K) 左右。根据分子链主价键能计算纤维素的拉伸强度达 8×10^3MPa，但天然纤维素中强度最高的亚麻，其拉伸强度才 1.1×10^3MPa。这是因为纤维素的破坏是分子链相互滑动所引起的，所以，其强度主要取决于分子链之间的结合力，结晶度越高，定向性越好，纤维素的强度越大。此外，分子链的聚合度在 700 以下时，随着聚合度的增加，强度显著提高，聚合度在 200 以下时，纤维素几乎丧失强度。

纤维素的无定形区有大量的游离羟基存在，羟基具有吸湿性，能吸引极性水分子，形成氢键，因此，纤维素的无定形区具有吸湿性，结晶区则没有。吸湿性大小与空气的湿度有关，湿度越高，纤维素无定形区越大，吸湿量越多。纤维素吸湿、吸水后会产生膨胀，无定形区原有少量氢键就会破裂，产生新的游离羟基，与水分子形成新的氢键，有时还能形成多层吸附，这些吸附的水称为结合水。当吸附水量达到饱和以后，水就不能再与纤维素产生结合力，这些水成为游离水（自由水）。纤维素无定形区占的百分比越大，则结合水越多。吸湿性大，会影响制品的物理力学性能，因此，选用原料和制定工艺时要从多方面考虑。

根据纤维素的化学结构，可知其化学性质。在人造板中，遇到最普遍的是降解反应。用物理、化学或物理化学方法使高分子化合物的尺寸减小、聚合度降低的现象称为降解。纤维素的降解类型很多，主要有水解降解（有酸性和碱性之分）、氧化降解、热降解等。人造板生产过程中经常发生的两种降解是酸性水解和热降解。

酸性水解降解是指纤维素在酸的作用下，缩醛连接（β-苷键）裂开，产生水解反应。水解反应后,纤维素的聚合度降低,还原能力增加,吸湿性增强,力学性能下降。当原料在高温下蒸煮时,即会产生酸性水解降解,酸性来自纤维素自身所分解出的有机酸(如甲酸、乙酸),起到催化作用。

热降解是指高分子物质因受热而产生聚合度降低的作用。纤维素热降解的程度与温度高低、作用时间的长短、介质的水分和氧气含量均有密切关系。受热时间越长,降解越严重。氧气对热降解速度影响很大,例如,在空气中加热至 140℃ 以上,纤维素的聚合度显著下降,但在同样温度的惰性气体中加热,则聚合度下降速度明显缓慢。由此可见,纤维素在空气中加热所发生的变化,先是氧化,然后才是分解。

水可以缓解热对纤维素的破坏作用。例如,热与水同时作用纤维素时,即使温度到 150℃,变化也不大,只有当温度到 150℃ 以上才开始脱水。

纤维素对酸或碱的抵抗性较半纤维素强。木材纤维素的降解反应主要发生在纤维板生产中的纤维分离阶段和人造的热压阶段。

2) 半纤维素

半纤维素是占木材 20%～30% 的非纤维素的高糖类,大部分可溶于碱。半纤维素又称为戊聚糖,是指除纤维素以外的所有非纤维素碳水化合物(少量果胶质和淀粉除外)的总称。用水解方法可使其生成 D-木糖,L-阿拉伯糖等戊糖、D-甘露糖、D-半乳糖和 D-葡萄糖等己糖,D-葡糖醛酸和 D-半乳糖醛酸等糖醛酸。这些糖类在构成半纤维素时,并不是只由一种糖类结合的均聚物。例如,葡甘露聚糖、4-O-甲基葡糖醛酸基木聚糖等各种半纤维素。

半纤维素各分子链常带有支、侧链,主分子链的聚合度约 200。树种不同,半纤维素的化学结构也不同。半纤维素无结晶区,是无定形物质。

由于半纤维素的结构,其吸湿性、润胀能力比纤维素大得多,这对提高原料的塑性和人造板强度有利。但半纤维素含量过高,会对人造板制品的耐水性、尺寸稳定性等带来不利影响。各种半纤维素在水和碱液中的溶解度与其结构分枝度(枝侧链上的糖基数与主链聚合度之比)有关,对于同一溶剂,同一聚糖分枝度较高时溶解度较大。

在半纤维素分子链中含有多种糖基和不同的连接方式,其中有的可以被酸溶解,有的可以被碱破坏,所以半纤维素抗降解比纤维素弱得多。在人造板生产过程中,凡有水、热作用的工序都会出现不同程度的半纤维素降解反应。

3) 木质素

木质素占木材的 20%～30%。木质素在植物纤维中与半纤维素共同构成结壳物质,存在于胞间层与细胞壁上微纤丝之间。木质素的一部分与半纤维素有化学连接。木质素是一类复杂的芳香族物质,属天然高分子聚合物,它的相对分子质量很大,在 800～10 000。构成木质素的基本单元苯丙烷,是取代的苯丙烷单元以碳—碳键和醚键结合起来的高分子芳香族物质，大部分不溶于有机溶剂。在木质素的结构中存在甲氧基、羟基、羰基、烯醛基和烯醇基等。

原木的木质素为白色和浅黄色，而分离木质素均具有较深的颜色。木质素与相应试剂有特殊的颜色反应，这是用来判别木质素是否存在的特殊反应。

木质素是热塑性物质，因其是无定形物质，所以无固定的熔点。木质素因树种不同，其软化和熔点温度也不一样，熔化温度最低为 $140\sim150℃$，最高为 $170\sim180℃$。木质素的软化温度与含水率高低有密切关系。分离木质素的玻璃化转变温度，随树种、分离方法、相对分子质量等而异，绝干试样的玻璃化转变温度在 $127\sim235℃$，但在吸水润胀时则降低至 $72\sim128℃$，由于水起到了木质素的增塑剂作用，所以降低了它的玻璃化转变温度。木质素的热塑性是人造板生产工艺条件制定的主要依据之一，纤维分离时因其塑性提高可降低纤维分离能耗，热压时因其塑性提高可改善板坯的可压缩性能，而对湿法纤维板的成板胶接起着重要作用。

在木质素结构中有多种化学官能团，所以化学活性很高，可以发生各种反应，如氧化、酯化、甲基化、氢化等，还可与酚、醇、酸及碱等反应。这些对人造板制造与改性的研究都是非常重要的。木质素在人造板生产过程中，主要是在受水热作用时，产生水解降解。处理温度越高，处理时间越长，木材各组分水解降解越严重。

木材主要成分中，以木质素抗水解降解能力最强，纤维素次之，半纤维素最弱。水热作用能使木质素降解活化，在热的继续作用下，又能重新缩合。例如，当纤维原料在蒸煮时，木质素的自缩合在 $130℃$ 就开始。此后降解与缩合两个相反方向的反应同时进行。在 $140\sim160℃$ 时，木质素缩合反应加速。水对木质素的缩合反应速度有很大的影响。当有水存在时，高温下降解的碳水化合物能溶于水，使活化的降解木质素暴露在外面，并使之相互接触而缩合。在无水状态，覆盖在木质素表面的降解碳水化合物起隔离作用，有碍于缩合反应的进行，故木质素降解速度比有水存在时大。这就是高温下水对木质素的保护作用。木质素降解产物和碳水化合物的降解产物与木质素相似，故这类物质称为假木质素或类木质素。

4）其他化合物

（1）脂肪族化合物。

脂肪族化合物发现的有烃类、醛类、醇类、脂肪酸等。脂肪酸分布在木射线薄壁组织中，并且边材较心材分布得多，由于制浆造纸工程中的树脂障碍而被注意。一部分脂肪酸成为高级醇的酯类存在。草酸在大多数情况下成为钙盐存在。

（2）芳香族化合物。

在抽提物中，芳香族化合物是多种多样的，有苯酚类、二苯乙烯类、香豆素类、色酮类、黄酮类、鞣质类、醌类、卓酚酮类、木酚素类等。芳香族化合物由于造成木材的颜色和亚硫酸盐法制浆时难以蒸解而被关注。

（3）萜烯类。

一般来说，针叶材含有的萜烯无论在量上还是种类上皆较阔叶材多。萜烯在木材利用上产生各种影响。例如，在制浆造纸工程中发生树脂障碍，制造胶合板时发生胶接缺陷等问题。

（4）含氮化合物。

在所有木材中都存在 $0.05\% \sim 0.4\%$ 的氮，主要是来源于细胞原生质的蛋白质。但是，除蛋白质外，也因树种的不同，发现有微量的氨基酸和各种生物碱的存在。

（5）果胶。

果胶存在于幼材的胞间层中，但量少。目前情况，还缺少详细的研究。

（6）无机成分。

木材中灰分含量为 $0.3\% \sim 1.0\%$，有些热带材有时超过 1%。灰分中的主要成分为钙，另外某种澳大利亚产木材富含铝和硅。

针叶材与阔叶材相比，针叶材的木质素含量高于阔叶材，阔叶材中半纤维素含量高于针叶材，针、阔叶材中纤维素含量差异较小。

在同株树种，树干与树枝的化学组分差异很大，主要表现在两方面：树干的纤维素含量高于树枝；树枝的热水抽提物含量高于树干。以枝桠材为原料的刨花板和纤维板，对上述差异应给予注意，它不仅影响原料的利用率，而且影响产品质量。

树皮的化学组分与树干木质部的化学组分大不相同。树皮中热水抽提物含量高，而纤维素、半纤维素含量则较少，木质素含量变化较大。纤维原料中的树皮含量大，会导致板材性能变差，即强度下降，吸水率高，板面色泽不均，从而影响制品的使用范围。

（7）抽提物与酸碱缓冲量。

木材的抽提物是指除构成细胞壁的纤维素、半纤维素和木素以外，经中性溶剂如水、乙醇、苯、乙醚、水蒸气或稀酸、稀碱溶液抽提出来的物质的总称。抽提物是广义的，除构成细胞壁的结构物质外所有内含物均包括在内。植物原料抽提物含量少者约为 1%，多者高达 40% 以上。抽提物含量随树种、树龄、树干部位和生长立地条件的不同而有差异，一般心材高于边材。抽提物不仅决定原料的性质，而且是制定人造板生产工艺的依据条件之一，它不仅影响制品的质量，有些还会造成对设备的腐蚀。

木材的酸碱缓冲量也是原料重要的化学性质之一，其中包括存在于细胞腔、细胞壁中的物质经水抽提后所得到的抽提液呈现出来的 pH，总游离酸和酸碱缓冲容量等方面的性质。

　　木材的 pH 泛指其水溶性物质酸性或碱性的程度。国内外研究测试结果表明,世界上绝大多数木材呈弱酸性,只有个别呈弱碱性,一般 pH 为 4.0～6.1。这是因为木材中含有乙酸、蚁酸、树脂酸和其他酸性物质。此外,在木材的贮存过程中,含酸量会不断增加,在干燥过程中,由于半纤维素乙酰基水解而生成了游离乙酸,所以木材呈弱酸性反应。

　　木材的酸碱性对人造板制造有重要影响,当木质原料胶接时,对其表面 pH 有一定的要求。木材中的碱性物质不利于脲醛树脂固化,而酸性物质具有催化脲醛树脂固化的作用。当木材的酸性过强(pH 过低)时,会造成酚醛树脂固化障碍。

2.2.3　材料的构造特征

1.树木的构造

　　树木是由树根、树干、树皮和树叶构成的。观察树干的横切面,它的外侧是树皮,内侧是木材部分,中间是髓心。木材部分大,而髓心部分小。

　　木材与树皮之间有狭窄的形成层带,它是由内侧的木质部原始细胞和外侧的韧皮部原始细胞构成的。树皮可分为由活细胞而成的内皮和在它外侧由死细胞而成的外皮两部分。

　　形成层原始细胞的活性因季节而异。它分生的时期,也因树种而有所不同,又在同一棵树木中也因位置不同而不同。温带树种,到了春季生活环境好,细胞分裂旺盛,生成密度小、体积大的细胞而成为早材,其余的生长时期,由于细胞的活性减小,则生成密度大、体积小的细胞而成为晚材。结果通过一年间的生长,随即形成了年轮。早材又称为春材,晚材又称为秋材或夏材。

　　在树木的横切面上,大多数木材的外围部分与内部的颜色和含水量不同,外围的浅色部分称为边材,内部的深色部分称为心材,在它们中间有一个分界区域。因为这一区域是由边材向心材的转变部分,称为边心交界材,特别是像柳杉类的木材,显示出较边材更为明显的白色时,又称为心边交界白线带。

　　树干的各个切面,由于切割方法不同,在切面上所出现的各细胞组织的方向和排列方式等亦有不同。基本上可分为横切面、径切面和弦切面三种。横切面是与树干垂直的切面,径切面是与树干轴平行而通过髓心的切面,弦切面是与树干轴平行而不通过髓心的切面。

2.木材的细胞要素及组织

　　木材的细胞在形态上各不相同,同时也因树种不同,其构成要素也不同,所以存在各种性质不同的木材。针叶材是由管胞、轴向薄壁组织、木射线、胞间道等组成的。由于科、属和种的不同,在细胞构成上虽有差别,但缺少导管是它的特征。管胞占全部木材的 90% 以上,是针叶材最重要的构成要素;长为 2～7mm,直径为 15～60nm。阔叶材是由导管、管胞、轴向薄壁组织、木射线、胞间道等构成的,构成细胞的种类较针叶材多。导管长为 0.1～1.3mm,宽度大,阔叶材特征之一是导管的存在,根据导管排列方式不同,可分为环孔材、散孔材、放射孔材、纹孔材等。

针叶材与阔叶材的明显差别,在于有无导管。另外,针叶材比阔叶材构成要素简单。这是因为阔叶材组织和细胞的分化较针叶材更加深入。对于人造板的性能,因板种不同受木材原料细胞特性影响程度不同。特别是纤维板,从木材细胞构造上看针叶材明显优于阔叶材。

2.3　原料贮存与运输

原料的贮存一方面是要保证生产所需原材料的数量,另一方面是通过贮存调控均衡原材料的含水率和搭配比例等,从而达到保证生产过程和产品质量稳定的目的。

原料的运输方式有通用设备运输和专用设备运输两大类,既有厂内运输设备也有厂外运输设备。通用运输设备包括火车、汽车、货船等,专用运输设备包括木片铲车、木材抓车、木片运输专用车辆等。木材堆垛设备包括吊车、架杆绞盘机、龙门吊车和桥式吊车等。

2.3.1　木材原料的贮存

1. 原料的贮存要求

人造板制造是连续化过程,为了保证生产正常进行,在生产厂内必须有一定量的原料贮备。原料贮存量由原料种类、生产规模、运输条件和原料来源是否有季节性等因素决定。对于有季节性的原料需要贮存 1～2 个季节,而一般需要有 1～3 个月生产所需原料贮备。对于原料收集距离远、收集地疏散的企业宜增大贮存量。此外,南方地区多雨季节木材收购比较困难,且原材料水分蒸发慢,一般适宜在雨季来临之前增大贮存量。

原料的贮存直接影响产品的质量和生产成本。原料贮存场地应干燥、平坦,且要有良好的排水条件,有些原料还要考虑防雨问题。为了防火和保证通风干燥,以及考虑装卸工作的方便,原料堆垛之间必须留有一定的间隔和通道,见图 2-2。设计时还应在堆场考虑足够的消防栓和原料称量场所。

图 2-2　原料堆场

2.原料堆积方法

　　贮存场地的大小取决于生产所要求的原料贮存量和搬运方式等。由人工搬运的料堆其高度不宜过高，一般不超过 3.0m，由机械搬运的料堆，允许高度达 10m以上。机械堆垛的方法有吊车堆垛、抓车堆垛、叉车堆垛、龙门吊车和桥式吊车等。图 2-3 为抓车堆垛和运输的工作图。

（a）运输式木材抓车

（b）吊装式木材抓车

图 2-3　木材抓车应用

　　各种薪炭材和木材加工剩余物的堆积系数如表 2-1 所示，可作为料场面积计算的参考。

表 2-1　各种薪炭材和木材加工剩余物的堆积系数

原料种类	直径或厚度/cm	堆积系数	原料种类	直径或厚度/cm	堆积系数
薪炭材（未劈开）	25～30	0.74	大板皮（堆垛）	—	0.53
	20～25	0.70	板条（散堆）	—	0.35
	15～20	0.66	锯屑（1～3mm）	—	0.20
	5～10	0.65	刨花	—	0.20
	15 以下	0.51	截头、梢头	1～5	0.30

续表

原料种类	直径或厚度/cm	堆积系数	原料种类	直径或厚度/cm	堆积系数
薪炭材（劈开）	10 以下	0.64	枝桠	1～3	0.25
伐根（劈开）	3～6	0.50	木片（夯实）	1～2	0.35
三角木块	—	0.40	木片（未夯实）	1～2	0.28

　　胶合板、胶接木材等生产用的原木保存有其特殊性，要求较高。为了防止原料在贮存期间腐朽变质和由于水分蒸发引起的端裂，有条件应尽量采用在水中贮存。在储木场贮存时应采取必要的防护措施。首先应尽量保持高含水率，使其接近或达到含水率为 150% 左右，以防止真菌的侵害，同时也不会产生端裂。使木材不暴露于太阳下面，同时在楞场上装设水管，定期进行喷水。另外，在原木的两端涂刷保湿防腐材料，可以防止水分蒸发，还具有防腐性能。

2.3.2　木材原料的运输

　　人造板原料运输应根据材料的运输要求、材料特性和运输距离等选择合理的运输方式，主要有水路运输和陆路运输两大类。目前我国尚缺乏专用运输设备，大多采用通用运输设备运输。

　　1. 陆路运输

　　原料的陆路运输主要有汽车运输和铁路运输，汽车运输又包括卡车运输和平板拖车运输。汽车运输灵活方便，组织简单，但运输成本高。平板拖车主要用于大规格尺寸的胶合板用材运输，卡车运输适用于各种原材料的长途或短途运输，而火车运输受到运输条件的限制，运输成本低于汽车运输，但一般需要转运，路途时间长，手续烦琐。

　　2. 水路运输

　　原料的水路运输包括船坞运输和扎排运输，其运输成本低、能耗低，但受到诸多客观条件限制。排运木材浸泡于水中，木材含水率高，不会造成木材开裂。

参 考 文 献

安银岭. 1996. 植物化学[M]. 哈尔滨：东北林业大学出版社.

北京林学院. 1983. 木材学[M]. 北京：中国林业出版社.

成俊卿. 1985. 木材学[M]. 北京：中国林业出版社.

程宝栋，宋维明. 2006. 中国木材产业资源基础及可持续性分析[J]. 林业资源管理，(1)：20-24.

顾继友，胡英成，朱丽滨. 2009. 人造板生产技术与应用[M]. 北京：化学工业出版社.

华毓坤. 2002. 人造板工艺学[M]. 北京：中国林业出版社.

黄律先. 1996. 木材热解工艺学[M]. 北京：中国林业出版社.

科尔曼ＦＦＰ，等.1984. 木材与木材工艺学原理(人造板部分)[M]. 北京：中国林业出版社.

李坚. 2002. 木材科学[M]. 2版. 北京：高等教育出版社.

刘一星，赵广杰. 2004. 木质资源材料学[M]. 北京：中国林业出版社.

宋先亮，殷宁. 2003. 爆破法制浆技术的研究现状[J]. 北京林业大学学报，25(4)：75-78.

天津工学院，华南工学院，等. 1986. 植物纤维化学[M]. 北京：轻工业出版社.

涂平涛. 1996. 论非木材植物纤维为原料的建筑人造板[J]. 新型建筑材料，(5)：19-24.

向仕龙，蒋远舟. 2008. 非木材植物人造板[M]. 2版. 北京：中国林业出版社.

向仕龙，李赐生. 2010. 木材加工与应用技术进展[M]. 北京：科学出版社.

向仕龙，李远幸. 1996. 干法蔗渣中密度纤维板热压工艺的研究[J]. 林产工业，(2)：5-7.

徐咏兰. 2002. 中高密度纤维板制造与应用[M]. 长春：吉林科学技术出版社.

尹思慈. 1996. 木材学[M]. 北京：中国林业出版社.

曾靖山，郑炽嵩. 2003. 爆破法制浆技术及其产业化应用[J]. 造纸科学与技术，22(6)：17-20.

张齐生. 竹类资源加工的特点及其利用途径的展望[J]. 中国木材工业可持续发展高层论坛：
　　37-41.

张齐生. 1995. 中国竹材工业化利用[M]. 北京：中国林业出版社.

赵仁杰，喻云水. 2003. 木质材料学[M]. 北京：中国林业出版社.

周定国. 2011. 人造板工艺学[M]. 北京：中国林业出版社.

第3章 单元制造

人造板生产的基本原理是首先将木材或非木材的植物纤维原料制造成几何形态尺寸和含水率符合工艺要求的构成单元,然后将构成单元施胶后压制成结构、形状、密度和强度等达到使用要求的板材或型材。

人造板单元制造是人造板生产的关键工序之一,单元的几何形状尺寸直接影响人造板的性能和质量;反之,人造板的品种也对单元的几何形状尺寸有一定的要求。不同构成单元的制造方法也各不相同。影响单元制造的因素主要有材料种类、含水率、制造方法等。

人造板构成单元是构成人造板材的最基本的单元,通常构成单元有小规格板材、单板、刨花、纤维和木(竹)束等。构成单元的种类和特性不同,用其制造的人造板的种类和特性亦不同。例如,小规格板材可制成胶合木(集成材);单板可制造普通胶合板、单板层积材(LVL)、单板条层积材等;刨花可制造普通刨花板、华夫板、定向刨花板(OSB)、水泥刨花板等;纤维可制造软质纤维板、中密度纤维板(MDF)、高密度纤维板(HDF)和石膏纤维板等。

3.1 原料准备及处理

3.1.1 原料去皮

1.去皮的目的、作用和方法

树皮含量占树木的 6%～20%,平均占 10%左右,制材板皮占 10%以上,小径木和枝桠材占 13%～28%,平均在 20%以上。树皮内纤维素含量低。

由于树皮的结构和性能与木质部完全不同,在胶合板与胶接木材等生产中无使用价值,如果原木不剥皮而直接使用,在旋切时易堵塞刀门,树皮内还夹有金属和泥沙杂物,会损伤刀具,影响正常旋切和单板质量。在纤维板和刨花板生产中当树皮含量增加时,会造成板材强度降低,同时还影响板材的外观质量,所以利用小径木和枝桠材为原料生产高档板材时需要考虑原料去皮问题。

未剥皮的小径材、树梢、枝桠材制造中密度纤维板时,由于树皮的纤维少而短,且浸提物含量大,不仅直接影响板子的强度和表面色泽,而且对生产过程中某些工序和设备也带来不利影响。在干法生产中会产生大量的粉尘,在削片、木片分选和运输过程中造成车间环境的污染,以及堵塞木片水洗机等。此外,树皮上还往往夹带着泥沙、碎石等杂物,这会增加热磨机的输送螺旋、磨片和纤维输送管道等的磨损。树皮的存在会造成蒸煮木片的pH过低,也将加重热磨机的腐蚀。为此,应尽可能减少树皮含量、提高木片的质量。

由于削片可将部分树皮从木材上分离,再经过筛选、水洗或风选能把分离的细碎树皮部分去除。实际生产上,仅依靠削片、分选工序只能去除树皮总量的30%～50%,且受伐木的季节和树种等因素的影响明显。这对树皮含量较高的枝桠材和径级约15cm的小径材来说,仍不能满足中密度纤维板生产要求。若扩大筛选去皮效果,则一些可用的小木片也被筛去,降低了木材的利用率。因此,在生产上采用专用设备去皮显得既工艺必要又经济合理。

在20世纪70年代中期,美国和加拿大就已进行了先削片后去皮工艺方法的研究和试验。该工序的核心是一台压缩剥皮机,带皮木片在两个反向旋转的液压施压的钢辊之间通过,由于钢辊的间距比木片厚度要小,所以在挤压过程中一部分树皮黏附在压辊上面,而后把它刮掉或被碾成可以筛掉的小颗粒。仅利用压缩进行剥皮,可去掉木片中树皮总量的约40%～70%。如果压缩之前木片经过5min左右的蒸汽处理,使树皮软化并稍微发黏,以便树皮能更好地黏附在压辊上,然后把树皮从压辊上刷掉或刮去,则可以清除55%～80%的树皮。虽然先削片后去皮工艺的去皮效果不够理想,但对于外购木片的去皮处理却是一种有效的方法。

机械剥皮的基本要求:剥皮要干净、木质部的损伤要小;设备结构简单,效率高,受树种、径级、长度、外形等因素的影响小。主要有切削法和摩擦法去皮两种方法。切削式剥皮机是利用切削刀具的旋转运动,配合木段的定轴转动或直线前进运动,从木段上切下或刮下树皮。切削式剥皮机按树皮剥下的方向又可分为纵向切削、横向切削和螺旋切削等形式;摩擦式去皮则是利用木材和刀体、木材和木材相互间的不规则切削和冲击碰撞而将树皮去除。

2. 切削法去皮

1)环式旋刀剥皮

环式旋刀剥皮是利用高速旋转刀头上的剥皮刀切入树皮至木材的形成层,在回转过程中将树皮剥下,而原木则由位于刀头前、后三个刺辊组合的能自动定心的进料机构完成直线进给运动,以此实现连续剥皮,如图3-1所示。

这种剥皮机体积小、重量轻,设备的电机容量不大,剥皮原木直径在5～35cm的为15kW,直径在3.5～21cm的仅为11kW,重量为1.1～1.3t,易于整体搬运和安装。剥皮过程中几乎无木材损失,对剥皮困难的树种、冻的或干的木材进行剥皮,其木材损失率仅为1%左右,且树皮的剥净率很高。

环式剥皮机的最大缺陷是不能剥制弯曲的小径材、枝桠材和较短的木段,且弯曲原木剥皮时常常会发生卡死现象,需停机反转退出;其次,生产率较低,主要取决于原木的直径。此外,这种剥皮机的结构较复杂,调整和刀具刃磨费时,且需技术水平较高的工人操作。

2)环式铣刀剥皮

环式自转刀剥皮是一种铣削剥皮法,其去皮原理是去皮刀绕自身轴旋转,同时刀架又围绕木头旋转,见图 3-2。自转刀在动力作用下绕刀轴旋转,刀架在气缸的压力作用下接触木材,从而达到切削木材的目的。这种剥皮机较环式旋刀剥皮机结构复杂,但去皮效果好,生产率高。

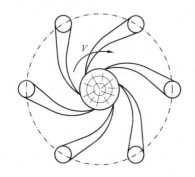

图 3-1　环式旋刀剥皮机

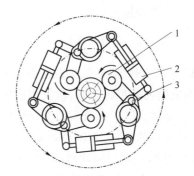

图 3-2　环式铣刀剥皮机
1. 自转刀头;2. 气缸;3. 刀架

环式旋刀剥皮和环式铣刀剥皮都只适合采用木材单根进料,并且要求木材具有一定的长度和直径大小,且不能过度弯曲等,因此,只能用于胶合板生产中的木段去皮。

3. 摩擦法去皮

1)滚筒式摩擦去皮

滚筒式摩擦去皮原理是木材随着圆筒旋转所产生的离心力紧贴圆筒内壁,并在筒壁上的筋条和摩擦力作用下被提升至一定高度,然后在重力作用下脱离筒壁下落,以实现木材的翻滚。木材在翻滚过程中受到筒壁、筋条和木材相互间的作用而产生剪切、挤压和冲击力,从而将树皮剥离,并通过筒壁上长条形槽孔将树皮排出至筒下运输皮带上,而剥皮原木在倾斜安装的圆筒中(进料端高、出料端低)或倾斜筋条(与圆筒轴线成一定夹角)的作用下呈螺旋线向前运动,最终从出料端排出。

靠近圆筒内壁的木材在离心力的作用下紧贴住筒壁,且克服自身重力被提起到一定高度后落下而冲撞下部木材,同时,圆筒内壁的滚刀会将木材翻转,并切削树皮。靠近圆筒中心部位的木材则只会受到上方落下木材冲击和下部木材的翻转摩擦而去皮。所以这种剥皮机通过撞击、摩擦和切削等的综合作用而达到去皮的

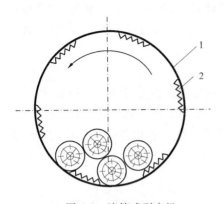

图 3-3　滚筒式剥皮机
1. 滚筒；2. 滚刀

目的,见图 3-3。原木在圆筒内顺着圆筒轴向排列的剥皮操作方式称为"平行式剥皮"。当木段的长度远小于圆筒的直径时,木段在圆筒内的运动是无序翻滚,则称为"翻滚剥皮"。当圆筒体积和转速都相同时,"平行剥皮"的生产率要比"翻滚剥皮"的生产率高 30%,且木材损失少,原木端头不被撕裂成"扫帚状"。"平行剥皮"树皮剥净率最高可达 98%。因此滚筒剥皮机多数采用"平行剥皮"。如果是弯曲的原木或不易剥皮的树种,最好采用"翻滚剥皮",可提高其树皮剥净率,最高剥净率几乎可达 100%,但木材损失较大,约为 4%。

当滚筒的容积确定后,滚筒剥皮机的生产率主要取决于圆筒转速和装填系数(原木在滚筒内堆积截面积和圆筒的横截面积之比),两者有负相关性,即装填系数大时,转速宜低些,反之转速可高。通常"平行剥皮"的装填系数为 0.5~0.6,"翻滚剥皮"为 0.4~0.45,此时圆筒适宜的转速约为临界转速的 50%。在上述条件下操作,可以获得最佳剥皮效果,即剥净率和生产率都较高。

所谓临界转速,是指旋转圆筒内原木获得的离心力和原木重力平衡,即原木随圆筒一起回转而不下落,此时滚筒剥皮机的临界转速和速度计算公式分别为

$$n = \frac{1}{2\pi}\sqrt{gr} \ 或 \ V = \sqrt{gr} \tag{3-1}$$

由于滚筒剥皮机是对成批的原木进行连续剥皮,所以生产率比一根一根原木进行剥皮的环式剥机高,而且还可以对弯曲的小径材、枝桠材和短小木段进行剥皮,故非常适合以枝桠材、小径材为主要原料的人造板厂使用。

滚筒剥皮机结构简单,体积庞大,圆筒直径为 1.8~3.8m、长度为 6.0~15.0m,且要保证一段一段组合起来的大滚筒同轴度。

2)转子式摩擦去皮

转子式摩擦去皮是利用一组反向转动的带剥皮齿板的转子所产生的作用力使木段在槽式机壳内翻转运动,利用转子上的圆周齿和木材间的相互摩擦和冲撞等作用而去皮。如图 3-4 所示,剥皮过程中,由于木段的翻转,使木段和转子上的剥皮齿板以及木段和木段之间相互摩擦剪切、撞击和挤压的作用频率大大提高,能更有效地分离树皮。剥下的树皮则从槽板的长槽孔排至机下树皮出料皮带上输出。而剥皮的木段在转子上剥皮齿板作用下,由进料端向出料端移动,并排至出料端下部的木段运输带上。滚轴式剥皮机如图 3-5 所示。

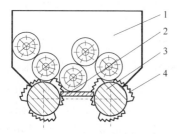

图 3-4　滚轴式剥皮机结构图
1. 料槽；2. 底板；3. 滚轴；4. 滚刀

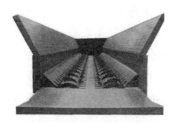

图 3-5　滚轴式剥皮机

转子摩擦式剥皮技术同滚筒摩擦式剥皮相比较,具有剥皮效率高、质量好、适用性强、动力消耗少、维修方便、运营成本低等优点。缺点是产量低。

转子式摩擦剥皮机是日本 FUJI KO-GYO 公司专利产品,加拿大 CAE 机械制造厂已引进该项技术并与本厂生产的长材盘式刨片机等产品组成备料工段的成套设备,向北美地区和其他国家销售。

3.1.2　木片制造

木片作为纤维板和刨花板的生产原料,有些企业采用自行制造工艺,有些采用外购和自造相结合的工艺路线。本书将木片归类为原材料准备部分,免去在纤维制造和刨花制造部分重复出现,条理将会更加清楚。

原料(木片)准备的主要设备是削片机。常用的削片机有盘式削片机和鼓式削片机两种。盘式削片机适用于切削比较通直的大径材,它的效率高,适合高负荷运转,但对枝桠材的适应性不好。目前国产中密度纤维板生产线较少配套,多用于对定向结构刨花板生产线上,以减少细小木片的产生;鼓式削片机适用于切削小径材、枝桠材,对原料要求不严格,适合用于原料种类多、直径大小范围广,尤其是小直径木材多的原料削片。一般纤维板和刨花板生产线都能使用。削片机的选型要求对原料状况作充分考察,合理地选型才能使原料制备过程高效节能。对于大直径多的刨花板生产线,建议多采用长材刨片机直接刨片生产刨花,不但可以节约能源,同时刨花形态好。

木材削片是指刀刃垂直于纤维,并在垂直于纤维的平面内进行切削(即端向切削),切下木片的长度一定,厚度不定的一种切削,主要有盘式削片和鼓式削片两种方法。

削片质量对纤维和刨花的质量有很大影响,一般要求木片尺寸规格要均匀。纤维板生产对木片质量主要有 3 个方面的衡量指标:①木片的含水率,一般要求在 35%～50%(绝对含水率);②合格木片的规格一般应为长 16～30mm、宽 15～25mm、厚 3～5mm,根据不同的原料、蒸煮工艺和削片机类型而有所差异;③合格木片所占的比例，即木片规格的均衡程度，一般要求合格木片所占比例为 70％～80％，过大木片为 10％～20％，小木片即碎料为 5％～15％。

木片规格的均衡对解纤质量极其重要。如果木片过细过碎将容易导致解纤后纤维质量差，甚至得不到完整形态的纤维；如果木片规格适当增大，纤维质量会有所提高，但产量相应降低了，解纤的电耗提高了，总体生产成本有可能会增大。

刨花板生产对木片的要求与纤维板大致相同，但木片的长度尺寸直接关联到刨花的长度尺寸，因此，普通刨花板生产的木片尺寸长度要求在 30～40mm，而定向刨花板则长达 70～75mm，甚至可达 150mm。

影响木片质量的因素包括原材料、工艺和设备方面等，主要因素如下。

（1）材料因素。

①木材含水率。一般要求为 40％～60％，含水率过低易造成削片时木片碎屑多，也使削片机负载大、电耗高，同时也会影响刀具的使用寿命。

②材料的直径大小和加工特性。直径大的木材，加工出来的木片大小均匀，树皮量少，切削均匀。

（2）设备因素。

①削片机的型式。盘式削片机所得的木片尺寸规格比较均匀，鼓式削片机所得木片相对细碎些。这是削片机本身的特性决定的。

②削片机的参数调整。例如，装刀调刀的精度会影响木片规格。

③削片机刀具的锋利程度。飞刀、底刀更换不及时，刀具钝化不够锋利，也会使木片细屑多、耗电量增大。

1.盘式削片

1）盘式削片机的切削原理

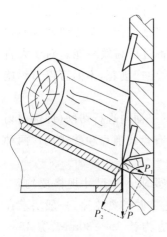

图 3-6　飞刀切削示意图

盘式削片机工作时，刀片的刃口做平面旋转运动，刀刃横向切削木材，切削成的木片从刀盘上的排料口顺势排出，木片无需在刀盘上停留。木片形成过程和受力状态分析如下。

（1）木材进给。

木材在削片时，木材的进给力除了重力（倾斜进料）和进给力外，主要是切削力沿木材进给方向的牵引力 P_1，见图 3-6。

牵引力的大小和牵引距离（决定木片的长度）取决于投入角 ε 和牵引角 δ 或飞刀后角 α，它们之间的关系可从图 3-7 中得出。

根据定义，飞刀后角 α 是飞刀后面与切削平面的夹角,牵引角δ则是刀刃对原木的切削方向与切削平面的夹角。从图3-7(c)可以看出,牵引角δ大小受后角α的限制,它略小于或等于后角α。

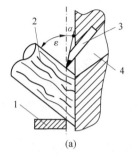 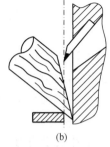 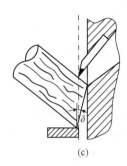

(a)　　　　　　　　　　(b)　　　　　　　　　　(c)

图 3-7　盘式削片机切削原理图
1. 底刀;2. 木段;3. 飞刀;4. 排料口

牵引角是决定牵引力大小的主要因素,若$\delta=0°$,即刀刃对原木的切削方向与切削平面重合,就不会产生牵引力,或者当$\mu=0$时,木料就不会有进给。图3-7表示牵引角和牵引距离的关系。飞刀每切削一次,原木进给的距离(即理论牵引距离)为

$$S_0 = \frac{d \cdot \sin\delta}{\sin\varepsilon \cdot \sin(\varepsilon+\delta)} \tag{3-2}$$

式中,d——原木直径。

可见牵引距离与原木直径、牵引角成正比,与投入角成反比。

要注意的是:小投入角尽管有利于切削时飞刀对木料的牵引,增大木片长度,但ε不能过小,因为随着投入角的减小,飞刀对原木的切削将逐渐由端面切削转变为纵向切削,以致产生过大木片,影响削片质量。试验证明,ε应不小于30°,取$\varepsilon=40°$左右为宜。

(2)木材切削。

当飞刀沿着切削平面切入原木时,原木受到飞刀的作用力F,它可分解成垂直于飞刀前面的作用力F_1和垂直于飞刀后面的作用力F_2。为便于分析,不考虑木材与飞刀前、后面之间的摩擦力。从图3-8可以看出,木材切削时,被切出部分(木片)除受到刀刃的切割外,还受到前刀面Oc的挤压而分离。因而木片的厚度与刀具的切削角、木片长度和木材的力学特性密切相关。即削出的木片厚度与它的长度成正比,与木材顺纹方向的剪切强度成正比,而与木材顺纹方向的挤压强度成

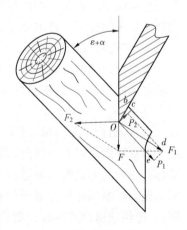

图 3-8　木片形成原理

反比。因此，同一台削片机，在切削不同树种的木材时，所得到的木片厚度是不同的。就一台削片机而言，伸刀量 A、投入角 ε 都是定值，而在飞刀刃的不同位置，因回转半径不同，刀距 K 是不等的。例如，若后角 α 的值不变，则在刀刃不同部位削出的木片长度也不相同，离刀轴近，刀距小，削出的木片就短一些，这就影响了削出木片的均匀性。

为使在整个飞刀刀刃上削下的木片长度均匀，1953 年瑞典诺曼工程师设计了螺旋面削片机，其飞刀的后角是变化的，在靠近刀盘中心处飞刀的后角要大一些，靠近刀盘边缘处飞刀的后角则小一些。飞刀的后面呈螺旋面，刀盘相应的表面也顺着飞刀后面延伸而成螺旋面。

螺旋面削片机的优点是削出的木片长度均匀，在 20 世纪 50～60 年代，许多国家生产和使用这种削片机。但是由于刀盘平面要加工成螺旋面形状，制造成本大大增加，且实际使用效果并不如理论上那么理想。从 70 年代中期开始，许多国家已不再生产螺旋面削片机。这是因为从理论上，螺旋面削片机削出的木片长度均匀一致，但因木材材性的不均匀，含水率不同等因素，实际上削出的木片长度不可能是完全一致的，而且从使用角度考虑，无论制造人造板还是制造纸浆，也并不要求木片长度完全一致，允许在一定范围内变化，这样采用平面刀盘的削片机就能够满足。现在，德国、美国、瑞典、日本等国因生产的盘式削片机几乎全是平面刀盘结构，而着眼于从飞刀、底刀的结构、进料系统的设置上进行改进来提高削片质量。

2）盘式削片机工作原理和结构

盘式削片机是将原木、小径木、板材、板皮和边条等加上呈一定规格和形状的木片的设备，其主要工艺参数是加工木片的长度。在刀盘面向喂料口的一侧装有若干把飞刀，一般与刀盘径向成 8°～15° 向前倾斜安装。刀盘除了固定飞刀以外，在切削过程中还起飞轮的贮存能量的作用，这就要求刀盘有较大的转动惯量，以起到稳定转速的作用。转动惯量与其重量和直径的平方成正比，所以在结构允许的情况下，都选用较大的直径。

盘式削片机的进料方式有水平进料和倾斜进料两种，见图 3-9。水平进料采用一条水平皮带输送机，木料呈水平状进入刀盘。这种进料方式的优点是操作方便、安全可靠，适于切削长度较大的木料。倾斜进料方式不安装皮带输送机，大多采用人工进料，结构比较简单，适用于小型盘式削片机。倾斜进料的削片机，进料槽轴线与刀盘平面之间有一夹角，称为进料槽倾角，倾角的大小对木片质量和消耗的功率都有影响。无论哪一种进料方式，都要注意进料口与刀盘平面的位置配置，配置不当就会影响削片机产量和质量，正确的配置是刀刃线与木材切削面的椭圆短轴同向，即切削速度方向与切削面椭圆长轴同向，以保证相等刀刃切削更多的木材。此外，切削方向与木材纤维方向夹角为锐角。

（a）水平进料　　　　　　　　　　　　　（b）倾斜进料

图 3-9　盘式削片机

　　水平进料的盘式削片机的基本结构如图 3-9（a）和图 3-10 所示。倾斜进料盘式削片机的结构和工作原理如图 3-9（b）和图 3-11 所示。

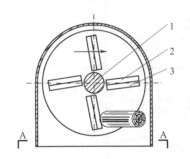
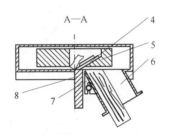

图 3-10　下水平进料盘式削片机原理图
1. 主轴；2，4. 飞刀；3. 排料口；5. 刀盘；6. 进料口；7. 进料调整块；8. 底刀

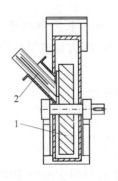
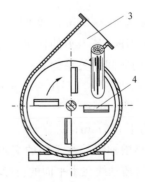

图 3-11　斜向进料盘式刨片机
1. 刀盘；2. 进料口；3. 出料口；4. 飞刀

　　盘式削片机的出料方式有两种,即上出料和下出料,见图3-9。上出料是在刀盘周边装有若干叶片,当刀盘旋转时,会产生一定的气流把木片向上吹出;下出料在刀盘周边不装叶片,削出的木片直接落下,由机座下部的皮带输送机或其他输送装置输出。上出料方式结构简单,但是木片排向旋风分离器时,会增加能量消耗,而且会产生大量碎屑。

　　飞刀与垫刀块、压刀块等组成飞刀组件,装入刀盘的刀槽内。新型盘式削片机在飞刀背面还装有一片背刀,或称副刀,其结构如图3-12所示。背刀有两个作用:一是将飞刀切下的木片在宽度上再碎,成为大小适中的小木片;二是保护垫刀块,以延长垫刀块的使用寿命。背刀用合金工具钢制造,其刃口磨钝后可以修磨,但刃磨量应尽量小一些,因它刃磨后安装尺寸不可调节。

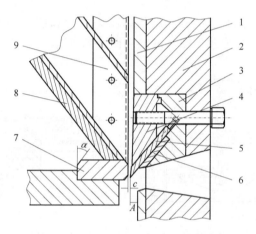

图 3-12　盘式削片机的切削机构
1. 刀盘衬板;2. 刀盘;3. 垫刀块;4. 压刀块;5. 飞刀;6. 背刀;7. 底刀;8. 衬板;9. 侧刀

　　飞刀厚度多为10~25mm,宽度为100~300mm,长度则根据刀盘直径而定。在刀盘上安装飞刀时,各刀刃的伸出量应保持一致,因为伸刀量的大小决定了切削木片的长度,它们之间的关系为

$$A = L \times \cos\alpha_1 \times \cos\alpha_2 \qquad (3\text{-}3)$$

式中,A——伸刀量,mm;

　　　L——木片长度,mm;

　　　α_1——喂料槽轴线与水平面的交角,(°);

　　　α_2——喂料槽轴线在水平面的投影与刀轴中心线的交角(又称偏角),(°)。

　　盘式削片机的底刀安装在喂料槽底部和刀盘相接的位置。旧式的削片机,底刀呈片状,刃角为40°左右;新型盘式削片机的底刀截面呈矩形,刀刃角等于或大于90°。盘式削片机的切削刀装在铸钢圆盘(即刀盘)的端面上,呈辐射状,但与径向成某种角度。底刀装在机架上。刀盘旋转,切下木片。木片通过切削刀下面的圆盘缝隙落入机壳内,在圆盘旋转的离心力作用下,木片排向机壳外部,然后靠装在圆盘周围的叶片(6~12 把)把这些削好的木片送至出料口。

在平刀盘削片机中,切削瞬间木片和刀之间产生的力,与刀盘对紧贴它的原木表面的反作用力相平衡。由于平刀盘与原木间的接触表面不大,在此即产生很大的单位压力。一方面,此压力挤压木片端面,并使木片质量降低;另一方面,由于同刀盘相接触的原木变形,这就创造了使木材纵向移动的条件。因为刀不是沿螺旋线运动,当接触表面变形时,由于原木的附加运动,使木材歪斜,此时削下的一片木材形状就产生了变化。

盘式削片机根据刀盘上切削刀的数量,又可分为少刀盘式削片机和多刀盘式削片机两种。少刀盘式削片机,刀片一般为 3~4 把,刀盘转速一般为 150~720 r/min,刀盘直径 1m 以上。切削特点是间断地切削木材,在间断时间内木材在进料槽中会产生翻转和跳动,因此对木片的均匀性有不良的影响。此外,由于切削是间断进行的,所以生产效率较低。这种削片机的时间利用系数一般为 0.6。多刀盘式削片机,刀片一般为 8~12 把,刀盘转速一般为 350~580r/min,刀盘直径 1m 以上。多刀盘式削片机因为刀距小,所以在刀盘转动的任何时刻,都能保持有一把以上(大部分时间为两把)的刀片在切削木材。在这种情况下,被牵引的木材运行平稳,故在切削过程中不会发生跳动,木片质量显著提高,而且生产效率也高。

盘式削片机加工的木片,厚度一致,质量好,而且功率消耗少,适于把薪炭材或大块废材加工成木片。但这类机床的刀具容易磨损变钝,磨刀换刀较费时间。盘式削片机的主要型号和技术参数见表 3-1。

表 3-1 盘式削片机主要技术参数

型 号	BX116	BX1710	BX112	型 号	BX116	BX1710	BX112
刀盘直径/mm	630	900	1220	主电机功率/kW	22	55	110
刀盘转速/(r/min)	800	980	740	切削原木最大直径/mm	100	100	200
刀片数量/片	3	6	4	喂料方式	上下	自选	
木片长度范围/mm	15~25	12~35	20~35	整机质量/kg	827	2665	4585
喂料方式	水平	倾斜	水平	外形尺寸 /mm 长	2340	2000	3000
喂料口尺寸/mm	130×110	207×190	400×275	宽	1200	1600	1570
生产能力/(实际 m³/h)	2~3	8~12	15~20	高	1800	1650	1614

2.鼓式削片

鼓式削片机由切削部分、进料部分、筛子和机壳等部分组成。切削部分包括刀辊、装在刀辊上的飞刀和固定在机座上的底刀。进料部分包括上、下进料辊。筛子装在刀辊下边的机架和两边内侧壁之间，见图 3-13。

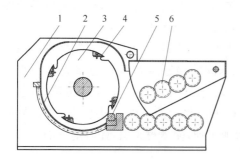

图 3-13　鼓式削片机结构原理

1.机座；2.筛板；3.刀轮；

4.飞刀；5.底刀；6.进料辊

图 3-14　鼓式削片机

鼓式削片机的切削部分由主电动机通过三角皮带带动刀辊旋转，鼓轮上的飞刀和机座上的底刀组成一个切削机构。木材通过进料辊送入后，在飞刀和底刀的剪切作用下被切成木片。切下来的木片穿过筛网从出料口排出，如图 3-14 所示。

鼓轮直径因型号而不同，一般在 1m 以上，刀辊转速约为 390r/min。鼓轮上的飞刀一般为 3～4 把，由螺栓固定在刀辊轮沿上，飞刀由一个圆弧面的压块固定在刀轮上，以保证切削后角，刀刃角约为 35°。底刀由螺钉固定在机座上。飞刀与底刀的间隙原则上要求在 0.8～1.0mm，机座可以在机架上沿导轨方向移动，以调整飞刀与底刀的间隙。

进料部分的上进料辊，装在可绕销轴摆动的机体上，摆动机体有左右各一组油缸支撑，可以减小上进料辊对原料的压力。随着原料厚度的变化，可以自动调整其高度。当原料厚度太大时，可以通过调节控制系统抬起上进料辊，使原料通过。下进料辊安装在机座上。进料辊由刀辊通过一组减速机构驱动。

鼓式削片机适于加工枝桠材、板条、板皮、废单板和胶合板边条等，国产削片机主要型号和技术参数见表 3-2。

表 3-2　鼓式削片机主要技术参数

型　　号	BX216	BX218	BX2113A	型　　号		BX216	BX218	BX2113A
刀辊直径/mm	650	800	1300	生产能力/(实际 m³/h)		70	15～20	34
飞刀数/片	2	2	3	主电机功率/kW		55	110	200
进料口尺寸/mm	180×500	225×680	400×700	喂料辊电机功率/kW		3×2	4×2	5×2
刀辊转速/(r/min)	380	670	500	质量/kg		4070	7030	11800
进料速度/(m/min)	35	27	35	外形尺寸/mm	长	4250	4680	3670
加工原料最大直径/mm	120	160	230		宽	2056	2100	2517
木片长度/mm	22～30	20～30	24		高	1258	1500	2030

德国 Pallmann 制造的 PHT350×650 型鼓式削片机,装机容量为 250kW,刀鼓直径为 1300mm,生产能力为 56m³/h。削成的木片规格厚 12~15mm,宽 20mm,长 30~50mm。进料口 350mm×650mm。该厂生产的鼓式削片机主要型号和技术参数见表 3-3。

表 3-3　HRL/OSB 型鼓式削片机

设备型号	HRL800×250×650	HRL1000×350×800	HRL1200×450×1000
转子直径/mm	800	1000	1200
进料口横截面积/mm	250×650	350×800	450×1000
进料棍子数量	4	6	8
驱动电机/kW	75~110	110~160	250~355
外形尺寸(长×宽×高)/mm	2350×1650×1400	2800×2100×1700	3460×2700×1850
生产能力/(t/h)	12~16	23~31	32~41

从表 3-2 和表 3-3 可知,国产 BX 系列削片机和德国 Pallmann 公司生产的削片机原理相同,结构相似。国产设备由于基本材料、制造精度和配品配件质量稍欠,所以其设备的故障率稍高,但性价比高。

3.1.3　木段毛方软化处理和准备

木段和毛方的准备是单板制造前的准备工序,包括原木截断、毛方制造、木段和毛方的软化、木段定中心等,是为单板和薄木制造所做的前期工作。

1. 软化处理

通常木材在旋切、刨切前都要经过软化处理,以提高木材塑性,不但可以降低动力消耗,更主要的是可以提高单板质量。

在常温常湿条件下,木材受外力作用,并不呈现明显的塑性变形,此时木材是一种缺乏塑性的材料。当外界条件改变,木材中的木质素、半纤维素等无定形非晶态高聚物发生玻璃化转变时,其弹性性能会迅速下降,基质软化,导致木材易于发生较大的塑性变形。对木材进行软化处理,可使其表现暂时的塑性,干燥后又恢复其原有的刚度和强度。

软化处理的目的是将原木或毛方进行软化,降低原料的硬度,增加可塑性,使其在旋切和刨切过程中,确保工艺所要求的尺寸、形状和质量,以及减少加工能耗。

1)木段软化

(1)木段软化机理。

单板制造过程中,单板在木段上原本为圆弧形,旋切时被拉平,并向相反方向弯曲。结果在单板表面产生压应力(σ_1),背面产生拉应力(σ_2)。

单板旋切时所产生的应力为

$$\sigma_1 = \frac{ES}{2\rho_1} \qquad \sigma_2 = \frac{ES}{2\rho_2} \qquad\qquad (3\text{-}4)$$

式中，ρ_1——单板原始状态的曲率半径，mm；

　　ρ_2——单板反向弯曲的曲率半径，mm；

　　S——单板厚度，mm；

　　E——木材横纹方向的弹性模量，MPa。

由式（3-4）可知，单板厚度越大，木段直径越小，则这种应力越大。当拉应力大于木材横纹抗拉强度时，单板背面产生裂缝，背面裂隙降低单板强度，并造成单板表面粗糙，严重时还会导致透胶。

在生产条件一定的情况下，只能采用控制 E 值的方法来减少裂缝和裂隙程度。E 值主要随木材自身温度和含水率的增大而降低。在实际生产中，通过工艺措施尽可能地减小木材的弹性变形，增加塑性变形。因此，木段和毛方的水热处理是提高木材塑性的有效方法。此外，木材经过水热处理后，节子的硬度大幅度下降，不易损伤刀具；边材部分的树脂和细胞液经过水热作用交换后排出，有利于单板干燥、胶接和涂饰。

（2）软化处理方法。

木段与毛方软化处理的方法有喷水、水煮、水与空气同时加热、蒸汽热处理、加压蒸煮、冷碱法、碱液蒸煮法、中性亚硫酸盐法等。木材树种不同、尺寸不同、单板质量要求不同，所采用的处理方法亦不同。

①喷水处理方法。它是将水直接喷洒到原料上，靠木材自然吸水而增加原料的含水率，达到软化木材的目的。增塑所需时间长，但方法简单，易于实现，需要场地大。

②水煮处理方法。它是将木料放置于具有一定温度的水中加热软化。此种方法设备简单，操作方便，木段软化和毛方软化常采用这种方法。

③水与空气热处理法。它是适于木段要求软化温度较低，生产连续性较强的生产工艺。为了运送木段前进，可设置横向运输机械。

④蒸汽处理法。它喷出的蒸汽温度较高，易使木段开裂，但对于水煮易于变色的木材，采用蒸汽处理法可减轻木材因软化处理变色问题。为了缓和热处理过程，常采用热水蒸汽池。蒸汽法处理时间比水煮法热处理时间短。若在水煮法中使热水流动，则其效率基本上可接近蒸煮法。

⑤加压蒸煮法。它是将纤维原料置于压力容器内经蒸汽水热处理后而软化，它的处理设备复杂，软化条件苛刻，木质原料产生水解反应。纤维分离时木片软化处理多采用此种方法。

⑥冷碱法和碱液蒸煮法。它是借助化学药剂对木质原料进行软化处理的方

法。冷碱法是在常压低温条件下,用稀碱液处理木质原料。碱液蒸煮法是将木质原料和碱液共同装在密闭的容器内,再通入蒸汽进行蒸煮。碱液蒸煮时,胞间层的木质素首先破坏,与碱液作用生成碱木质素而溶解,纤维素和半纤维素由于碱性水解也可部分溶解,有利于纤维分离。这两种方法由于废水处理成本高,存在水污染问题,已很少在人造板生产中使用,是造纸工业纤维分离采用的主要方法。

常用木材热处理的主要方法有三种:水煮、水与空气同时加热和蒸汽热处理,如图 3-15 所示。

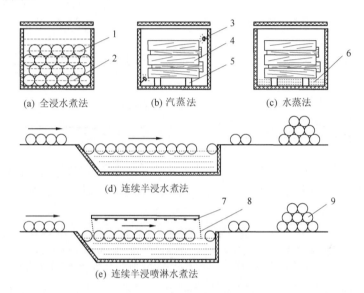

图 3-15　原木水处理的方法
1,4.原木;2,6.热水;3.蒸汽喷头;5.垫墩;7.热水喷嘴和盖板;8.保温帘;9.木堆

(3)软化处理工艺。

木材在热处理时,首先通过加热介质把热量传导给木材,然后木材表面处所得的热量再向内部传导,使内部达到所要求的温度。在这个过程中,木材内部各点的温度是随时间而变化的,是一种"不稳定导热"过程,因此木材热处理是一个较为复杂的问题。

下面讨论涉及制定热处理工艺的一些主要因素,首先讨论两种不同情况的热处理工艺曲线图,见图 3-16。

从图 3-16 可知,热处理非冰冻材时,加热介质的温度变化可分为三个阶段:AB 为升温段,BC 为保温段,C 以后为自然冷却均温段。热处理冰冻材时,加热介质的温度变化,基本上与非冰冻材相似,仅增加了一个 OA 的融冰段。

①木材加热前后温度和介质温度的确定。

如果木段在露天贮存,可根据外部气温来确定,若天气温度变化很大,则取前夜的气温。若在室内存放时间较长，则可取室温。

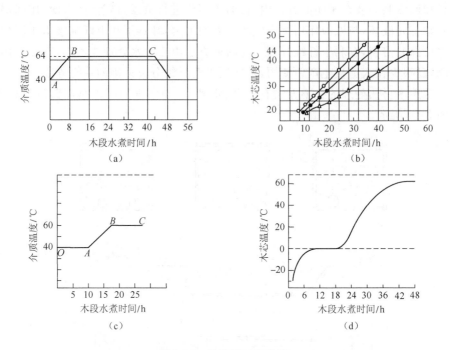

图 3-16　热处理工艺曲线

(a)水曲柳，水温 64℃，气温为 20℃，木段直径为 13～15cm，要求温度为 36℃；
(c)冰冻椴木，水温 60℃，木段直径为 35cm，介质温度曲线；(b)、(d)木芯表面升温曲线

由于树种、单板厚度、制造方法和木材含水率不同，对木段的加热温度要求也不同。硬阔叶材比软阔叶材要求的温度高；陆储材比水储材要求的温度高；旋切的木段温度要求高；厚单板温度要求高。温度过高，单板会起毛；温度太低，木材塑性不足，易产生裂缝，严重时不能正常旋切。有些树种材质较软，含水率高的新鲜材，非冰冻时可直接旋切，不必蒸煮。

一般热处理后，以木芯表面温度为基准，木芯温度与加热介质温度的相关关系如表 3-4 所示。

表 3-4　木芯温度与加热介质温度的相关关系

树种	椴木	红松	水曲柳	落叶松	桦木	红阿皮东	栎木柠檬桉
木芯温度/℃	25～35	42～50	44～50	44～50	36～48	55～60	70～80
介质温度/℃	60	80	60～80	70	60	90	90

②冰冻材的融冰阶段。

我国木材热处理工艺基本以非冰冻材冬天热处理为主要基准。

非冰冻材夏季热处理仅将保温时间减少。冰冻材预先融冰处理之后，其他的

各步骤基本上与非冰冻材冬天热处理相同。

木材受热膨胀,遇冷收缩。木材的胀缩性在顺纹方向较小,而横纹方向较大,其中弦向为最大。因为热处理时木材内部存在着温度梯度,所以存在着膨胀梯度,当膨胀产生的内应力大于木材横纹抗拉强度时,木段端头发生环裂和纵裂。同样木材在冷却时,也会产生相似情况。这些问题在确定融冰、介质温度和热处理后木段的存放时,都是应该考虑的问题。

在融冰阶段时,介质温度一般为 30～40℃,保温为 8h 以上,视木段初始温度而定。

③介质升温阶段。

一般阔叶材(陆储材)从水温 40℃升到规定的介质温度,需 6～10h(升温速度为 2～3℃/h)。水储材升温速度可稍快一些(5h 左右)。密度大的木材一般介质升温时间要长一些。

针叶材一般要比阔叶材升温速度快一些,升温速度为 5～6℃/h(7～8h),但不宜超过 10℃/h。

④保温阶段。

在此阶段内,热处理木段的内部温度比前阶段快,迅速上升到所要求的温度。所需加热时间与木段的直径、密度、含水率、介质的温度和要求木芯表面所加热的温度等因素有关。一般用试验方法确定,常用树种冬天所需保温时间,见表 3-5。

表 3-5　常用树种冬天保温时间

树种	椴木(软阔叶材)	桦木(中硬阔叶材)	水曲柳(硬阔叶材)	针叶材
直径/cm	40	36	40	40
时间/h	10	20	40	30

当同一树种其直径不同时,其保温时间可用式(3-5)近似求得,再在实践中修改。

$$Z = Z_1 \left(\frac{D_2}{D_1} \right)^2 \qquad (3-5)$$

式中,D_1——已知热处理时间的木段直径,cm;

　　　D_2——要求的热处理时间的木段直径,cm;

　　　Z_1——在直径为 D_1 时的保温时间,h;

　　　Z——在直径为 D_2 时的保温时间,h。

⑤自然冷却均温阶段。

当木芯表面达到要求的加热温度时,木芯以外部分已经超过合适的旋切温度,若立即从煮木池取出,在室温条件下突然冷却,则易产生热应力而导致开裂。因此,热处理结束以后,还需要一个自然冷却均温时间,当木段整体温度达到平衡后再取出。

（4）软化处理工艺参数确定。

①木段的加热温度。

由于树种、单板厚度、气温条件和木段含水率不同，对木段要求的加热温度也不同。例如，硬质材的加热温度要比软质材高；旋切厚单板要比旋切薄单板的温度高；贮存过久的陈材比新伐材要求的温度高；陆上贮存的木材比水中贮存的温度高。

木段的加热温度，根据树种、径级等不同情况有一定要求。温度过高或过低都会影响产品的质量。温度太高，木材塑性太大，使木材纤维过于柔软而不易切断，因此，旋切时木段的部分纤维不是被切断而是被拉（撕）断，结果在单板表面上出现起毛，影响单板光洁度。温度过低，塑性不好，旋切时单板表面裂隙较深，降低单板温度有时甚至不能旋出连续单板，单板破损严重，无法进一步加工也影响木材利用率。旋切时，单板只旋到木芯表面，因此木段在热处理时，以木芯表面温度达到要求为准。

根据生产实践经验，胶合板生产中常用树种木芯要求的加热温度，在下列范围内较为适宜。

马尾松　55～60℃　　　　水曲柳　44～50℃　　　杨　木　10～20℃
落叶松　45～50℃　　　　椴　木　15～25℃　　　桦　木　30～40℃

热处理时，介质（水和空气）的加热温度与木芯所需要的加热温度有关。一般介质的温度要比要求的木芯的温度高10～20℃。常用树种热处理时规定的介质加热温度范围如下。

马尾松　75～85℃　　　　水曲柳　60～80℃　　　杨　木　20～30℃
落叶松　60～85℃　　　　椴　木　40～75℃　　　桦　木　50～75℃

软阔叶材要求的热处理温度较低，如新采伐的杨木、椴木等，因其材质软、含水率高，木材内部温度在5～15℃就可以旋切。黑杨要求的旋切温度更低，冬天只需要将其木段表面的冰融化掉就可以进行旋切。所以，这类软阔叶材夏天可以不经蒸煮而直接进行旋切。

②木段热处理时间。

木段水热处理过程分冰冻材和非冰冻材两种。北方冰冻材的水热处理过程包括冰冻材的融冰阶段，而南方的非冰冻材没有这一阶段。

我国的木材水热处理工艺，基本上以南方地区非冰冻材冬季的热处理条件为基准，夏季保温时间缩短。而冰冻材经融冰处理之后，其他各阶段基本上与南方地区非冰冻材冬季的水热处理过程相同。

实际生产中，木段水热处理还应注意掌握下列原则：冬季原木冻冰，截断后的木段最好先在室内停放一段时间暖化融水，或在煮木池中用室温水浸泡融冰，要避免木段投池后因突然受热,温差太大,造成开裂。

蒸煮池内通入的蒸汽压力为 0.1~0.15MPa,不宜过大以防止附近的木段温度过高。

木段投池的水温,夏天不应高于 30℃,冬天不宜高于 40℃,根据木段温度,一般水温为 30℃或常温水即可。椴木、桦木等不易端裂的树种,可在 6~8h 将水温逐渐提高到规定的下限温度;水曲柳、榆木、柞木等易裂的树种,可在12~15h 将水温逐渐提高到规定的下限温度。大径原木投池的水温应比规定的水温低,升温时间可略长。

杨木和椴木等软材,在夏季可不经水热处理,但最好在旋切之前放在池水中浸泡一段时间,一般控制在 8h 或以上。陆上贮存过久的木材浸泡一天为好,这样可使其心材含水率达到 80%以上。然而,上述软材在旋切 3mm 以上的厚单板时,仍需进行水热处理。

材性相近的树种可采用相同的水热处理时间,如黄波罗、核桃楸与桦木相同;杨木与椴木相同;色木、榆木、柞木与水曲柳相同。

长度在 1300mm 以下的短木段或芯板木段的水热处理时间,可比相应树种,径级的长木段短 3~4h。

落叶松、马尾松的水热处理时间可比水曲柳的略短。对落叶松而言,温度控制在 90~100℃较为适宜。

煮木池中的水应每周更换一次,并应清除池中树皮污泥等杂物。

2)毛方的软化

毛方刨切制成薄木时,薄木也会发生弯曲,产生裂缝,影响薄木质量,所以毛方在刨切以前,必须经过蒸煮软化处理。由于木方多为硬阔叶材,应缓慢地加热,否则容易开裂。毛方软化一般采用水煮,当木材含单宁多时,可用蒸煮法。

蒸煮温度和时间要根据材质软硬、端裂的难易,分别采用不同的蒸煮条件。软材水温可低,蒸煮时间稍短些(2 天或 2 天以上);硬材水温要稍高些,甚至要达到沸点,蒸煮时间可长达 10 天。一般蒸煮前水泡时间不少于 4~8h;蒸煮结束后要调节毛方内外温度,一般为 60℃左右,这样有利于保证刨制的薄木厚度偏差小,不易起毛。

毛方蒸煮时应当注意:毛方要清洁,及时入池蒸煮;径级大的毛方先入池,毛方要全部没入水中;不同树种径级的木材应有不同的升温、保温条件;毛方大都是硬阔叶材,应缓和地蒸煮,以免开裂,含单宁多的木材,可用蒸的方法;煮木池应当保持清洁,煮一次要清扫换一次水。

毛方蒸煮工艺条件如表 3-6 所示。

表 3-6　　毛方蒸煮工艺条件

树种	一次升温			二次升温		
	需用时间/h	温度/℃	保温时间/h	需用时间/h	温度/℃	保温时间/h
水曲柳	4	50	12	3	80	8
榆木	3	25	10	2	70	7
椴木	3	45	8	2	60	5
楸木	3	45	9	2	65	5
黄波罗	3	45	8	1.5	65	6
柞木	5	55	13	3	85	8
绿樟	4	50	4	3	80	8
山毛榉	4	55	9	3	85	7

2. 木段定心

一般木段多少都带有尖削度、不圆度和弯曲度,在旋切过程中,木段旋切成圆柱体以前,得到的都是碎单板和窄长单板,见图 3-17。木段旋成圆柱体以后,再继续旋切,才能获到连续不断的带状单板。带状单板的数量与旋圆后圆柱体的直径有关。每一根木段,按照它的大小头直径和弯曲度,可以计算出理论上最大的内接圆柱体直径。产生碎单板和窄长单板的原因,一方面是木段形状不规则,另一方面则是定中心不正确产生偏差。实际旋圆后得到的圆柱体直径总是要小于最大内接圆柱体直径,因此,本来应该得到连续的带状单板,由于定中心不准而变成了窄长单板。定中心的偏差越大,所得碎单板和窄长单板的数量也越多,不但损失了质量较好的边材单板,而且加大了单板修理和胶拼的工作量,浪费木材,增加工时消耗,给生产工序的连续化增加了困难。因此,正确定中心对节约木材、提高单板质量和降低成本都具有很大意义。

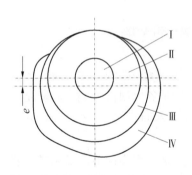

图 3-17　木段旋切时横切面分区
Ⅰ. 木芯;Ⅱ. 单板带;
Ⅲ. 窄长单板区;Ⅳ. 碎单板区

完成木段回转中心线与最大内接圆柱体中心线相重合的操作称为定中心。木段定中心的实质,就是准确地确定木段在旋切机上的回转中心位置,使获得的旋切圆柱体直径最大。人工定中心误差较大,劳动强度高。机械定中心与人工定中心相比可提高出材率为 2%～4%,计算机扫描定中心可提高出材率 5%～10%,整幅单板比例可增加 7%～15%,但投资较大。

1)定心的方法

(1)机械定中心。

运用机械方法来正确地定出木段的中心线,必须解决两个问题:首先,在木段上选定两个断面,作为确定回转中心的依据;其次,在每一个断面上,确定一个中心点,这两个中心点的连线即木段回转的中心线。中心的确定包括在已知横断面上确定中心和确定回转中心的基准面。在已知横断面上确定中心点的方法有三点定中心法、两直角钢叉定中心法、四点定中心法和光环定中心法,见图 3-18 和图 3-19。

(a) 三点定中心　　　　　(b) 两直角钢叉定中心　　　　　(c) 四点定中心

图 3-18　机械定中心的方法

①三点定中心法。

利用三个相互交叉成 120°,并且与回转中心始终保持等距离的点,来确定该断面的中心,如图 3-18(a)所示。但是在绝大多数情况下,木段横断面不是圆形,因此,这种方法不能得到满意的结果。芬兰 Raute 机械定心机装置就是依据该原理设计而成的。

②两直角钢叉定中心法。

利用两直角钢叉,上钢叉可以左右移动,使直角的交点与回转中心始终保持等距离,来确定该断面的中心。这种方法确定的中心是在两直角钢叉交点连线的 1/2 处,而木段的实际回转中心应在长短轴的交点上,因此当断面长轴与上下钢叉交点连线相重合时,断面中心与回转中心相重合。定中心的偏差是由断面长轴的倾斜角 φ 来确定的。φ 越大,断面中心离回转中心 O 点也就越远。图 3-18(b)中弧 AA' 表示断面在叉子中各种位置时,其断面中心位置的轨迹。运用这种定中心方法设计的定心机可以直接装在旋切机上,因此虽然定中心有些误差,仍被生产中采用。实践证明,这种定心机定中心,连续单板带的数量可比人工定中心高出 3%~4%。

③四点定中心法。

利用两对相对称的点,并使相对称的点与未来的回转中心始终保持相等的距离,来确定出断面的中心,如图 3-18(c)所示。显而易见,这种方法对于对称的断面是合适的，对于不对称的断面会有些误差，但是比前面两种方法好。

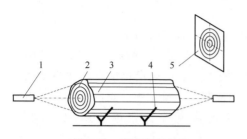

图 3-19　光环定中心法
1. 光环发生器；2. 投射光环；3. 木段；
4. 活动升降支架；5. 反射镜

④光环定中心法。

将光环发生器形成的同心圆光环投射到木段端面上，目前仍用人的视觉来调整木段的上下位置，使光环的中心与木段最大的内接圆柱体中心重合，光环的中心即木段内接圆柱体的中心，如图 3-19 所示。

（2）计算机定中心。

机械定中心虽然提高了木段的出单板率，但是由于木段形状存在着差异，所以总存在着定中心误差。近年来计算机 $X-Y$ 定中心系统已开始在生产中应用，其工作原理如图 3-20 所示。当木段转动 360°时，摄像机同时扫描木段外形。根据木段的长度、要求定中心的精度、木段外形和该系统的投资大小，可在定心装置的全长上设置 3～10 台摄像机。每当木段转 15°（也可更小）时，摄像机就取一次木段外貌尺寸并输送给计算机。计算机将输入的立体数据信息投影到平面上，组成木段的最小内封闭曲线，然后在此基础上得到最大的内切圆中心，并将此换算为木段端面上的位置。尽管目前在数学上还没有 $\mathrm{Max(circle)}=G(x,y)$

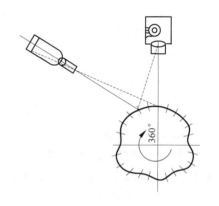

图 3-20　计算机控制的
$X-Y$ 扫描定心系统

理论，但由于采用计算机穷举法，一般仅在 10s 内即可得到精度为 0.005 的解。然后计算机控制伺服油缸使木段运动到合适位置，通过上木装置卡住木段运送到旋切机上。

激光扫描数控定心在国外发达国家已普遍采用。计算机控制的 $X-Y$ 扫描定心上木机构由计算机、激光扫描器和机械定心上木机组成。其工作过程是：将待旋切的木段装入机械定心机并初定中心，定心机定心轴夹持木段进入扫描区并带动其旋转，沿木段长度等距配置七组激光扫描器，每组激光光束围绕木段扫描 120 个点；计算机接收扫描数据，绘制木段真实形状图和确定其实体圆柱尺寸，按最高出板率和整张单板量计算实体圆柱体的最佳中心，调整定心机定心轴方向和位置，并输送木段至旋切机，使木段最佳中心线与卡轴中心线相重合。扫描定心与其他定心方式相比的主要特点是定心效率高，每分钟定心木段 9～10 根，出板率提高 5%～10%，整张单板量提高 7.5%～15%。

扫描定心的扫描方式有光电扫描、摄像扫描、激光扫描和超声波扫描。图 3-20 就是计算机控制的 $X - Y$ 扫描定心系统。在这些扫描方式中,激光扫描和超声波扫描能精确地测定木段的真实形状,定心精度最高,定心效率、出板率和整张单板量均优于其他扫描方式。

目前,激光扫描应用最多,而超声波扫描不受木段表面颜色和周围条件蒸汽、碎屑、污物等的影响,具有广阔的应用前景。

2)木段旋切回转中心基准面的确定(轴心)

确定回转中心的基准面,如图 3-21 所示,在木段的不同位置所取的断面进行定中心,所得的内接圆柱体直径并不相等。

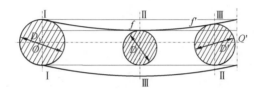

图 3-21　在不同位置断面上得到的内接圆柱体直径

以木段端面Ⅰ-Ⅰ作断面定中心所得到的内接圆柱体直径为

$$D = D_1 - 2f \tag{3-6}$$

而木段Ⅱ-Ⅱ位置取断面所得的内接圆柱体直径为

$$D' = D_1 - 2f' \tag{3-7}$$

因为 $f > f'$,显然 $D' > D$。

因此,可以肯定以木段两端面作为定中心的断面是不适宜的。而只有在木段两端以内选取某两个断面位置定中心,以获得最大的内接圆柱体。

由于木段的断面形状不规则,又有尖削度和弯曲度,所以确定基准断面的位置是一个比较复杂的问题。

胶合板生产中所使用的木段,外形一般还比较规则,把通过木段纵轴的平面与木段表面的交线近似地认为圆弧,如图 3-22 所示。

假设定中心的两个基准面分别在Ⅰ-Ⅰ和Ⅱ-Ⅱ位置上,为了获得最大的内接圆柱体,则两个基准面必须满足:

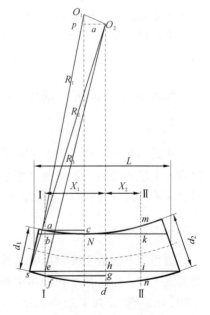

图 3-22　带有尖削度的
弯曲木段确定基准

$$ab = ef; \quad mk = in$$

Ⅰ-Ⅰ和Ⅱ-Ⅱ断面距离木段中央的距离分别为 X_1 和 X_2，如果求出 X_1 和 X_2 的值，则两个端面的位置就确定了。

由图 3-22 可以推导求出 X_1 和 X_2 为

$$X_1 = \frac{a + 0.5L \sqrt{K(1+K)}}{1+K} \tag{3-8}$$

$$X_2 = \frac{-a + 0.5L \sqrt{K(1+K)}}{1+K} \tag{3-9}$$

$$K = \frac{R_1}{R_1 + d_1} \tag{3-10}$$

式中，a——中心 O_1 与垂线 O_2d 之间的距离；

　　L——木段中心长度。

如果不考虑木段的尖削度（即 $n=0$），则 $a = nR_1 = 0$，故

$$X_1 = X_2 = \frac{0.5L \sqrt{K(1+K)}}{1+K} \tag{3-11}$$

根据 X_1 和 X_2 值，就可以确定出基准断面的位置。当木段形状较规则，木段长度不太长时，不考虑尖削度的影响，则 $X_1 = X_2$，其值为 $(3/10 \sim 4/10)L$。

如何检查木段定中心的精确度？这是一个有实际意义的问题，要解决这个问题，首先应计算出理论上最大的内接圆柱体的直径与实际旋圆直径之差，即定中心造成的误差。差数越小，精度越高。

木段最大的内接圆柱体直径 d_0 可由图 3-22 求解：

$$d_0 = d_1 - \frac{L^2 f}{L^2 + 8fd_1} + n\left(\frac{L}{2} - a\right) \tag{3-12}$$

如果不考虑木段的尖削度，即 $n=0$，则

$$d_0 = d_1 - \frac{L^2 f}{L^2 + 8fd_1} \tag{3-13}$$

从式（3-12）和式（3-13）可知，若定中心时不考虑尖削度，则获得的圆柱体直径比理论上最大的内接圆柱体直径小 $n(L/2 - a)$。因此，在定中心时，考虑木段的尖削度影响，可以提高带状单板量 3%～5%。

3.毛方制造

刨切薄木制造主要包括原木截断、锯剖成毛方、毛方蒸煮、薄木刨切和薄木干燥几道工序。刨切薄木和旋切单板原木截断的要求是一样的，应留有 $[(85\sim100)\pm30]$mm 的长度加工余量。对于水热处理过程容易开裂的木材可以先煮后截断，再锯剖。锯剖出来的毛方必须有一个可以固定在刨切机工作台上的基准面，一般不小于 10cm；锯剖时应当剔除大节疤、腐朽变质部分或其他缺陷，以免影响薄木质

量和出材率;木段直径宜在 400mm 以上,珍贵木材可放宽到 300mm 以上;锯剖出来的毛方材质好、纹理美观;环裂材不能用做薄木原料,原木端裂一般不宜超过 2~3 处,裂纹长度一般不应超过 10cm。

毛方的锯剖方案见图 3-23 和表 3-7。

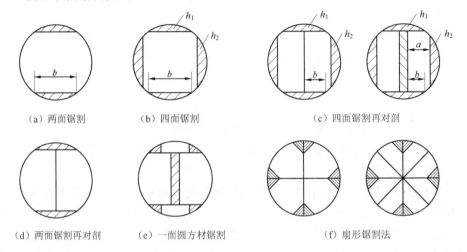

（a）两面锯割　　　（b）四面锯割　　　　　（c）四面锯割再对剖

（d）两面锯割再对剖　　（e）一面圆方材锯割　　　　（f）扇形锯割法

图 3-23　毛方锯剖图形

表 3-7　毛方锯剖方案的特点

锯剖方法	原木直径 /cm	薄木有效出材率/%		备　注
		总出材率	径向薄木 出材率	
两面锯制毛方	35~40	52~56	20~25	在刨切机上固定较困难,只能放 1~2 个毛方
圆棱四面锯割 毛方	40~48	51.2	30.9	固定毛方较容易,可并排放 3~5 无圆棱,使珍贵木材 的边材成为毛方。采用四面割净的毛方,即废材
圆棱四面锯割 对开毛方	50~70	52.5	31	可并排放 3~5 个毛方,薄木质量比两面锯割对开毛 方好
两面锯割对开 毛方	50~60	52~60	20~25	每次仅能放 1~2 个毛方
扇形毛方锯割 方法	60 以上	56~60	35~40	一般由于锯割困难不常使用,要求薄木全是径切纹理 时使用
大直径的一面 圆方材锯割法	70 以上	65~70	25~30	在原木径级大时,得到的径切薄木材较多

1)两面锯割方案

适用于直径 35~40cm 的木段。在木段端面对应部位各锯掉一块板皮,锯切宽度 $b \geqslant 10$cm,否则毛方不稳定,固定较困难,刨切接近圆心时,要翻转 180°,将髓心留在残板上。两面锯割毛方的主要优点是出材率比较高；薄木宽度较大。缺点是弦向薄木比例较大，装饰效果稍差；由于两侧是圆弧形，在刨切机上固定比较困难，一次只能放 1～2 个毛方，放多了很难使各个毛方在同一水平面上，而引起刨切薄木厚度不一致，因此降低了生产率。

2）圆棱四面锯割毛方

适用于直径为 40～48cm 的木段。在木段端面上共锯掉四块板皮并留有圆棱，锯切宽度为 b，锯切板皮厚度 h_1 和 h_2 的计算如下：

$$h_1 = 0.5[D - \sqrt{D^2 - (b+c)^2}] \tag{3-14}$$

$$h_2 = (0.6 \sim 0.8)h_1 \tag{3-15}$$

式中，b——起始刨切面（在刨切机上安置面）的宽度，mm；

　　　c——由于木段断面形状不规则和弯曲所考虑的加工余量，一般为10～20mm；

　　　D——木段直径，mm。

圆棱四面锯割毛方在刨切机上刨切过程中也要翻转 180°，将髓心留在残板上。圆棱四面锯割毛方在刨切机上固定比较容易，可以同时固定 3～5 个毛方，一次进刀可刨削出几张薄木，提高了生产率。对于珍贵材种，如果四面锯割成净毛方，使贵重的边材变成了废料，会降低薄木的出板率。圆棱四面锯割毛方上留有圆棱，有利于提高出材率。

3）圆棱四面锯割对开毛方

适用于直径为 50～70cm 的木段。其锯剖方案又分两种情况。

（1）在木段端面上共锯掉四块板皮，锯割出带有圆棱的毛方，然后在其中间再加一锯，削出两块带圆棱的一面净边毛方。锯切板皮厚度为

$$h_1 = 0.5[D - \sqrt{D^2 - (2b+c)^2}] \tag{3-16}$$

$$h_2 = (0.5 \sim 0.6)h_1 \tag{3-17}$$

（2）在木段端面上共锯掉四块板皮，锯剖出带有圆棱的毛方，然后在中间位置抽出一块厚度为 a 的髓心板，同样可以锯剖出两块带圆棱的一面净边毛方。锯切板皮厚度为

$$h_1 = 0.5[D - \sqrt{D^2 - (2b+a+c)^2}] \tag{3-18}$$

$$h_2 = (0.4 \sim 0.5)h_1 \tag{3-19}$$

圆棱四面锯割对开毛方，在刨切机上固定比较容易，一次可放 4～5 个毛方，提高了生产率；由于锯剖出来的毛方是一面净边，可以刨切出较多的等宽度薄木。锯掉板皮厚度大，一部分较好的边材成了废料，薄木出板率有所降低。

4）两面锯割对开毛方

适用于直径为 50～60cm 木段。在木段端面上对应部位各锯掉一块板皮，然后在中间再剖割出两块三面净边毛方。用此种方案锯割毛方薄木出板率较高，但

是毛方在刨切机工作台上固定比较困难,一次只能固定 1~2 块毛方,生产率较低。

5)扇形锯割毛方

适用于直径 60cm 以上的木段。用此种方案锯剖出的毛方,其刨切薄木为径向材,装饰效果好。但是,毛方在锯剖或刨切过程中都不好固定,毛方锯割困难。所以,除非要求薄木全是径切材,一般不采用这种锯剖方案。

6)一面圆锯割毛方

适用于直径 70cm 以上的木段。木段直径大时,可以得到较多的径切薄木。

3.2　单板和薄木制造

3.2.1　单板和薄木概述

1.单板和薄木的特点

单板制造是胶合板、单板层积材(LVL)等人造板材生产的重要工序,目前国内外单板制造的两种主要方式是旋切和刨切,相应加工的单板称为旋切单板和刨切单板。

旋切单板和刨切单板的厚度取决于各自设备的工艺技术参数。我国旋切单板的厚度为 0.25~5.5mm,国外特殊用途旋切机旋切单板的厚度最厚可达 12mm;刨切单板厚度的变化范围也很广,为 0.2~10mm。

1)旋切单板

目前,采用旋切机制造的单板厚度大都在 1~3mm,此厚度范围的单板厚度均匀性较好,对于生产胶合板过程中的施胶等工序方便,不易透胶。旋切单板的幅面大,并且具有美丽的弦向花纹;采用刨切的方法制取单板(亦称薄木),刨切薄单板纹理美观、逼真,适于做拼花图案、胶合板和家具及建筑件的贴面等。

旋切单板一般用于生产胶合板和制造单板层积材,而刨切单板多作为人造板表面装饰用材,也是高档家具、乐器和建筑装饰的主要材料。

旋切单板和刨切单板都可用来做装饰材料,但刨切单板的纹理更接近天然木材纹理,显得更加逼真和靓丽。厚单板制造单板层积材,对于生产工艺和降低成本非常有利。木下叙幸(日本)等对厚单板旋切做了较为有益的试验和研究,单板旋切厚度为 10mm,旋切质量较好。

2)刨切单板

德国研究人员对厚单板刨切进行了研究,具有的树种刨切单板厚度可达 15mm。刨切单板(薄木)具有如下优点。

(1)刨切单板不仅具有旋切单板的弦向纹理,还有旋切单板所不具备的美丽大方、最富天然木材真实感且收缩率最小的径向纹理和半径向纹理。

（2）纵向刨切避免了横向刨切造成的单板裂纹，且刨切单板比旋切单板的横向抗拉强度高，几乎不出现背裂和板面裂纹。

（3）刨切单板厚度均匀，光洁程度很好，不需砂光即可直接用于高档装饰贴面，从而提高了单板的强度和表面质量。

（4）与锯切、旋切单板相比，刨切单板厚度更易达到 0.2mm 以下，便于向微薄木发展，可更有效地利用珍贵稀有木材，扩大珍贵优质木材的使用面积。

3）锯切单板

锯切是单板制造中传统的方法，精密框锯对各种长度的硬质材种和厚、宽幅面单板的加工生产尤为重要。经干燥加工后的锯制坯料可直接通过精密锯切一步完成单板成品，既简化了加工工艺，又提高了出材率和生产效率，以及产品精度和质量稳定性，同时也降低了各项消耗。与多片圆锯相比，精密框锯加工锯路损失小，加工质量高。框锯锯条要求适张处理和强力张紧，并使用精密定厚块规间隔定位，以提高锯切过程中锯条的稳定性，锯切面平直、光洁，厚度精度为±（0.1～0.2）mm。

2. 制造方法

单板包括使用原木经旋切加工制造的旋切单板、使用毛方经刨切机刨切的薄木，以及毛方经锯切加工制造超薄板材。单板制造所用原料必须是较大规格的实体木材，包括原木、小径木、毛方，以及经特殊工艺制造的人造毛方（单板经染色后组坯胶接制成的人造毛方，或者小毛方经胶接加工制造的胶接毛方）。单板制造的工艺流程如图 3-24 所示。

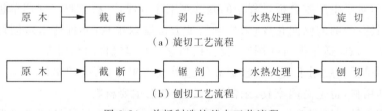

（a）旋切工艺流程

（b）刨切工艺流程

图 3-24　单板制造的基本工艺流程

单板亦称为薄木，其制造方法有三种，即旋切、刨切和锯切，如图 3-25 所示。应用最多的方法为旋切，旋切的薄木通常称为单板。制造装饰用薄木大多采用刨切法。锯切法因为有锯路损失，出材率低，通常极少使用。但是，在实木复合地板制造中，其表层装饰用厚薄木（通常在 3mm 左右）多使用锯切法制造，主要是锯切法制造的薄木无背面裂隙问题，薄木强度高，尺寸稳定性好。单板制造包括原木段或毛方定心、单板旋切、单板运输、刀具的维护和安装等工序。

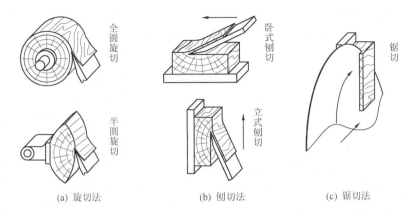

图 3-25 薄木制造方法

3.2.2 旋切

木段旋切是单板制造的主要方法,分为有卡轴旋切机和无卡轴旋切机两大类(图 3-26)。有卡轴旋切机是指卡爪卡入木段两端面的中心部位,木段依靠卡轴的旋转带动木材旋转;无卡轴旋切机则是依靠外动力给木段圆周上施加一个法向力而使木段旋转。有卡轴旋切机旋切质量好,单板厚度均匀,但剩余木芯直径较大,适合于大木段旋切;无旋切机取消了卡轴,装夹原料不受木段心材质量的影响,无需进行定心,可降低木段剩余直径,提高木材利用率。无卡轴旋切机适合于小直径木段的旋切。

（a）有卡轴旋切机　　　　　　　　　　　　（b）无卡轴旋切机

图 3-26 旋切机

1. 旋切基本原理

木段旋切是木段作定轴回转运动,旋刀作直线进给运动时,刀刃平行于木材纤维,而作垂直木材纤维长度方向上的切削,称为旋切。在木段的回转运动和旋刀的进给运动之间,有着严格的运动学关系。由于这种关系,旋刀从木段上旋切下连续的带状单板,其厚度等于木段回转一圈时刀架的进刀量。

为了旋得平整、厚度均匀的带状单板，在旋切时，应保证最适宜的切削条件。切削条件包括：主要的角度参量；切削速度；旋刀的位置（旋刀刀刃和通过卡轴中心水平面之间的垂直距离）；压尺相对于旋刀的位置。这些条件是根据木材的树种、木段的直径、单板厚度、木材水热处理和机床精度等来确定的。

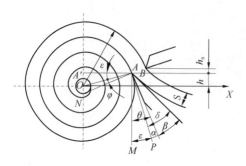

图 3-27　木段旋切原理图

1）主要角度参数

旋切过程中，影响其切削的主要角度参数如下（图 3-27）。

旋刀的研磨角（β）是旋刀前面与后面之间的夹角。旋刀对着木段的一个面是后面（即旋刀的斜面），其相对面就是前面。

后角（α）是与旋刀刃口相接触的木段表面的切线 AP 与旋刀后面之间的夹角。

切削角（δ）是切线 AP 与旋刀前面之间的夹角，即旋刀的研磨角与后角之和（$\angle\delta=\angle\beta+\angle\alpha$）。

补充角（ε）是切线 AP 与铅垂线 AM 之间的夹角。要测定后角时，必须知道补充角的大小。

2）旋切运动学

在旋切过程中，旋刀的刃口在木段的横断面上所走过的轨迹，称为旋切曲线，如图 3-27 所示。

木段作等速回转时的旋切曲线。旋切过程是旋刀刀刃由 A 点走到 A' 点，同时木段作顺时针回转的过程。现在假设由 A' 点走到 A 点，木段同时作逆时针回转的过程，由于木段是等角速度回转运动，其计算式为

$$\varphi = \omega \times t \tag{3-20}$$

式中，φ——极角，由 OX 方向起计算的角度；

　　ω——木段回转的角速度，$\omega=\dfrac{2n\pi}{60}$；

　　t——时间，min；

　　n——木段旋转速度（即卡轴转速），r/min。

由于旋刀刀刃的前进运动是等度运动，所以有

$$X = Vt \tag{3-21}$$

式中，X——由 O 点算起的水平距离，$X=\sqrt{r^2-h^2}$；

　　V——旋刀刀刃前进速度，$V=\dfrac{Sn}{60}$，mm/s；

S——旋切单板的厚度，mm；

r——木段的瞬间半径（动径），mm；

h——旋刀刀刃距卡轴轴线水平距离，低于水平面时为负值，高于水平面时为正值。

用式(3-20)除式(3-21)，并简化得

$$r^2 = a^2\varphi^2 + h^2 \tag{3-22}$$

式中，a——阿基米德螺旋线的分割圆，或渐开线的基圆半径 ON，$a = \dfrac{S}{2\pi}$，mm。

分析式(3-22)可知：

当 $h=0$ 时，$r=a\varphi$，此方程式表示旋切曲线是阿基米德螺旋线。

当 $h=-a$ 时，$r^2 = a^2(\varphi^2+1)$，此方程式表示旋切曲线是圆的渐开线。

(1)木段作等角速度回转时的单板名义厚度。

在生产中要求的单板名义厚度，总是和实际旋得的单板厚度存在差异。这种差异是否同旋切曲线有重要的关系？对这个理论上的问题，讨论如下。

当 $h=0$ 时，旋切曲线为阿基米德螺旋线。

螺旋线的基本公式为 $r=a-\varphi$

$$\Delta r = S = a(\varphi_2 - \varphi_1) \tag{3-23}$$

式中，S——单板名义厚度。

$$\varphi_2 = 2\pi + \varphi_1$$

所以　　　　　　　　　$\Delta r = S = a(2\pi + \varphi_1 - \varphi_2) = 2\pi a$

由此可见，在 $h=0$ 情况下旋切时，阿基米德螺旋线上各节的螺节是相等的。也就是说，单板的名义厚度在旋切过程中理论上是不变的。这一结论也是符合阿基米德螺旋线的基本特征的。

当 $h=-a$ 时，旋切曲线为圆的渐开线。

圆的渐开线的基本公式为 $r^2 = a^2(\varphi^2+1)$，用极坐标表示为

$$\begin{aligned} x &= a\cos\varphi_1 + a\varphi_1\sin\varphi_1 \\ y &= a\sin\varphi_1 + a\varphi_1\cos\varphi_1 \end{aligned} \tag{3-24}$$

式中，φ_1——发生线至坐标中心点之间垂线与 y 轴之间夹角。

旋刀是沿低于 x 轴($h=-a$ 时)，且平行于 x 轴的方向作直线运动，故其工轴方向上渐开线各节的螺距，即单板名义厚度。

$$y = h = -a = a\sin\varphi_1 + a\varphi_1\cos\varphi_1 \tag{3-25}$$

故 $\varphi_1 = 2n\pi + 270$ 时，式(3-25)才能成为 $-a$。

$$\begin{aligned} |\Delta x| &= S \\ &= |[a\cos(2\pi+\varphi_1) + a(2\pi+\varphi_1)\sin(2\pi+\varphi_1)] - [a\cos\varphi_1 + a\varphi_1\sin\varphi_1]| \\ &= |[a\cos(2\pi+\varphi_1) + a(2\pi+\varphi_1)\sin(\varphi_1)] - [a\cos\varphi_1 + a\varphi_1\sin\varphi_1]| \end{aligned}$$

$$= |2\pi a\sin\varphi_1|$$

以 $\varphi_1 = 2n\pi + 270$ 代入上式得

$$|\Delta x| = |2\pi a\sin 270°| = 2\pi|a|$$

由此可见,在 $h = -a$ 情况下旋切时,圆的渐开线在基圆半径的切线(即发生线),且平行于 x 轴方向上的各节螺距是相等的,并且为基圆周长。也就是说,此时单板名义厚度在旋切过程中理论上是不变的。由于旋切机有旋刀自动回转机构,在 $h = -a$ 时旋切,h 值是变化着的,但该值在工程技术上可忽略不计。

因此,基于上述情况时,可认为单板的名义厚度在旋切过程中是不发生变化的。

(2)在恒线速旋切时旋切曲线和名义厚度。

旋切机向恒线速旋切方向发展。恒线速旋切时,由电动机传给卡轴的速度是变化的,但卡轴到刀架之间的运动关系和恒转速旋切时是一样的,即卡轴转一周,旋刀前进的距离为单板的名义厚度。

例如,当 $h = 0$ 时,卡轴每转一周,旋刀前进的距离是相等的,即

$$\frac{S_1}{2\pi} = \frac{S_2}{2\pi} = \frac{S_3}{2\pi} = \cdots = a$$

而每一瞬时

$$\frac{\Delta S_1}{\Delta\varphi_1} = \frac{\Delta S_2}{\Delta\varphi_2} = \frac{\Delta S_3}{\Delta\varphi_3} = \cdots = c$$

这是卡轴到刀架之间机械运动所决定的,也是阿基米德螺旋线的基本特点。因此,从这个最基本关系出发,可认为恒转速旋切时的一些运动情况和分析是适用于恒线速旋切的。

(3)旋切机运动学的运动轨迹。

由上述可知,旋刀刀刃装在 $h = -a$ 处,x 轴方向上圆的渐开线各节螺距相等,即单板的名义厚度是不变的。

从公式 $h = -a$,$a = \dfrac{S}{2\pi}$ 可以看出,h 值随旋切单板的名义厚度变化而变化。根据生产实践经验,希望旋刀相对木段的切削角或旋刀后面与铅垂面之间夹角,应随木段旋切直径的减小而自动变小,而 $h = -a$ 是依 S 值改变而变化的,故旋刀的回转中心也应相应变化,这样问题更复杂了。由于这个原因,用圆的渐开线作为设计旋切机旋刀与木段相互之间的运动关系是不合适的。

与此相反,阿基米德螺旋线的特性是比较理想的,不管单板的名义厚度如何变化,其 h 值总为 0,旋刀的回转中心也就不必改变。因此,一般将它作为设计旋切机旋刀与木段间运动关系的理论基础。

以木段回转中心线(即左、右卡轴或卡头中心线的连线)作为安排其他各部分的基准。

机座或旋刀距卡轴中心线的距离决定了可被旋切木段的直径;左、右卡头之间的距离决定了木段的极限长度。旋刀在旋转过程中,自动回转中心线,即通过卡轴中心线的水平面与旋刀的前面之延伸面的交线。定心机、压辊装置等的安装,都以卡轴中心线为基准。

旋刀的直线进给运动 V 与木段的定轴(即卡轴)转动之间的关系,必须符合下列要求:

$$a = \frac{S}{2\pi} = \frac{V}{\omega}$$

即当卡轴转速为常数时,在一定要求的单板名义厚度下,就需要有一个相应的不变的 V;当单板名义厚度增加一倍时,旋刀进给速度也要相应地增加一倍。因此,为了保证单板的名义厚度的一致,旋刀的进给运动是由卡轴的回转运动带动的,其间传动必须是刚性传动(最好为齿轮)。为了获得各种不同的单板名义厚度,其间的传动应是可以调节的。以往驱使旋切机卡轴转动的是不可变速的交流电动机,目前广泛使用无级变速电动机系统。不管卡轴速度如何变,只要旋刀进给运动是从卡轴的转动传来的,旋刀($y=0$ 时)和木段之间的相对运动轨迹总为阿基米德螺旋线。

2.旋切切削过程中角度参数的变化规律

1)角度参数的确定

旋刀的研磨角(β):β 值大小应根据旋刀本身材料种类、旋切单板的厚度、木材的树种及其温度和含水率等确定。要旋得优质单板,应尽可能减少 β 值。在胶合板生产中,β 值一般采用 18°~23°,当其他条件相同,旋切硬质木材和厚单板时,应采用较大的 β 值。我国常用树种的 β 值如表 3-8 所示。

表 3-8　我国常用树种的 β 值

树种	β 值/(°)
松木	20~23
椴木	18~20
水曲柳	20~21

β 值的测定可用改装的万能测角仪,如图 3-28 所示。

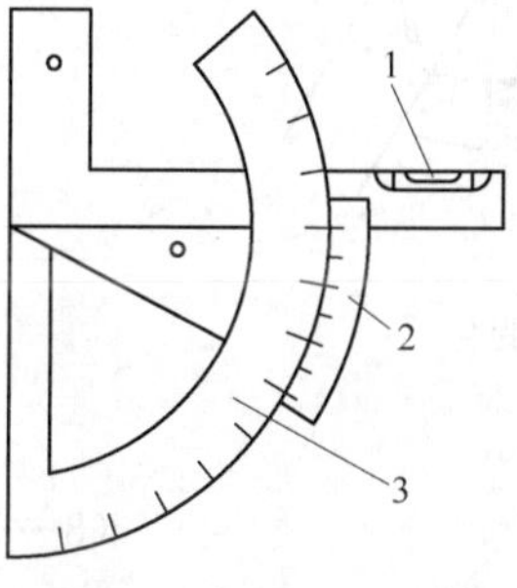

后角(α)和切削角(δ):后角和切削角在旋切时具有重要意义。在旋切过程中 β 值是不变的。当改变 α 值时,δ 有相应的改变。为了保证旋切质量,α 的大小要适当,α 过大,在单板离开木段的瞬间,单板发生伸直,并向反向弯曲时弯曲过大,这时单板的背面(朝木段的一侧)产生裂缝。同时刀架发生振动,旋刀撕下木材纤维,致使单板表面不光滑。单板厚度成波浪状变化,变化周期可为若干米。若 α 过小,则旋刀后面和木

图 3-28　改装的万能测角仪
1.水珠;2.游标尺;3.分度板

段表面的接触面积增大,产生很大的压力,导致木段劈裂或弯曲,尤其是小径木段更易弯曲,单板可能成瓦楞板,节距为 8mm 左右。

在旋切时,由于木段的直径是逐渐减小的,为了保证正常的旋切条件,要求 α 值必须随木段直径的减小而减小。在实际操作中(旋切机精度符合要求),木段直径在 30cm 以下时,后角在 $1°\sim2°$ 内变化较好;木段直径在 30cm 以上时,后角在 $2°\sim4°$ 内变化为好。

测定后角,利用加上水准仪的万能测角仪。把仪器的分度板靠在旋刀的后面,调整游标尺,使水准仪水平。游标尺上指示线所对分度板上的读数,即旋刀后角与通过切削点的铅垂线 CM 之间的夹角,其值用 θ 来表示。后角为

$$\alpha = \theta - \varepsilon \tag{3-26}$$

补充角为正值时,表示在铅垂线 AM 右面(即在旋刀所在的这个象限);补充角为负值时,则在左面。

2)后角变化规律

通常旋切机刀床基本上有两类。一类是旋刀在旋切过程中,相对于刀床固定(不回转),仅能和刀床一起作直线进刀运动,这种刀床属于第一类刀床。另一类是旋刀在旋切过程中,在作直线水平进刀运动的同时,它自动地围绕着通过卡轴轴线的水平面与旋刀前面的延伸面相交的直线作回转运动,这种刀床属于第二类刀床。

(1)第一类刀床的后角变化规律。

由图 3-29 可以看出后角变化情况,为了更清楚地说明问题,引入补充角 ε 这一概念。

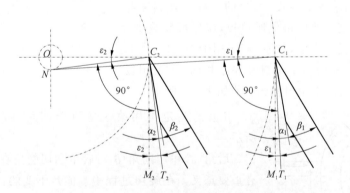

图 3-29 当 $h=0$ 时后角在旋切过程中的变化

补充角

$$\tan \varepsilon \approx \frac{a+h}{\sqrt{r^2-h^2}} \tag{3-27}$$

式中,a——阿基米德螺旋线的分割圆或渐开线的基圆半径,$a=S/2\pi$,mm;

　　　S——旋切单板的厚度,mm;

h——旋刀刀刃距卡轴轴线水平面的垂直距离,低于水平面时为负值,高于水平面时为正值,mm;

r——旋切过程中木段瞬时半径$(\overline{OA})$,mm。

补充角ε(当单板厚度为 1.5mm 时)的变化与刀刃高度h和木段半径的关系见表 3-9。

表 3-9 补充角ε值

木段半径 /mm	刀刃高度值 h/mm					
	-1.0	-0.5	0	$+0.5$	$+1.0$	$+2.0$
50	$-0°52'$	$-0°18'$	$+0°06'$	$+0°51'$	$+1°25'$	$+2°34'$
100	$-0°26'$	$-0°09'$	$+0°08'$	$+0°25'$	$+0°43'$	$+1°17'$
150	$-0°17'$	$-0°06'$	$+0°06'$	$+0°17'$	$+0°28'$	$+0°51'$
200	$-0°13'$	$-0°04'$	$+0°04'$	$+0°13'$	$+0°21'$	$+0°38'$
300	$-0°09'$	$-0°03'$	$+0°03'$	$+0°08'$	$+0°14'$	$+0°26'$

木段刚开始旋切时补充角为ε_1,其他的角度相应为α_1、δ_1,在旋切过程中需要讨论的位置的相应角为ε_2、α_2和δ_2。

通过补充角增量$\Delta\angle\varepsilon = \angle\varepsilon_2 - \angle\varepsilon_1$的变化情况,能清楚地看到切削角和后角在旋切过程中的变化。

在第一类刀床中,旋刀仅作水平移动。因此,旋刀的倾斜角保持不变,即$\angle\varepsilon_1 + \angle\varepsilon_1 = \angle\varepsilon_2 + \angle\varepsilon_2$,所以可得

$$\begin{cases} \angle\alpha_2 - \angle\alpha_1 = -(\angle\varepsilon_2 - \angle\varepsilon_1) = -\angle\varepsilon \\ \angle\delta_2 - \angle\delta_1 = (\angle\varepsilon_2 - \angle\varepsilon_1) = -\angle\varepsilon \end{cases} \tag{3-28}$$

当$a+h>0$时,补充角ε为正值。补充角随着木段直径的变小而增大(表 3-12),此时补充角的增量$\Delta\angle\varepsilon$为正值。由式(3-28)中可见$\angle\alpha_2 < \angle\alpha_1$,即后角在旋切过程中逐渐变小。当$\angle\alpha_2 = \angle\alpha_1 - \Delta\angle\varepsilon \leqslant 0$时,表示后角要向 0 和负值变化,说明$h$值太大了。

当$a+h=0$时,切线CP与铅垂线CM重合,补充角永远为 0。在这种情况下,切削角和后角是没有变化的。

当$a+h<0$时,补充角为负值。补充角随着木段直径的减少,其绝对值在变大。此时补充角的增量为负值,即表示后角随着木段直径的减小在变大。

从图 3-30(a)中可见,在$h \geqslant 2$时,旋切直径大的木段,其后角变化范围较小,到直径h,后角变化较剧烈。在$h \leqslant 2$时,其后角变化甚微。这类旋切机旋切木段,后角的变化虽然不太理想,但其结构较简单,小径木和较短木段旋切作芯板用。

从图 3-30(b)中可见,$h \leqslant \mid 1 \mid$ 时,其后角变化范围较大且缓和平滑,但其结构比较复杂。这类旋切机为生产企业广泛采用,因为能保证单板质量。

(2)第二类刀床后角变化规律。

第二类刀床有两种滑道,即水平的主滑道和倾斜的辅助滑道,如图 3-31 所示。刀架装在主滑块的半圆环状的凹形槽内,刀床的后部通过偏心盘与辅助滑块相连。因此,刀床在任何位置时,距离 AB 总是不变的。当旋刀向卡轴移动时,点 B 沿着平行于辅助滑道的直线运动,旋刀沿着顺时针方向回转。此时,切削角和后角将均匀地变化着,如图 3-30(b)所示。

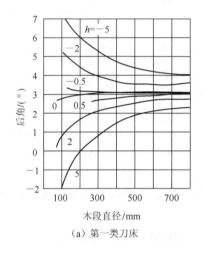 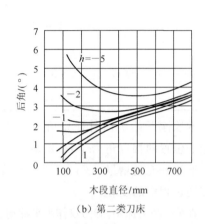

（a）第一类刀床　　　　　　　　　　　（b）第二类刀床

图 3-30　后角的变化与木段直径和刀刃高于卡轴轴线的距离关系

3.改变后角的方法

生产中所使用的旋切机刀架基本上可以分为两种类型。

在旋切过程中,旋刀装在刀架上,刀架带着旋刀一起只作直线进给运动。这种刀架称为第一类刀架。

这种旋切机在旋切过程中,后角变化范围较小,故只能旋切直径比较小的木段。

当旋切大直径的木段时,为了提高旋切质量,要求后角的变化范围比较大。这样单靠上述控制后角自然变化规律常常不能满足生产要求,因此必须采用机械方法,使后角能在较大的范围内变化。

所谓机械方法就是改变刀架的结构,使旋刀在旋切过程中不仅有水平的进给运动,同时还能自动地绕着通过卡轴轴心线的水平面与旋刀前面的延伸面相交的直线作转动,以改变旋刀的后角。这种刀架称为第二类刀架,如图 3-31 所示。

第二类刀架有两条滑道,水平的主滑道和倾斜的辅助滑道。刀架装在主滑块 5 半圆环状的凹槽内。刀架 2 的后部通过偏心轴 8 与辅助滑块 9 相连。因此,刀架 2 在任何位置时,AB 长度总是不变的。当旋刀 3 向卡轴移动时,点 B 沿着平行于辅助滑道 1 的斜直线运动,故旋刀就会沿顺时针方向转动,从而达到改变切削角和后角并使之均匀地变化的目的。

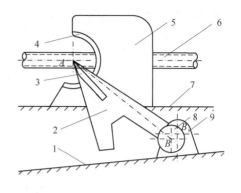

图 3-31　第二类刀架
1. 辅助滑道;2. 刀架;3. 旋刀;
4. 半圆导轨;5. 主滑块;6. 丝杆;
7. 主滑道;8. 偏心轴;9. 辅助滑块

旋切木段之前需要调整初始装刀角度时,可转动偏心轴 8,使偏心轴的偏心 B 绕转动中心 B_1 转动。由于辅助滑块 9 只能沿辅助滑道 1 移动,不能上下运动,所以偏心轴 8 的偏心 B 绕转动中心 B_1 转动而使辅助滑块沿辅助滑道移动,并使刀架绕旋刀刃口 A 点转动,即刀架尾部作上下运动,借此来调整初始的装刀后角 α_1 或装刀切削角 δ_1(旋刀前刀面与铅垂线间的夹角)。

旋切木段时,通过左右两根丝杆 6 带动主滑块 5 沿着水平的主滑道 7 作水平移动,刀架 2 也随着主滑块一起作水平移动。辅助滑块 9 则随着刀架沿辅助滑道向前移动。由于辅助滑块是沿着倾斜的辅助滑道 1 移动的,所以刀架尾部均匀地向下摆动。因此,在旋切过程中,旋刀一方面作水平进给运动,一方面绕着半圆导轨中心 A 作顺时针转动,从而实现旋切过程中随着木段半径的减小而要求逐渐减小初始装刀后角或装刀切削角的目的。

所以,旋切过程中初始装刀后角的减少量与辅助滑道的倾斜度 μ 有关。

第二类刀架的辅助滑块与辅助滑道有两种连接方式:一是把偏心轴装在靴形铁块上,再把靴形铁块装在辅助滑块的水平面上。靴形滑块可以在辅助滑块上做相对移动,如图 3-32(a)所示。二是把偏心轴直接装在辅助滑块上,如图 3-32(b)所示。

图中:O 为卡轴的转动中心;A 为刀架在切削过程中的转动中心;B 为偏心轴上的偏心点;C 为旋刀的刀刃位置;E 为偏心轴的中心;ξ 为直线 AB 与旋刀前面之间的夹角(对于一定的机床,它是定值);δ 为切削角;ε 为补充角;μ 为辅助滑道的倾斜角(有的旋切机此值是固定的,有的可以在一定范围内变化,一般为 $1°30' \sim 2°$);φ 为偏心轴的回转角(即通过偏心轴中心点 E 的铅垂线与面线之间的夹角);e 为偏心轴的偏心距($e = BE$,当偏心轴的位置在 B_0E_0 状态时,切削角最小,这个位置作为偏心轴的初始位置);L 等于 AB,对于一定的机床,此值为定值,y_0 对于给定的机床和倾斜度 μ 是不变的,并且对应于偏心轴的初始位置,$y_0 = OD_0$;θ 为通过卡轴轴线的水平面和直线 AB 之间的夹角（在旋切过程中是变化的）；y 在旋切过程中是不变的，其大小随偏心轴的回转角 φ 的大小而改变，两者成反比（BD 与 B_0D_0 是平行线），$y=OD$。

从图 3-32 中可得出如下的三角函数关系：

$$\tan\mu = \frac{FD}{BF} = \frac{Y-BG}{OG}, BG = L\sin\theta, OG \approx OA+AG \approx \sqrt{r^2-h^2}+L\cos\theta$$

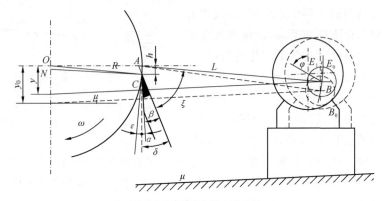

(a) 偏心轴间接放在辅助滑轨上的刀架

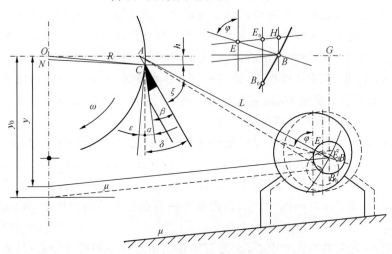

(b) 偏心轴直接放在辅助滑轨上的刀架

图 3-32　第二类刀架角度调整变化原理图

所以

$$\tan\mu = \frac{\sin\mu}{\cos\mu} = \frac{Y-L\sin\theta}{\sqrt{r^2-h^2}+L\cos\theta}$$

把上式移项简化得

$$\sin(\theta + \mu) = \frac{Y}{L}\cos\mu - \frac{\sqrt{r^2 - h^2}}{L}\sin\mu$$

把 $\theta = 90° - (\delta + \varepsilon + \xi)$ 代入上式得

$$\cos(\delta + \varepsilon + \xi - \mu) = \frac{Y}{L}\cos\mu - \frac{\sqrt{r^2 - h^2}}{L}\sin\mu \qquad (3\text{-}29)$$

由于 Y 值与刀架结构形式有关,故可分为两种情况。

第一种情况如图 3-32(a)所示。

$Y_0 - Y = BB_0 = e - e\cos\varphi$,所以 $Y = Y_0 - e + e\cos\varphi$。

把 Y 值代入式(3-29)得

$$\cos(\delta + \varepsilon + \xi - \mu) = \frac{Y_0 - e}{L}\cos\mu + \frac{e}{L}\cos\mu\cos\varphi - \frac{\sqrt{r^2 - h^2}}{L}\sin\mu \quad (3\text{-}30)$$

第二种情况如图 3-31(b)所示。

$$Y_0 - Y = ZB_0 = e - E_0Z$$

在 $\triangle EBH$ 中,$\angle EHB = 90° - \mu$,$\angle EBH = \varphi$,因此 $\angle BEH = 90° - (\varphi - \mu)$,依据正弦定律简化得

$$BH = \frac{e\cos(\varphi - \mu)}{\cos\mu}$$

E_0ZBH 是平行四边形,所以 $BH = E_0Z$,因此

$$Y = Y_0 - e + \frac{e\cos(\varphi - \mu)}{\cos\mu} + \frac{e}{L} + \cos(\varphi - \mu) - \frac{\sqrt{r^2 - h^2}}{L}\sin\mu$$

又因为

$$\cos(\delta + \varepsilon + \xi - \mu) = \frac{Y}{L}\cos\mu - \frac{\sqrt{r^2 - h^2}}{L}\sin\mu$$

所以

$$\cos(\delta + \varepsilon + \xi - \mu) = \frac{Y_0 - e}{L}\cos\mu + \frac{e}{L}\cos(\varphi - \mu) - \frac{\sqrt{r^2 - h^2}}{L}\sin\mu$$

切削角和后角的计算方法如下。

将已知量 e、L、Y_0、r、h、φ 和 μ 代入方程式,求出 $\cos(\delta + \varepsilon + \xi - \mu)$ 的值。再从三角函数表中查出 $\delta + \varepsilon + \xi - \mu$ 的值。根据单板厚度、木段半径和 h 值计算出补充角 ε,即可求得 δ 和 α。从这些值中可看出切削条件是否满足要求。

也可以根据 e、L、Y_0,或用 ξ 和 μ、r、δ、ε、h 等值,求得偏心盘的回转角 φ。依据 φ 值来调整机床,确定最初切削角。

例如,$e = 15\text{mm}$,$\xi = 23°$,$Y_0 = 408.64\text{mm}$,$L = 553\text{mm}$,$\mu = 1°30'$,$\sigma = 70°$。

当辅助滑道为水平时($\mu = 0$),计算公式成为下面的形式(该方程式也适合第一种刀床):

$$\cos(\delta + \varepsilon - \xi) = \frac{Y_0 - e}{L} + \frac{e}{L}\cos\varphi \qquad (3-31)$$

在上两式中,e、L、Y_0、ξ、μ 是已知数,R、h、φ 可以实际测量出,故可利用该式求出 $\cos(\delta + \varepsilon + \xi - \mu)$ 的值,再从三角函数表中查出 $\delta + \varepsilon + \xi - \mu$ 值,即得出 δ 值。另外在装刀切削角 $\angle\delta = \angle\beta + \angle\alpha + \angle\alpha_a + \angle\alpha_M$ 中,$\angle\beta$ 是已知数,运动后角和附加后角可以通过公式 $\angle\alpha_M = \arcsin\dfrac{a}{\sqrt{R^2 + a^2}}$、$\angle\alpha_a = \arcsin\dfrac{h}{R}$,并根据单板厚度、木段直径和 h 值分别求出,因此也可得出 δ 值。这样就可以校核工作后角是否符合旋切条件。

在调刀前,也可利用式(3-31)求得偏心轴的回转角 φ。

当辅助滑道为水平时($\mu = 0$),即第一类刀架,则式(3-31)变为

$$\cos(\delta + \varepsilon - \xi) = \frac{Y_0 - e}{L} + \frac{e}{L}\cos\varphi$$

上述两种旋刀运动方程式中,共有 9 个参数,其中 Y_0、e 和 φ 三个参数与旋切角度的变化没有关系,而且刀架的种类也与旋切角度的变化无关。下面推导一个比较简化的近似公式,表明旋切过程中初始装刀切削角 δ(或初始装刀后角 α)的减少量 $\Delta\delta$(或 $\Delta\alpha$)与辅助滑道倾斜度 μ 之间的关系。

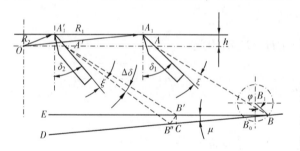

图 3-33　旋切过程中旋切角度变化图

如图 3-33 所示,设装刀高度为 h,则半圆导轨的中心 A 即旋切机主轴水平中心线与旋刀前刀面的交点。对于一定的机床,ξ 和 L 都是不变的。调整初始装刀角度时,转动偏心轴,使其偏心从最低位置 B 转动一定角度 φ 到 B'。将初始的装刀切削角调整到所要求的 δ_1 后,偏心轴即固定不动,在整个切削过程中 φ 角近似不变。旋切木段时,刀架随着主滑块作水平进给运动,主滑块半圆导轨的中心由 A 点移到 A' 点,刀片的刃口由 A_1 点移到 A_1' 点。木段的半径由 R_1 减小到 R_2。偏心轴则随辅助滑块沿着辅助滑道倾斜前进,偏心轴的偏心由 B 点近似地平行于辅助滑道移到 B' 点。装刀切削角则由初始的 δ_1 减小到 $\delta_2 = \delta_1 - \Delta\delta_1$。设将偏心轴的偏心由 B 点到 B' 点的位移分解为两个位移,先是 AB 线平行移到 $A'B'$,然后绕 A' 点转一角度 $\Delta\delta_1$ 到 $A'B''$。$\Delta\delta_1$ 即装刀切削角由于倾斜辅助滑道的作用而发生的减少量,其大小可用下述近似方法求得。

由于 $\Delta\delta$ 通常很小(在 $0° \sim 3°$ 变化),而 L 的长度比较大,故可近似地把圆弧 $B'B''$ 看成一条直线。由 B' 点作水平线 BE 的垂线,与倾斜线 BD 交于 C 点。则由 $\triangle B'CB''$ 中可知:

$$\angle B''B'C = 90° - (\delta_1 + \xi - \frac{1}{2}\Delta\delta)$$

$$\angle B'CB'' = 90° + \mu$$

$$\angle B'B''C = \delta_1 + \xi - \mu - \frac{1}{2}\Delta\delta$$

$$\frac{B'B''}{\sin(90° + \mu)} = \frac{B'C}{\sin(\delta + \xi - \mu - \frac{1}{2}\Delta\delta)}$$

即

$$B'B'' = \frac{B'C\sin(90° + \mu)}{\sin(\delta_1 + \xi - \mu - \frac{1}{2}\Delta\delta)} = \frac{B'C\cos\mu}{\sin(\delta_1 + \xi - \mu - \frac{1}{2}\Delta\delta)}$$

其中

$$B'C = \left[\sqrt{R_1{}^2 - h^2} - \sqrt{R_2{}^2 - h^2} + h(\tan\delta_1 - \tan\delta_2) \right]\tan\mu$$

于是,有

$$B'B'' = \frac{\left[\sqrt{R_1{}^2 - h^2} - \sqrt{R_2{}^2 - h^2} + h(\tan\delta_1 - \tan\delta_2) \right]\sin\mu}{\sin(\delta_1 + \xi - \mu - \frac{1}{2}\Delta\delta)}$$

在 $\triangle A'B'B''$ 中,近似看成 $B'B'' \perp A'B'$,则得

$$\sin\Delta\delta_1 = \frac{B'B''}{L} = \frac{\left[\sqrt{R_1{}^2 - h^2} - \sqrt{R_2{}^2 - h^2} + h(\tan\delta_1 - \tan\delta_2) \right]\sin\mu}{L\sin(\delta_1 + \xi - \mu - \frac{1}{2}\Delta\delta)}$$

上式分子中的 $h(\tan\delta_1 - \tan\delta_2)\sin\mu$ 和分母中的 $1/2\Delta\delta$ 均甚小,略去不计,即得

$$\sin\Delta\delta_1 = \frac{B'B''}{L} = \frac{\left[\sqrt{R_1{}^2 - h^2} - \sqrt{R_2{}^2 - h^2} \right]\sin\mu}{L\sin(\delta_1 + \xi - \mu)}$$

按上式计算所得装刀切削角的减少量 $\Delta\delta$,也就是装刀后角的减少量 $\Delta\alpha$,即 $\Delta\delta = \Delta\alpha$。由此可得出由木段初始半径 R_1 旋切到某一半径 R_2 时的装刀切削角或装刀后角为

$$\angle\delta_2 = \angle\delta_1 - \angle\Delta\delta \text{ 或} \angle\alpha_2 = \angle\alpha_1 - \angle\Delta\alpha$$

求出 $\angle\delta_2$ 和 $\angle\alpha_2$ 后,就可按 $\angle\alpha = \angle\alpha_1 - \arcsin\frac{h}{R} - \arcsin\frac{\alpha}{\sqrt{R^2 + \alpha^2}}$ 计算木段旋切到某一半径 R_2 时的工作后角 α 和工作切削角 δ,借以检验任意时刻的工作后角和工作切削角是否符合要求。

根据试验结果可知,$\Delta\delta$ 的近似计算公式的精度虽然没有旋刀运动方程式的计算精度高,但实际生产中,在用普通量角器测量的条件下,还是可以的。由于近似式省略了三个参数,而且不涉及刀架的种类,所以比用前面的旋切运动方程式要简便。

4.旋切力学

木段在旋切成单板时,作用在木段上的力可分为:旋刀的作用力,压尺的作用力,卡轴(卡头)的作用力,压辊的作用力。

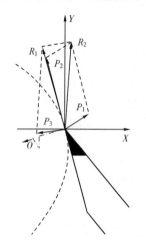

1)旋刀的作用力

旋刀的作用力可分成:旋刀前面对已旋出单板的作用力 P_1,切削力 P_2,旋刀后面对木段的压力 P_3,如图 3-34 所示。

P_1 可称为劈力,它使单板由原来的自然状态(正向弯曲状态)变为反向弯曲状态,使单板内部产生应力。由于木材横纹抗拉强度较低,所以在单板背面产生了大量的裂缝,降低了单板的质量。同时在 P_1 的作用下,产生了超前裂缝,使单板同木段分离,不按旋切轨迹进行,而是不规则的劈裂,木材纤维不是切断而是撕断。结果在旋切的木段表面上出现了凹凸现象;单板的背面是高低不平的,单板的表面仅有凹陷,因为凸出的地方被旋刀切掉了。为了消除这个缺陷,

图 3-34　旋切对木段的作用

应该正确地应用压尺。

P_2 为切削力,在该力的作用下,从木段上切下了单板。影响切削力大小的因素很多,如木段的温度、木材的密度、切削条件(h 值、a 值、单板厚度、刀刃状态等)、木材组织等。切削力计算公式为

$$P_1 = K \times L \tag{3-32}$$

式中,K——单位切削力,kg/cm;

$\quad L$——木段长度,cm。

根据小型试验,在一般树种和常用单板厚度时,单位切削力 $K \approx 8$kg/cm。

P_3 为压木段力,该力在旋切中有害无益,但实际要保持正常旋切,该力必然存在,应尽量减小其值。影响该力大小的因素也很多,但以旋切条件和刀刃的锐钝影响最大。在正常旋切条件下,刀锋利时,$P_3 = 0.2P_2$;刀钝时,$P_3 = (0.8 \sim 1.0)P_2$。

旋刀对木段的总作用力为 $\overline{R_1} = \overline{P_1} + \overline{P_2} + \overline{P_3}$,与铅垂线夹角为 θ。

在正常旋切条件下(未使用压尺时),根据研究证明,合力 $\overline{R_1}$,可在第一象限。因此,在这种状态下旋切时,旋刀和木段是"相吸"的。当 a 变得过小、h 太大、刀钝等条件变化时,$\overline{R_1}$ 可在第二象限。

2)压尺的形状和作用力

为了避免旋切时发生劈裂现象,必须利用压尺,压尺对单板和木段有一个压力(由于木材是弹塑性体,这个压力是个合力)。应使压尺作用力的作用线,通过旋刀

的刀刃,这样就可以防止由于旋刀作用力$\overline{P_1}$所引起的劈裂现象。由于单板被压缩,其横纹抗拉强度有了提高,这对减少单板背面的裂缝是有益的。同时从单板内压出一部分水,可缩短单板干燥时间。

压尺形状归纳起来可分为三种(图 3-35):圆棱压尺、斜棱压尺和辊柱压尺。

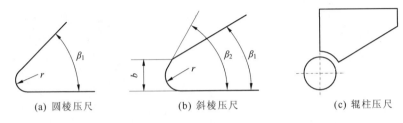

(a) 圆棱压尺　　　　　(b) 斜棱压尺　　　　　(c) 辊柱压尺

图 3-35　压尺形状示意图

辊柱压尺是由不锈钢或其他材料制成的,其直径为 16~40mm。压尺两端用轴承支撑,本身可由电动机带动或木段带动。

固定压尺是由厚 12~15mm、宽 50~80mm 的钢板条制成的。圆棱压尺的压棱半径 r 为 0.1~0.2mm,压尺研磨角 β_1 通常为 45°~50°。斜棱压尺的断面形状,由斜棱压尺的宽度 b 及其斜棱研磨角 β_2 来确定。

$$b = (1.5 \sim 2)S$$
$$\beta_2 = 180° - (\delta + \sigma + \alpha_1)$$

$$(3-33)$$

式中,δ——切削角;

　　　σ——压尺与旋刀之间夹角;

　　　α_1——压尺的压榨角,一般为 5°~7°。

图 3-36 为各种压尺对木段作用后所引起的等变位曲线图。从图 3-36 中可看出,等变位曲线分布情况依据压尺形状不同而不同。辊柱压尺的曲线分布比较对称,同时曲线变化也比较圆滑;斜棱压尺次之;圆棱压尺较差。在同样的压尺压入量时,圆棱压尺对木段的正压力最小,斜棱压尺次之,辊柱压尺最大,这是由于后者压榨木材的面积最大。

圆棱压尺最好用于旋切薄单板和硬质木材,因为其对单板的压力分布比较集中,能使单板的表面光滑。当用于厚单板和软质木材时,可能发生纤维的压溃与剥落,造成板面粗糙。

斜棱压尺由于压尺的压榨角较小,木材的压缩面比较大,压缩程度是逐渐增大的。因此,适用于软质木材和旋切厚单板。

辊柱压尺对木材的压缩面更大,等变位曲线分布范围广,压缩程度更是逐渐增大,更适用于软质木材和旋切厚单板。另外,旋切时产生的碎屑也易于由刀门排出,对单板质量影响小,而固定压尺易发生刀门堵塞,甚至中断旋切。但辊柱压尺的结构比较复杂。

此外,还有喷射压尺,喷射用介质有常温压缩空气和蒸汽,使用蒸汽时,既可加压又可对木段进行加热,有利于旋切。

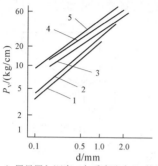

（a）压尺压入深度 d 与垂直分力 P_v 的关系
1.圆棱压尺；2.斜棱压尺；3. ϕ10mm 的辊柱压尺；
4. ϕ19mm 的辊柱压尺；5. ϕ30mm 的辊柱压尺；

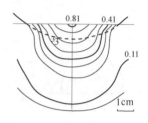

（b）辊柱压尺在木材内部的等变位曲线
ϕ30mm 的辊柱压尺, $d=0.85$mm, $P_v=28.5$kg/cm

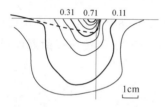

（c）圆棱压尺在木材内部的等变位曲线
$d=0.76$mm, $P_v=15.1$kg/cm

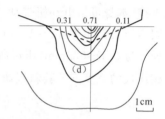

（d）斜棱压尺在木材内部的等变位曲线
$d=0.80$mm, $P_v=17.5$kg/cm

图 3-36　压尺静压入时,木段内部引起的等变位曲线图

旋切时,为了防止木材产生无规则劈裂,旋切机上必须安装压尺。压尺对单板和木段有一个压榨力 P_0,其作用线应当通过旋刀刀刃,这样才能有效地防止由旋刀作用力 P_1 所引起的木材劈裂现象。

使用固定压尺时:

$$P_0 = \alpha_1 d^{\varepsilon_1}$$
$$F = \alpha_2 d^{\varepsilon_2} \qquad (3-34)$$
$$\mu = C$$

式中, α_1、α_2 ε_1 ε_2 和 C 均为系数,如表 3-10 所示。

表 3-10　固定压尺压榨系数值

压尺形式	α_1	ε_1	α_2	ε_2	C
圆棱压尺	7.64	0.86	19.63	0.80	0.39
斜棱压尺	7.43	0.86	19.00	0.81	0.40

F 为压尺与木段间的摩擦阻力(图 3-37)。P_0 和 F 两者合力 R_2 的方向与水平线夹角为 30°(μ 值越大则夹角越大,反之则小)。

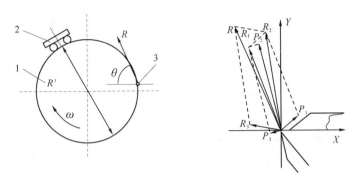

图 3-37　压尺和旋刀对木段的总作用力分析
1. 木段;2. 压辊;3. 压尺和旋刀对木段的总作用力的作用点

压尺与旋刀对木段总的作用力。压尺与旋刀总的作用力如图 3-37 所示,根据试验和计算,其有关参数如下:

$$R = K \times L \tag{3-35}$$

式中,K——单位长度总作用力,N/cm;

　　L——木段长度,cm。

在一般情况下,单位总作用力 K 为 160～240N/cm,作用力方向可用角度表示,在 40°～75°变化。

3)卡头对木段的作用力

木段在旋切过程中,由于旋刀、压尺作用力 R 的作用,可形成一个阻力矩($M = R \times \frac{D}{2} \times \sin\theta$)和一个垂直于卡轴轴线的作用力($R' = R$)。$M$ 的大小取决于总切削阻力 R(与木段长度 L 和树种等因素有关)、瞬时木段直径(D)等值。可见在旋切大直径木段时,开始所需力矩 M 较大,而直径 h,M 较小。

为了保证正常的旋切,就必须产生一个反向力矩 M_1,带动木段回转,克服切削阻力矩 M。只有当 $M_1 > M$ 时,旋切才能正常进行。

力矩 M_1 主要是通过卡头深入木段端部,同木材紧密连在一起的,当卡头转动时,带动木段一起转动,从而形成了 M_1。力矩 M_1 的大小与卡头形状、直径(图 3-38)、卡头深入木段的合适深度(即卡头对木段轴向正压力的大小)有关。

从图 3-38 中可看出,卡头齿形以直角三角形较好。卡头对木段的轴向压力不宜过大,太大易使木段端部开裂,同时在旋切木段直径变化,容易产生弯曲,结果单板产生中间薄两边厚的现象,单板质量变坏。

在同样卡头形状下,直径不同时,其轴向压力增加速度不大,而扭矩增大速度却很快,约为其相应直径平方的比值,见表 3-11。

　(a) 卡头形式　　　　(b) 受力面为斜角边时的作用力　　(c) 受力面为直角边时的作用力

图 3-38　卡头的形式及作用力

表 3-11　卡头直径与轴向压力和扭矩的关系

树种	卡头直径/mm	轴向压力/N	扭矩/(N·m)
桦木	65	24 450	963
桦木	85	25 500	1 904

在 R' 的作用下,木段有弯曲变形的趋势,尤其在直径 h 变弯时更厉害。

上述对各种作用力的分析,可为合理设计旋切机、旋切机的选择以及旋切工艺的制订提供参考。

从作用在木段上力的分析中可看出,要在旋切机上直接缩小木芯直径和合理利用小径级木材,可应用多卡头带压辊装置的旋切机。通常双卡头旋切机在旋切大径级木段时,带动木段作回转运动的是左、右各一对大直径的外卡头和套在其内的小直径的内卡头。当木段旋到小径级时,外卡头从木段中退出,仅内卡头带动木段进行正常的旋切。现在已有三卡头旋切机在生产上应用。

为了避免在卡头轴向压力作用下,小径级木段发生压杆不稳定现象,在总作用力 R 的反方向加上压辊。为了更好地压住木段达到稳定作用,压辊应是成对的(因为 R 的方向是会发生变化的),其长约为 20cm,沿木段长度方向上可放几对压辊(按需要而定)。

也有采用双刀床(另一个刀床代替压辊作用,同时进行旋切)结构来解决这个问题,同时可旋出两张单板,提高了生产效率,但结构比较复杂。

在旋切时,希望卡头深入木段后的位置不再变化,而轴向压力却能减少。满足这种要求,使用机械进退卡头的方法是无法达到的,只有液压传动才能达到这一要求。

由于旋刀、压尺对木段有个总作用力 R,所以木段对它们有一个与 R 方向相反、大小相等的反作用力 R'。该力可分解为 R'_x 和 R'_y 两个分力,如图 3-39 所示。

在 R'_x 的作用下,使刀架向后退并产生一个颠覆力矩,阻止它前进。克服 R'_x 的动力来使刀架作直线运动。进刀螺杆安装的合理位置,应符合下列条件:进刀螺杆的轴线,必须在通过卡轴中心线的水平面内。为了避免进刀螺杆过快磨损,影响旋切机精度,可设计一对液压油缸来抵抗 R'_x 的力,而进刀螺杆主要起使刀架进退的作用。

　　同样,压尺梁最好不要支撑螺钉在刀架上,而采用滑块同刀架梁上的凹槽相互连接和支撑,压尺的压力最好用气(液)压保持。

　　目前使用的传统旋切机都是借助卡轴来支撑木段并使其转动的,有其不足之处。无卡轴旋切机如图 3-40 所示,它不是靠卡轴带动木段,而是借助两个同步转动的摩擦辊与固定压尺辊呈三角形抱住木段,靠摩擦辊外圆驱动木段逆着回转的

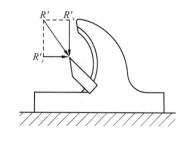

图 3-39　刀架受力分析示意图

同时,将木段向旋刀进给。随着木段直径和硬度的变化,需不断对摩擦辊进给油缸的压力进行调整,以实现旋切。

　　无卡轴旋切是以摩擦辊与木段表面的摩擦力代替卡轴的扭矩,所以没有卡轴引起的轴向力,消除了木段弯曲变形的外力,适用于旋切木芯、小径木和心腐的木段。其驱动辊形式见图 3-41。

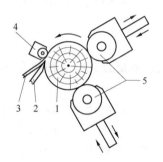

图 3-40　无卡轴旋切示意图
1. 木段;2. 旋刀;3. 单板;
4. 固定压尺;5. 摩擦辊

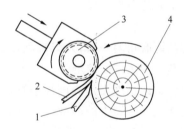

图 3-41　外圆驱动旋切示意图
1. 旋刀;2. 单板;3. 带齿驱动辊;4. 木段

　　外圆驱动旋切,卡轴基本上只起支撑木段的作用,在木段未接触旋刀前,卡轴驱动木段回转。当木段进行旋切时,木段的转动主要通过一排刺辊带动,如图 3-42 所示,刺辊安装在旋刀上方,由电动机驱动,刺辊的尖端刻入木段,从而带动木段回转,进行旋切。

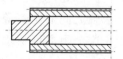

图 3-42　辊齿结构示意图

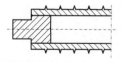

图 3-43　刺辊结构示意图

刺辊如图 3-43 所示,每隔 30~50mm 有一刺辊,每一圈刺有 50 个尖刺,刺辊外径为 120mm,刺与刺之间的距离为 8mm,刺辊以 90m/min 的线速度回转,保证木段恒线速旋切。

由于木段切削阻力与驱动力几乎相互抵消,木段旋切产生的扭矩趋于零,故可以防止木段产生滑脱,避免因心腐、环裂等而不易卡紧的缺点。刺辊带动木段回转时,在单板紧面产生微小的刻痕,缓解了单板的内应力,使单板平整,剪裁准确,不易开裂。单板干燥速度也得以提高,干燥机的生产能力可提高 10%~15%。

使用无卡轴旋切机再旋木芯时,由于不易控制单板边部的松紧程度,所以要将木芯端部原来被卡抓嵌入的部分截去,以防止旋出的单板边部出现小裂口,在干燥时继续扩大而影响使用。也要重视木芯的蒸煮处理,若木芯不立即复旋,由于外周无树皮,长度又较短,木芯表面和两端水分很快蒸发,造成各部分含水率差异较大而影响旋切质量。

5. 旋刀和压尺的安装

要旋出质量好的单板,在旋切时应保持合理的工艺条件,其中旋刀和压尺的安装是一项重要的操作工序。

1) 旋刀的安装

旋刀的研磨角要一致,刀刃锐利而成一直线。依据刀刃距卡轴中心平面的距离 h 和后角 α 的大小安装旋刀。

旋刀刀刃的高度 h 用高度计来测定,见图 3-44。高度计是由放在卡轴上的水准器和安装在水准器上的测微计组成的。测微计上的伸缩杆,放在旋刀刀刃上,然后转动螺杆,使水准器呈水平状态,此时从带有刻度的套筒上读出数值 H。卡轴的直径 d 已知,刀刃高度 h 为

$$h = \frac{d}{2} - H \tag{3-36}$$

如果 h 为正值,表示刀刃高于卡轴轴线,负值则相反。

只有当 $h=0$ 时,旋刀回转中心在其刀刃上。其他各种情况下,刀刃高度随着旋切过程而变化。因此,测定刀刃高度时,最好使旋刀与卡轴之间的距离等于所旋木段的平均半径。这个距离可从水准器侧面上的标尺上读出来,其读数是从伸缩杆的中心线开始计算的。

为了避免由于旋刀两端不平而影响安

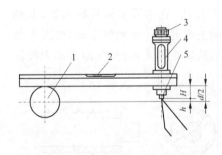

图 3-44　旋刀刀刃高度测量示意图
1. 卡轴;2. 水准指示器;3. 旋钮;
4. 刻度;5. 升缩杆

装精度,应当在离开刀端 $40\sim50\text{mm}$ 的位置上测量刀刃高度。

安装旋刀时,首先调整旋刀的两端,使其合乎要求后,立即初步固定,在调整其他支撑螺杆,直至旋刀刀刃高度满足要求后,再把旋刀紧固在刀梁上。

旋刀固定在刀梁上后,就要调整旋刀的后角 α。调整某一半径外旋刀的后角比较容易,但旋切过程中要求后角逐渐变小,要使后角变化规律符合工艺上的要求,那么调整后角就比较麻烦。要正确地解决这个问题,必须了解各种刀架后角变化的规律性,然后再结合要求进行调整。

2)压尺的安装

压尺的位置由压尺的压棱与旋刀之间缝隙的宽度 S 和压棱至通过刀刃水平面之间的垂直距离和压尺的倾斜角来确定。压尺相对于旋刀和木段的位置如图 3-45 所示。

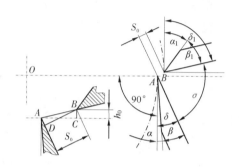

$$S_0 = S\left(1 - \frac{\Delta}{100}\right) \quad (3\text{-}37)$$

式中,S——单板厚度,mm;

Δ——压榨程度,$\%$。

图 3-45 压尺相对于旋动和木段的位置
A. 旋刀刀刃;B. 压尺压棱;O. 卡轴中心

$$h_0 = S\left(1 - \frac{\Delta}{100}\right)\left(\sin\delta - \frac{\cos\delta}{\sin\sigma}\right) \quad (3\text{-}38)$$

h_0 是依据单板厚度、压榨程度、切削角和压尺与旋刀之间的夹角而确定的,切削角通常在 $25°$ 之内。压尺与旋刀之间的夹角根据机床结构而定,一般为 $70°\sim90°$,国产旋切机有的 σ 为 $70°$。

在不同的 Δ、σ 和 δ 条件下,h_0/S 之比如表 3-12 所示。

表 3-12 不同的 Δ、σ 和 δ 条件下 h_0/S 的比值

压榨程度/%	切削角 δ/(°)	σ/(°)				
		70	75	80	85	90
10	20	0	0.08	0.16	0.23	0.31
	25	0.08	0.16	0.24	0.31	0.38
20	20	0	0.07	0.14	0.21	0.27
	25	0.07	0.14	0.21	0.28	0.34
30	20	0	0.06	0.12	0.18	0.24
	25	0.07	0.13	0.18	0.24	0.30

为了便于应用,一般情况下 h_0/S 之比可用下列数值,见表 3-13。

表 3-13　一般情况下 h_0/S 的比值

$\sigma/(°)$	70	75	80	85	90
h_0/S	0	0.1	0.18	0.25	0.30

从图 3-45 中可见，压尺的倾斜角为

$$\delta + \sigma + \sigma_1 = 180°$$

$$\sigma_1 = 180° - (\delta + \sigma)$$

在 $\sigma = 70°$、$\delta = 25°$ 以下时，σ_1 在 $85°$ 以内。

辊柱压尺的安装示意，如图 3-46 所示。

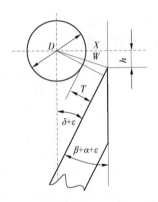

图 3-46　辊柱压尺的安装示意图

D. 辊柱压尺的直径，一般采用 16mm；X. 辊柱压尺距刀刃的水平距离；
W. 刀刃至辊柱压尺表面的径向距离；T. 辊柱压尺至刀前面之间的垂直距离；
h. 刀刃到刀的前面后仍受压榨之距离

6. 旋切机和前后工序的配合

旋切机的前工序为上木定心，后工序为把单板运送到剪板机或干燥机的传送装置。

由旋切到干燥有两种不同的基本工艺：一种是先剪后干，一种是先干后剪（主要是指连续单板带）。不管怎样，由于旋切机的产量与剪板机或干燥机的产量总有差异，所以它们之间连接总是有一个缓冲的贮存，这样才能连成"旋切→缓冲贮存→剪裁→分等"或"旋切→缓冲贮存→干燥→剪裁→分等"流水线。虽然流水线之间有差异，但其连接方法基本相同。

旋切同后工序连接的基本方法可分为：单板卷（其动力可为人工或机械），带式传送带（可为单层或多层），单板折叠输送器（单层或多层），如图 3-47 所示。

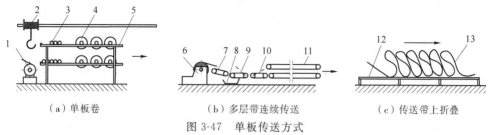

（a）单板卷　　　　　　　（b）多层带连续传送　　　　　（c）传送带上折叠

图 3-47　单板传送方式

1. 单板卷筒机；2. 电动葫芦；3. 筒芯；4. 单板卷；5. 单板卷支架；6. 旋切机；7. 接板传送带；
8. 碎单板传送带；9. 翻板架；10. 分配传送带；11. 运输带；12. 单板传送带；13. 折叠单板

用卷筒卷板方法要求卷筒的转速随着旋切过程而变化，以免拉断单板带。卷筒是放在开式轴承上的，这样能取下和放上。卷筒通过可活动的键与离合器联系，可得到转动力。这种方法占地面积较少，比较灵活，卷单板的卷筒直径可达 80cm 以上。

带式传送装置由于单板带不卷成卷，旋切后可直接送到后工序，可减少一些损失，节省人力，可提高劳动生产率。

带式传送连接方法依据常旋切木段的平均直径，可分成单层的和多层的，其传送带很长，为 35～45m。带式传送设备价格高，占地面积也大。

单板折叠输送器能使单板在其上面形成波浪状（图 3-47(c)）。这种方法大大地缩短了传送带的长度。单板折叠传送器的构造基本上与传送带相似，其差别为单板带旋出速度比传送带的线速度快 6～7 倍，在单板折叠段末尾另装一传送带，其速度略比旋切速度大些，使折叠的单板展平。

当比传送带快 6～7 倍的单板运送到传送带时，因其后者速度慢，前者速度快，产生一个速度差，结果使单板折叠起来，要求折叠的顶峰倒向旋切机，若向相反方向倾斜，在折叠单板展开时，单板带容易拉断。

7. 单板的质量控制

单板质量的好坏关系到胶合板的质量。评定单板质量的指标归纳起来有四个：单板厚度偏差，即加工精度；单板背面裂隙度；单板背面粗糙度；单板横纹抗拉强度。在四项指标中前两个最重要，因为如果单板背面裂缝条数多、深度大，则单板表面粗糙度就差，横纹抗拉强度就比较小。

例如，椴木单板名义厚度为 1.25mm 时，实际平均厚度为 1.34mm（最大厚度 1.55mm、最小厚度 1.24mm），偏差较大。这样的单板在涂胶时单板各处涂胶量不一，胶黏剂固化干缩时产生的内应力不均匀。在胶压时各处的压缩率也不一，引起胶合板的胶接强度不均，且易于变形。还会造成成品厚度偏差增大，不利于胶合板的后期加工。

单板背面裂缝越多,单板横纹抗拉强度越低,涂胶量增加,容易产生透胶。胶合板使用一个时期后,表面容易产生细小裂缝。

单板背面粗糙度越低,则涂胶量均匀,胶接质量就好一些。

1)单板质量的检测和评定

单板质量的检测和评定主要从以下几方面进行。

(1)单板的厚度偏差。

旋切单板应该是厚度均一的,但实际上总是有误差存在。单板的实际厚度偏差因树种不同而不同,受旋切条件和机床状态影响。评定单板厚度均匀性的指标是旋切单板实际平均厚度和单板名义厚度的差值。单板各处的实际厚度不均匀情况可用均方差表示。

单板厚度偏差的检测方法:对于单张整幅单板,通常检查其边、中、边三个部位;对于一根木段,通常检查开始旋切时木段外圆部分的单板厚度、木段中间部分和旋切接近木芯部分的单板厚度。检测仪器为千分尺或精度为±0.02mm的游标卡尺。

一般规定单板厚度偏差允许范围如表3-14所示。

表3-14　单板厚度偏差允许范围　　　　　　　(单位:mm)

树种	单板厚度 1.00～2.00	单板厚度 2.20～3.75	单板厚度 4.0 以上
椴木	±0.05	±0.10	
柳桉	±0.05	±0.10	±0.2
水曲柳	±0.10	±0.15	

(2)单板背面裂隙度。

当单板处在木段上未经旋切的原始位置时,其背面处在凹面状态,正面则是凸面状态。经过旋切后,在旋刀的作用下,使单板背面由凹面变成凸面,正面则由凸变凹。此时,在单板背面形成了裂隙,降低了单板的质量。裂隙的形状和特征在一定程度上反映了旋切工艺的合理性。

单板背面裂隙度的检测方法有肉眼观察和单板背面裂隙度的测定两种。

肉眼观察。将旋切单板紧面向里弯曲,用肉眼即可看到背面裂隙显著与否,这种方法适合于粗略观察检测。

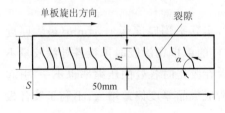

图 3-48　裂隙特征

单板背面裂隙度的测定。截取 10cm×10cm 单板试件,用绘图墨水涂抹在含水率接近 30% 的试件背面,待干后,在试件横纤维方向切开,在显微镜下可以观察裂隙特征,裂隙形状、深度 h、单位长度上裂隙条数和裂隙与单板旋出方向之间的夹

角 α(图 3-48),并可计算单板背面的裂隙度。

$$单板平均裂隙度 = \frac{\sum h}{nS} \times 100\% \qquad (3-39)$$

式中,$\sum h$——单板上裂隙深度的总和;

　　　n——单板上一定长度内的裂隙条数;

　　　S——单板厚度。

不同树种单板裂隙的特点如表 3-15 所示。

表 3-15　不同树种单板裂隙特点

树种	试件数	单板名义厚度/mm	裂隙平均条数/(条/cm)	平均裂隙度/%	裂隙形状	裂隙夹角/(°)	备注
水曲柳	174	1.25	7.5	90	斜曲形	45°	未煮
	5	2.20	5.0	90	斜折形		
椴木	43	1.25	8.0	40	斜线形	30°	未煮
	15	2.20	5.0	80	斜曲形	30°	
柳桉	70	1.25	6.4	50	斜线形	40°	未煮
白阿皮东	150	1.25	7.7		斜线形	40°	未煮
	2	3.50	5.0	80	斜曲形	60°	蒸煮

单板背面裂隙形状基本上可分为 6 种类型:分枝形、直角形、曲折形、斜折形、斜曲形和斜线形,如图 3-49 所示。

（a）分枝形　　（b）直角形　　（c）曲折形　　（d）斜折形　　（e）斜曲形　　（f）斜线形

图 3-49　裂隙形状

旋切工艺参数对单板背面裂隙度有很大影响,后角过大或刀刃过高,单板背面的裂隙深度加大。

树种对旋切单板背面的裂隙也有影响。用材质较均匀的木材旋切单板,单板厚度 h 裂隙形状以斜线形为主;厚度大时以斜曲形为主,如椴木。用材质粗而结构均匀的木材旋切单板时,其裂隙形状以斜曲形为主,如阿皮东。用材质不均匀的木材旋切单板时,单板厚度 h 裂隙形状以斜曲形为主;单板厚度大时,裂隙形状以斜折形为主,如水曲柳。

单板背面裂隙深度和相互间距离随着单板厚度的增大而增大。材质硬、结构粗的木材,其裂隙度大于材质软、结构密实的木材。直角形裂隙很少见,大部分是带有倾斜角的裂隙。

裂隙深度越大,单板强度越小,这是因为单板实际受力面积小了,见表 3-16。

表 3-16　　裂隙对单板横纹抗拉强度的影响

树种	单板厚度 /mm	试件位置	横纹抗拉强度 /MPa	裂隙平均 条数	裂隙度 /%	裂隙夹角 /(°)
椴木	1.25	靠木芯	1.290	9.6	30	30
		中圈	1.770	8.8	30	30
		外圈	1.450	8.4	30	30
		平均值	1.503			
水曲柳	1.25	靠木芯	0.535	9.4	50	45
		中圈	1.128	8.4	50	45
		外圈	1.260	7.0	45	45
		平均值	0.974			

　　特别值得注意的是,压尺使用不当会产生超前裂隙,单板背面裂隙越深,单板背面越粗糙。压尺的使用和木材水热处理得当,可使其不产生超前裂隙,在刀刃之后再产生小裂隙,甚至可以避免明显的裂隙。

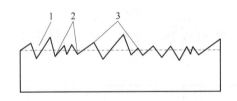

图 3-50　单板背面放大图
1. 背面轮廓;2. 轮廓谷;3. 轮廓峰

　　(3)单板表面粗糙度。

　　表面粗糙度是指单板加工表面上具有的较小间距和峰谷(凸凹)所组成的微观几何形状特征,如图 3-50 所示。一般由所采用的加工方法和其他因素决定。轮廓峰和轮廓谷越大,轮廓微观不平度越大。相反,轮廓峰和轮廓谷越小,则轮廓微观不平度就越小。

　　表面粗糙度的评定参数有轮廓算术平均偏差、微观不平度 10 点高度和轮廓最大高度,均采用中线制来评定。中线制是以中线为基准线评定轮廓的计算制。

　　轮廓算术平均偏差(Ra)。在取样长度(用于判别具有表面粗糙度特征的一段基准线长度)l 内轮廓偏距绝对值的算术平均值,如图 3-51 所示。轮廓偏距是指测量方向上轮廓线上的点与基准线之间的距离。

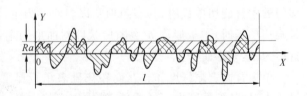

图 3-51　轮廓算术平均偏差的测量

Ra 参数能充分反映表面微观几何形状高度方面的特性,使用轮廓仪测量,方法比较简便,因此是普遍采用的评定参数。

$$Ra = \frac{1}{l}\int_{1}^{l} |y(x)| \, dx \tag{3-40}$$

或近似为

$$Ra = \frac{1}{n}\sum_{i=1}^{n} |y_i| \tag{3-41}$$

式中，n——测量数。

微观不平度十点高度（Rz）。在取样长度内 5 个最大的轮廓峰高的平均值与 5 个最大的轮廓谷深的平均值之和，如图 3-52 所示。

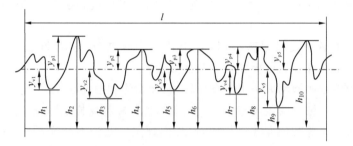

图 3-52　微观不平度十点高度的测量

$$Rz = \frac{\sum_{i=1}^{5} y_{pi} + \sum_{i=1}^{5} y_{vi}}{5} \tag{3-42}$$

式中，y_{pi}——第 i 个最大的轮廓峰高，μm；

y_{vi}——第 i 个最大的轮廓谷深，μm。

Rz 参数由于测量点不多，所以在反映微观几何形状高度方面的特性不如 Ra 参数充分，但由于 y_p 和 y_v 易于在光学仪器上量得，计算简单，所以是用得较多的参数。

为了计算方便，可在取样长度内，从平行于轮廓中线 m 的任一根线算起，取被测轮廓的 5 个最高点（峰）和 5 个最低点（谷）之间的平均距离。

$$Rz = \sum_{i=1}^{5} h_{pi} - \sum_{i=1}^{5} h_{vi}$$
$$= \frac{(h_2 + h_4 + h_6 + h_8 + h_{10}) - (h_1 + h_3 + h_5 + h_7 + h_9)}{5}$$

式中，h_{pi}——轮廓曲线 5 个最高点（峰）值，μm；

h_{vi}——轮廓曲线 5 个最低点（谷）值，μm。

轮廓最大高度（Ry）。在取样长度内轮廓峰顶线和谷底线之间的距离，如图 3-53 所示。

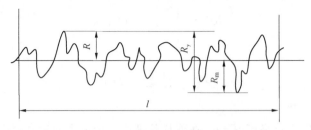

图 3-53　轮廓最大高度的测量

R_y 参数对某些表面上不允许出现较深的加工痕迹和小零件的表面质量有实用意义。

在评定木制件表面粗糙度时，除上述三个参数外，还有附加参数，详见 GB 12472—90《木制件表面粗糙度参数及其数值》。

表面粗糙度的检测方法主要有比较法、光切法和触针法。

比较法是将被测的表面与标有一定参数值的粗糙度样板靠在一起，通过视觉、触觉或用放大镜等其他方式进行比较，作出评定。此法不精确，但方法简便，误差较大。也可在成批生产中挑选经测定并符合要求的产品作为样板。

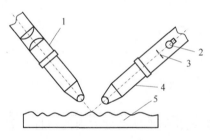

图 3-54　双筒显微镜原理

1. 目镜；2. 光源；3. 缝隙；4. 照明管；5. 单板

光切法是利用光切（双筒）显微镜测量表面粗糙度，其原理见图 3-54。光线从光源 2 通过缝隙 3 和照明管 4 照射到单板 5 上，显微镜相对于单板表面和照明管成 45°，从显微镜中可以看到单板表面轮廓放大的光像，然后用目镜千分尺测量单板表面轮廓峰谷的高度。

触针法是用轮廓仪测量单板表面粗糙度，利用装在传感器上的金刚石测针在单板表面上移动。随着单板表面上的峰谷发生振动，使传感器内的感应线圈产生电动势，经过放大器，进入电流计，从电流计上可以读出单板表面上峰谷的数值。也可用自动记录仪绘出表面轮廓线。

一般工厂生产的单板表面粗糙度如表 3-17 所示。

表 3-17　工厂生产单板的表面粗糙度

树种	三点峰谷的平均高度/μm	备注
椴木	70 以上	不煮
水曲柳	100 以上	水煮
柳桉	100 以上	不煮

当其他条件正常时，旋切工艺条件对单板背面光洁度有影响很大。

　　木段加热温度的影响：木段热处理温度过高，会引起板面起毛，过低则背面裂隙深，表面微观不平越大。

　　压缩率的影响：旋切时压榨程度过小易产生裂隙，过大则单板易出现压溃现象。

　　旋切参数的影响：旋切后角过大，刀床易产生振动，过小则切削阻力大，木段产生弯曲变形，这些均会影响单板表面粗糙度。

　　单板旋切厚度的影响：厚单板较薄单板产生的裂隙较深，更影响表面粗糙度。

　　总之，裂隙深度百分比值越大，其光洁度越差。

　　2)单板质量对产品质量的影响

　　单板厚度偏差。由于单板厚度不均，压制胶合板时，必然要用较大的应力，才能使单板表面之间紧密接触，这样就增大了木材压缩损失；单板厚度偏差大，热压胶合后，胶合板各处压缩率不同，各处强度也不一样，胶层厚薄也不均匀，胶合板存在很大内应力，容易变形，降低产品质量；单板厚薄不均给胶合板表面加工带来困难，不易砂光、磨平；并增加加工余量，对于整批单板，如果厚度偏差过大，很可能造成一批产品报废。

　　单板背面裂隙度。单板背面裂隙深度越大，条数越多，越会降低单板横纹抗拉强度，甚至使单板折断；热压胶合时，单板上这些较深的背面裂隙要用胶黏剂填满，破坏了胶层的连续性和均匀性，造成缺胶或胶层厚薄不均，降低了胶合板的胶合强度；涂胶后，胶黏剂会沿着比较深的裂隙上升到胶合板表面，而产生透胶现象；单板背面裂隙深，制成的胶合板使用一段时间后，板面上容易产生细小裂纹(龟裂)。

　　单板表面粗糙度影响成品的加工余量、胶合强度以及表面胶贴和装饰的质量。

　　3)影响单板质量的主要因素

　　影响单板质量的因素很多，而且各因素之间又互相关联，是比较复杂的问题。

　　(1)机床本身的精度和切削与被加工物系统的刚性。

　　机床精度对单板质量有较大的影响，尤其是旋切薄单板时，若制造木材层积塑料和航空胶合板的单板厚度约为 0.5mm，则机床精度对单板质量的影响就更大。旋切机精度差，就不能得到要求的单板质量。因此，对不同要求的单板应由不同加工精度的旋切机来完成。

　　切削和被加工物系统的刚性差，在旋切时，刀架发生变形或木段弯曲，结果致使旋切条件改变，这样得到的单板质量就差。为了防止刀架和压尺的变形，在旋切机上安装有止推气缸，以抵消木段对切削系统的反作用力，保证单板旋切质量。为了防止木段的弯曲变形，现代旋切机上安装有防弯压辊，当旋切到接近木芯时，放下防弯压辊，用以抵消旋刀对木段的压力。

　　在木段旋切加热到 50℃ 以上时，热量由木段和单板传递到旋刀刃口、压尺的前棱。由于局部不均匀加热，热膨胀变形的结果，导致旋刀和压尺弯曲变形，而且

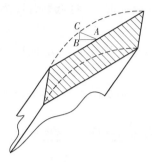

图 3-55　旋刀热变形示意图

变量的值较大,如图 3-55 所示。此时旋出的单板厚度差异是很大的,都成为废单板。改进办法:一是预先把旋刀和压尺加热后再安装在刀架上;二是在刀架上装有冷却系统,把旋刀和压尺从木段得到的热量而升高的温度,用循环的冷却水(或其他介质)把它冷却下来。有些树种有很多黏状分泌物,旋切时遇冷很容易黏附在刀刃上,影响旋切质量。因此,有的刀架上装有热水循环系统,使黏液不粘在旋刀刀刃上,从而提高旋切质量。

机床磨损和保养。旋切机中运动件很多,其中对旋切质量影响较大的是进刀丝杠螺母的磨损、卡轴径向摆动、两个卡轴不同心、压尺架和刀架连接的支撑螺钉及偏心盘松动、压尺各处磨损不一等。因此,对旋切机需要进行定期检查,及时维修和研磨,并注意机床清洁,在进刀螺杆外面应套皮套,防止尘屑掉入螺杆而加速其磨损。

大尺寸旋切机长时间旋切短木段,容易造成旋刀、压尺和进刀机构的局部磨损。旋切时要防止过大冲击,而造成某些零部件的突然破坏和损坏。如果旋切木段上有大的节疤,则应当用斧头先将节疤劈下或者在低速下进行旋切,以避免刀床产生较大的振动。旋切机应当经常润滑,以减少零部件的磨损。

(2)工艺条件。

工艺条件一般是指木段热水处理温度、含水率、旋刀的研磨角及安装定位(刀刃高度、切削角和后角)、压尺的形状和安装位置(压榨百分率、压尺相对于旋刀刀刃的水平和垂直距离)等。这些参数相互协调好,即能得到优质的单板。旋切相对于卡轴的垂直距离 h 见表 3-18。

表 3-18　旋刀相对于卡轴的垂直距离 h

刀架的种类		木段直径/mm	
		300 以下	300 以上
无辅助滑道或有但其倾斜角	$\mu=0$	0～+0.5	0～+1.5
有辅助滑道	$\mu=1°30'$	−0.5～0	−1.5～0
	$\mu=3°$	−0.5～−1.0	−0.5～−1.5

旋切细木段时,为避免产生单板两端厚、中间薄的现象,可使旋刀中部高于两端 0.1～0.2mm。

旋刀的切削角在旋切过程中,应均匀地变小,不能变大。对于直径在 300～100mm 的木段,后角的变化不超过 1°,直径为 800～200mm 时后角变化不超过为 3°。刀的刃口应该同卡轴轴线相平行,若在垂直平面内歪斜则引起刀长上后角

变化,在水平面内歪斜则形成歪斜
旋切。

压缩率同单板厚度、树种、木材水
热处理温度有关。我国常用树种,一
般单板厚度时的压缩率如表 3-19
所示。

表 3-19　我国常用树种旋切单板时的压缩率

树种	压缩率/%
椴木	10～15
水曲柳	15～20
松木	15～20

8. 单板出材率

木段在旋切时,木段本身形状的不规则性致使旋切后产生的单板包括 3 种类型的单板和 1 种类型的木芯。

第一种类型是碎单板。它是由于木段形状不规则(如木段的弯曲、尖削度和横断面不规则等)以及木段定中心不准确所形成的长度小于木段长度的单板。

第二种类型是长条单板。它是由于木段定中心不准确,旋切圆柱体和木段最大内接圆柱体不相符合或者木段断面形状不规则所形成的长度为木段长度,但其宽度小于木段圆周长度的单板。

第三种类型是连续单板。它是木段旋切后获得连续不断的带状单板。

第四种类型是木芯。一般为旋切接近卡头时剩下的木材,直径在 80～140mm。经再旋的木芯可达 45～50mm。通常木段直径过大、过长时,木芯直径更大些。

前三部分中有用单板的材积与木段材积之比为(湿)单板出材率,一般在 65%～70%。可见,在旋切时产生了一定比例的碎单板、窄长单板和木芯等。

为了提高有用单板的出材率和降低成本,可采取如下措施:减小木芯直径;改善木段在旋切机卡轴上的安装基准(即正确定中心和上木);合理组织单板挑选流水线。

1)合理挑选碎单板和窄长单板

人工抱送挑选单板容易损坏,影响旋切机生产效率。采用机械分选运输方法,既挑选了碎单板又提高了旋切机产量,其基本方法为从旋切机上旋下来的不用的碎单板和可用碎单板、窄长单板分成两条流水线,或把木段的旋圆和旋切分成两个工序。

把旋切下来的碎单板和窄长单板分成两条线,一为可用,一为不可用。图3-56(a)表示全厂各旋切机旋出的不用单板和有用单板,分别由运输带运送到一个集中点,再对有用单板进行整理加工。在每一个旋切机的后面,安装统一的运输不用单板的运输装置,如图 3-56(b)所示。有用碎单板和窄长单板直接用输送装置送到旋切机后面,进行整理加工。加工有用碎单板,需要另外装有剪裁机和截头圆锯机。

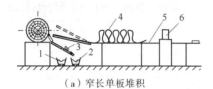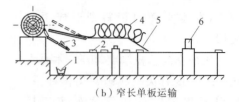

（a）窄长单板堆积　　　　　　　　　　　（b）窄长单板运输

图 3-56　可用和不可用单板分类流水线

1. 碎单板；2. 窄长单板；3. 翻板；4. 折叠单板带；5. 折叠单板运输机；6. 剪板机

木段旋圆和旋切分开进行。木段旋圆集中在一台旋切机上进行，旋切在另一台旋切机上进行，可提高单板质量。但当第二次上木定心时，往往容易产生安装基准误差。一般胶合板在生产中很少应用，制造特种胶合板（如航空胶合板、木材层积塑料等）时多采用这种方法。

2）木芯再旋

木段旋到最后必定剩下木芯，要提高单板出板率，就要减小木芯直径。有些木芯含有髓心腐朽、开裂和其他不允许再旋的缺陷，只能部分再旋。缩小木芯直径有两种方法，即直接法和间接法（木芯截短后再旋切）。

直接法即在大型旋切机上直接减小木芯直径。可采用双卡头带压辊的旋切机，大径级木段在开始旋切时，左、右边的内、外卡头同时卡住木段，以保持足够的转矩从而保证正常旋切。当木段直径减少到比外卡头直径稍大时，通过液压传动，把左、右两边的外卡头退出木段，到左、右两侧的主滑块（即半圆形滑块）之外，内卡头（即小直径卡头）继续卡住木段进行旋切。为了避免木段由于旋刀、压尺和卡轴的作用力而发生弯曲，一般当直径减少到 125mm（依木段树种、长度等而定）左右时，压辊可以自动地在木段的上面和相对于旋刀的面上压住木段，防止木段向上和离开旋刀的方向发生弯曲。这样可以在同一台旋切机上将木芯直接旋到 65mm 左右。现在全自动旋切机（自动定心、自动上木）具有三卡头，可使木芯的直径进一步减小。

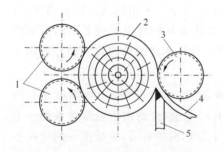

图 3-57　无卡轴旋切机原理图

1. 固定驱动辊；2. 木段；
3. 移动驱动辊；4. 单板；5. 旋刀

间接法则是将木芯单独采用无卡轴旋切机再旋，最终将木芯旋到直径只剩下 25～30mm。

压辊装置的形式分为机械和气液压两种。机械压辊的压力主要是利用与刀床连在一起的滑道，通过滑道把力传给压辊，力的大小与滑道曲面形状有关。

气压式压辊的压力是借助气缸的压缩空气而产生的，这种装置产生的压力有缓冲作用。力的大小能与木段弯曲形状相适应，其结构示意图如图 3-57 所示。

3.2.3　刨切

利用刨切加工方法生产的薄片状材料称为刨切单板,俗称薄木。利用珍贵树种优雅多变的木纹或特殊纹理(树瘤、芽眼、节子多的树种等)的天然或人造木质材料刨切制成薄木,因其纹理均匀美观,色泽悦目,是一种优良的装饰材料。

薄木厚度通常为 0.2～1.5mm。用于家具和装饰板材贴面的常用厚度为 0.3～0.6mm,船舶、车厢板贴面的常用厚度为 1.2～1.5mm。

为了降低成本,充分利用珍贵木材,应当正确确定刨切薄木的厚度。一般可遵循的原则:薄木胶贴在基材上不允许透胶;薄木在加工和运送过程中不会产生较大的破损;薄木贴面装饰后,留有足够的表面处理(刮光或砂光)余量。

制造薄木常用的树种有水曲柳、栎木(含柞木)、椎木、黄波罗、楸木、榆木、泡桐、拟赤杨、椴木、桦木、槭木、水青冈、楠木、樟木、陆均松、红松、云杉、柚木、花梨木、桃花心木等。

由于珍贵木材日益减少,而对薄木的需求量日益增长,为了模拟珍贵木材,将普通木材先制成单板,单板再经染色处理,然后将染色单板依一定排列组合胶接制成毛方,然后再刨切成人造薄木。

按木材纹理,薄木可分为径向和弦向两种。前者板面年轮呈近似平行线排列,木射线在垂直年轮方向上成条状;后者板面年轮呈 V 字形和曲线状排列,木射线成纵向短条,也有把介于二者之间的称为半径向薄木。

评定薄木的质量指标可参照旋切单板的方法,其中粗糙度的测定按 GB 13010 规定,从刨切薄木表面测定,其参数范围见表 3-20。

表 3-20　刨切薄木表面粗糙度参数值范围

树种	参　数　值		
	Ra	Rz	Ry
阔叶树环孔材	≤30	≤150	≤250
阔叶树散孔材、针叶树材	≤20	≤100	≤150

按 GB 12472 选用 R_{pv} 为附加粗糙度参数,各材种刨切薄木表面的 R_{pv} 值均不大于 $100\mu m/mm$。

单板刨切按照切削方式可分为横向和纵向刨切两种;按刨床的结构可分为立式和卧式刨切。现代刨切机大都采用“纵-横”或“横-纵”刨切方式,以便降低单板背面裂隙,减小单板厚度公差和降低冲击振动,见图 3-58。

单板纵向刨切时,切削层木材受前刀面的顺纤维压缩,形成弯曲和剪切,在刃口前往往会产生微小的超前裂缝,当剪切应力达到临界值时,木材单体就发生变形和破坏。随着变形的木材沿着前刀面向上移动,应力也不断地传递到切削刃前尚

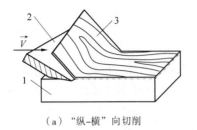 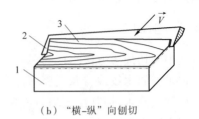

（a）"纵-横"向切削　　　　　　　　（b）"横-纵"向刨切

图 3-58　薄木刨切方式

1. 木材；2. 刨刀；3. 薄木

未变形的木材上，因此，木材变形、破坏是连续的，形成光滑的单板。随着刨切厚度的增加，超前裂缝的深度增大，单板背面裂隙的深度也随之增大。

单板横向刨切时，刨刀进入木材后，在接近垂直纤维方向压缩切削层木材，并沿切削层底面剪切切削层木材。这时刀刃前的木材纤维，由于其长度方向和刀刃近似平行，所以在刀刃的作用下，木材纤维不是平移剪切分离，而是一边剪切，一边滚动，形成"滚动"剪切。当刨刀对切削层木材作用的应力超过木材横纤维剪切强度极限时，切削层木材沿着切削平面分离，并将剪切力传递到尚未破坏的切削层木材。随着刨刀继续移动，切削层就沿着预定的切削平面分离，形成连续光滑的单板。

理想的刨切单板要求背面裂隙度小、粗糙度低和厚度公差小。而背面裂隙度是评价单板质量的重要标准，因为它对单板的胶合性能和成品质量有重要影响。影响刨切单板质量的因素主要包括单板厚度、木材的软化效果、切削速度、压尺的安装调整等。

刨切厚度是影响单板背面裂隙的重要因素。刨切时，单板会发生弯曲而使背面产生拉应力，且随着单板厚度的增加，背面的拉应力增大，背面更易开裂。甚至造成单板背面的破坏。

背面裂隙度随切削速度的增加而增大。这是由于刀具在切削木材时，在刀具周围的木材发生了大量变形，当速度逐渐增加时，这些变形被迫在很短的时间内发生，从而导致了较大的应力，促使产生更深的裂隙。同时，较高的速度会减少压尺与木材之间的摩擦力，使压尺一侧的裂隙深度随切削速度的增大而减小。

在木材刨切前，都要进行水热处理，目的是提高木材温度，软化木材，增加塑性，从而降低切削力，减少单板的碎裂、撕裂和背裂，提高单板的表面质量。水热处理的实质是靠水和温度来软化木材，目前广泛采用水煮的方法。水煮木材的温度容易控制，软化层更深且较均匀。试验证明，经过水热处理后的木材刨切单板产生的背面裂隙度是未经过处理木材的 1/2 左右。

压尺在单板刨切中的作用主要是减小超前裂缝，避免拉裂和剪裂，使单板在未切下之前外表面受到预先压缩,而内表面受到预先伸展,以减小由于单板切下后向外弯曲而发生的裂隙。

此外,树种、压尺和刀具的相对位置对背面裂隙的形成也有影响。用于刨切的树种材质要均匀,太硬(如黑檀、紫檀)和太软(如毛泡桐)的木材都不适于刨切。

根据树种和其他条件的不同,压缩量和水平开档的设置也有所不同,对于软木或薄单板(2mm 以下)一般为板厚的 $2\%\sim3\%$,对于硬木或厚单板($2\sim10$mm)一般为板厚的 $4\%\sim10\%$,当刨切厚度超过 10mm 时,采用板厚的 $10\%\sim20\%$ 是最合适的。刀具楔角越小,背面裂隙度越小,刨切中使用的刀具楔角一般为 $18°\sim22°$,但考虑到刀具研磨后和强度的要求,通过减小刀具楔角的方法来减小裂隙深度并没有太大实用价值。

1. 薄木刨切原理

刨切薄木的切削条件,主要是刨刀的研磨角、切削后角、切削角和压榨率,如图 3-59 所示。

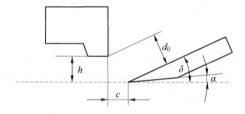

图 3-59　刨刀与压尺的位置

h. 压尺压棱与刨刀刀刃的垂直距离,mm;d_0. 压尺压棱至前刀面的距离,mm;
c. 压尺压棱与刨刀刀刃的水平距离,mm;δ. 切削角;α. 切削后角

一般切削条件为:刨刀研磨角 $\beta=16°\sim17°$,切削后角 $\alpha=1°\sim2°$,切削角 $\delta=\beta+\alpha=17°\sim19°$,刨刀厚度为 15mm,压榨率 $\Delta=5\%\sim10\%$。

为了便于刨刀与压尺的安装、调整,需要确定 d_0 和 c。

当已知薄木厚度、压榨率和切削角时,通过下列计算确定压尺压棱与刨刀刀刃之间的距离。

$$\Delta = \left(\frac{d-d_0}{d}\right)\times100\%$$
$$d_0 = d(1-\Delta)$$
$$c = d_0\sin\delta = d(1-\Delta)\sin\delta \tag{3-43}$$
$$h = d_0\cos\delta = d(1-\Delta)\cos\delta$$

式中,d——薄木厚度,mm;

d_0——压尺的压棱到刨刀前面的最短距离,mm;

c——压尺的压棱与刨刀刀刃之间的水平距离,mm;

h——压尺的压棱与刨刀刀刃之间的垂直距离,mm。

压榨率与薄木厚度的关系,见表 3-21。

表 3-21　压榨率与薄木厚度的关系

薄木厚度/mm	0.4	0.5	0.6	0.8	1.0
压榨率/%	4~5	5~8	8~10	10~15	15~20

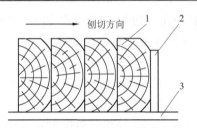

图 3-60　刨切示意图
1. 毛方;2. 挡板;3. 工作台

刨切方向,如图 3-60 所示。正确地确定刨切方向,能使薄木的表面质量得到改善。最合理的刨切方向是使它与毛方年轮的倾斜方向相反。横向刨切,一般刨刀刀刃和毛方纵向轴间成一个夹角,其值为 $10°\sim20°$。这样,可以减小切削比压,减小冲击,降低噪声,节省能源并提高薄木质量。

2. 薄木刨切方法

根据刨切方向与木材纤维方向,又可分为顺纹刨切和横纹刨切。顺纹刨切机刨出的薄木表面平滑,毛方长度可不受限制,占地面积较小;但生产率较低,薄木易卷曲,一般适合于小批量的薄木生产使用。横纹刨切机生产率较高,是目前应用最广的一类刨切机。横纹刨切机又分为卧式和立式两大类,如图 3-61 所示。

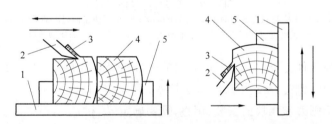

图 3-61　刨切机工作原理
1. 工作台;2. 刨刀;3. 薄木;4. 毛方;5. 挡块

1)卧式刨切

卧式刨切机的刨刀在水平方向上作往复运动进行刨切,刨切时毛方不动,当刨刀一次刨切完成,并且空行程回到起始位置时,工作台带动毛方上升一个固定的距离(薄木厚度),完成工作进给,然后进行下一次刨切。

在卧式刨切机上毛方固定比较容易,可以将几个毛方固定在一起同时刨切,生产率高;工作平稳,薄木质量好。但是,卧式刨切机占地面积大;刨刀、压尺和刨下来的薄木都是在刨切机的上面,所以刨刀和压尺的安装、更换以及接取刨切下来的薄木很不方便,并且使刨切机和它后面一些工序之间的生产过程难以连续化。为了使刨切出来的薄木便于机械化运送而不受损伤,目前改进设计使毛方固定在刨刀的上方,刨刀从毛方底部进行刨切,使薄木的松面(即背面)朝上输出。

2)立式刨切

立式刨切机和卧式刨切机工作原理基本相同。其不同点是工作台带动毛方在垂直方向上作往复运动。刨切时刨刀不动,当一次刨切完成,并且工作台带动毛方空行程回到初始位置时,刨刀在水平方向上作周期式直线进给运动,见图3-62。

立式刨切机占地面积小,刨刀、压尺的安装、更换以及接取刨切薄木都比较方便,但是毛方在刨切机工作台上固定比较困难,一次只能固定 1~2 个毛方,生产率比较低。这种形式的刨切机,切下的薄木易卷曲,不利于机械化运送薄木。将毛方向上行时进行刨切,下行将终止时,刨刀作进给运动,这样可机械化运送刨切下来的薄木。

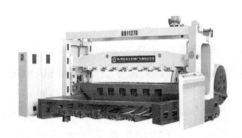 

(a)薄木卧式刨切机　　　　　　　　(b)薄木立式刨切机

图 3-62　薄木刨切机

倾斜式刨切机是一种立式和卧式相结合的较新的刨切机,分为卧式倾斜刨切机和立式倾斜刨切机。卧式倾斜刨切机,其刨刀运动方向与水平面之间夹角为 25°。在刨切时,毛方固定(仅作进给运动),刨刀作主运动(往复运动)。其特点为:切削时由刀床惯性往上冲,使刨刀受力平稳从而提高了切削质量;换刀方便。

立式倾斜刨切机,毛方往复运动同铅垂线之间有一个夹角,相应刀床运动方向与水平面也有一个相应等同的夹角,使毛方运动方向和刀床运动方向之间夹角仍为 90°。这种刨切机,刨刀在切削毛方时,毛方架始终有一个重力分力压在导轨上,提高了刨切薄木的厚度精度。一般夹角为 10°。

表 3-22 列出了卧式和立式刨切机的相关技术参数。卧式刨片机排料不方便,而立式刨片机却排料方便,设备选择时应根据工艺需要合理选择设备型号。

表 3-22　刨切机技术参数

技术参数	卧式刨切机		立式刨切机	
	BB1130A	BB1127A	BB1131B	BB1127B
原材料容许尺寸/mm	3000×520×725	2700×520×725	3000×510×700	2700×510×700
刨刀尺寸/mm	3000×200×20	2750×180×18	3100×200×20	2750×180×18
切片厚度/mm	0.07~1.0	0.07~1.0	0.1~2.0	0.1~2.0
出片速度/(片/min)	18~22	18~22	18~32	18~32
夹木方式	电动或手动辅助	电动或手动辅助	电动或手动辅助	电动或手动辅助
主电机马达/kW	22	18.5	22	18.5
升降电机/kW	4	4	3	3
夹木电机	0.18kW×8	0.18kW×8	0.18kW×8	0.18kW×8
厚薄电机	0.1kW×8	0.1kW×8	—	—
基座尺寸/mm	7584×3955×2640	7434×3695×2640	7698×4152×2808	7623×3892×2808
净重/kg	1800	1700	1900	1700

3.2.4　半圆旋切和锯切

1. 半圆旋切

半圆旋切机结构示意如图 3-63 所示。半圆旋切是介于旋切和刨切之间的一种制造薄木的方法。专用的半圆旋切机的结构基本上类似于普通旋切机,但毛方必须固定在特殊支柱上或用特殊卡子夹持在特殊的支柱上,特殊支柱是固定在旋切机的传动轴上的,它可牢固地带着毛方作回转运动,每转一圈切削一次。在不切削时,刀床前进一个单板厚度,直至旋切结束。半圆旋切根据毛方夹持的不同位置,可得到弦切薄木或径切薄木。

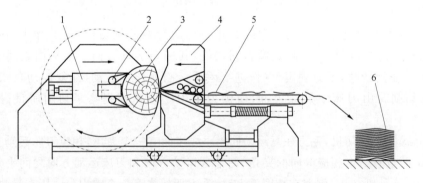

图 3-63　半圆旋切机结构示意图
1. 摆动机构;2. 卡木装置;3. 木段;4. 刀床;5. 薄木;6. 薄木堆

2. 锯切

锯切单板在古代和中世纪以后,单板生产的方法是低效率而不经济的。在古埃及,为了加工成形和形成平滑的木材表面,也许曾使用过削边刀。另一工具是长度约 90cm(3 英尺)的双柄锯。后来常用双人长片锯,后在东南亚的很多地方使用。这种原始的双人长片锯的操作工艺如下:就地挖坑,木段支持在坑上,一个工人站在坑内,另一个工人站在木段和坑的上方,二人用锯协同锯木。这种锯切浪费很大,不能制造均匀厚度的单板,所制的单板称为波状板片更确切。单板锯切的方法有圆锯、带锯和排锯等。

1)单板圆锯

1805 年在英国首先使用圆锯(厚度为 1.6mm≈1/16in*)。1860 年在单板工厂中安装了直径为 350mm(14in)的单板圆锯,工作得很好。后来,在英国由于节锯(锯制薄木用锯)的发明,改进了单板圆锯的结构。这种锯片的切削刃是由 16 片特殊扇形钢齿片组成的,扇形齿片用螺栓牢牢地固定在圆锯片的周边上。圆锯片锯身最大直径为 2050mm(约 81in),整个圆锯片用重型铸钢架加固(图 3-64)。在

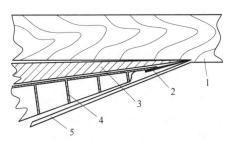

图 3-64　具有扇形齿片的单板圆锯片组
1. 毛方;2. 切刀;3. 扇形齿片;
4. 刀架;5. 单板

切削直径处,扇形齿片的厚度磨削到 0.9mm(约 1/32in),平均锯料量仅为 0.25mm(约 1/100in),锯切单板厚度约 1mm(约 0.04in),但是产量极低,锯切薄单板是一种很不经济的方法。用上述锯切装置,单板出材率仅为 42% 左右。贵重木材要用这种加工工艺经济地制成单板是不可能的。切削速度比较高,例如,最大的圆锯片运转为 480r/min 时,其每秒钟切削速度约为 51m。进给速度每分钟可达 2m(约 6.6in)。单板圆锯的切削效率大约是单板排锯的 3 倍。然而,这个数值是不确切的。实际上,镶上特殊钢片的单板圆锯片用钝后须重新刃磨,刃磨需要较长时间,平均为 120min,而更换用钝后的排锯条所需要的时间却很少。在圆锯片刃磨过程中是不能生产的。锯切下来的单板直接利用分离装置引离锯机,使薄钢片内产生的应力最小。

毛方的最大尺寸为长 6.5m(约 21.3in)、宽 0.7m(约 2.3in)、高 0.6m(约 2in)。

锯切单板的厚度可以精确调整到 0.1mm(约 0.004in)。在 20 世纪初,单板圆锯片的制造技术是私有的,英国于 1935 年左右曾经停止使用过单板圆锯。西德使用这种类型的锯机很少。在美国的某些单板工厂中,有时用于锯切特硬材,以免木材的色泽在蒸煮处理时受损坏。曾用过下列树种:椴木、黑檀、澳洲蔷薇木、kingwood、桃花心木和栎木。

毛方在近于湿材状态时刨切。与其他类型的单板锯相比,单板圆锯锯成的产

* 1in＝2.54cm

品具有较多的裂纹和类似缺陷。一般锯切单板的结构和力学性能是极好的,但是含有单宁酸的木材在锯切过程中其影响非常明显,因此,必须用化学药品处理,以免木材在钢质刀具的频繁接触中形成色变。从锯切单板表面仔细除去锯屑是重要的,否则会产生污点。

2)卧式单板排锯

卧式排锯早期制造于1880年左右,带有锯片的锯框按照略呈弧线的轨迹作卧式往复运动,有利于锯片的自由切削和木块的平滑进给。曲轴的运动通过连杆传给锯框,连杆的常用长度大约是冲程的3.5倍。卧式单板排锯的平均切削速度为7m/s(约1380in/min),进给速度可达0.7m/min(约2.3in/min),消耗功率约为4kW。锯切单板的出材率很低,因为与无锯路的刨切和旋切相比,锯路宽木材损耗大。即使如此,卧式单板排锯仍有一定的优点,锯片的运动很规则,没有振动。为了减少损耗,锯片应当尽可能薄(0.9mm≈1/28in/min),锯料量为0.25mm(1/100in/min)。1mm(约1/25in/min)厚单板的出材率仅为41.6％左右。一个重要的特点是保持锯片在正确位置的压铁,锯切后应立即使单板分开,以减轻锯齿上的压力。压辊可以精确地控制毛方,避免单板开裂。用卧式排锯制造的无裂纹单板,可用于制造乐器。较厚的栎木单板和高山五针松单板可以用做镶板。此类锯片的技术参数见表3-23。

表 3-23　锯切参数表

参数名称	技术参数				
锯切高度/mm	≤80	≤120	≤150	≤200	≤250
锯条长度/mm	380	420	455	505	610
锯条厚度/mm	0.8	0.8～0.9	0.9	0.9～1.0	1.1
锯路宽度/mm	1.2～1.3	1.25～1.35	1.3～1.45	1.4～1.5	1.5～1.7

3)普通单板带锯

与普通圆锯相比,带锯能用较薄的钢带制造,于1808年在英国首先获得专利。其结构原理和现代带锯十分相似。带锯使用在制造单板上是非常有限的,早在1870年左右即已不用。

3.3　刨花制造

刨花制造方法会因所用原料种类不同而不同。小径材和原木等通直原料,可采用长材刨片机直接加工成刨花,亦可先削片再采用双鼓轮刨片机加工成刨花。枝桠材、采伐剩余物、木材加工剩余物等原料,必须先削片,然后再将木片经双鼓轮刨片机加工成刨花。对于农作物和植物纤维原料,有些原料可以借鉴木材原料的加工方法,但绝大部分原料不适宜直接套用木材原料刨花制造方法,必须根据原料本身的特点采取相应的刨花原料制造方法。刨花制造的工艺流程如图3-65所示。

图 3-65　刨花制造的工艺流程

3.3.1　原料选择、准备和贮存

1.原料选择

原料的性质对加工性能和成品质量都有重要的影响,生产中应合理选择及使用原料。用不同树种木材生产的刨花板,在密度相同的情况下,密度低的木材比密度高的木材体积大。用同一胶种和施胶量压制成同体积的刨花板时,密度低的木材比密度高的木材压缩率大,刨花之间接触面积大,制成的刨花板的胶接强度就较高。除此之外,树种本身的强度对刨花板的强度也有一定影响。树种木材强度高,刨花板的强度相对也高。所以,制造刨花板时最好选用密度低而强度高的树种做原料。表3-24中给出了刨花板强度与木材树种的关系。但是,因为密度低的木材吸水膨胀性比密度高的木材大,所以用密度低的木材制成的板吸水膨胀性也比较大。

表 3-24　刨花板强度与木材树种的关系

树种	木材绝干密度 /(g/cm³)	静曲强度 /MPa	刨花厚度为 0.1~0.2mm,施胶量为 8% 时的静曲强度/MPa	
			板密度为 0.68g/cm³	板密度为 0.78g/cm³
山毛榉	0.58	91.98	15.69	25.50
桦木	0.60~0.64	89.92~97.77	21.57	31.38
云杉	0.39~0.46	59.13~75.90	25.50	34.32
赤杨	0.43~0.50	53.44~72.27	27.46	—
杨树	0.39~0.47	56.87~75.11	29.42	39.22

木材中的树皮含量对刨花板质量也有很大影响,从图 3-66 中看出,适当增加树皮用量不会影响刨花板的强度,因为适量的树皮起填充作用。但是,树皮本身强度毕竟比较低,当树皮含量过多时,就会严重影响刨花板的强度。此外,树皮的颜色一般较深,用于表层时,会影响表面的美观。因此,树皮最好用于芯层。树皮的存在除影响板的性能外,树皮中往往还掺杂尘埃及其他物

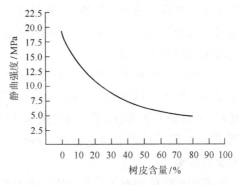

图 3-66　树皮含量对刨花板静曲强度的影响

质,给设备的维修和保养带来很多问题。大量生产实践证明,树皮用量在10%以下对刨花板性能的影响不大。

原料的含水率对刨花板生产工艺及其性能都有很大影响。如表3-25所示,若原料含水率太低(低于40%),则木材刚性太大、发脆,加工成刨花时会产生过多的碎屑;如果把碎屑除去,就会降低刨花产量。含水率太高(高于60%),木材本身的强度就低,生产的刨花也不理想,而且刨花干燥时间也要延长,动力消耗也就相应增加。同一批原料含水率相差悬殊也不好,因为刨花经干燥后,这种含水率的不均匀仍然存在,从而影响刨花板的性质。据研究,木材含水率为40%~60%时制得的刨花板为最佳。

表 3-25　木材含水率对刨花质量和刨花板强度的影响

木材含水率 /%	干燥后含水率 /%	不同尺寸刨花的得率/%			静曲强度* /MPa
		通过20 目筛孔	通过12 目筛孔	不能通过 12目筛孔	
15	1.5	22.4	16.3	61.3	1.75
33	2.0	13.9	17.1	69.0	1.48
43	1.5	7.5	13.8	78.7	2.48
51	2.1	8.9	18.4	72.7	2.36
53	2.0	9.2	21.6	69.2	3.01
78	1.8	10.4	15.3	74.3	1.53
81	2.0	11.7	19.5	68.8	1.48
93	3.1	6.3	12.3	81.5	1.97

* 挤压刨花板的纵向静曲强度

原料的酸碱度与萃取物含量对刨花板的性能也有影响。酸碱度主要体现在原料本身的pH,它直接影响胶黏剂的固化速度。当使用脲醛树脂作为胶黏剂时,固化剂的用量应根据原料本身pH的高低进行调整,当原料pH低时应减少固化剂用量,而当原料pH高时应加大固化剂用量,以保证施胶后胶黏剂的固化速度满足热压工艺要求。原料萃取物中,有的成分可以提高刨花板的防水性能,有的成分却会妨碍胶黏剂对刨花板的胶接作用,从而降低胶接强度。萃取物在热压过程中还容易引起鼓泡等缺陷。

原料加工前要进行选择,合理搭配使用,最好选用同一树种或性质相近的树种做原料。但由于目前原料结构已经发生了根本性变化,制造刨花板的原料多为枝桠材、木材加工下脚料,或直接购买木片,致使原料的选择余地变小。因此,在生产刨花板时,除了注重原料质量,还必须注意胶黏剂选择和严格工艺控制,以保证刨花板的质量。

非木材的植物纤维原料和农作物秸秆也是宝贵的制造刨花板的原料,国内外都进行过广泛深入的研究。目前制板工艺比较成熟的主要原料有亚麻屑、甘蔗渣、麻秆等。麦秸、稻草阳芦苇原料,主要是因其自身所含生物蜡和二氧化硅影响甲醛类胶黏剂的润湿,胶接性能不理想,只能使用价格昂贵的异氰酸酯类胶黏剂。

2. 原料准备和贮存

刨花板生产使用木材原料的形状、大小不一,树皮含量有多有少,木材含水率相差悬殊。这些木材在制成刨花前,应根据工艺和设备要求,进行原料的含水率调控处理、剥皮和截头等准备工作,以保证刨花板的质量。

原木树皮含量在 10%～15%,小径木和枝桠材的树皮含量更高,这样大量的树皮在生产中造成很大的困难。为了保证产品质量,延长设备使用寿命,原料中树皮含量不应超过 10%,如果超过,对于小径木和原木可采用先剥皮后刨片,而对于枝桠材和不规格的小径材可采用先削片然后通过筛选去除树皮。

为了保证刨花质量和得率,应使原料具有一定的含水率,以 40%～60% 为宜。当原料含水率太低(低于 40%)时,最好进行水热处理。处理方法常用浸泡法,处理温度一般为 40～60℃,浸泡时间依木材树种、木段直径大小而定。简便的处理方法,可采用喷淋堆放措施提高原料的含水率。

由于水热处理需要增加设备、热能和水的消耗,所以,目前工厂一般都没有进行水热处理。有些工厂采用这种方法主要也是为了在冬季溶解冰冻的原料。

根据生产工艺和设备性能要求,刨花制造之前,需要把长原木按一定尺寸截断。原木截断一般采用圆锯机或带锯机。

木段直径过大,可用劈木机劈开,也有用带锯机剖开的,使之适于加工需要。

植物纤维原料和农作物秸秆原料,多需要截断、除尘,或除去不适宜作刨花原料的部分。

为了保证生产的连续化,刨花板厂或车间应贮备一定数量的原料。一般可贮存在露天或有顶棚的仓库中。

原料贮备量一般应能满足 15～30d 的生产需要,以防止生产中出现停工待料的现象。特别是对于一年生植物和农作物秸秆,因其生长和收获的季节性问题,必须存够一年生产所需原料量,原料贮存尤为重要。

3. 去除金属杂物

在刨花制造前应首先去除金属杂物,以保护刨花制造设备。为了在原料中发现金属杂物,可采用电子金属探测器。金属探测器的传感器,安装在带式输送机支架断开处的特制金属底座上。输送带的工作面应通过传感器口,但不得与其壁相接触。金属探测器的灵敏度和抗干扰性能,在很大程度上取决于传感器在带式输送机上的安装是否正确。

当直接使用木片为原料时,可采用磁铁式金属探测器,利用磁铁对钢铁的吸附作用直接去除金属杂质。

3.3.2　刨花类型及特性

1. 刨花类型

按制造方法，刨花可分为两大类：特制刨花和废料刨花。

特制刨花是用专门机床制造的具有一定形状和尺寸的刨花。这种刨花基本保证了纤维完整，不起毛、尺寸均匀、表面光滑、质量好。废料刨花是指木材加工企业生产制品的副产物，是木工机床上进行各种加工时产生的废料，通常也称为工厂刨花。

1）特制刨花

特制刨花大致可分为如下几种，见图 3-67(a)～(e)。

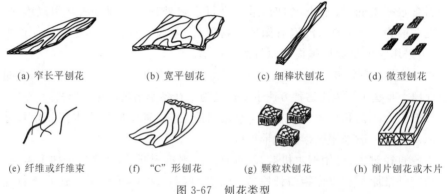

(a) 窄长平刨花　　　(b) 宽平刨花　　　(c) 细棒状刨花　　　(d) 微型刨花

(e) 纤维或纤维束　　　(f) "C"形刨花　　　(g) 颗粒状刨花　　　(h) 削片刨花或木片

图 3-67　刨花类型

（1）窄长平刨花。这种刨花是用刨片机直接制成的刨花，所用原料必须是规格的原木或小径木等。长度为 25～100mm，厚度为 0.2～0.4mm，宽度 6mm 左右。这种刨花纤维完整，用它生产的刨花板强度较大，刚性最大，线稳定性最好。

（2）宽平刨花。这种刨花也是用刨片机直接制成的刨花，所用原料必须是规格的原木或小径木等。长度和宽度基本一致，厚度较小，而且均匀。与窄平长刨花相比，形状的区别主要在于它比较宽。与木片相比，形状的区别主要在于它的厚度要小得多，均匀而且呈明显的片状。用这种刨花制得的刨花板板面美观，强度较高。

（3）细棒状刨花。这种刨花是将木片经锤碎机再碎后制得的刨花。宽与厚比较近似，大约为 6mm 或稍小些；长度是厚度的 4～5 倍。它的形状很像折断了的火柴杆。通常称为碎料，是挤压法刨花板常用的原料。在压法刨花板生产中，只能作芯层材料。在利用木片制造刨花而生产刨花板的生产工艺中，当木片含水率很低或双鼓轮刨片机的刨刀严重磨损时，生产出的刨花多为这种刨花。

（4）微型刨花。这种刨花是将木片或刨花利用研磨机打磨加工制成的刨花。

它是一种纤维状细小颗粒,长度为 8mm 左右,宽、厚为 0.2mm 左右。微型刨花是一种优质的表层原料,通常用它制造多层结构板或薄型单层结构板。用它制成的板材板面平整、美观、光滑、材质均匀,板的边缘致密而且吸水性低,尺寸稳定性较好。

(5)纤维或纤维束。它是干法纤维板生产使用的纤维。可用它做刨花板的表层材料,制得的板材表面光滑、平整。国外生产的纤维刨花板,就是用纤维做表层,用刨花做芯层材料制得的一种复合人造板。

2)工厂刨花

工厂刨花又名废料刨花,其主要有以下 3 种类型,如图 3-67(f)~(h)所示。

(1)"C"形刨花。这种刨花是木工机床刨、铣、钻削加工时产生的一种废料。它一边有一个厚的边缘,其厚度超过刨花板所要求的厚度,而另一边有一个薄的羽状边缘。这种刨花的大部分纤维被切断,刨花强度低,而且有不少呈卷曲状态,施胶时卷曲的内表面不易上胶,同时由于折叠现象引起板材的厚度不均匀,使板材的强度下降。此外,"C"形刨花在板材结构中势必有一部分纤维不平行于板面,因此,用它制成的刨花板线稳定性稍低,而厚度稳定性较好。原料来源充足,价格低廉是"C"形刨花的显著优点。所以,它也是刨花板生产的主要原料之一。

(2)颗粒状刨花。各种锯机加工木材时会产生锯屑。这种锯屑长、宽、厚尺寸基本一致,制造刨花板时掺入适量的锯屑可起填充作用,不但能增加板面平整,而且还具有增加刨花板强度的效果。

(3)木粉。砂光粉尘,通常用网眼为 0.63mm×0.63mm 筛网筛出来的部分,可用做表层材料,制得的板材板面光滑、平整。

以上是根据刨花的形态尺寸和来源对木质刨花进行的分类。此外,对于非木材植物纤维材料,除竹材外,其他原料几乎不采用刨削的方式加工制造刨花板构成单元,其单元形态多为不规则形状,主要有粒状和纤维状等。

2.刨花几何形状和尺寸特性

刨花的形状和尺寸直接影响刨花板的性质和制造方法。从形状上看,薄而狭长的刨花与厚而粗短的刨花相比,比表面积较大,因此在施胶量相同的情况下,平均单位面积上的胶量就较少。但是,由于薄而狭长的刨花本身的抗弯强度较高,它的可塑性又较好,加压时刨花之间有良好的接触,可以靠分散的胶滴进行点胶接。因此,由它制成的刨花板有较高的静曲强度,并有较好的尺寸稳定性和平整的表面。相反,厚而粗短的刨花与薄而狭长的刨花相比,比表面积较小,在施胶量相同的情况下,平均单位面积上的施胶量就较大,因此由它制成的板材的胶接强度比较高。厚而粗短的刨花还有易于制造的优点。但是,这种刨花相对地有较大的端面和侧面。一般认为,施于端面与侧面上的胶黏剂是不起作用的。加之它的弹性又较大，刨花间的接触较差，同时一部分胶接强度又为加压时的内应力所抵消了，因此，制成的板材静曲强度较低。静曲强度与刨花长度的关系如图 3-68 所示。

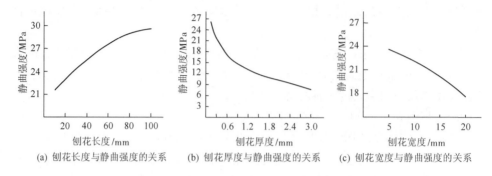

图 3-68　刨花几何尺寸对刨花板静曲强度的影响

在刨花板生产中，若利用这些特点，把具有良好抗弯性能，并能较容易获得平整表面的薄而狭长的刨花放在弯曲应力最大的刨花板表层，而把胶接强度较高而易于制造的厚而粗短的刨花放在芯层，从而可以以最经济的手段获得高强度、高质量的刨花板。这就是刨花板生产采取分层铺装的原因。

从尺寸上来看，刨花越长，板材的静曲强度越高，但这仅在一定范围内才有效。因为刨花过长，施胶就不易均匀，反而会使板材的强度降低。同时，过长的刨花在铺装时容易"架桥"，以致使刨花在整个板面上分布不均匀，降低板材的质量。刨花的厚度和宽度对板材的静曲强度也有影响。刨花越厚或越宽，板材的静曲强度就越低。

刨花的形状与尺寸可由长度 l、宽度 B、厚度 d 来表示。而影响刨花性质的主要参数是长度 l 和厚度 d 的比例关系，称为刨花的形状系数，用 S 表示。

$$S = \frac{l}{d} \tag{3-44}$$

S 值低，表明刨花的长度尺寸与厚度尺寸比较接近，则刨花的形状显得厚而短；反之，S 值高，则表明刨花的形状薄而长。从上述刨花形状尺寸对板材强度的分析中可以看出，随着 S 值的变化，制成板材的强度亦有变化。试验研究表明：当 S 值小于 150 时，板材的静曲强度随 S 值的增加而增加；当 S 值超过 150 时，板材的静曲强度就无明显变化了。一般认为表层 S 值为 $100\sim200$，芯层 S 值为 60 较为合适。在这个范围内，板材的内结合强度也能满足要求。

生产不同种类的刨花板对刨花形态也有不同要求，并且实际生产中刨花加工的难易程度也在一定程度上制约刨花的尺寸。如生产定向结构刨花板（OSB）：要求刨花的长宽比为7∶1较好，而生产大片刨花板（华夫板）时，长宽比为2∶1，厚度为 0.4mm。各种普通刨花板的刨花尺寸如表 3-26 所示。

表 3-26 普通刨花板刨花尺寸要求

刨花尺寸	三层结构板、表层为高质量的 单层板或渐变结构板	三层结构板、芯层为 低质量的单层板	挤压法刨花板 （精碎）	挤压法刨花板 （粗碎）
长度/mm	10～15	20～40	5～15	8～15
宽度/mm	2～3	3～10	1～3	2～8
厚度/mm	0.15～0.3	0.3～0.8	0.5～1	1～3.2

3.3.3 刨花制造方法

1. 刨花制备工艺

刨花制备工艺主要有直接刨片和削片-刨片两种方法。

直接刨片法即采用刨片机直接将原料加工成薄片状刨花，这种刨花可直接做多层结构刨花板芯层原料或做单层结构刨花板原料，也可通过再碎机（如打磨机或研磨机）粉碎成细刨花作表层原料使用。这种工艺的特点是刨花质量好，表面平整，尺寸均匀一致，适用于原木、木芯、小径木等大体积规整的大材，但对原料有一定要求。

削片-刨片法也称间接刨片法，即先利用削片机将原料加工成木片，然后再用双鼓轮刨片机加工成窄长刨花。其中粗的可作为芯层料，细的可作为表层料。必要时可通过打磨机将一部分过大的芯层料打磨加工成表层料。该工艺的特点是生产效率高，劳动强度低，对原料的适应性强，可用原木、小径材、枝桠材，以及板皮、板条、碎单板等各种不规格原料，但是刨花质量稍差，刨花的厚度不均匀，刨花形态不易控制。图 3-69 是典型的刨花制造工艺过程。

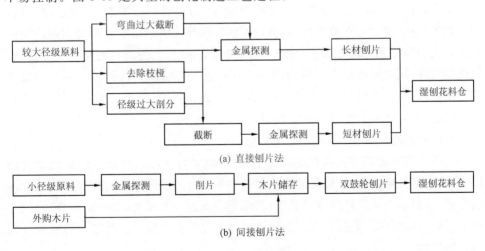

(a) 直接刨片法

(b) 间接刨片法

图 3-69 刨花制造工艺流程

此外,目前有许多工厂直接购买工业木片,将削片工序放在场外完成,但仍属直接刨片法。这种外购木片的方法便于原料收集,减少运输成本,但是木片质量和含水率不便控制。

2.刨花刨削原理

按照木材或木片的加工特点和刀具的运行轨迹,可以将刨花的制造分为直线刨削、圆环线刨削和摆线刨削 3 种类型,见图 3-70。

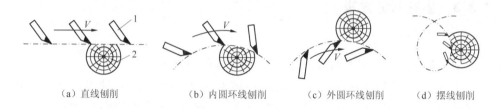

　(a) 直线刨削　　　　　(b) 内圆环线刨削　　　(c) 外圆环线刨削　　　(d) 摆线刨削

图 3-70　刨花制造切削方式
1. 切削刀;2. 木段或木片

1)直线刨削

直线刨削方法的刀刃线在一个平面上,刀刃线平行于木材纤维方向进行横向刨削或者成一定夹角,进行纵-横向刨削。由于在一个平面上切削,刨花切削面是一个平面,刨花平整性好,有利于后续工序的施胶和胶合,但生产效率低,且对木材径级有一定要求。这种刨削方法刀体不作进给运动,并具有顺势排料的优点,刨花形态破损较少。主要设备有盘式和往复式刨片机。

2)圆环线刨削

圆环线刨削方法的刀刃线在一个圆环面上,刀刃线平行于木材纤维方向进行横向刨削,或者成一定夹角进行纵-横向刨削。圆弧线刨削切削包括刀刃朝内的内弧面切削和刀刃朝外的外弧面切削。圆环线切削木材,其刨花表面是一个弧面,有一定的卷曲,刨花展平后有一定的内应力存在或表面裂纹。这种刨削方法刀体不作进给运动,并具有顺势排料的优点,刨花形态破损较少。主要设备有双鼓轮刨片机(环式)、刀环式和刀轴式短材刨片机。

3)摆线刨削

摆线刨削方法的刀刃线在摆线面上,刀刃线平行于木材纤维方向进行横向刨削,或成一定夹角进行纵-横向刨削。摆线的形成由刀的圆周运动和刀体的进给运动合成,原料不需要沿切削方向进给,其刨花表面是一个弧面,有一定的卷曲,刨花展平后有一定的内应力存在或表面裂纹。主要设备有刀轴式长材刨片机和刀环式长材刨片机。

圆环式刨削有内圆环刨削和外圆环刨削,摆线刨削也有内摆线刨削和外摆线刨削。刀环式刨削时,刨花顺势排出,刨花形态好;刀轴式刨削时,刨花需要在轮毂内短暂停留,刨花不能形成长条的刨花带。

3.3.4　刨花制造设备

刨花板发展的初期,只能用碎木片制得单层结构的碎木板,其板材强度低,板面质量差,不能满足使用要求。随着刨花板生产的不断发展,产品用途不断扩大,对刨花板质量也就提出了更高的要求。刨花板所使用的刨花要求具有一定的形状和尺寸,其刨花要用刨片机专门制造。

在刨花板生产过程中,刨花的制造是一道重要的工序。刨花质量的优劣在很大程度上与制造刨花的设备有着直接的关系。为了适应不同原料、不同刨花类型的要求,应选择不同的刨花制造设备。

从原材料到合格刨花的工艺过程,按设备的工艺作用可分为刨花制造设备、刨花加工设备和辅助设备。刨花制造设备是指将原材料制造成基本单元的设备;刨花加工设备是指将刨花基本单元加工成形态尺寸符合工艺要求的设备。

刨花制造设备可按设备切削原理和工作原理或加工原料进行分类。

按木材切削原理可分为纵向切削、横向切削和端向切削。纵向切削是指刀刃与木材纹理方向垂直,且切削运动方向与木材纹理方向平行。纵向切削的刨花易卷曲,而且长度和厚度难以控制。这种切削方式很少用于制造刨花。横向切削是指刀刃与木材纹理方向平行,且与木材纹理作垂直运动。切削特点是刨花的长度和厚度易于控制,刨花质量好。端向切削是指刀刃与木材纹理方向垂直,刀刃运动方向与木材纹理方向垂直。切削特点是刨花的长度易获得,切削功率大,切削质量低于横向切削。

通常按刀具的工作原理,将刨花制造设备大致分为三类,即切削型、冲击型和研磨型机床。木材原料大多采用切削型机床,而非木材植物纤维原料则大多采用冲击型或研磨型机床。生产中应根据原料的加工特性选择合适的刨花制造设备。

木质刨花主要采用横向刨削或者纵-横向刨削方式制造,制造方法的选择需要根据原材料特性和产品特性来确定。原材料种类不同、来源不同,其制造方法也不同。刨花制造方法按工艺路线可分为间接刨片法(削片-刨片法)和直接刨片法;按照原料特性可分为木片刨片法和木材刨片法;按照切削运动轨迹可分为直线刨削、圆环线刨削和摆线刨削;按刀体结构可分为刀环式刨削、刀轴式刨削和盘式刨削。此外,还有多用于非木材植物纤维材料刨花制备的锤式破碎和碾磨等方法。

刨片机的刀刃平行或接近平行于木材纤维,并在垂直纤维的方向上进行切削(即横向或接近横向切削)。刨片机的刀具形式可分为带割刀的和不带割刀的两种,如图 3-71 所示。带割刀的刀具常称为梳齿刀,如图 3-71(a)所示,由割刀之间

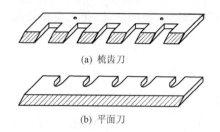

(a) 梳齿刀

(b) 平面刀

图 3-71　刨片机刀具形式

的距离来决定刨片的长度。不带割刀的刀具如图 3-71(b)所示，由每小段刀刃的长度决定刨片的长度，相邻两个刀片错开安装，它们的切削部分重叠 0.3～0.5mm。

1. 刀环式刨片设备

刀环式刨片设备是指刀刃为内圆环的切削方式，内圆环进料和外圆环排料。主要设备包括：将木片加工成刨花的刀轮和叶轮反向旋转的环式刨片机（双鼓轮刨片机）、刀轮固定而叶轮高速旋转的高速环式刨片机；将木段加工成刨花的刀轮旋转而木段进给的刀环式短材刨片机。

环式刨片机由于刀轮叶轮反向旋转，不但提高了切削速度，而且也有利于刨花的卸料，但是由于刀轮是空心轴，套装在高速旋转的叶轮轴上面，所以设备跳动大，不利于切削参数调整。

高速环式刨片机采用了静刀技术，刀轮固定，叶轮高速旋转，因此，设备运动精度高，有利于切削参数调整，但必须配备卸料装置，辅助刀轮卸料，特别是刀轮上部。

刀环式刨片机，没有叶轮，刀轮做旋转运动，是对木段进行加工的装备，其有外圆切削和内圆切削两种，外圆切削产量高，进料量不受限制，但排料需要特殊装置，而内圆切削因受刀轮直径的限制致使进料量不方便，但是排料从刀轮四周顺势排出，这种刨片机也可有短材刨片机和长材刨片机，以短材刨片为主。

1）环式刨片机

环式刨片机系统包括直线振动筛、金属清除器、进气进料道、环式刨削机构和抽风系统，见图 3-72。

（1）振动下料筛。

振动下料筛是直线振动筛，其作用为：首先去除泥沙和粉料，使之不经过环式刨片机刨削，延长切削刀的使用寿命和提高刀刃的切削效率；其次是使进料更加均匀连续，达到切削均衡稳定。

直线振动筛为双振动电机驱动，利用两台振动电机做同步、反向旋转，其偏心块所产生的激振力在平行于电机轴线的方向相互抵消，在垂直于电机轴的方向叠为一合力，因此筛机的运动轨迹为倾斜向上的

图 3-72　环式刨片机

往复直线。两电机轴相对筛面在垂直方向有一倾角,在激振力和物料自重力的合力作用下,物料在筛面上被抛起跳跃或向前作直线运动,从而达到对物料进行筛选和分级的目的。

直线振动筛具有筛分精度高、结构简单、维修方便、耗能低、噪声小、密封性好、无粉尘溢散、筛网寿命长等特点,可单层或多层使用,最多可达到五层。

(2)切削机构的结构及原理。

常用的双鼓轮刨片机见图 3-73。其主要工作机构(图 3-74)为装有刀片的刀轮和装有叶片的叶轮,刀轮和叶轮旋转方向相反,叶轮的转速比刀轮高。木片从进料口落入机内后,在叶轮产生的离心力作用下,被压向刀轮的内缘。然后,在刀轮和叶轮的相对运动中,实现了木片的切削。切下的刨花由机底出料口排出。刀轮内径一般为 600~1200mm,飞刀数量为 24~42 把,安装在同一刀轮上的刨刀,其形状和刀刃凸出刀轮内缘的高度都要求一致,以保证切削质量。刨刀刃磨角一般为 37°~38°。为了节约换刀时间,每台机床应备有 2~3 个刀轮交替使用。刨刀变钝需更换时,从机床上取下刀轮,换上另一个预先装好锋利刨刀的刀轮,见图 3-75。

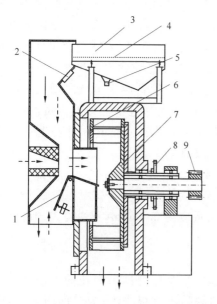

图 3-73　环式刨片机结构原理图
1. 气流调节板;2. 磁铁;3. 振动下料器碎料出口;
4. 筛板;5. 粉料出口;6. 刀轮;7. 叶轮;
8. 刀环链轮;9. 主轴皮带轮

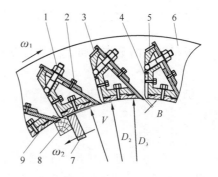

图 3-74　环式刨片机切削机构示意图
1. 刀夹 T 形螺丝;2. 装刀螺丝;3. 定位块;
4 背压板;5. 三角形座;6. 刀轮圆环;
7. 叶轮拨料片;8. 木片;9. 耐磨块

刀轮旋转的主要目的是刀轮上所有刀能切削均匀,使每一把刀发挥最大的切削量,如果叶轮高速旋转,那么木片在离心力的作用下,紧贴刀轮,从而可以只需要叶轮转动,即达到刀轮均匀切削的目的,同时,加大刨片机的产量。

(3)刨削参数条件对刨花形态的影响。

刨削参数包括刨刀伸出量、刀门间隙、径向间隙和切削角等,见图3-76。

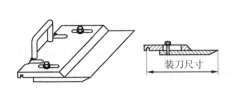

图 3-75　刀夹的组成

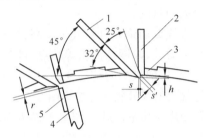

图 3-76　切削几何参数示意图
1. 切削刀;2. 背压块;3. 耐磨块;
4. 叶轮;5. 拨料块

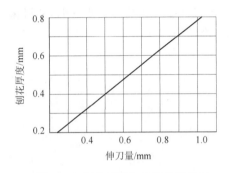

图 3-77　刨花厚度与伸刀量的关系

①刨刀伸出量。

在双鼓轮刨片机中,是靠调节切削刀轮上刀的伸出量 h 来控制刨花厚度的。影响刨花厚度均匀性的因素有刀实际伸出量与额定的偏差值 Δh、刀下缝隙尺寸 s 以及刀刃磨钝后所造成的木材弹性变形值。刀伸出量增大,刨花厚度也随之增大。但刨花厚度的增大却赶不上刀伸出量的增大,这是因为在切削过程中木材发生弹性变形,见图3-77。

根据刨花的平均厚度 e_{cp} 不同,刀伸出量 h 可按下式计算:

$$e_{\mathrm{cp}} = 0.767h + 0.054 \tag{3-45}$$

例如,要求刨花厚度为 0.4mm,则刀伸出量应为 0.45mm(不考虑刀的磨钝程度)。

②刀门间隙。

刀门间隙是刨花排出口的最狭窄的地方,主要控制排出刨花的大小。刀门间隙过大,会将一些细小刨花未经过足够的刨削就直接排出;刀门间隙太窄,则会导致经过刨削的刨花排出困难,造成塞料和使刨花破碎,降低设备产能和增大成本。

刀门间隙 s 与刀伸出量 h 和切削角 δ 有关,可按下式计算:

$$s = h/\cos\delta \tag{3-46}$$

生产中刀门间隙有专门的工具进行检测,只能控制最小值和最大值。而间隙大小的调整是通过更换刀轮背压块的厚薄来实现的,不能实现连续调整,因此,刀门间隙大小控制精度比较宽松。

③径向间隙。

利用旋转的刀轮和叶轮的离心力给木片或碎料施加压力,是双鼓轮刨片机保证切削过程的条件之一。为此,必须使叶片能在切削刀的近处通过而不被咬住。在理想的情况下,径向间隙 r 应与刀伸出量 h 相等,即 $r=h$。但实际上这种理想情况不可能得到,因为在机床制造和使用过程中,不可避免地在尺寸上有偏差。属于允许偏差的有刀伸出量的偏差 Δh、刀轮内表面的不平度 Δc、刀轮径向跳动 σ_{hp} 和叶轮径向跳动 σ_p。其偏差总和用固定系数 a 表示,即 $a=\Delta h+\Delta c+\sigma_{hp}+\sigma_p$。为了保证径向间隙(在此间隙下叶片不会被咬住),必须使此间隙的最小值超过刀伸出量 h,其超过值应为允许偏差的总和 a,即径向间隙最小值应为

$$r_{min} = h + a \qquad\qquad (3\text{-}47)$$

为了保证在切削过程中给木片增压,径向间隙最大值应为刨花厚度的 2 倍或相当于刀伸出量的 2 倍,即

$$r_{min} = 2e \text{ 或 } r_{min} = 2h \qquad\qquad (3\text{-}48)$$

实际生产中,径向间隙由于受到设备精度的限制,一般为 0.8～1.2mm。

④刨刀的磨钝程度。

在双鼓轮刨片机上,刨刀的磨钝程度对刨花形成过程的影响比刨片机更大。在刨片机上,切削过程中,被切削的木材被进料装置夹持着。通过进料装置可以造成大于压出力的力,从而保证木材不会被刀刃切削时产生的压出力弹出,保证了必要的切削条件。在离心式再碎机上,切削过程中木片仅靠离心力与压出力对立,而这个离心力的大小是一定的,它由刀轮和叶轮的转速、尺寸和木片的尺寸决定。当刀刃磨钝到一定程度时,压出力就会超过离心力,从而不能保证必要的切削条件。离心式再碎机随着刀和叶片磨钝程度的增大,对刨花的质量有明显的影响,甚至不能切削。

双鼓轮刨片机的切削刀变钝,不但影响切削条件,使刨花无法通过刨削完成,大部分会挤碎,而且会降低刨片机产量,严重时会造成刨片机塞料。

图 3-78(a)为木片在正常情况下被切削,叶片挡板推压木片,其推力与刀轮内面平行,这就可以保证木片有良好的切削条件,切出的刨花质量较高。

图 3-78(b)为木片在不正常情况下(即叶片挡板和刀刃磨钝后)切削,由于叶轮挡板的周边被磨损,其推力向下,使木片不能保持正确的方向;由于刀刃磨钝,切削阻力增大。在这种情况下进行切削,不仅影响刨花质量,而且耗电量增大,甚至不能进行切削。

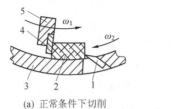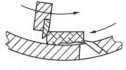

(a) 正常条件下切削　　　　　　　　　　(b) 非正常条件下切削

图 3-78　木片在离心式刨片机内的切削状态

1. 刨刀；2. 木片；3. 刀轮；4. 叶轮桥；5. 叶刀

削片后的木片经双鼓轮环式刨片机刨成刨花,其规格为厚 0.3～0.7mm,宽 10mm,长 10～40mm。环式刨片机具有质量好、产量高、结构紧凑、简单、调整刨刀方便、精确等特点,工作 2～3h 需要进行换刀,换刀时间一般为10～20min。

国产环式刨片机主要以镇江苏福马制造商的产品为代表,其设备主要技术参数见表 3-27。

表 3-27　国产环式刨片机主要技术参数

项目名称	型　号		
	BX466	BX468	BX4612
刀辊直径/mm	600	800	1200
飞刀数/片	21	28	42
刀片长度/mm	225	300	375
刀环转速/(r/min)	225	300	375
叶轮转速/(r/min)	1960	1450	935
主电机功率/kW	75	132	200
生产能力/(kg/h)	700～900	1500～3000	3000
刨花厚度/mm	0.4～0.7	0.4～0.7	0.4～0.7
质量/kg	3000	6363	8300
外形尺寸(长×宽×高)/mm	2800×2260×2110	3130×2512×2380	3443×2753×2840

2)高速环式刨片机

国际上环式刨片机的主要制造厂家有德国 Pallmann 公司和 Mayer 公司,其产品系列齐全,具有自己的产权技术,一直处于国际领先水平。

德国 Mayer 公司生产的高速环式刨片机采用了静刀轮技术(图 3-79 和图 3-80),即刀轮不需要与叶轮反向旋转以增大切削速度,而是依靠增大叶轮的转速来实现的,并且解决了排料的问题。

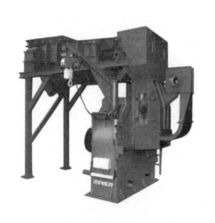

图 3-79　刀轮固定形环式刨片机

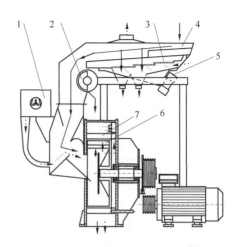

图 3-80　刀轮固定形环式刨片机（MRZ 系列）
1. 循环风机；2. 金属清理器；3. 筛网；4 入料口；
5. 偏心振动电机；6. 叶轮；7. 刀轮

　　MRZ 系列环式刨片机和高速环式刨片机，率先引入了先进、可靠的静止刀环技术，仅用一组精确的轴承系统，消除了多余的运动误差，精确高效，获得更稳定的切削效果，从而得到更高质量的刨花，并且能源消耗量更低，每个绝干吨仅消耗 15kW。

　　高速环刨 MRZ HS 确保获得更薄 0.2mm 的刨花，从而制得高质量刨花，提高刨花板的性能。由于转子的牢固构造，木片在高速下被切削，同时把刀片的伸出量调节到更小，从而使得刨花具有完美的得率曲线和形态，这样生产得到的大部分刨花能够直接用来生产均质刨花板。MRZ HS 型高速环式刨片机可以生产出高质量的表层刨花，以及用来生产均质刨花板或特殊板种的刨花，其刨花产量和质量见图 3-81 和图 3-82。

　　表层刨花：目前用做表层的刨花是由干燥后经过筛选的物料在打磨之后得到的，能源消耗量非常大，大约为 60kW/t。MRZ HS 型高速环式刨片机可使得由湿的小木片切削出大比例的用做表层的刨花成为可能。用该设备生产出的切削刨花，可以铺装和压制出更均匀和更致密的表层。在采用现有的测试方法对板材进行高速打磨时，表层刨花有着更强的撕裂强度。刨花的平滑度也有助于使加工出的板材有更大的抗弯强度。在特殊情况下，MRZ HS 型高速环式刨片机也可以切削筛选出的已经干燥过的过大尺寸的物料或木质大刨花。除此之外，还可以实现特殊的应用，如把木片状的单板加工剩余物切削成薄的刨花。

　　MRZ HS 型高速环式刨片机由于转子的牢固构造，25～40mm 长的木片可以在高速下被切削，同时把刀的伸出量调节到最小，这样生产出的部分刨花厚度在

0.25～0.4mm，完全可以直接用来生产均质刨花板。

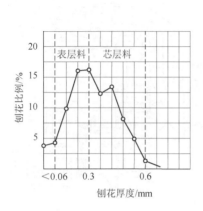

图 3-81 刨花分析

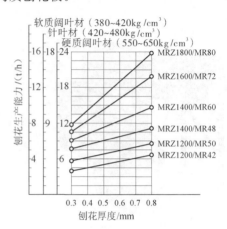

图 3-82 MRZ 系列环式刨片机型号的生产能力与树种及刨花厚度的关系

由于技术上的创新和改进，德国 Mayer 公司的 MRZ1400 型环式刨片机的生产能力较大。根据不同的树种（基本密度 380～650kg/m³）及所切削出的刨花厚度（0.3～0.8mm），生产能力可达 6～15t（绝干）/h，主电机功率是 250kW，只需要 1 台就能够满足条年产 $5×10^4～7×10^4$ m³ 的刨花板生产线对刨花的需求量。其特点如下。

静止刀环。传统型的环式刨片机，刀环以相对于转子相反的方向转动，需要两组精确的轴承系统，设备结构较复杂，故障率高。转子上的分离刀片和刀环上的切割刀片的间隙不能调节到很小，加工出的刨花比较厚，刨花形态不够理想。同时在工作时的能源消耗增加，设备的维修量增大。Mayer 公司的环式刨片机使用了静止刀环的技术，设备在工作期间刀环是静止不动的，只有里面的转子是转动的。静止刀环和一组精确的转子轴承系统相结合，允许转子上的分离刀片和刀环上的切割刀片在间隙非常小的情况下高速运行，木片在稳定的切削状态下得到性能一致的高质量刨花。

高转速。MRZ 系列中的高速环式刨片机 MRZ1400HS，使用了增强型的转子。转子高速旋转，可以在大于 1320r/min 的速度下加工出刨花，切削速度达到约 100m/s，能够加工出 0.5～0.8mm 厚的刨花，用来生产普通刨花板；同时也能够取代长材刨片机，加工出厚度 0.25～0.4mm 的刨花，用来生产均质刨花板或作为刨花板的表层原料，从而使企业能够根据市场的需求形势灵活地调整生产策略。

采用气流辅助排料的优化设计技术。转子转动时在切削室内形成压迫气流，绕过转子筋板前的保护罩，由空气冲刷系统（专利技术）帮助把位于刀环上方的刨花运走。空气冲刷系统带有特殊设计的喷嘴,用螺栓固定,容易更换,在工作过程中不需要额外的驱动装置,节约了能源消耗。

带刀片压紧板的支撑载体。支撑载体保证了刀片压紧板在安装时不会产生倾斜,刨花在经过排料通道时不会接触到刀片支撑载体的背面,避免了发生破坏刨花形态的摆动、弯曲、压碎等情况。支撑载体同时避免了刀片在切削时产生振动而影响刨花质量,也避免了刀片的下表面因附着了粉尘和树脂而发生弯曲。刀片压紧板用 3 个柱头螺栓(专利)固定,确保了刀片沿着整个刀环宽度方向均等地突出,使整个刀片在切削过程中均匀磨损,可以得到一致的刨花质量。柱头螺栓是耐磨件,特殊形状设计,减少了磨损。

此外,该设备还具有流畅的刨花排料通道、多切割刀片数(达 60 把)、耐磨板保护、环状的空间密封环等专利技术和专有技术。

当前我国一些资深的刨花板生产企业,如吉林森林工业股份有限公司、福建福人木业有限公司等,都选用了 Mayer 公司的刨花制备设备,用以满足企业对质量、高产量、低能耗、低维护生产的需要。而江苏东盾、广东汇龙等为了提高企业的市场竞争力,满足年产 $5 \times 10^4 m^3$ 的刨花板生产线对高质量刨花的需求,也分别购买了 Mayer 公司的单台环式刨片机。

Mayer 公司的 MSF 环式刨片机和新型 MRZ 刨片机主要技术参数见表 3-28 和表 3-29。

表 3-28　MSF 环式刨片机参数

参数	MSF14	MSF16	MSF18
刀环的内部直径/mm	1400	1600	1800
刨刀刀片长度/mm	463	580	650
装机容量/kW	315	400	450
外形尺寸/长/宽/高/mm	1700×2400×3000	1800×2700×3200	1800×3000×3500
生产能力/(t/h)	6～9	8～12	10～15

注:MSF 用于定向刨花板制造 http://www.b-eurochina.com/Product.asp? nid=190

表 3-29　MRZ 环式刨片机技术参数

参　数	MRZ1200	MRZ1400	MRZ1600	MRZ1800	MRZHS1200	MRZHS1400
刀环型号	MR42	MR48	MR72	MR80	MR50	MR60
长×宽×高/m	1.4×2.2×2.9	1.7×2.4×3.0	1.8×2.7×3.3	1.8×3.0×3.4	1.4×2.2×2.9	1.7×2.4×3.0
输入功率/kW	160/200	250/315	355/400	400/450	160/200	250/315
工作时空气流量/(m³/h)	8000	10000/12000	14000	18000	10000	14000

续表

参　数	MRZ1200	MRZ1400	MRZ1600	MRZ1800	MRZHS1200	MRZHS1400
转子上刀片数量/片	18	21	25	27	18	21
刀环上刀片长度/mm	333	463	648	648	333	463
刀环上分离刀片的数量/把	42/50	48/50	72	80	50	60
生产能力/(t/h)	3～7/4～8	5～11/6～15	7～20	8～24	3～7	4～11
自重/t	6	8	10	12	6	8

3)刀环式长材刨片机

刀环式刨片机主要由德国 Pallmann 公司生产。这种设备可将各种长度的原木、板皮和边角余料加工成高质量的平刨花和华夫板用刨花,将削片和刨片合成一个工序直接进行刨片加工。这种刀环式刨片机有其独特的优点。

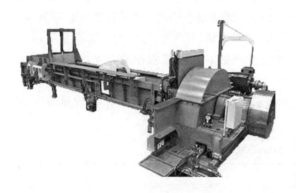

图 3-83　刀环式长材刨片机

PZU 型刀环式刨片机由链式进料机、水平和垂直夹紧装置,以及刀环等主要部件组成(图 3-83)。作业时由抓车将原材料放到链板式运输机上,木材由链板式输送机送至刨片室(刀环内),木材进入刨片室后,由液压控制的夹紧装置开始工作,首先水平移动式推杆将木料沿水平方向夹紧,然后垂直方向的重块压紧器靠自重将木材沿垂直方向压紧。

由于重块是多个并列,所以可使不同高度和形式的料槽内木材压紧,夹紧装置是保证刨花质量和增加生产率的关键部件。进入刨片室的木材压紧成捆后就由刀环进刀将木材刨切成刨花。当刀环完成刨切后,快速回到原始位置,然后所有夹紧装置都放开,进料链板输送机进料,开始下一循环的刨切,见图 3-84。

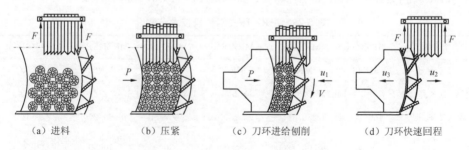

(a)进料　　　　(b)压紧　　　　(c)刀环进给刨削　　　　(d)刀环快速回程

图 3-84　环式长材刨片机的 4 个阶段

刨花厚度可由刨刀伸出量、刀环速度、刨刀与背压块之间的间隙(排料间隙)进行调整。刨花的长度由刨刀的形式确定,刨刀形式有直刀、复合刀和梳齿刀三种。刀环刀组的更换非常简便,换刀时,使刀环停转,按一个按钮就可使刀组放开,从而将其取出,并将磨锐组装好的刀组装入相应的位置,再按一下按钮,刀环就可转到下一个需要换刀的位置进行换刀。由于这种刨片机工作条件恶劣,所以轴的强度高、直径大、壳体厚、易损件均由耐磨材料制成,从而使整机工作平稳、坚固耐用。当采用板皮或边角余料作为原料时,在进料运输机上可安装预压辊、侧向移动挡板等辅助部件以保证夹紧原料和增加进料口的充填程度。

Siempelkamp 公司已经研发了世界上最大的长材刨片机,新一代环式刨片机是大型生产设备:刀环直径 2500mm,切削宽度 850mm,切削刀 56 把,生产长刨花厚度 0.65mm,45t/h 绝干产量。其结构特点是前支撑环装有一定数量的高度耐磨刀具。另外,优化的刀具布置提高了刨花质量。

获得上述生产率的必要条件包括:①原料含水率为 60%～100%;②喂入口充填量最小为 50%;③100%的原料直径大于 100mm,长度大于 2000mm;④当原料是板皮、边角时,生产率需乘修正系数,采用预压辊的修正系数为 0.8,不采用预压辊的修正系数为 0.6;⑤采用齿型刀时其生产率修正系数可根据刨花厚度选用 0.6～0.8。

国产 BX 系列刀环式刨片机的主要型号及技术参数见表 3-30,PZU 系列刀环式刨片机的型号及主要技术参数见表 3-31。

表 3-30 PZU 型刀环式刨片机的技术特性

项 目		技术参数指标				
刀齿长度		8～300	10～375	13～450	16～525	19～60
刀环直径/mm		800	1070	1340	1600	1880
刀片数/个		15	24	30	36	42
切削室宽度/mm		300	375	450	525	600
切削室高度/mm		350	500	635	760	855
切削室长度/mm		640	960	1070	1300	2500
主电机容量/kW		110～160	160～200	250～315	315～400	400～500
液压系统电机容量/kW		18.5	22+2.2	30+2.2	37+2.2	45+2.2
进料运输机长/mm		6000	6000	6000	6000	6000
辅助抽风量/(m³/min)		3000	4500	7800	10500	15200
换刀时间/min		20	22	25	30	35
产量/ (绝干 t/h)	密度 420kg/m³ 针叶材 刨花厚度 0.4～0.5mm	3.1	5.3	7.6	9.8	12.2
	密度 650kg/m³ 阔叶材 刨花厚度 0.4～0.5mm	4.8	8.2	11.8	15.2	19.0

表 3-31　BX498 国产刀环式刨片机技术参数

项目名称	技术参数	项目名称	技术参数
刀环尺寸/mm	$\phi800\times\phi1200\times418$	最大流量/(L/min)	83
刀片数/把	18	切削室尺寸/mm	$640\times300\times380$
刨花长度/mm	75	辅助排气量/(m³/min)	60
刀环转速/(r/min)	950	气压/Pa	1000
主电机功率/kW	160	生产能力/(绝干 kg/h)	3100
油泵电机功率/kW	18.5	外形尺寸 (长×宽×高)/mm	$7612\times5000\times2690$
液压系统工作压力/MPa	15	重量/kg	23000

注：刨花厚度 0.4～0.5mm，木材比重 420，绝干 kg/m³ 计算产量（发布于 2005 年 10 月 30 日）

4）锥鼓轮刨片机

为方便地调整刨花的厚度，德国 Mayer 公司制造了 MKZ 型锥鼓轮刨片机。这种锥鼓形环式刨片机（又称双锥轮刨片机）的结构与工作原理与双鼓轮刨片机基本相同，但是其加工性能优于双鼓轮刨片机。机体内固定着可拆卸的不动的锥形刀轮。在轮内装有旋转的涡轮叶片轮。叶轮的锥度与刀轮的锥度相同。刨刀和底刀在刀轮上和叶轮内的位置可以调节。叶轮叶片板和刨刀之间的径向间隙（0.25～0.5mm），通过调节螺帽轴向移动涡轮叶轮予以保证。

MKZ 型环式刨片机的特点是刀轮和叶轮均为锥鼓形，锥度约 40°（图 3-85）。其优点是调整飞刀和底刀之间的间隙较为方便，只要移动锥鼓形叶轮即可调整径向间隙，因此这一切削过程中产生的碎刨花和木尘数量少，提高了合格刨花得率。叶轮上的叶片形状制成螺旋的形式，当木片进入刨片机时，在螺旋叶片推动下，便很快地顺着叶片疏散开，木片不会出现旋涡运动，可均匀地分散到刀轮内环边缘，使刀轮上所有的刨刀能较均匀地切削，充分

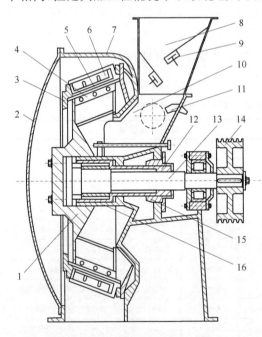

图 3-85　MKZ 型锥鼓形环式刨片机结构示意图
1. 叶轮；2. 门；3. 刀轮；4. 叶片；5. 刨刀；6. 装刀夹；
7. 机座；8. 下料口；9. 磁铁；10. 调整活门；
11. 喷嘴；12. 移动轴套；13. 主轴；14. 皮带轮；
15. 调整套；16. 支座

利用了刨切能力,刨刀的负荷也较均匀。该设备还设置了专门安装和拆卸刀轮的起吊架,使用这种可转动的起吊架和拆卸装置就大大缩短了更换刀轮的时间。MKZ 型锥鼓形环式刨片机最大叶轮直径为 1400mm,刀轮上装有 48 把刨刀,电机功率 200kW。

MKZ 型刨片机采用下面的调整参数,可以制得规定质量的刨花:刨片在刀轮表面上伸出量为 0.35mm,叶轮和刀轮间的径向间隙为 0.35mm,排料口间隙为 2.0～2.5mm,刨刀的研磨角 31°～37°,底刀的研磨角 47°～50°。由于叶轮可以轴向移动,移动叶轮就可以调整叶轮和刀轮之间的径向间隙尺寸,从而可以比较方便地调整刨花的厚度。此外,由于叶轮的形状和可以调节的径向间隙,使产生的细小碎料和木粉减少。

刨刀可连续作业 2.5～3.0h,更换刨片机刀轮和叶轮可通过本机配有的可转动的吊轮将机内的刀轮或叶轮吊起移开,也可将调整好了的刀轮和叶轮吊入机内安装,而整个更换刀轮时间约为 10min。

2. 刀轴式刨片设备

刀轴式刨片设备是指刀刃为外圆环的切削方式,外圆环进料和刀轴短期储料后再在离心力作用下排料。主要设备有刀轴式长材刨片机和刀轴式短材刨片机两种。

刀轴式刨片机有两种刨削方式:一种是刀轮高速旋转并作水平等速运动,即摆线切削;另一种是刀轮高速旋转,而木材作水平等速进给运动,即外圆弧切削。两种运动的切削轨迹完全一样。

刨花制备刨削和一般的木材加工的铣削加工不同。一般铣削加工时,材料的进给速度和切削速度夹角较小,且进料方向与木材纤维方向相同。而刨片加工时,材料进给速度与切削速度夹角较大,且进料速度与木材纤维方向垂直,见图 3-86。

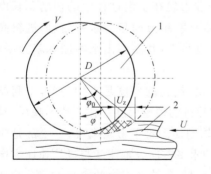
（a）木材顺铣切削的几何形状

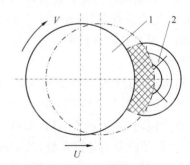
（b）木材刨片刨花的几何形状

图 3-86 不同切削方式的切削形状
1. 刀体;2. 木材

　　刨削时，刀具绕刀轴作等速回转运动，称为主运动，速度以 V 表示；同时刀轮还作进给运动，速度以 U 表示。主运动与进给运动合成为切削运动，其速度为上述两个速度的矢量和，即 $V'=\overline{V}+\overline{U}$。当进给运动为等连直线运动时，切削运动的轨迹为长幅摆线（长幅旋轮线）。图 3-87 为刨削时切削轨迹的简图。由于进给速度相对于刀轮转速很小，所以其切削轨迹可以当做一个圆弧。

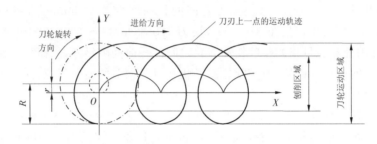

图 3-87　刀轴式刨片机的切削轨迹

　　从图 3-86 上可以清楚地看出，在刀与木材接触弧的不同点上，刨花有着不同的厚度。刨花厚度计算公式为

$$H = U_z \sin\varphi \tag{3-49}$$

式中，H——刨花厚度，mm；

　　　U_z——每刀进料量，mm；

　　　φ——刀在切削弧上的转角（即切削方向与进给方向的夹角）。

　　从式（3-49）可以看出，当 $\varphi=90°$ 时，刨花最厚，在木材与刀接触的首点和尾点刨花最薄。根据经验，当 $\dfrac{H_{\min}}{H_{\max}}\geqslant 0.71$ 时，可以保证刨花厚度控制在工艺允许的变化范围内。

　　为了刀轮载荷稳定和改善切削条件，一般刀轮在切削过程中的切削总长度接近，并避免冲击载荷，因此，刨刀刀刃会与木材纤维方向呈一定夹角，而进料高度（切削）一般为刀轮直径的 80% 以下。刀轮直径大，其切削出来的刨花就会平整，接近平面刨削。

　　由运动轨迹（图 3-86 和图 3-87）可以看出，刨花的厚度是不均匀的，中间厚而两侧薄。因此与盘式刨片机相比，单鼓轮刨片机的理论厚度存在不均匀现象，且对于木材来说，有的顺年轮刨切，而有的逆年轮刨切。对于刀轮来说，上半部是顺刨（切削力的径向分力是推木材，其旋转运动的水平方向分解速度与进给速度方向相同，下半部是逆刨（切削力的径向分力是拉木材，其旋转运动的水平方向分解速度与进给速度方向相反）。

　　1）刀轴式长材刨片机

　　刀轴式长材刨片机又称单鼓轮长材刨片机（图 3-88），其特征是一定数量的刨刀装在一个实心的鼓轮上,通过旋转刀头对木材进行横向或接近横向铣削制得刨花。主要由刀鼓、进给系统和上料系统组成。这种刨片机的特点是结构简单、效率高、刨花形态好、单位产量的能耗低,但要求原材料的直径较大。

单鼓轮长材刨片机是一种可以将长材直接刨制成刨花的主要刨花制备设备。与削片-刨片工艺相比,它具有刨花形态好、能耗低、设备紧凑、调整方便等优点,因此它在刨花板生产中得到了广泛的应用。但这种设备的制造及配件加工难度大,精度也难得到保证,甚至由于刀轮的装刀槽加工工艺不同而影响其加工精度,甚至不能满足设备使用要求。

(1)刀轴式长材刨片机工作原理。

刀轴式长材刨片机包括链板进料槽、料槽压料装置、刨削压料装置、负压抽风系统、进料机构、刨削刀轮和进给液压系统等。刀轮在刨削起始位置时,压料块提升,进料槽进料,进料距离为刨削槽的宽度,即刀轮长度;进料完毕后,进料槽压料块下降,在压料块自重的作用下压紧进料槽内的木材,而刨削槽的压料块在油缸压力作用下压紧木材,并可随刀轮一起前行;刀轮在进给液压油缸的作用下切削慢行,并高速旋转而切削木材,槽内松散的木料在槽内压块的作用下压紧;当切削槽内木材切削完毕后,刀轮机构在进给液压油缸的作用下快速回程到起始切削位置,如此完成一个切削周期。如此周而复始地不断切削,以实现不断地制造刨花的目的。由于木材长度没有限制,所以称为刀轴式长材刨片机,见图 3-89。

图 3-88　刀轴式长材刨片机

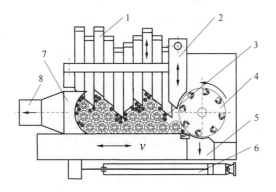

图 3-89　长材刨片机结构原理图
1. 上料槽压料块;2. 刨削槽压料块;3. 木材;4. 刀轮;
5. 排料口;6. 行进油缸;7. 小料抽吸口;8. 挡块

(2)刀轮装置的结构。

刀轮装置由轮鼓、防磨块、梳齿刀、装刀夹、楔形压块等组成(图 3-90)。

切削刀刀锋锋线是一条与刀轴中心线成 α 夹角(一般 $\alpha=14°$)的直线,那么刀锋线绕刀轴旋转一周所形成的曲面实质就是一条母线与轴线成一定的交叉夹角旋

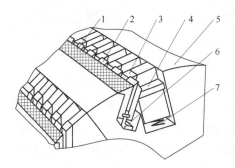

图 3-90　刀轮结构局部示意图
1. 耐磨块；2. 梳齿刀；3. 刀夹；4. 楔形块；
5. 刀轮；6. T 型卡位条；7. 压缩弹簧

转而成的单叶双曲回转面，而刀轮轮毂即与刀锋锋线平行且回转半径比刀锋线回转半径小 $\triangle$ 的单叶双曲回转面，$\triangle$ 即伸刀量。

刀锋绕刀轴旋转一周所形成的单叶双曲回转面和刀轮轮毂的回转半径计算如下。

从图 3-91 可知，OO' 为刀轮轴中心线，AA' 为刨刀的刀锋锋线，AA' 与 OO' 成夹角 α，设 EF 为 AA' 与 OO' 的距离，那么 AA' 线在平面 EOO' 上的投影线为 BB' 线，即有 $BB'=OO'$，且平行于 OO'。

假设 AA' 线上任意一点 E''，那么 E'' 绕 OO' 回转的半径为 $E''F'$，E'' 在平面 EOO' 上的投影为 E'。设 $FF'=x$，$E'F'=r$，则有 $EE'=x$，$E'E''=x\tan\alpha$。那么

$$E''F' = \sqrt{(E'F')^2 + (E'E'')^2} = \sqrt{r^2 + (x\tan\alpha)^2} \qquad (3\text{-}50)$$

如果 AA' 线绕 OO' 线回转一周后的封闭空间形成一个实体，见图 3-91。如果一个过直线 OO' 的平面切开回转体，那么剖切面与轮毂的交线即曲线 CC' 和 BB'。也为长材刨片机的底刀曲线，如图 3-91 所示。如果以 OO' 为 X 轴，F 点为坐标原点，那么纵坐标为 Y（刀轮上任意一点的回转半径）计算如下。

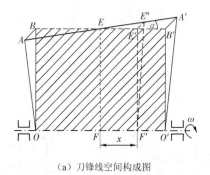

（a）刀锋线空间构成图　　　　（b）刀锋线空间轨迹图

图 3-91　刀轴式长材刨片机刀锋轨迹原理图
OO'. 刀轮轴心线；AA'. 刀锋线；$AB \cdot CD$ 在 $ABGH$ 平面投影线，夹角为 α

设最小回转半径为 r，那么曲线方程为
$$y^2 = r^2 + (x\tan\alpha)^2$$
即

$$\frac{y^2}{r^2} - \frac{(x^2)}{\left(\dfrac{r}{\tan\alpha}\right)^2} = 1 \qquad (3\text{-}51)$$

从方程可以看出,其曲线方程为双曲线方程,也为长材刨片机底刀曲线方程。

由此可见,随 x 增大,刀轮的回转半径 y 增大,即轮鼓越长,轮毂的回转半径相差越大;随 α 值的增大,y 值也增大。因此在生产设计中一般采用多组刀轮组合以减小 x 的数值(即刀轮的宽度)以使 y 值变化量减小;而刨刀与轴的夹角,一般取 $\alpha=14°$。y 值变化太大对保证纤维的完整性和保证刨花形态不利,而 α 太小对于设备的平稳运转不好,且载荷冲击大,功率消耗大;刀轮直径增大,其装刀数量也必须增加,便于保护刀轮和提高产量,相邻刀的圆弧长度以保证一个端面的刀尖与另一个端面的刀尾刚好衔接(即一把刀结束切削而另一把刀就开始切削),有利于载荷平稳,达到"均衡切削"。

刀轴式长材刨片机生产的刨花形态特点是刨花厚薄均匀,厚 0.2～0.5mm;长度由梳齿刀确定,长 30～40mm;宽度较大,可达 20～30mm。需再碎后才能成为合格的刨花,满足普通刨花板的工艺要求。其设备主要有德国 Hombak 公司生产的 U 系列和镇江林机厂 BX44 系列产品。

进口刀轴式刨片机制造技术先进、质量可靠、工作稳定、制造刨花形态均匀一致,换刀方便,但刀轮调整工作烦琐,时间较长。国产技术仍处于磨合阶段。表 3-32 和表 3-33 为国产刀轴式刨片机和 U 系列刨片机的技术参数。

表 3-32　国产刀轴式刨片机主要技术参数

名称	型　号		
	BX444	BX445	BX446
刀轴直径/mm	350	548	620
刀数/片	6	12	14
刨花长度/mm	18 或 36	26.5	38
生产能力(绝干)/(kg/h)	400	1500(中等密度木材,厚度 0.4mm)	2500(中等密度木材,厚度 0.4mm)
主电机功率/kW	30	90	132
料槽尺寸/mm	2290×270×240	420×320×1200	520×370×1500
刀轴转速/(r/min)	～1300	1300	1300
油泵电机功率/kW	1.5	22	22
刨花厚度/mm	0.2～0.7	0.2～0.7	0.2～0.7
主机重/kg	2410	7500	12000
外形尺寸/mm	3467×990×2054	6940×5930×1970	8300×5950×2515
制造厂	镇江林机厂		

表 3-33　U 系列刀轴式长材刨片机技术参数

项目名称	技术指标参数			
型号	U64	U74	U112-26	U150-24
设备外形 (长×宽×高)/mm	9400×6700×3400	9200×6300×3400	—	8900×3600×4900
设备重量 (1)槽长 HZE6m	约 20t,原料最大 直径 0.6m,长 4.5m	约 30t,原料最 大直径 0.6m,长 4.5m	带槽长 10～20m, 约 30t,原料最大 直径 0.7m,长 8m	约 30t,带槽长 16～24m,原最大 料直径 1.5m,长 12～20m
(2)槽长 HZF12m	约 26t,原料最大 直径 0.5m,长 10m	约 32t,原料最大 直径 0.6m,长 10m	约 30t,原料最大直 径 0.7m,长 8m	
鼓轮规格 (长×直径)/mm	640×620	740×750	1120×1000	1480×1000
刀片数量/把	32	36	52	96
刀片形式	14°斜刃	14°斜刃	14°斜刃	14°斜刃
鼓轮转数/(r/min)	1150	1000	750	750
切削速度/(m/s)	37	39	39	39
刨花长度/mm	19,26,31,40	20,26,30	19,25,30	20,26,30
主轮传动电机 功率/kW	160	250	400	2×250
台时 产量 /kg　$\delta=0.2\sim0.3$	3000	4100	7300	9200
$\delta=0.3\sim0.4$	4000	5600	9400	12100
$\delta=0.4\sim0.5$	4800	6800	11200	14700

注:台时产量按木材绝干容重 0.45kg/cm³ 计算

　　德国 Hombak 公司制造的长材鼓式刨片机,设备型号为 U 型,规格多种(表 3-33)。其所用原料为径级在 550mm 以下、长度在 10m 以内的原条,不需截断,纵向进料,通过刨片机前端的压紧方铁卡紧装置,将前进的木段固定。刨片机多刀鼓轮作横向前移开始刨片,刨下的刨花经出料螺旋送出,尾部细料经风力系统直接送至料仓。木段刨完,刨片机退回,方铁卡紧装置自动抬起,木段又向前送料。每次送料长度为刀轮的长度,随后又用方铁卡紧,等待第二次刨片,如此重复循环工作。

　　Hombak 公司制造的鼓式刨片机在世界范围内处于绝对领先地位。有用于定向刨花板生产使用的 OSB 鼓式刨片机,也有用于普通刨花板生产使用的鼓式刨片机。在传统的长材刨片机基础上,开发了适合小径材、枝桠材、板边条、锯材剩余物、加工下脚料生产刨花的新一代鼓式刨片机。该设备集传统的削片机和环式刨片机于一身,大大节省了电能消耗,提高了刨花质量,同时节省了设备投资和占地面积。在世界范围内越来越多的刨花板生产厂家选用了鼓式刨片机,替代传统的削片＋刨片的工艺。

在 2000 年,Hombak 公司制造了世界上最大的鼓式刨片机,为世界著名板材制造商 Egger 集团配备。该设备重达 110t,轴径达 1400mm,78 套齿形刀片安装在 3 个刀盘上,动力为 2 台 560kW 电机,每小时刨花产量可超过 30 绝干吨。Egger 集团依据这台 Hombak 制造的鼓式刨片机,整条生产线日产量超过 1300m³ 刨花板。

2)刀轴式短材刨片

另一种主要设备为短材鼓式刨片机,见图 3-92,制造商是德国 Hombak 公司,型号为 Z 型。一般木段径级在 550mm 以下,长度为 1～2m,刨片机座固定不动,只是刀鼓旋转。横向强制进料的木段被装有多排刀片的旋转鼓轮刨片,每排刀片数量按鼓轮长度确定。一般为 3～4 把斜刀,最多为 6 把斜刀;刀数为 30～96 把,刀片安装角度 α 为 14°,鼓轮转数 980r/min,主电机容量 250～470kW,台时产量与刨片厚度有关。

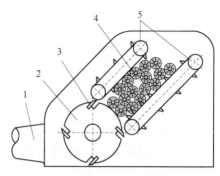

图 3-92 刀轴式短材刨片机
1. 出料口;2. 刀轮;3. 飞刀;
4. 木段;5. 进料机构

表 3-34 短材鼓式刨片机技术数据

名称		Z112/55-12	Z112/55-14	Z112/55-16	Z113/55-18	Z130/55-16	Z220S-12
进料槽 (高×宽×长)/mm		550×1100×1600				550×1330 ×1600	450×2210 ×1400
木段尺寸 (厚或直径)×长/mm		550×1090				550×1300	4500×2190
刀片数量/把		36	42	48	54	40	72
刨花长度/mm		20,26,30				20,27,33	20,26,30
刀片安装斜度/(°)		14	14	14	14	14	14
刀辊轮转数/(r/min)		980	980	980	980	980	980
电机容量/kW		256	321	321	407	256	326
刀辊直径和长度/mm		ϕ750×110				ϕ750×1340	ϕ750×2220
梳式刀槽数		12	14	16	18	10	12
平均台时产量(kg) 当刨片厚度时/mm	$\delta=0.2\sim0.3$	6800	8000	9130	10300	6950	10400
	$\delta=0.3\sim0.4$	9600	11000	12800	14400	9750	14600
	$\delta=0.4\sim0.5$	12250	14300	16400	18500	12500	18800

刨刀使用的时间与气温有关,夏季每工作 2～3h 需更换刀片一次。冬季气温

低,每次工作时间要短些,利用气动工具换刀,每次需要 30min 左右。

无论采用哪一种刨片机(长材或短材),筛选以后大料必须进再碎机再碎。

我国制造刨花板以小径木作为原料的情况比较少,因此到目前,还很少采用上述设备。但随着原料来源的逐步扩大,必将采用这方面的设备。

表 3-34 列出了 Z112/55 型的部分规格,其产量是平均数,而不是最高值。其他型号如 Z130/55 和 Z220S,也有各种规格。

3.盘式刨片设备

盘式刨片机由切削部分、进料部分、机架和机壳等组成,其原理如图 3-93 所示。圆盘式刨片机的刨切部分,主要是在刀盘上沿辐射方向,并与径向成某种角度装有 2～6 把(或更多)刨刀。由刨刀刀刃凸出刀盘的高度,确定刨花的厚度。被切下的刨花通过刀下刃口,从刀盘的另一面排出。对于带割刀的刀具,为了节省换刀时间,刨刀和割刀可一起装在可拆卸的刀盒上。刨刀刃磨角一般为 30°,刀片厚度一般为 12mm,刀盘直径在 1.0m 以上。

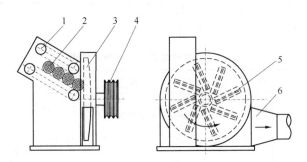

图 3-93　圆盘式刨片机示意图
1. 进料系统；2. 木材；3. 刀盘；4. 皮带轮；5. 刨刀；6. 出料口

当用刨片机刨切木材时,为了保证制得的刨花符合规定尺寸要求,并保持纤维完整,就要保证有稳定的切削过程,而这个稳定过程则取决于最佳切削参数的选择。图 3-94 给出了圆盘式刨片机有关的主要切削参数。其中,R_{cp} 为平均切削半径,φ 为交叉角,ω 为刀的安装角,B 为进料口高度,a 为进料口中心线的偏离距离,φ_H 为木材倾斜角,v 为进料方向。

图 3-94 中,φ 是刀刃和水平上纤维方向形成的交叉角。在盘式刨片机上,φ 是随着机床结构数据的不同而改变的,其关系如下:

$$\varphi_r = \omega + \arcsin \frac{B+2a}{R} \tag{3-52}$$

$$\varphi_c = \omega - \arcsin \frac{B-2a}{R} \tag{3-53}$$

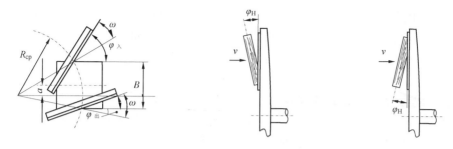

图 3-94　圆盘式刨片机切削木材时刀与木材相互作用示意图

式中,φ_r——刀刃刚进入切削过程时的交叉角;

　　　φ_c——刀刃将离开切削过程时的交叉角;

　　　ω——相对于圆盘半径的刀刃转角;

　　　R——切削半径,mm;

　　　B——进料器宽度,mm;

　　　a——进料器对称中线偏离圆盘对称中线的位移值,mm。

实验证明,当转角 $\omega=5°\sim10°$ 时,可获得最合理的交叉角 φ。φ_H 是切削面和纤维方向之间形成的倾角。切削时,φ_H 的存在对切削条件起不良的影响,因为在此情况下,切削面与纤维方向不平行,切削中会把木材纤维割断。在切削过程中倾角 φ_H 是由木段在进料器内歪斜而引起的,其歪斜产生的原因,主要有两方面:一是木材在切削过程中牢靠地固定在喂料器内;二是由于沿刀长度的切削速度差和沿圆盘半径相邻刀之间的距离不一样。

盘式刨片机采用强制进料装置,使木材固紧在进料器内不发生倾斜,就可获得良好的切削条件。

3.4　纤　维　制　造

3.4.1　木片清洗

木片预处理是指对经削片机制造出来的木片进行筛选、水洗或干洗及磁选等工艺过程。其目的是去除不合格木片及木片中所含泥沙和金属杂物等,同时对低含水率木片进行增湿,为木片进行纤维分离做前期准备。

1. 木片筛选

木片筛选是通过不同孔径的筛网或筛板对木片的尺寸进行选择,将几何尺寸大小达不到工艺要求的木片和树皮、泥沙等杂物去除,以保证纤维分离质量和延长热磨机磨片的使用时间。具体包括:①去除粗大不合格的木片、去除夹杂的大块树皮，有利于提高木片预热的均匀性；②去除木片中夹杂的泥沙，保护热磨机的磨片，延长使用寿命；③去除细小木片和树皮，提高纤维分离质量。

目前纤维板生产线普遍使用的是矩形摇摆筛和滚筛两种。

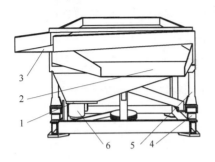

图 3-95　矩形摇摆筛
1. 细料出口；2. 合格木片出口；
3. 粗大木片出口；4. 摆动转轴；
5. 摆动支撑杆；6. 电动机

1）矩形摇摆筛

木片筛选机适用于木片的大小分级、过滤，根据分级、过滤要求可单层或多层使用，见图 3-95。

木片摇摆筛有单动力和双动力驱动两种。单动力摇摆筛是电动机带动一个偏心块，使筛网做水平偏心运动，同时，筛网带有一定的倾斜角，所以，筛网上的质点就产生了一个空间的上下运动和圆周运动的合运动，这样就增大了设备的筛分能力。双动力驱动的摇摆筛，一个电动机带动偏心使朝出料口倾斜的筛网做水平往返运动，另一个动力产生上下运动，因此木片在筛选机上的运动轨迹为直线向前做抛物线运动。木片在两个动力和自重力的合力作用下在筛网上被抛起跳跃式向前运动，从而达到对木片分级和过滤的目的。

此外，还有一种悬挂式矩形摇摆筛，其原理和结构同上，不同之处是筛框部分不是采用弹性支撑，而是采用钢丝绳悬挂，因而结构简单，制造容易，且筛网前倾角度可以任意调整。缺点是筛框摆幅自由空间大，主轴径向载荷大，容易造成设备损坏。

2）圆筒滚筛

圆滚筒筛一般倾斜安装，见图 3-96。木片从圆筒筛网高处的端部中心进入，筛网围绕转轴转动，木片随着筛网的转动而翻动，细小料从圆筒筛网网孔滤出，粗大料沿着圆筒网内部从高处转到低处，然后从圆筒网的端部排出。

整体设计采用分层隔离式自动筛料系统，从根本上解决了木片筛耗用功率大、筛网磨损快、更换筛网困难等诸多用户难以解决的问题。滚筒木片筛具有产量高、损耗小、能耗低、安装简单、维修方便等特点。

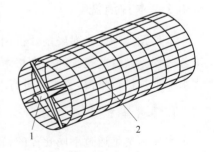

图 3-96　滚筒筛原理图
1. 转轴；2. 圆筒筛网

2. 木片水洗

原料中常会夹杂泥沙、石块、金属等，影响木材单元的制备质量，还易损坏单元加工设备，应对这些杂质进行去除处理。通常可对木片进行水洗,一方面可去除杂质,另一方面可调整木片含水率,利用木片进行纤维分离。

木片水洗一般采用上冲水流式水洗系统,湿法净化利用水洗的方法除去夹杂在料片中的石块、砂子、金属等重杂质,保证后续工段设备正常运行,减小磨损,延长使用寿命;同时使物料的水分均匀一致。

1)旋流式木片洗涤装置

木片经水平和垂直螺旋压入洗涤器水槽中,下部的搅拌叶片将木片松散,木片上浮,溢流至振动筛脱水。重杂物沉降于重物捕集器中定期排放。振动筛滤下的水收集至循环水槽,一部分直接泵送至洗涤器循环使用,另一部分经锥形除砂器和斜筛除去泥沙、碎末等杂物后的净化水回到循环水槽循环使用,见图3-97。该系统装置具有洗涤效果好、生产能力

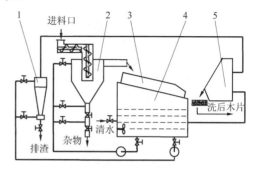

图 3-97　旋流式木片水洗装置流程图
1. 锤形除砂器;2. 旋流式木片洗涤器;
3. 木片脱水振动筛;4. 循环水槽;5. 木片斜筛

大、布置紧凑、动力省等优点。系列规格(处理量)有 100m³/h、200m³/h 和 300m³/h(虚积)。

2)转鼓叶轮式水洗装置

转鼓叶轮将料片压入水中松散搅拌,料片随水流上浮,并被转鼓叶轮拨至斜螺脱水机脱水;重杂物沉降至重物捕集器中定期排放。斜螺旋脱水机滤下的水经斜筛和锥形除砂器除去碎末、泥沙,净化水至水洗机循环使用。水洗机有单鼓或双鼓两种结构;可用于木片、竹片、红麻片、苇片、草片等多种原料。该装置具有洗涤效果好、布置灵活、动力省等优点。系列规格(处理量)有 50m³/h、100m³/h、150m³/h 和 200m³/h(虚积)。

木片进入杂物分离器后,在鼓式搅拌叶片的搅拌下被浸入水中,由下部进水口进入的水流搅拌,使木片中的石子、金属碎片以及木片上的泥沙被分离出来,落到搅拌器底部的管道内,下部用两个交替开闭的阀门定期排出杂物。洗涤过的木片用倾料螺旋运输机运出,多余的水分由带孔的倾斜螺旋外壳排出。水的循环系统,由给水管道、泵及除渣器、浮子、控制阀组成。从倾斜螺旋运输机底部的水流入水槽,液位由浮子控制,水位不足时水控制阀开大,水量超过可关小水阀,或另设溢流口排出。水经泵送到除渣器,除渣器连续排渣,经除渣后的澄清水,继续循环使用,见图3-98。经水洗木片的含水率约 56%。鼓式搅拌器下反冲水流速不超过0.8m/s,从而保证木片与杂物的分离效果。

水洗工艺对杂质清除效果好,但也存在水耗量大、污水处理成本高等缺点,而且水洗后木片含水率提高,给后续干燥等工序热能消耗提高。

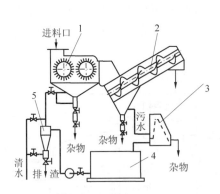

图 3-98　转鼓叶轮式木片水洗装置流程图
1. 鼓式搅拌器；2. 螺旋脱水机；
3. 木片斜筛；4. 储水池；5. 锥形除砂器

图 3-99　木片清洗塔外形图
1. 合格木片；2. 微小木片；3. 大木片

3) 清洗塔

清洗塔是将木片清洗系统集所有的清洗原理合并集中在一个单独的系统中(图 3-99)，从而命名为"清洗塔"。其包括所有的清洗设备(尤其针对被污染的原料)，从磁性除铁单元到木片气力清洗机，经历了磁性去除非铁质设备 IGM(包括分选设备)、辊筛、离心清洗机和风选机等。具有以下特点：清洗系统的效率为 90%～95%；剔除部分中，低含量的有效木质颗粒；对于非常细碎的筛分值也能节省木质原料；高度方向伸展，减少了安装占地面积；降低吸收功耗 5～6kW/t；降低维护成本，减少输送设备安装，得益于更好的耐久性能，较少的投资，极高的清洗效率。根据原料类型，其产量可高达 200m³/h。

3. 木片干洗

木片也可采用如图 3-100 所示风洗机进行风洗。木片由风洗机分级箱后部进入，由于分级箱与振荡器固定在一起，所以分级箱和振荡器一起做上下振荡；气流从鼓风机出口的管道通过转阀装置分成两股，交替吹出分级箱底部；分级箱做上下、前后振动，分级箱内的木片随着分级箱做上下、前后运动；木片内的细砂、小石块，经分级箱内的网孔，由分级箱前面孔口排出；灰尘、细小杂质被吹起，通过吸尘罩进入管道，再进入旋风分离器内；灰尘、杂质等被分离出来，由回转出料器排出；干净空气由旋风分离器上出口再进入鼓风机进风口，重新进入下一个循环；分级箱前部还装有一个横向分级箱，用于去除特大尺寸木片，有一部分合格木片通过循环装置重新进入分级箱；在吸尘罩头部装有磁性吸铁，用来去除木片中的铁丝、小铁块等杂物。经过以上步骤，木片基本上达到了清洗目的。

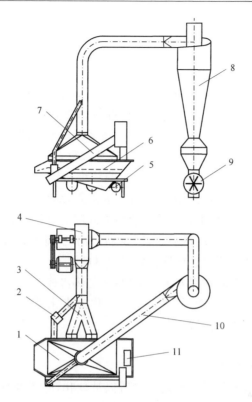

图 3-100 木片干洗系统结构示意图

1. 分级箱;2. 除尘管;3. 转阀;4. 风机;5. 振动器;6. 筛网;7. 再分选运输;
8. 旋风分离器;9. 旋转阀;10. 吸尘管;11. 入料口

特点:能耗低,$0.5\sim0.6\mathrm{kW/(m^3 \cdot h)}$,可以有效地延长刨片机寿命,并使耐磨部件的成本缩减 50%,维护成本低,清洗效率高,产能可达 $180\mathrm{m^3/h}$。风洗工艺存在动力消耗大、噪声大等不足,但避免了水洗法导致木片含水率过大的缺点。

4. 磁选

为了清除原料中的金属杂物,可采用电子金属探测器。这种探测器是一种电子仪器,由金属自激传感器、探测器、带继电器的脉冲放大器、整流器、稳压器和音响信号仪等组成。金属探测器的传感器,安装在带式输送机支架断开处的特制金属底座上。输送带的工作面应通过传感器口,但不得与其壁相接触。金属探测器的灵敏度和抗干扰性能,在很大程度上取决于传感器在带式输送机上的安装是否正确。靠近传感器的活动和振动金属零件会造成金属探测器误动作。因此,金属探测器的安装位置,距输送机的传动装置或张紧轴不得少于 2m。

此外,对于混杂在木片内的金属,可采用永久性磁铁吸除金属。当金属体通过强磁场中,金属被磁铁吸住,而木材或木片通过。但这种方法无法判除非铁类金属。

3.4.2　木片软化

1. 木片软化方法

植物纤维是由纤维素、半纤维素和木素等主要成分构成的复合体。据统计,针叶材每立方厘米含纤维 60 万～80 万根,阔叶材每立方厘米约含纤维 200 万根。这些植物纤维在原料中以主价键、副价键和表面交织力等的作用牢固地结合在一起。若将这种未经软化的原料分离成单体纤维或纤维束,需要消耗大量的动力,花费很长时间,而且纤维的机械损伤也很严重,影响纤维质量。因此,不论哪种方法分离纤维,原料在机械分离之前均应进行程度不同的软化处理,使纤维中某些成分受到一定程度破坏或溶解,使纤维之间的结合力受到削弱,以提高纤维原料的塑性。这样可使纤维易于分离,提高纤维质量,减少动力消耗,缩短纤维分离时间。这就是机械分离纤维前对纤维原料进行软化处理的目的。

纤维原料软化处理的常用方法有两种:一是热水或蒸汽处理,即热水浸泡或加压蒸煮;二是用化学药品处理(纤维板生产中称为半化学法),其中主要有冷碱法、碱液蒸煮法和中性亚硫酸盐法。

1)加压蒸煮法

(1)水、热对纤维的作用。

纤维原料经蒸汽或热水处理之后之所以被软化,除了纤维原料受热与水作用塑化之外,主要是纤维水解作用的结果。纤维受热分解的有机酸便是这种水解反应的催化剂。当然,这种只靠纤维本身分解的有机酸作催化剂的水解过程,与工业上加无机酸时原料中全部碳水化合物溶解的水解过程相比,只是一种很缓慢的水解过程,因此也称为预水解过程。植物纤维在预水解过程发生的主要变化有以下几种。

热水抽提物溶解。蒸煮温度升到 100℃ 以上时,植物纤维中的热水抽提物,如单糖、淀粉、单宁、部分果胶等首先溶解。

半纤维素水解。随着蒸煮温度的升高和蒸煮时间的延长,半纤维素中易水解部分开始溶解。半纤维素中各种聚糖化合物水解的难易程度各不相同,水解速度相差很大。木糖聚糖化合物比葡萄糖聚糖化合物易于水解。而其中 β 联结 α。联结的水解速度大。半纤维素中也有一部分难以水解的,这是因为它们处于纤维的细胞壁内,受到纤维素保护。

纤维素水解。因为纤维素聚合度较高,且有结晶区,故不易水解。但随着温度升高和时间延长,水分子可能进入纤维素的无定形区,使其水解,降低聚合度。也可能有某些聚合度较低的纤维素溶解于水。在预水解的条件下,纤维素的结晶区是难以破坏的。因此,水、热对纤维素的作用主要表现为聚合度降低和低聚合度纤维素分子链的数量增多。

木素水解。木素是抗酸的,但在预水解条件下,木素也会受到破坏而改变性质。据称 100～120℃时就出现木素水解反应,并有微量木素溶解。水解后残留的固体木素与原本木素的性质不同,例如,它很容易在苯醇溶剂中溶解。木素为热塑性,具有相当高的玻璃化转变温度,随树种、分离方法、相对分子质量等而异,绝干木素的玻璃化转变温度为 127～235℃,但在吸水润胀时,如表 3-35 所示。由于水起到了木素的增塑剂作用,所以降低了它的玻璃化转变温度,有利于木素软化。

表 3-35 木素的玻璃化转变温度

树种	分离木素	玻璃化转变温度/℃	
		干燥状态	吸湿状态(水分/%)
云杉	高碘酸木素	193	115(12.6)
云杉	高碘酸木素	—	90(27.1)
桦木	高碘酸木素	179	128(12.2)
云杉	二氧六环木素(低相对分子质量)	127	72(7.1)
云杉	二氧六环木素(低相对分子质量)	146	92(7.2)
针叶树	木素磺酸盐(Na)	235	118(21.2)

因为温度可使木素分子活化,故在木素水解的同时,会出现木素缩合反应。因此,在预水解条件下,木素不可能大量溶解,主要是木素受热软化。

(2)加压蒸煮工艺。

加热蒸煮分蒸汽蒸煮和水蒸煮两种,二者软化原理相同,区别在于加水量不同。蒸煮器中水量为纯木片重的 1～1.5 倍时称蒸汽蒸煮,水量为绝干木片重 3 倍以上时,称为水蒸煮。加压蒸煮软化方法制得的纤维柔软易曲,强度比磨木浆高,但色泽较深。一般来说,水蒸煮的纤维质量比蒸汽蒸煮好,但耗汽量大。目前纤维板生产主要采用蒸汽蒸煮。

加压蒸煮时,选择正确的蒸煮温度和时间很重要。蒸煮温度高低和时间长短直接影响纤维质量、纤维得率和纤维分离的动力消耗。

蒸煮温度越高,木片弹塑性越好,如表 3-36 所示,蒸煮温度由 135℃升至 175℃时,木片的弹塑性提高了近 50%。蒸煮温度与纤维板强度的关系见表 3-37。

表 3-36 蒸煮温度与木片弹塑性的关系

蒸煮温度/℃	静弹性模量/MPa	冲击弹性模量/MPa	变形恢复时间[*]/10^{-4}s
未经蒸煮木片[**]	8894～9522	8178～9737	1400～1849
135	7462	7355	3660
155	5364	6119	3523
175	4079	4295	5501

[*]指在高频振动范围内弹性变形的恢复时间

[**]木片含水率为 5%～60%

注:木片蒸煮条件为 24h,pH=6.2

表 3-37　蒸煮温度与纤维板强度的关系

| 蒸煮条件 | | 木片蒸煮得率/% | 浆料得率/% | pH | | 纤维分离 * 时间/min | 纤维分离度/°SR | 静曲强度/MPa |
温度/℃	时间/h			蒸煮前	蒸煮后			
145	3	90.5	86.7	6.8	3.6	20/240	9.0	28.44
155	3	85.5	81.7	6.0	3.4	20/180	10.4	33.54
165	3	81.3	74.6	6.6	3.3	20/120	10.0	41.68
175	3	83.4	75.0	6.1	3.9	10/60	10.5	37.75

　　* 纤维分离分两次进行,先用石磨,后用水力碎浆机,分子表示石磨分离纤维时间,分母表示碎浆机分离时间

　　从表 3-38 可以看出,蒸煮温度由 145℃ 增加到 165℃ 时,纤维板强度从 28.44MPa 提高到 41.68MPa。但温度升到 175℃ 时,纤维板强度反而下降到 37.75MPa。出现这种现象的原因,主要是温度升高,纤维之间结合力削弱,纤维分离时机械损伤小,纤维的交织性能好,有利于纤维之间的相互结合,所以纤维板强度高。若温度过高,纤维本身破坏严重,机械强度急剧下降,则纤维板强度也随之下降。

表 3-38　蒸煮时间对纤维板性质的影响

| 树种 | 蒸煮条件 | | 蒸煮结束时pH | 木片蒸煮得率/% | 纤维分离度/°SR | 热压条件 | | | 纤维板密度/(kg/m³) | 静曲强度/MPa |
	时间/min	温度/℃				压力/MPa	时间/min	温度/℃		
桦木	22	175	3.82	91	12	4.02	13	165	1160	44.42
桦木	45	175	3.67	85	12	4.02	13	165	1170	64.13
桦木	70	175	3.72	80	13	3.73	10	165	1150	59.42
松木	22	175	4.50	96	12	2.94	10	180	1040	40.50
松木	45	175	4.01	90	13	2.94	10	180	1020	56.58
松木	70	175	4.05	88	12	2.94	10	180	980	34.62
松木	90	175	4.15	87	12	2.94	10	180	990	30.01

　　蒸煮时间也直接影响纤维板强度,如表 3-38 所示。当温度不变时,延长蒸煮时间可提高纤维板强度。然而时间过长,板材强度反而下降,其原因也是纤维本身在长时间高温作用下严重破坏,导致纤维板强度急剧下降。

　　蒸煮温度对纤维分离时的动力消耗影响很大,见图 3-101。温度接近 100℃ 时,动力消耗有所下降。超过 100℃ 时,随温度升高,动力消耗明显下降。当温度达到 160～180℃ 时,即温度达到木素的软化点(针叶材 170～175℃、阔叶材 160～165℃),胞间层被软化,动力消耗急剧下降。此时,木片很容易分离成纤维。热磨机分离纤维时的温度通常在 165℃ 以上,这是热磨法纤维分离耗电少的原因。

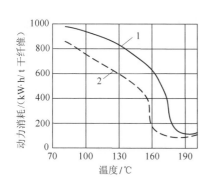

图 3-101　蒸煮温度与动力
消耗的关系
1. 针叶材；2. 阔叶材

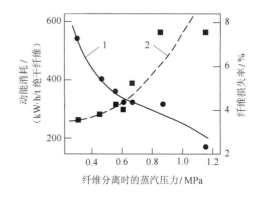

图 3-102　纤维分离时的电能消耗及纤维损失与
蒸汽压力的关系
1. 电能消耗；2. 纤维损失

　　生产中常用提高蒸煮温度和延长蒸煮时间来改善纤维质量、减少动力消耗和提高生产效率。但是这里却掩盖着一个矛盾，即温度越高，时间越长，纤维得率就越低，见图 3-102 和表 3-39。这样不仅提高成本，而且过多的水溶物会造成水污染（湿法生产）或致使施胶量增加和吸水与防腐性下降（干法生产）。

表 3-39　纤维得率与蒸煮温度和时间的关系

树种	纤维得率/%																					
	100℃					148℃				170℃				186℃					
	2h	4h	8h	12h	24h	2h	4h	8h	12h	2h	4h	8h	12h	2h	4h	6.5h	8h	12h
白桦	97.7	97.6	97.3	94.8	96.8	83.7	78.5	75.8	74.4	70.9	71.2	70.5	58.8	68.6	67.9	63.6	62.7	60.7
班克松	97.6	97.7	97.0	96.4	—	84.1	82.4	80.0	77.6	73.6	72.2	71.3	70.9	69.5	68.6	—	67.9	

　　如图 3-103 所示，云杉在 183℃ 条件下蒸煮 5min，重量损失为 8%，蒸煮 35min，重量损失为 25%；温度为 223℃ 时，仅蒸煮 3min，重量损失就高达 32%。试验结果表明，在预水解条件下，温度每升高 8℃，水解反应速度增加 1 倍。

　　在重量损失中包括木材中的可溶单糖和蒸煮过程中半纤维素、纤维素水解生成的可溶性碳水化合物。木材中的可溶单糖仅占木材重量的 1%～3%，在蒸煮过程中是必然溶解的。但其他可溶性碳水化合物则是一种不必要的损失，改变蒸煮条件，这种损失是可以控制的。如降低热磨温度可减少可溶性碳水化合物，提高

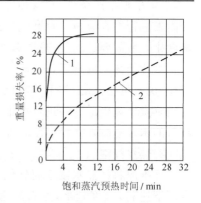

图 3-103　预热温度及时间与木材
重量损失的关系
1. 2.4MPa 蒸汽压力（223℃）；
2. 1.0MPa 蒸汽压力（183℃）

纤维得率。

从图 3-101、图 3-103 和表 3-38、表 3-39 中可以看出，树种不同，蒸煮效果也不一样。在同样蒸煮条件下，阔叶材对水解反应比针叶材敏感得多，重量损失大。一是由于结构上的特点，液体对针叶材的渗透性能差；二是针叶材树脂、木素多，且木素性质与阔叶材木素有差异；三是阔叶材的半纤维素多，介质酸性强，易水解。因此，针叶材的蒸煮温度可以高些，时间也可稍长。

图 3-104(a)为原料的预热蒸煮时间，蒸汽压力与分离所得纤维的 pH 之间的关系；图 3-104(b)为分离纤维的 pH 与中密度纤维板平面抗拉强度之间的关系；图 3-104(c)为预热蒸煮温度、预热时间与板制品平面抗拉强度之间的关系。

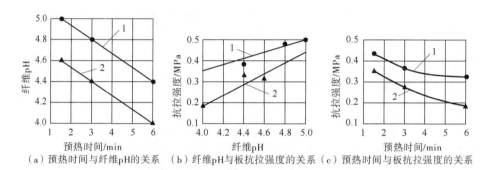

（a）预热时间与纤维 pH 的关系　　（b）纤维 pH 与板抗拉强度的关系　（c）预热时间与板抗拉强度的关系

图 3-104　预热时间及温度对纤维及制品的影响
1. 预热温度 165℃；2. 预热温度 190℃

总之，原料进行预热蒸煮纤维分离，可降低动力消耗；纤维破坏损伤较小，且可获得柔韧的纤维；纤维具有较好的板坯成形性能，因此能制得优质的中密度纤维板。但应根据原料、设备条件、制板性能要求等合理制定蒸煮工艺。选择蒸煮条件时，必须根据生产条件，对树种、纤维质量、纤维得率、电耗、纤维板质量和废水处理等因素进行综合分析。热磨法纤维分离，木片预热时间不应长于木片温度升至木素软化点所需要的时间，热磨温度应在 165～180℃。

木片经蒸煮处理后，成分和性质会发生一系列变化，其中有永久性的，如颜色变化；也有可逆性的，如木片软化。木片经蒸煮软化，但冷却后很快变硬。因此，木片经蒸煮处理后应尽快进行纤维分离，热磨法纤维分离耗电量小，原因之一就是预热后的木片立刻在同样温度条件下进行纤维分离。

2）热水浸泡法

纤维原料经热水浸泡而软化，原理与加压蒸煮基本相似，不同点是热水浸泡在常压下进行，温度较低，原料经水、热作用而引起的各种变化比加压蒸煮缓和些。原料软化程度主要取决于原料种类、浸泡温度和时间。

木片含水率对其弹塑性影响很大，如图 3-105 所示。桦木木片含水率由 3％～

4％增加到 $30％\sim35％$ 时,冲击弹性模量从 16.66×10^3 MPa 降低到 13.23×10^3 MPa,而变形恢复时间由 0.7×10^{-4} s 增加到 1.4×10^{-4} s,如木片含水率继续增加,木片的弹塑性实际上不发生多大变化。

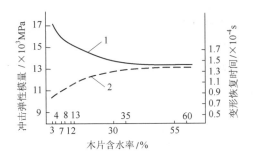

图 3-105　木片含水率与其弹塑性的关系
1. 弹性模量;2. 变形恢复时间

木材含水率为 $30％\sim35％$ 时,其静曲强度最低。这说明,含水率在一定范围内木材的塑性随含水率增加而提高,含水率超过 $30％\sim35％$ 时,含水率变化对木片的弹塑性影响不大。这一点很重要,在确定纤维分离、成形、热压等工序的木片或纤维的含水率时,必须予以考虑。

热水浸泡法在早期纤维板生产中采用高速磨浆法时使用过,目前纤维板生产很少使用。但是,这种方法的原理,可用于对绝干木片的预处理,以提高木片塑性,改善纤维分离效果。

3)冷碱法

冷碱法是指在常压低温条件下,用稀碱液处理纤维原料的一种软化处理方法。冷碱法工艺简单、设备不复杂、不用蒸汽、软化时间段和纤维得率较高。冷碱法的优点是可以用阔叶材,特别是不适于磨木法制浆的高密度阔叶材做原料,所得浆料质量介于磨木浆与中性亚硫酸盐浆之间,浆料颜色较深。冷碱法的缺点是浆料中残碱量较高,浆料需要洗涤,否则将影响施胶效果。

植物纤维经冷碱法处理而软化,主要是纤维润胀的结果。氢氧化钠溶液为极性溶液,钠离子半径很小,极化能力很强,水化程度很高。携带着大量水分子的钠离子进入细胞内纤维素的无定形区时,纤维剧烈膨胀,从而削弱了分子间原有结合力。通常润胀首先只发生在纤维素的无定形区,如果氢氧化钠溶液的浓度很大,而且处理时间很长,钠离子也可能进入纤维素的结晶区,使其润胀,改变纤维素的结晶格。在纤维素的润胀过程中,也可能有少量低分子碳水化合物溶解。影响纤维润胀率的主要因素是碱液浓度、温度和原料种类。

冷碱法在早期的湿法纤维板生产上有所使用,目前纤维板生产基本不用这种软化方法。冷碱法对木材的软化原理可用于对木质材料进行其他软化处理。

此外,以前个别厂采用碱液蒸煮法,即将植物原料和碱液装在密闭的容器里,通入蒸汽进行蒸煮。碱液蒸煮时,胞间层的木素首先破坏,与氢氧化钠作用生成碱木素而溶解,纤维素和半纤维素由于碱性水解作用也可部分溶解,这就是碱液蒸煮能使纤维原料软化的原因。

究竟采用哪种软化处理方法，必须根据原料种类、制品性质和经济指标等具体条件和要求进行综合分析。表 3-40 和表 3-41 为几种软化处理方法的效果对比。表中数据表明，蒸汽蒸煮和冷碱法效果较好，木片磨木法效果较差，尤其对密度大的阔叶材，差异更大。

表 3-40　几种软化处理方法的效果比较

软化处理方法	动力消耗/(kW·h/t)	滤水度/s	静曲强度/MPa	颜色
木片磨木法	11.8	8	2.65	尚好
蒸汽蒸煮(10min,0.34MPa)	20.6	16	13.43	较暗
蒸汽蒸煮(10min,0.98MPa)	8.6	34	43.34	暗黑
冷碱法(20min,0.98MPa)	9.0	26	48.64	较暗

表 3-41　不同原料和不同软化方法的效果对比

软化方法	原料	化学药剂用量/%	纤维得率/%	纤维板强度	颜色	动力消耗	特　性
木片磨木法	针叶材		95	尚佳	好	高	质量尚好,强度低,很脆
木片磨木法	低密度硬材		95	尚佳	取决于木材本色	高	略强于第1种
木片磨木法	高密度硬材		95	劣	取决于木材本色	高	不好
蒸汽蒸煮	针叶材		90～95	好	劣	中	板质极好,颜色较差
蒸汽蒸煮	硬材		90～95	尚佳	劣	中	质量一般,是好的配比浆
冷碱法	软材	3～5/NaOH	85～90	极好	尚佳	中	板质极好
冷碱法	硬材	3～5/NaOH	85～90	好	劣	中	板质好,颜色差,与第1种混合效果极好

2. 软化处理设备

纤维板工业发展初期，软化设备基本上是间歇式的，其中最常用的就是蒸球。20 世纪 50 年代以来，连续式软化设备有了很大的发展。

1)格林可连续蒸煮器

格林可连续蒸煮器是一种水平式高压蒸煮设备，两端由回转阀（也称格林可回转阀）所封闭。图 3-106 是结构最简单的格林可连续蒸煮器。

主体蒸煮管是一个水平耐压圆筒，最大直径为 1m，长 1.4m，中间有螺旋运输器或叶片式推进器。蒸煮管的最大工作压力为 1.18MPa。蒸汽或药液可在任意部位加入。螺旋进料器和蒸煮管中的螺旋运输器均为无级变速驱动，以控制进料量和蒸煮时间。蒸煮时间一般为 5～10min，必要时可达 20min。进料及排料回转阀为精制的斜梢旋塞型设备，都配有恒速驱动装置。这种蒸煮器能否顺利工作，关键在于回转阀的效能。格林可回转阀的设计和运转原理与星形供料器相似,不同点是星形供料器在常压下运转,而回转阀要在内外有 0.98~1.18MPa 压力差的条件下运转,这就在设计细节上有不同的要求。

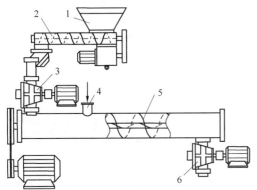

图 3-106　格林可连续蒸煮器示意图
1. 木片料仓;2. 送料螺旋;3. 进料回转阀;
4. 蒸汽或处理液入口;5. 蒸煮管;6. 出料回转阀

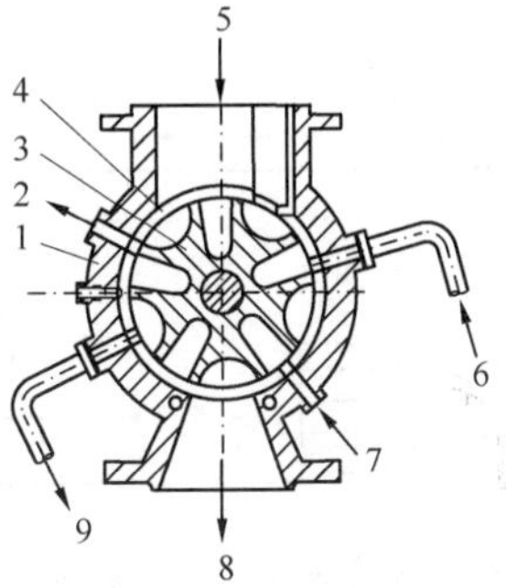

图 3-107　格林可回转阀结构示意图
1. 机壳;2. 放汽口;3. 转子;4. 衬套;
5. 进料口;6. 蒸汽平衡管进汽口;7. 进汽口;
8. 排料口;9. 蒸汽平衡管出汽口

　　格林可回转阀结构如图 3-107 所示,它由转子和与其紧密配合的机壳组成。转子上有数个空腔,空腔朝上时,腔里装满木片,当转子回转空腔朝下时,木片靠自重落入蒸煮器。放汽口用来排除空腔中残余蒸汽,以免妨碍进料。排料回转阀与进料回转阀结构相似,只是排料阀没有放汽口,因为它直接将木片排入大气中。为了防止蒸汽管堵塞,排料阀转速应稍大于进料阀转速。蒸煮管的装料系数通常为 65%。

　　格林可蒸煮器除单管形式外,还有双管、多管形式。各蒸煮管的压力可以不一样,作用也各不相同,如第一管用于预蒸煮,第二管用于药液浸渍,第三管用于蒸煮等。

　　2)潘地亚连续蒸煮器

　　潘地亚连续蒸煮器如图 3-108 所示,由螺旋进料器、蒸煮管和放料器等主要部分组成。

　　螺旋进料器如图 3-109 所示,其结构与热磨机的螺旋进料器基本相同,安装在木片仓或其他木片供料装置的下方,配有无级变速机构。螺旋进料器承担着木片在进入蒸煮器之前的三项工作,一是在进料口对木片计量和输送;二是压榨木片,这在设计上是采用逐渐缩小螺旋直径和缩短螺距的方法,使木片在通过螺旋管时受到压缩;三是将木片强制送进外塞管形成木塞,并以此封住蒸汽管里的蒸汽。螺旋进料器一般都装有防反喷装置。

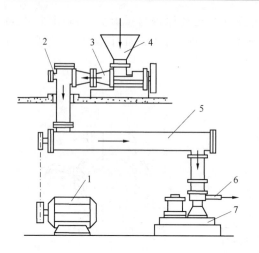

图 3-108　潘地亚连续蒸煮器示意图
1. 电动机;2. 气动防反喷阀;3. 螺旋进料器;
4. 料仓;5. 蒸煮管;6. 排料管;7. 放料器

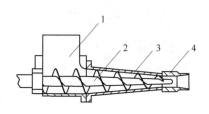

图 3-109　螺旋进料器示意图
1. 木片下料口;2. 进料螺旋;
3. 螺旋管;4. 外塞管

　　潘地亚连续蒸煮器的主体由 1～8 个直径为 1m 的水平蒸煮管组成,各蒸煮管上下叠置,垂直连接管的直径为 600mm。蒸煮管中的螺旋输料器采用无级变速驱动,变换螺旋转速可控制蒸煮时间。放料器是一种具有可调孔径的回转强制排料装置。除木材外,潘地亚蒸煮器也可以软化稻草、甘蔗渣、亚麻屑和其他非木质纤维原料。这种软化设备的特点是可以采用高温蒸煮,蒸煮温度可达 190℃。

3.4.3　纤维分离理论

　　1. 纤维分离工艺流程

　　纤维制造是指将原材料通过物理、化学和机械的方法制造纤维的过程。由于原材料的差异,纤维制造方法也不尽相同。木材纤维原料要通过削片加工成一定尺寸、大小均匀的木片后,再进行纤维分离,其工艺流程见图 3-110。非木材纤维原料由于原材料的加工特性悬殊,其纤维制造工艺和设备各不相同。

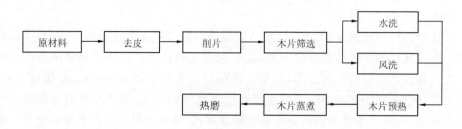

图 3-110　纤维制造的工艺流程

在中高密度纤维板的制品中,纤维之间的结合形式有多种,来自胶黏剂的化学结合、氢键结合和木素的胶合。不论何种结合力,首先都必须使纤维的表面拥有足够数量的游离羟基,这是纤维之间形成结合的前提和内因。很明显,纤维表面上游离羟基数量与纤维的比表面积有关。纤维分离得越细,比表面积就越大,纤维表面上的游离羟基数量就越多,这就为形成纤维之间的各种结合强度提供了内在条件。

据此,纤维分离的基本要求就是在纤维尽量少受损失的前提下,消耗较少的动力,将植物纤维原料分离成单体纤维,并使纤维具有一定的比表面积和交织性能,为纤维之间的重新结合创造必要的条件。

2. 纤维制造方法的种类及特点

纤维分离过程可视为增加纤维比表面积的过程。据计算,1g 纤维的表面积为 $750\sim2000\mathrm{cm}^2$,而 1g 厚度为 0.16mm 和 0.75mm 的刨花表面积分别为 $350\mathrm{cm}^2$ 和 $71\mathrm{cm}^2$。比表面积大的纤维交织作用大。纤维分离的基本要求是在保证纤维分离质量符合生产工艺要求的前提下,提高纤维得率,减少动力消耗,将植物纤维原料分离成单体纤维或纤维束,使纤维具备一定的比表面积和交织性能。纤维质量不仅影响成品的力学强度和表面砂光质量,还影响防水剂、胶黏剂等添加剂的分布,并影响后续的涂饰和贴面加工等。因此,纤维分离是纤维板生产的关键环节,也是一个复杂的工艺过程。

1)纤维分离方法

纤维分离方法可分为机械法和爆破法两大类。根据木片软化处理方法的不同,其中机械法又分为加热机械法、化学机械法和纯机械法三类。

(1)加热机械法。

加热机械法是将植物原料,用热水或饱和蒸汽进行水煮或汽蒸,使纤维胞间层软化或部分溶解,然后在常压或高压条件下,经机械外力作用将其分离成纤维。这种方法为目前国内外中密度纤维板厂生产纤维的主要方法。该法特点是纤维损伤小、得率高,可达 95% 左右。加热机械法主要有热磨机法和高速磨浆机法,前者为高压条件下的纤维分离,动力消耗低于后者;后者为常压分离,纤维质量优于前者。

(2)化学机械法。

化学机械法是先用少量化学药品对植物原料进行预处理,使其内部结构,特别是木素和半纤维素受到某种程度破坏或溶解,从而削弱纤维间的固有连接,然后再经机械外力作用而分离成纤维。所用化学药品有苛性钠、亚硫酸钠、碳酸钠和石灰等。化学药品可以单独使用,也可以混合使用,用量为百分之几到百分之十几。纤维得率通常为 65%～90%。这种方法目前基本上已被加热机械法所代替。该法纤维得率低,消耗化学药品增加成本,所得纤维具有酸碱性,加大了处理工艺的复杂性,所以在中密度纤维板生产中,应尽量避免使用。

(3)纯机械法。

纯机械法是将纤维原料用温水浸泡后或直接磨成纤维。根据原料形状,又分为磨木法和木片磨木法,前者原料为木段,后者原料为木片。木片磨木法又称高速磨浆法,是纯机械法制浆的一个新发展,它克服了磨木法只能用原木制浆的缺陷。这两种方法在国内纤维板生产中没有应用,国外也很少见。它是早期造纸制浆的方法之一。

该法虽然纤维得率高、颜色浅,但由于纤维切断严重、形态差、动力消耗高,所以国内外都很少在纤维板生产中应用。

(4)爆破法。

爆破法是将植物纤维原料在高压容器中用高温高压蒸汽进行短时间热处理,使木素软化,碳水化合物部分水解,之后突然启阀降压,纤维原料爆破成絮状纤维或纤维束。爆破法与加热机械法的共同点是原料均经水热处理,而不同点在于纤维分离主要不是依靠机械外力作用,而是由于浸透在原料内部的水蒸气在启阀降压的瞬间迅速膨胀的结果。该法纤维得率较低,纤维色泽深,对设备要求高,使用不普遍。

上述几种纤维分离方法对各种原料的适应性不同,所用设备及纤维质量也不一样。因此,在选择纤维分离方法时,必须根据原料种类、生产工艺、制品性质等条件综合考虑,见表3-42。

表 3-42　各种纤维分离方法的特点比较

纤维分离方法		工 艺 特 点	生 产 特 点
机械法	加热机械法	木片加热软化,进行纤维分离	普遍使用,胞间层软化,纤维质量满足纤维板生产
	化学机械法	木片化学方法软化,进行纤维分离	不使用,化学污染
	纯机械法	木片不经软化,直接进行纤维分离	只适合于软质木材的高速分离法,目前使用较少
爆破法		高压加热,瞬间释放	不使用,产量低,不能满足生产需要

由于我国目前纤维板生产主要采用干法工艺,纤维分离时产生的低分子可溶物质干燥后都进入纤维中,这些低分子产物除本身吸湿吸水性强影响成品板材的尺寸稳定性之外,还致使胶黏剂用量增加。因此,纤维分离主要采用加热机械法的低温低压纤维分离(制浆)技术。通常湿法纤维板生产所采用的高温高压制浆技术也逐渐被低温低压制浆技术所代替。

2)分离方法的特点

(1)热磨法分离。

热磨法纤维分离原理是瑞典人 Aspl-und 于 1931 年提出来的,1934 年用于纤维板生产。热磨机械法是瑞典在热磨法基础上改进的一种纤维分离方法,于1972年开始用于工业生产。热磨法技术发展至今已有80余年历史,技术不断发展和更新,基本淘汰了以往磨木机、荷兰式打浆机和爆破法等纤维分离方法。

热磨法工艺比较复杂,在机械力和热力等作用下,发生了物理和化学等作用。热磨机的性能对纤维质量和产量影响很大。这些内容包括热磨机磨盘直径的大小、转速、磨盘间隙、动磨盘与定磨盘的平行度、磨盘的轴向压力等。

热磨法的基本原理是利用高温饱和蒸汽(160~180℃),将削片中的木质素加热软化,减弱纤维之间的结合力,然后在机械力作用下使其分离成为单体纤维或纤维束。其主要理论基础是:①充分利用植物纤维胞间层木素含量高、木素软化点低的特点,用饱和蒸汽将原料加热到160~180℃;②木素的热塑性,即木素受热软化,冷却后又硬化。

由于木材或其他植物纤维细胞壁的次生壁和胞间层,均含有大量的木质素,纤维与纤维之间即靠木质素的胞间层相邻接而结合在一起,当木质素被加热到100℃以上时开始软化,当温度达到160~180℃时,木质素则几乎完全丧失了结合能力,此时用最小的机械力即可使纤维分离。据测试,当在160~180℃温度预热处理削片后分离每吨纤维所消耗的动力,仅相当于在100℃温度预热削片时分离纤维需用动力的20%~25%。

原料进行预热和热磨,不仅是木质素的软化和分离纤维的过程,同时也是半纤维素的水解过程。由于原料种类和生长季节不同,其半纤维素及其溶液抽出物各有差异。研究证明,当热磨法采用1.1MPa的饱和蒸汽压(约在183℃)将木质原料经过1min预热和研磨,大约会有5%的物质被溶解而流失;当温度再继续提高,每提高8℃就会有成倍的可溶物质被溶出。当预热温度达到223℃时,即可溶解原料中的全部半纤维素,这就会严重影响磨浆纤维的得率,影响纤维板产品的质量(图3-103)。由此可见,原料预热处理采用的饱和蒸汽压力控制在0.8MPa左右较为适宜。

在热磨过程中,原料在热力和机械力的挤压、揉搓和剪切作用下逐步细化分离;新产生的纤维界面纤维素又与水分结合,使纤维发生膨胀和软化,并减弱了纤维之间的结合力而有利于纤维的分离;由于纤维膨胀和软化又会提高纤维的柔性,则又不易被横向切断而相应减少细短纤维量,从而有助于提高纤维分离质量。

干法纤维板生产中普遍采用适当降低纤维原料软化处理温度和延长软化处理时间,或增加磨盘转速和磨盘直径等手段来提高纤维分离效率和改善纤维质量,以减少因蒸煮温度过高而导致纤维原料过度降解,抑制低分子有机物的产生量,提高纤维得率。通过设备的改进,降低蒸煮蒸汽压(0.4~0.6MPa),延长蒸煮时间(5~10min),以期达到次生壁的表面破裂,可以有利于纤维的细纤化。

低温低压热磨法纤维分离与一般热磨法纤维分离不同,前者为在低温(130℃

以下)低压(0.3MPa以下)条件下进行纤维分离,后者为在高温(160～180℃)高压(1.0～1.2MPa)条件下进行纤维分离。高温高压的热磨法纤维分离时,木素几乎全部融化,木材结构于胞间层发生破裂,纤维被分离。与此同时,分离后的纤维立即被融化的木素所覆盖,随着温度下降,木素变硬,纤维表面形成玻璃化现象,有碍于纤维进一步"帚化"。据分析,这是精磨效果不显著、短纤维多和纤维色泽深暗的原因所在。相反,低温低压纤维分离时,木片预热蒸煮和热磨温度略低于木素软化点(110～130℃),纤维分离主要发生在此生壁的外、中层之间,次生壁表面破裂,因此有利于进一步细纤维化,尽管纤维中大部分木素处于玻璃化状态。

热磨机械法纤维分离工艺的主要特点是纤维得率高、纤维长、纤维质量均匀和污染少。近年来,随着湿法生产日益减少而干法生产迅速增加,为了减少因高温软化处理产生的低分子有机物数量、提高纤维分离效率和质量,利用热磨机械法纤维分离原理改进传统热磨法的高温高压工艺,加长垂直预热缸,延长蒸煮时间,降低软化处理蒸汽压力,从而使植物纤维原料的热降解和水解程度降低,提高了纤维得率,同时采用加大磨盘直径和提高磨盘转速等措施提高纤维分离效率。

(2)高速磨浆法分离。

高速磨浆机,又称双盘磨,主要由进料装置、磨浆室和调整装置三大部分组成,如图3-111所示。磨浆室有两个磨盘,分别由两台电动机带动,互成相反方向旋转。木片经软化后(也可不经软化处理),由进料装置定量均匀地送进磨浆室进行纤维分离。

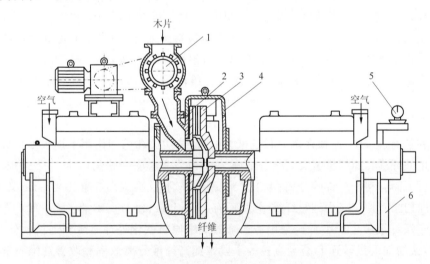

图 3-111 高速磨浆机的原理结构示意图
1. 进料机构;2,3. 磨盘;4. 磨室体;5. 调整装置;6. 机座

高速磨浆机纤维分离的特点为:由于两个磨盘以相反方向等速旋转,如果设想

原料形状为球形,则原料有在磨盘间处于相对静止状态。因为原料不呈球形,所以在离心力作用下,原料按螺旋线轨迹从磨盘中心向边缘移动。尽管如此,原料在磨盘间的停留时间和所经路线是比较长的(可达 25~30m)。此外,因两磨盘互为反转,磨齿对原料的作用频率很高,为降低磨浆压力提供了条件。

纤维浆料比较均匀,纤维分离度较高,损伤的纤维比磨木浆少。这对利用阔叶材或短纤维原料生产高质量纤维板是非常重要的。高速磨浆机纤维浆料一般无需精磨即可直接用于制板。

无论针叶材或阔叶材,还是采伐、造材剩余物或加工剩余物,甚至是提取单宁和松香后的废料、纸浆筛渣、锯屑、刨花等都可用高速磨浆机制浆,即此法对原料的适应性较大。

选择不同的预处理方法、温度、时间,更换齿形、调整磨盘间隙和压力,就可用各种原料制出符合制品要求的浆料,即生产上有较大的灵活性。

高速磨浆机在常压下工作,故结构比热磨机简单,操作可靠,维修方便。

高速磨浆机的磨浆温度比热磨机低,纤维得率高,浆料纤维颜色浅淡,但因原料未充分软化,耗电量较大。

(3)爆破法分离。

爆破法纤维分离是将木片装在高压罐里,如图 3-112 所示,先后用 4.0MPa 和 7.0MPa 的高温高压蒸汽进行短时间热处理(即 1min 左右),然后突然开启阀门降压,木片和高压蒸汽以巨大的速度从高压罐喷出。在启阀的瞬间,浸到木片内部的水蒸气在内外压力差的作用下急剧膨胀,将木片爆破成棉絮状纤维或纤维束。由于高温作用,大部分半纤维素被水解,纤维得率低,纤维颜色暗。爆破法分离纤维的特点是纤维长,但含有大量粗大纤维束,其纤维分离度在 7.0~8.5°SR,欲提高纤维质量,必须进行精磨。这种纤维在国外主要用于湿法硬质纤维板生产。

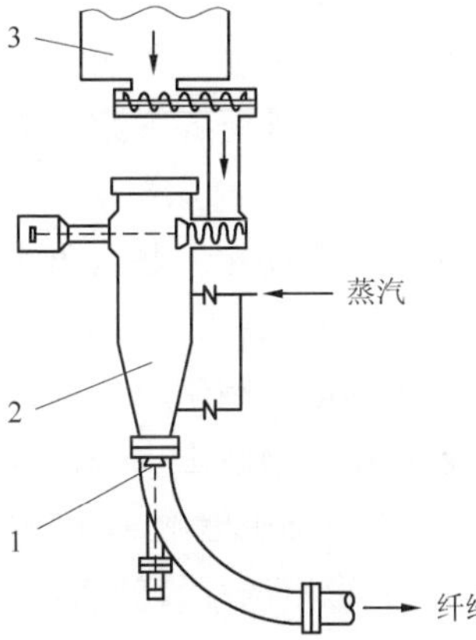

图 3-112　纤维爆破分离器示意图
1. 卸料阀;2. 蒸汽压力处理罐;
3. 木片槽

爆破法制浆工艺包括化学预浸、蒸煮、释压爆破、磨浆。为了防止纤维原料在蒸煮时氧化,同时使纤维原料中纤维表面产生亲水基团,预浸药液选用阻氧剂,如亚硫酸钠。此外,为了保证纤维原料得到良好的润胀和防止导致得率损失、强度降低的酸性水解,在预浸药液时加入润胀剂,如氢氧化钠、碳酸钠或碳酸氢钠等。

纤维原料自贮存仓中通过计量进入洗涤除渣器,洗涤除渣目的是除去混在木片中的重杂质如石头、砂子和金属碎片等,并可调节木片水分,经过洗涤除渣的纤维原料进入预浸器。在这里纤维原料和加入的化学药品（氢氧化钠和亚硫酸钠）充分地混合均匀，在 120～130℃汽蒸 10～20min，然后用螺旋输送机送入爆破蒸煮罐中。爆破罐迅速通入中低压的饱和水蒸气。在 1.1～1.8MPa 压力下停留几分钟，接着瞬时释放浆料到浆料接收器，在释放浆料的瞬间，产生"爆破"效果。浆料进入接收器时会释放出大量废蒸汽，可利用热交换方法将这部分的热量回收。接收器内浆料趁热马上用螺旋输送机喂入常压盘磨机进行磨浆。浆料经消潜处理后即可贮存在浆池中供抄浆板或抄纸用。

纤维原料在瞬间释压爆破时，在化学能、热能、机械能的协同作用下，纤维细胞微细结构会产生一系列显著变化。

电镜照片分析指出，爆破之后纤维原料发生以下变化。

①纤维细胞壁急剧膨胀，细胞腔变大，细胞壁显得膨松。这无疑会大大提高纤维的柔韧性和可塑性，磨浆时较易剥去 P 层（胞间层）和 S_1 层（次生壁外层），纤维的细纤维化较好。同时，纤维不易被切断，而较易纵向分裂，长纤维保留较多，分丝帚化良好，有利纤维之间的结合。这是爆破法纸浆强度好的重要原因之一。

②细胞壁膨松到一定程度，胞间层分离。

③S_1 层和 S_2 层（次生壁中层）剥离。纤维细胞 S_2 层暴露出来。这一点对爆破浆具有很重要的影响。阔叶木、草类原料木素的分布与针叶木有所不同，其胞间层及细胞壁外层的木素较多，细胞壁内层的碳水化合物较多，其中半纤维素含量也较多。将 S_1 层与 S_2 层剥离开后，S_2 层的半纤维素含量高，因此纤维具有更高的可塑性和柔韧性。暴露出半纤维素促进了纤维之间的结合。纤维细胞壁部分 S_1 层与 S_2 层被剥离开的变化是磨浆能耗较低，浆料强度好的又一个主要原因。

④爆破法制浆与传统的化学法制浆相比，由于制浆过程中，药品用量少，木素和碳水化合物溶出少，所以制浆得率高，废水污染负荷低。与常规化学机械法制浆相比，由于细胞壁膨松，胞间层分离较好，爆破浆制浆过程的能耗大为降低。

（4）磨木法纤维分离。

磨木法纤维分离是将原木截成木段，用磨木机使其分离成纤维。磨木机有袋式磨木机和链式磨木机。这种纤维分离方法最早用于造纸业，现在极少使用。

用袋式磨木机进行纤维分离时，水力活塞将装在加压箱里的木段推向旋转的磨石表面。木段对磨石的平均压力为 0.06～0.125MPa。旋转的磨石表面上的锋刀和边棱将木材纤维撕裂、切开、截短和压碎，使其变成纤维。

磨木法的优点是纤维得率高（可达 90%～95%），纤维颜色淡，设备简单。缺点是纤维不均匀，纤维切断较多，耗电量大，对原料要求高（只能用原木做原料）。

磨木浆纤维多用于湿法软质纤维板生产。磨木浆纤维经常与其他类型浆料，如热磨浆、半化学浆等混合使用，以提高浆料滤水性能和纤维板质量。

(5)纤维二次分离(精磨)。

许多纤维分离方法生产的纤维浆料中,除合格纤维外,还有大小不一的"火柴杆"和碎木片。这种"火柴杆"和碎木片会影响纤维间的结合。为了提高纤维板的强度和改善板面质量,湿法生产对这种纤维需要精磨。根据精磨设备和精磨条件,粗纤维浆料精磨后的浆料滤水度可提高 $3 \sim 8s$,纤维板强度提高 $10\% \sim 14\%$。

粗纤维浆料精磨方案有两种:一是全部粗纤维浆料通过精磨设备;二是粗纤维浆料经筛选后,不合格的粗纤维浆料进行精磨。前一种方案虽然工艺简单,但纤维损伤严重,因为粗纤维浆料中的合格纤维精磨时将进一步破碎;后一种方案可避免上述纤维损伤,也可减少精磨电耗,但工艺较复杂,粗纤维浆料筛选后需要浓缩。

有时为了提高纤维板质量,精磨后的浆料需要进行筛选。精浆筛选不仅能去掉不合格的粗浆,而且因浆料浓度很低($0.25\% \sim 0.4\%$),对浆料也是一种洗涤,除去其中的水溶物。纤维分离过程中生成的水溶物对施胶效果和热压工艺影响较大。

精磨设备分连续式和周期式两种。连续式精磨设备有圆盘精磨机、圆筒精磨机、连续式打浆机等;周期式精磨设备主要是打浆机。湿法纤维板生产中应用最广泛的是圆盘精磨机。

圆盘精磨机结构比较简单,主要部分是磨室。精磨机磨室的结构与热磨机基本相似,不同点是没有高压水封,磨齿也略有些差异。热磨机磨片的主磨区宽度为 $43mm$,精磨机为 $90mm$。

浓度为 $3\% \sim 4\%$ 的粗浆由高位槽直接流进磨室,磨好的浆料经磨室下方的出口流入精浆池。通常精磨后的纤维浆料的滤水度从 $12 \sim 18s$ 提高到 $16 \sim 22s$。

3. 纤维分离机理

经蒸煮后的纤维原料,被强制送入高温、高湿和高压的磨室内两磨片间,受磨片压力和转动的作用,使纤维胞间层承受剪切力。沿磨片径向排列的纤维,由于两端距磨片中心距离不一而存在速差,使纤维在力偶作用下绕自身轴线产生扭转剪应力的大小是力偶和纤维截面尺寸的函数,当平行于纤维轴线的剪应力或拉应力超过纤维间的结合力时,纤维则松散分离。也有不少纤维轴线定向于磨片的切向,纤维沿轴线通过时,纤维受压力和沿轴线的剪应力作用而使纤维分离,正是这种纵向磨浆才得到较高质量的纤维。然而大量纤维在磨片间既非纯径向分布,也非纯切向分布,而是呈不同角度的随机分布,且分布状态变动不定也无规律可循,还由于纤维间相互摩擦而出现干扰,所以纤维运动轨迹多变且十分复杂。

纤维不仅在磨片间作旋转运动、径向运动和轴向运动,还绕其自身轴线旋转或扭转。这些多维复杂的空间运动并无固定不变的函数关系。实际上纤维受蒸汽压力和磨片施加的压缩、剪切、拉伸、扭转等外力并非有序施加，也不是大小不变和单一进行的。但有一点是确定的，即纤维在分离过程中，所受诸力均为动载荷和冲击载荷。植物纤维原料既具弹性又有塑性，是一种典型的黏弹体。当磨片所施外力较小时，纤维产生纯弹性变形。两磨片齿沟相对时，外力减少，变形消失。当外力超过弹性极限时，纤维产生塑性变形，外力消失后恢复变形时间较长，且有残余塑性变形。当外力使纤维产生塑性变形时，即使外力消失，变形也难以恢复从而导致纤维分离。

热磨机通过磨片对纤维施加的外力，多在纤维高弹性变形范围内，由于磨片的高速旋转，纤维受力频率非常高，每次受力都给纤维留下了微量的但不可逆转的伤痕（残余塑性变形）。多次受力的结果使纤维"疲劳"最终导致分离。"疲劳"分离要比一次性拉、压应力分离纤维的力小得多。另外，还有水解和热解多重作用下导致纤维分离。

总之，软化后的植物纤维原料在纤维分离设备的磨齿的摩擦、挤压和揉搓等作用下，分离成单体纤维和纤维束。

1）纤维分离原理

纤维分离过程中，木片或纤维在磨盘之间受到各种变动载荷作用，而且这种作用力以很快的速度从零到最大值交替变换。另外，木片或纤维在纤维分离条件下的应变性能又与本身的弹塑性有很大关系。用松弛理论解释纤维分离过程，既考虑了植物纤维作为高聚物在机械应变过程中所具有的普遍规律性，又考虑到植物纤维本身的弹塑性能。

松弛理论的基础是植物纤维与其他高聚物一样，根据受力情况可产生三种变形，即纯弹性变形、高弹性变形和塑性变形。图 3-113 为高聚物受力变形的模型，纯弹性变形由弹簧 A 表示，高弹性变形由弹簧 B 和黏壶 C 表示，塑性变形由黏壶 D 表示。

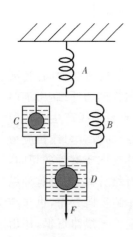

图 3-113　高聚物
受力变形模型

纤维原料受纤维分离诸力作用会发生下列情况：①当作用力很小时，犹如只有弹簧 A 被拉长，纤维只产生纯弹性变形，也称急弹性变形，取消外力后，这种变形便快速完全消失，纤维恢复原状；②如果作用力继续增大，并超过纯弹性变形极限，犹如继弹簧 A 被拉长之后，弹簧 B 也被拉长，与此同时黏壶 C 也将产生移动，这种继纯弹性变形后出现的补充变形称为高弹性变形。作用力取消后，高弹性变形如同纯弹性变形一样能够完全消失，纤维可完全恢复原状。但是高弹性变形的消失速度因受到黏壶 C 的阻尼作用而变得缓慢（几秒到几分钟）；③若作用力再继续增大，

犹如在弹簧 A、B 被拉长及黏壶 C 被移动之后,黏壶 D 也将开始移动,这部分变形称为塑性变形。外力解除后,塑性变形是不能消失的。

上述就是解释纤维分离过程的松弛理论。由此可见,纤维原料在纤维分离过程中是具有松弛性能的,为使木片分离成纤维,必须使木片达到塑性变形的程度。

依据松弛理论,纤维分离的速度取决于两个基本因素:一个是原料受力变形后的弹性恢复速度,即外力解除后原料恢复到原来状态所需要的时间;另一个是对原料的相邻两次作用力的时间间隔。如果纤维变形后的复原速度很快,或者对纤维的相邻两次作用力的时间间隔较长,则原料变形有可能在下一次外力作用前完全或大部分恢复,原料将不能在连续受力状态下达到“疲劳”的程度,因此纤维分离度较低,或需延长纤维分离时间,增加能量消耗。反之,如果原料产生变形后的恢复速度较慢,或者对纤维的相邻两次作用力的时间间隔较短,则原料可能在变形未完全或大部分恢复之前就受到下一次外力作用,促使原料在连续受力条件下很快达到“疲劳”程度,纤维就容易从木片上被剥离下来,或缩短纤维分离时间,减少能量消耗。

2)纤维分离过程中的主要影响因素

纤维分离过程的基本要求是在保证纤维质量的前提下,尽量缩短纤维分离时间和降低电耗,以提高纤维分离设备生产效率和降低生产成本。如前所述,原料受力变形的恢复速度和两次作用力的时间间隔,是影响纤维分离速度的两个基本因素。原料变形后的恢复速度与其弹塑性直接相关;两次作用力的时间间隔与外力作用频率,即单位时间的外力作用次数也有直接关系。原料的弹性越大,变形后的恢复速度就越快;外力作用频率越高,相邻两次作用力的时间间隔就越短。因此,原料的弹塑性和外力作用频率是纤维分离过程中的两个主要因素。此外,纤维分离时的单位压力和木片含水率等,都直接影响纤维质量和纤维分离速度。

(1)原料的弹塑性。

原料的弹塑性决定其变形后复原所需时间。如果原料富于弹性,变形后复原所需时间就短,原料受力后产生的变形可能在下一次外力作用之前全部或大部分恢复,纤维分离时间延长,纤维切断增多。如果原料富于塑性,变形后复原所需时间就长,原料在下一次外力作用之前变形来不及恢复,容易分离成单体纤维或纤维束,缩短纤维分离时间,提高了设备效率。用富于塑性的原料制得的纤维,横向切断少,纵向分裂多。

木片的弹塑性与其温度、含水率、分子间的结合力和大分子的聚合度有关。温度越高,含水率越大,分子间的结合力越小,大分子的聚合度越低,原料的塑性就越大。上述影响原料弹塑性的因素是相互联系的。提高原料塑性的主要措施就是纤维分离前对原料进行软化处理。

（2）外力作用频率。

根据松弛理论,外力作用频率,即单位时间内纤维分离机构（如磨刀、磨齿等）对原料的作用次数,是影响纤维分离质量和产量的主要因素。提高外力作用频率的方法很多,如提高磨盘转速、加大磨盘直径、改进磨盘齿形等。

表 3-43　　纤维分离过程中外力作用频率和压力的作用

试验编号	磨浆机的向心力/kg	外力作用频率/(次/s)	纸张裂断长/m	纸张耐折度/双折	纸张耐破强度/MPa	平均纤维长度/mm	磨浆时间(60°SR)/min
1	7.2	154	4920	43	0.18	1.520	72
2	14.4	154	4520	38	0.16	1.042	45
3	13.8	216	5110	68	0.19	1.430	24
4	27.6	216	3640	32	0.14	0.892	11

从表 3-43 中的 2、3 号试验结果可看出,在大致同样压力条件下（144N 和 138N）,由于外力作用频率提高 40%（由 154 次/s 提高到 216 次/s）,纤维分离时间缩短近 50%（从 45min 降到 24min）,平均纤维长度和纸张的所有强度指标都有所提高。

外力作用频率小,纤维质量、产量下降,是因为外力作用频率小,说明纤维分离机构对原料相邻两次作用力的时间间隔长,原料变形可能在下一次受力前全部或大部分恢复原状,原料中原有内应力可能全部或大部分消失。为了使原料分离成纤维,必须使其重新获得必要的内应力。这样不仅延长了纤维分离时间,增加了电力消耗,而且纤维质量因纤维横向切断增多而下降。

（3）单位压力。

纤维分离单位压力是指作用在被分离单元的单位面积上所承受的压力。为使原料分离成纤维,纤维分离时必须对原料施加一定压力。压力大小主要以原料的弹塑性而定,原料塑性大,纤维分离压力可小些。此外,压力大小与纤维分离设备、纤维用途也有关系,当使用高速磨浆机时,压力可小些,生产粗纤维时,压力可大些。增加单位压力可缩短纤维分离时间,提高设备效能。从表 3-43 中的 3、4 号试验可以看出,纤维分离压力提高 1 倍（从 138N 提高到 276N）,纤维分离时间可缩短一半（从 24min 缩短到 11min）。但是,由于原料中内应力增大,很多纤维被切断,平均纤维长度和纸张的所有强度指标都有所降低。由此可得出结论,为了保证纤维质量和提高设备效能,宜采用增加外力作用频率的方法,而不宜采用提高单位压力的方法。在条件允许的情况下,应尽量降低纤维分离单位压力。

构成单元单位压力既不是指磨盘单位面积上的压力,也不是指热磨机主轴施予的轴向力,而是指被分离单元个体所承受的单位压力,生产上一般通过控制主轴的轴向压力来进行调整控制。

（4）木片含水率。

纤维分离时木片必须有一定水分,其目的是使植物纤维润胀软化,吸收纤维分离时产生的摩擦热及便于纤维输送。但是,含水率必须适当。如果含水率过低,由于大量水分在纤维间起润滑作用,纤维间的摩擦力很小,纤维分离主要靠与磨盘的接触作用,所以磨盘间隙必须保持在单根纤维的厚度范围内。在这种条件下,纤维必然受磨盘的剧烈摩擦作用。因为同时通过磨盘的纤维数量很少,所以多数纤维直接与磨盘接触,被切断的纤维较多,纤维质量较差。其次,由于磨盘的装配精度和磨损的不均匀性,整个磨盘不可能保持如此精密的均等间隙。部分间隙可能很小,甚至相互接触,使纤维受到过度压溃和切断,而另一部分间隙又可能过大,纤维得不到必要处理。如适当提高木片含水率,情况就发生根本变化。随着含水率增加,纤维间的相互摩擦将起主导作用。在这种条件下,纤维分离主要靠磨盘间的纤维自身相互摩擦,磨盘的接触作用变成次要因素。因此,磨盘间隙可以增大,从而避免了纤维过度压溃和切断。此时,受切断作用的只是那些直接与磨盘接触的一小部分纤维,而大部分纤维主要受挤压和揉搓作用,从而改善了纤维质量。

（5）木片供给量(纤维产量)。

送料螺旋的送料量直接影响纤维分离质量、产量和单位产量的动力消耗。送料量多时,被分离单元的单位压力减小,同时磨齿对被分离单元的作用频率降低,纤维产量增加,但分离度下降;如果供料量太少,木片被磨齿剪切破坏的量就多,碎纤维也就多。

（6）浆料浓度(二次分离)。

纤维分离时浆料里必须有一定水分,其目的是使植物纤维润胀软化,吸收纤维分离时产生的摩擦热及便于纤维输送。但对于纤维二次分离工艺的浆料浓度必须适当。如果浆料浓度过低,由于大量水分在纤维间起润滑作用,纤维间的摩擦力很小,纤维分离主要靠与磨盘的接触作用,所以磨盘间隙必须保持在单根纤维的厚度范围内。在这种条件下,纤维必然受磨盘的剧烈摩擦作用。因为同时通过磨盘的纤维数量很少,所以多数纤维直接与磨盘接触,被切断的纤维较多,纤维质量较差。其次,由于磨盘的装配精度和磨损的不均匀性,整个磨盘不可能保持如此精密的均等间隙。部分间隙可能很小,甚至相互接触,使纤维受到过度压溃和切断,而另一部分间隙又可能过大,纤维得不到必要处理。若适当提高浆料浓度,情况就发生根本变化。随着浆料浓度的增加,纤维间的相互摩擦将起主导作用。在这种条件下,纤维分离主要靠磨盘间的纤维自身相互摩擦,磨盘的接触作用变成次要因素。因此,磨盘间隙可以增大,从而避免了纤维过度压溃和切断。此时,受切断作用的只是那些直接与磨盘接触的一小部分纤维,而大部分纤维主要受挤压和揉搓作用,从而改善了纤维质量,这就是所谓高浓磨浆的效果。

高浓磨浆是 20 世纪 60 年代造纸工业采用的一种新工艺，纤维板生产也开始应用这种工艺。对松木、桦木热磨纤维进行精磨的试验表明，提高浆料浓度可明显提高纤维板强度，精磨的浆料浓度为 15％ 时，纤维板的静曲强度最大。对于硬质纤维板，为使强度指标符合标准要求，浆料浓度提高到 5％ 就可以了。应该指出，提高浆料浓度将增加电耗。但即使浆料浓度很高时，精磨单位电耗的绝对值也并不很大。浆料浓度主要是针对湿法生产工艺纤维分离的影响因素。

4.纤维机械分离过程

很多研究人员经过试验都证实，刀齿数目增加，热磨机效率提高，齿刃对纤维的切断作用减少。磨盘磨片从功能上通常划分成破碎区、粗磨区和精磨区三个部分。预热蒸煮之后的木片就是在依次通过这三个区域的过程中被逐步分离成纤维的。

1）机械作用机理

（1）磨片破碎区对纤维分离的作用机理。

破碎区位于磨盘磨片的最内侧。在这一区域内的磨齿数量很少，其主要作用是对木片进行破碎，然后通过磨齿的"泵送"及导向作用将破碎后的木片送入粗磨区。

由于刚进入这一区域的木片粗大，堆积密度比较低，所以，动磨盘磨片和定磨盘磨片破碎区之间的间隙空间比较大；此时，在磨片磨齿剪切作用下，介于两磨片之间的木片会被沿纤维排列的纵向破碎，变成小尺寸的木片；同时，也会有一些没有受到剪切作用的木片在相互挤压下沿纤维的纵向断裂成小尺寸的木片。在破碎区内，木片的纵向断裂是木片破碎的主要形式，在剪切力的作用下，木片会沿着结合力最弱的纤维纵向撕裂或者折断，从而破碎成小尺寸的木片。另外，木片向粗磨区运动的过程中，由于木片靠近轴心，其离心力不是促使其径向运动的主要部分，木片向粗磨区扩散时主要是借助后续进入破碎区的木片对这些先前已被破碎的木片的推动力和挤压力，还有一个推动木片作径向运动的力是在动磨盘旋转时，位于动磨盘上的木片会形成科氏加速度（科里奥利加速度或科氏力），这个力也是推动木片向粗磨区运动的主要因素之一，也就是所谓的磨齿的"泵送"作用。

木片在压力、剪切力、推动力和挤压力的综合作用下，总体运动趋势是沿着破碎区磨齿的径向排列方向（也就是磨齿的导向方向）运动，但对于单个木片的自身的运动必然是没有规律的翻转运动和绕自身轴线旋转的旋转运动；在这种状态下，紧贴在磨齿齿侧的木片会将絮结于齿刃上的纤维刮掉。

（2）磨片粗磨区对纤维分离的作用机理。

粗磨区位于破碎区和精磨区之间。在这一区域内磨齿主要是对从破碎区进入的破碎木片进行初步分离,将其分离成粗纤维。在粗磨区的木片尺寸规格相差比较大,但总体上木片的纵向尺寸要大于横向尺寸,而且还会夹杂着少量的粗纤维。粗磨区中,由于磨盘磨片的磨齿数量很多,线速度加大,所以粗浆受磨齿的分离作用的次数将会急剧增加,使得小尺寸木片被迅速分离成粗纤维,一小部分还会直接分离成细纤维。

这一区域中的纤维分离过程是极为复杂的。介于动磨盘磨片和定磨盘磨片之间的粗磨区的间隙比破碎区的间隙要小得多,粗料会受到更大的压力。在磨盘压力的作用下迅速被压溃,在剪切力的作用下被横向切断和纵向撕裂,使得粗浆的总体尺寸变得更小,随着粗料表面积增加,物料相互之间的接触面积也会增大,在动磨盘的转动过程中,絮结在磨盘磨齿上的纤维与齿槽当中的粗料就会形成压缩、拉伸、剪切、扭转、冲击、摩擦等多种力的多次重复作用,也就是纤维与纤维之间的"揉搓"作用,从而使粗料被快速地分离成粗纤维和部分细纤维。

上述过程是在整个纤维热磨过程中耗用能量最多的部分,其中部分能量又会转化成热量,提高了粗浆中水的温度和蒸汽的压力;而被压溃、切断和撕裂的木片的表面积也会增大,两者之间的综合作用又会进一步对粗浆中的木片和纤维进行更为深入的塑化和水解作用,从而使纤维间的结合力进一步降低,纤维分离过程也就变得更为容易。

(3)磨片精磨区对纤维分离的作用机理。

精磨区位于磨盘磨片的最外侧,其线速度最大,作用频率最高,对纤维的分离作用更加有效。进入精磨区的物料包含有大部分粗纤维和小部分细纤维,精磨区其主要功能是对粗纤维进行进一步分离而得到更多的细纤维,以及对纤维进行"帚化",完善纤维的形态,以获得具有好的帚化程度和交织性能,并具有一定的比表面积的纤维。

为了获得帚化程度和交织性能好的纤维,这区域是磨盘间隙最小,同时,磨齿的数量最多,线速度最大,这些有利条件使得浆料被解离的作用频率极高,因此能够快速地将粗纤维解离成细纤维。在粗纤维解离成细纤维的过程中,动盘磨齿与定盘磨齿之间从相遇到半重叠的一小段时间是分离效果最为显著的一刻(图3-114(b))。由于动盘的快速旋转造成浆料中的水分对纤维具有很大的冲刷作用,结果使得纤维相对于磨齿是呈现单面堆积状态,可参见图3-114。即磨齿沿旋转方向相对的一侧纤维絮结于齿面上的较多,高度也较高,在此状态下当两齿从相遇到半重叠的过程中,互相接触的纤维就会产生相互碾压、揉搓的作用,从而使纤维被进一步解离,变为尺寸更小的细纤维,同时又使纤维的端部撕裂、帚化。以前一直认为刀齿间的比压,是一个由动盘刀齿和定盘刀齿重叠程度决定的值。根据这个观点,刀齿间的总压力 R 应该正比于刀齿的重叠值,当刀齿完全重叠时,其值应最大,而且,人们认为刀齿越宽,刀齿间的比压就越小,纤维的分离过程就越温和。

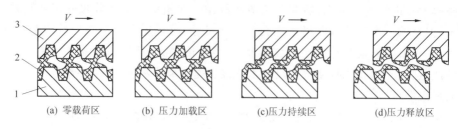

(a) 零载荷区　　(b) 压力加载区　　(c)压力持续区　　(d)压力释放区

图 3-114　纤维在磨齿间的堆积状态
1. 定磨盘；2. 纤维；3. 动磨盘

第一个反对上述观点的是 Smit。他提出的"纤维层"理论认为，当纤维原料通过矩形金属刀齿表面时，在它的齿刃上会挂有纤维层。因此，并不是刀齿的所有表面都参与磨制纤维，而是挂有纤维絮结层的工作齿刃起到的纤维分离作用最大。

根据这个理论，温和的纤维处理必须是具有较多的齿刃，而不是较宽的刀齿。当磨盘大小一定时，刀齿宽度增加，刀齿数目和总切断长必然减少，则挂在齿刃上的纤维数目就会减少。因此，垂直于单根纤维上的负荷就会增加。这样就有利于切断纤维。很多研究人员经过试验都证实，刀齿数目增加，热磨机效率提高，齿刃对纤维的切断作用减少。

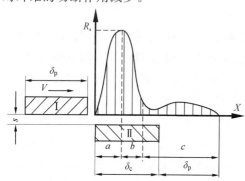

图 3-115　磨齿的受力图
Ⅰ. 动磨盘；Ⅱ. 定磨盘

通过直接测定刀齿之间的作用力，结果也证实了 Smit 的理论。在测定的热磨机磨盘间隙中纤维所受到的压应力 R 的变化如图 3-115 所示。当刀齿相遇时，压应力迅速增加，即图中的 a 区，其宽度一般为 $2\sim3$mm。在 a 区内最大压应力可达 34MPa，这要比按动盘刀齿和定盘刀齿面积计算的比压大 $10\sim15$ 倍。但在降压区压应力很快减少。在低压 c 区内，压应力很小，甚至消失。由此可见，通常计算刀齿间平均比压的方法不符合纤维分离区所发生现象的实际情况。通过透明热磨机壁的高速摄影和录像，证实了在动盘齿刃和定盘齿前形成纤维浆层这个说法。

在精磨区范围内，动磨盘的线速度是最大的，而纤维又因大量吸收水分而质量增大，因此离心力对纤维的作用效果会非常显著，纤维与水混合而成的浆料会被迅速地"甩"出磨盘。同时，浆料具有流动性，磨齿对纤维的"泵送"作用效果会大幅度降低。

　　通过分析,精磨区在对纤维进行精整的过程中所消耗的能量是比较低的。虽然纤维分离作用的频率大大增加,但分离作用的剧烈程度却会大大降低,而且浆料被"甩出"磨盘的速度较快,因此精整纤维所耗用的能量较少。

　　(4)磨片上阻隔条的作用机理。

　　阻隔条在纤维分离过程中的作用是很大的,它不但起到阻止原料过快通过磨片的作用,同时还直接参与对纤维的分离。

　　阻隔条最明显的作用是阻碍原料沿着磨齿齿槽向磨片外部运动,不经过磨齿的研磨就直接出离磨片,从而增加原料在磨片内的停留时间和分离时间;其次,它还直接参与对纤维的分离。

　　在阻隔条与磨齿交叉的一定区域内(主要是阻隔条的下方)是进行纤维分离作用最为集中的区域。原料的径向运动过程中,由于阻隔条的阻碍,致使在这一区域内堆积的原料量是最多的,对于动磨盘和定磨盘的磨片都是如此,这就会造成在这一区域内相互作用的原料数量上比较多,分离作用也就比较集中。另外,在磨片的阻隔条与磨齿相互配合下,在阻隔条与磨齿相交叉的一定区域内,纤维被横向切断的作用也非常集中。

　　2)磨片的过程力学模型分析

　　木片在分离过程中受到两磨盘的轴向挤压和旋转的作用,轴向压力本身对木片的运动轨迹不产生影响,但压力所产生的摩擦力和木片的变形,将会显著地改变其运动状态和轨迹。木片在磨盘之间的受力状况有磨盘推力、离心力、蒸汽推力和阻力,见图 3-116。这些力的合力使木片产生了压缩、拉伸、剪切、扭转、冲击、摩擦和水解等外力的反复作用,从而使木片分离成纤维。通常情况下,不同齿形结构的磨片在研磨原料时所形成作用效果不尽相同,原料在磨片间的运动状态也有很大的差别,从而呈

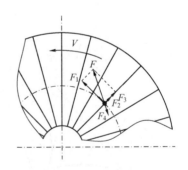

图 3-116　木片单元质点受力分析
F_1 磨盘推力;F_2 离心力;
F_3 蒸汽推力;F_4 阻力

现出不同分离结果。如纤维分离的形态、帚化程度、分离时间和分离能耗的差异等。

　　如图 3-117 所示,如果忽略蒸汽推力,木片在两磨盘之间分别受到垂直于定磨盘和动磨盘磨齿的推力 F_1 和 F_2 的作用(图 3-117(b)),当其合力 F 的径向分力大于离心力 F_r 时,木片会向着圆心移动(图 3-117(c)),反之则会朝圆周方向移动(图 3-117(d))。

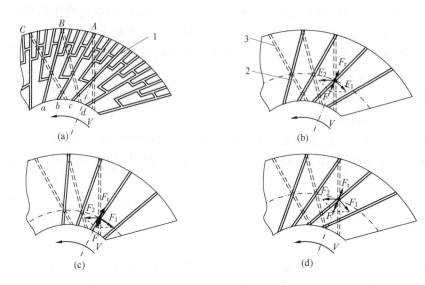

图 3-117　磨盘运动过程分析图
1. 定磨盘；2. 定磨盘磨齿；3. 动磨盘磨齿

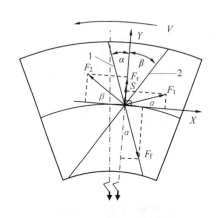

图 3-118　动磨盘与定磨盘磨齿
相交处受力情况
1. 定磨盘磨齿；2. 动磨盘磨齿

在生产中，木片除了受到两磨盘磨齿的推力之外，还有自身圆周运动产生的离心力和蒸汽推力，受力分析如图 3-118 所示。

设距磨片回转轴心距离为 R、磨齿的任意相交位置 C 处有一质量为 m 的木片或纤维束或纤维（以下简称纤维），当其在动盘磨齿作用下尚未越过定盘磨齿的瞬间，受到定盘磨齿作用力 F_1、动盘磨齿作用力 F_2 和定盘磨齿对纤维运动的摩擦阻力 F_f；此外，纤维随磨片转动产生的离心力 F_r，磨片内部蒸汽对纤维的压力 F_z。若磨片的外径为 R，内径为 r，旋转角速度为 ω，忽略纤维自身的重力，其在热磨平面内的受力状况如图 3-118所示。

如图 3-118 所示，以离心力 F_r 方向为 Y 轴正方向，与之垂直向右方向为 X 轴正方向建立坐标系。基于上述分析，列出质点运动的矢量方程：

$$F_1 + F_2 + F_r + S + F_f = ma \tag{3-54}$$

根据前述纤维热磨的研磨工况和运动学相关知识，纤维在热磨平面内的运动可以视为切向方向（X 轴）的匀速圆周运动与径向方向（Y 轴）的直线运动的合成。

纤维在 X 轴方向随磨盘旋转做匀速圆周运动,驱动纤维旋转的力必然与运动阻力相平衡;在 Y 轴方向纤维受到离心力 F_r、蒸汽压力 S 等几个力的共同作用,其中离心力大小随 C 点向外移动线性增大,蒸汽压力随 C 点相对蒸汽平衡点位置的不同其大小和方向都有所改变;因此,纤维随 C 点位置不同受力情况也不同,在 Y 轴方向受力不平衡,纤维做变速运动。设 Y 轴正方向与定盘磨齿和动盘磨齿的夹角分别为 α、β,则 X 轴与磨齿对纤维作用力 F_1、F_2 的夹角为分别为 α 和 β(α、β 均取锐角)。根据公式(3-54)列出质点运动的模型方程:

X 轴方向:

$$F_2\cos\beta - F_1\cos\alpha - F_f\sin\alpha = ma_x \qquad (3-55)$$

Y 轴方向:

$$F_2\sin\beta - F_1\sin\alpha + F_r \pm S - F_f\cos\alpha = ma_y \qquad (3-56)$$

式中,蒸汽压力 S 之前的正、负号标明了随 C 点位置不同该力方向的变化。

如果磨盘与 Y 轴夹角与图中反向,则 α、β 取负值。

从上述公式可知:磨齿对纤维的作用力 F_1、F_2 在 X 轴的分力决定了纤维在 X 轴方向上的运动状态。在 F_1、F_2 的 X 轴分力的共同作用下,纤维在 X 轴方向做匀速圆周运动,其速度是随所处位置 C 变化的单一函数。随着 C 点与转动轴心距离 R 的逐渐增大,纤维做匀速圆周运动的速度 $V(V=\omega R)$ 随之增大,但速度方向与 Y 轴时刻垂直,因此不影响纤维在热磨区的停留时间,却影响纤维的运行距离,即分离频率(次数)。

随着 C 点的逐步外移,纤维由磨片的破碎区过渡到粗磨区和精磨区。这一过程中,纤维转过相同角度时所受磨齿研磨作用次数不断增多,剪切、冲击等研磨作用的频率不断增大,磨齿对纤维的分离作用更加明显。因此,纤维在 X 轴方向所受的力保证了磨片磨齿对纤维的研磨分离作用。

纤维在 Y 轴上做变速运动,各力的大小关系决定了变速直线运动的加速度,与纤维运动状态有着密切关系,并直接影响纤维在热磨区的停留时间。

动盘磨齿对纤维的作用力 F_1 是推动纤维运动的最主要的力,它在 Y 轴方向的分力直接影响纤维在热磨区的停留时间,是影响纤维运动状态的关键因素。

磨盘转动的过程中,动盘磨齿会从齿槽内的浆料中捕捉纤维并将其固定在齿前刃上。当动盘磨齿与定盘磨齿相遇时,由于定盘磨齿的阻碍作用,动盘磨齿前刃上的部分纤维会脱落并在动盘磨齿的推动下沿着定盘磨齿前刃向外运动,动盘磨齿上余下的纤维则会在其推动下继续做高速的旋转。由此可见,F_2 的作用主要有两方面:①推动定盘磨齿前刃的纤维沿齿刃方向向外运动,并越过阻隔条直至流出热磨区;②推动动盘磨齿前刃的未脱落的纤维越过定盘磨齿,进入相邻齿槽内。

纤维在越过定盘磨齿时会受到定盘磨齿对其的作用力 F_1。其作用是阻碍纤维自由越过定盘磨齿进入相邻齿槽,它与 F_f 相配合,构成了磨齿对纤维的剪切、摩擦和冲击等研磨作用力,使得纤维逐步被分丝帚化,同时也对纤维沿磨齿前刃的运动起到一定的导向作用。因此,定盘磨齿对纤维的作用力 F_s 是形成磨齿对纤维研磨作用的最主要的力之一,它在 Y 轴方向的分力也会影响纤维在热磨区的停留时间,对纤维运动状态也有着极为重要的影响。

磨片间纤维受力状况如图 3-118 所示。由离心力和摩擦阻力的计算公式可知,热磨过程中纤维所受的离心力 F_r 不断增大,而摩擦阻力 F_f 保持不变。

随着热磨的进行,纤维研磨时产生的摩擦热会导致浆料内部的水分汽化,产生大量的蒸汽,蒸汽压力 S 不断增大。但由于蒸汽压力的方向在蒸汽平衡点前后发生改变,造成纤维在 Y 轴方向的运动状态大致可以分为两个阶段:①纤维位于蒸汽平衡点以内的区域,即 C 点位置在蒸汽平衡点之下时,此时离心力 F_c 和蒸汽压力 S 均较小,且离心力 F_c 与摩擦阻力 F_f 和蒸汽压力 S 的方向相反(公式(3-54)中蒸汽压力 S 的符号取负),它们的作用相互抵消,纤维只在力 F_2、F_1 的作用下做匀变速运动。②纤维位于蒸汽平衡点以外的区域,即 C 点位置在蒸汽平衡点之上,离心力 F_r 与蒸汽压力 S 均较大且方向相同(公式(3-54)中蒸汽压力 S 的符号取正),纤维在所有力的共同作用下做变加速运动。

上述分析是在不考虑阻隔条作用的前提下进行的。实际上,阻隔条是磨片结构的一个重要组成部分。当纤维沿磨齿前刃运动到阻隔条时,阻隔条会对纤维产生一个反作用力,该力会阻碍纤维越过阻隔条向外运动,它能够延长纤维在热磨区的停留时间,改变纤维的运行轨迹,提高纤维的分离程度。阻隔条对纤维的作用力是纤维运动过程中某些特定位置下所受的力,是一个阶段性阻力,它导致纤维运动状态一定程度上的不连续,对纤维运动状态有一定程度的影响。

实际生产中,阻隔条对纤维的作用力通常会导致阻隔条前的积料现象,这些堆积的浆料无法及时地"排除",导致该部位始终处于高压状态,加剧了该部位的磨损。

通过对热磨过程和结果的研究,得出以下结论。

①在热磨区域内,纤维主要以纤维团的形式流动。通过对热磨机排料口处纤维团的形状的观察,发现它们主要有 3 种形状:线形、圆形和蝌蚪形,其中以线形的纤维团居多。测量了热磨区内浆料浓度的分布状况,发现磨齿对纤维的"捕捉"是通过动、定盘磨齿的前刃共同完成的。

②浆料在磨区内的流动形式主要有两种:一是纤维团所受的作用力大于定盘磨齿前刃对它的反作用力,在磨区内做渐开圆周运动;二是纤维团附着在定盘磨齿的前刃,不做切向移动,只是随浆料从磨盘中心向外围移动。通常,机械浆料的运

动状态以前者为主。

3.4.4 纤维分离系统

纤维分离是整个纤维板生产的核心环节,也是确保产品质量最重要的工序之一。同时又是能源消耗最多的一道工序,占生产线总能耗的 35%～45%,占磨浆系统能耗的 75%～85%。纤维分离的方法分为机械法和爆破法两大类。现在大部分工厂采用热磨机械法,该法特点是纤维损伤小,得率高,木片原料得率可达 95%,主要设备是热磨机。由于单机生产能力越来越高,热磨机的发展趋势向大型化、高速化、控制自动化方向发展。

1.热磨法工艺

1)热磨法纤维的特点

(1)纤维形态特点。

热磨法分离的纤维结构基本完整,细胞壁损伤很少,甚至阔叶材和禾木科植物的纤维导管也很少破坏,纤维的弹性、拉伸强度与天然植物纤维相近。纤维较长,细小纤维相应也少,纤维多呈游离状,滤水、透气性能好,纤维的颜色略微加深,并有些极少量未被分离成单体纤维而呈纤维束状存在。

(2)纤维工艺特点。

热磨法纤维分离充分利用植物纤维胞间层木素软化点低的性质,用饱和蒸汽很快将原料加热至 160～180℃,并在同样温度下进行纤维分离,因此动力消耗低,一般为 180～250kW·h/t 干纤维,纤维形态好,原料损耗小。热磨法磨浆纤维的得率一般在 92%～96%,高者可达 98%。

传统的热磨纤维分离技术,预热蒸煮温度高 170～180℃(饱和蒸汽压力为 0.8～1.2MPa),软化处理时间为 1～2min,纤维得率在 94%～96%。在纤维分离过程中产生的低分子有机物,湿法生产工艺都进入废水中,而干法生产,除少量小分子有机物挥发之外,其余都留在纤维中,故采用低温低压软化处理纤维分离技术,其蒸煮温度最好控制在 143～158℃(饱和蒸汽压力 0.4～0.6MPa),软化时间 4～6min,纤维得率可提高 1%～3%。

2)热磨法的影响研究

热磨法工艺比较复杂,生产过程包括机械、物理和化学等作用,影响纤维质量的因素较多,因此,必须适当选择工艺参数,这样才能生产出优质纤维。

(1)热磨机参数的影响。

热磨机的性能对纤维质量和产量影响很大。应根据板的结构、板面性能、原料和所要求的纤维分离度来制定纤维分离的条件。如对中密度纤维板表面质量的要求,主要与纤维粗细程度有关,纤维的分离程度与磨盘间隙的控制关系密切(图 3-

119)。在热磨纤维的分离过程中,改变磨盘间隙,纤维形态变化较大,但其斜率是一样的(图 3-120)。从图中可以看出,其 a 与 b 是定值,说明两条线是平行的。不同的是间隙为 0.2mm 时,纤维细短。

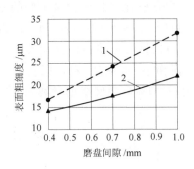

图 3-119　磨盘间隙与板面粗细度关系
1. 热压时间 1.5min/mm;
2. 热压时间 0.75min/mm

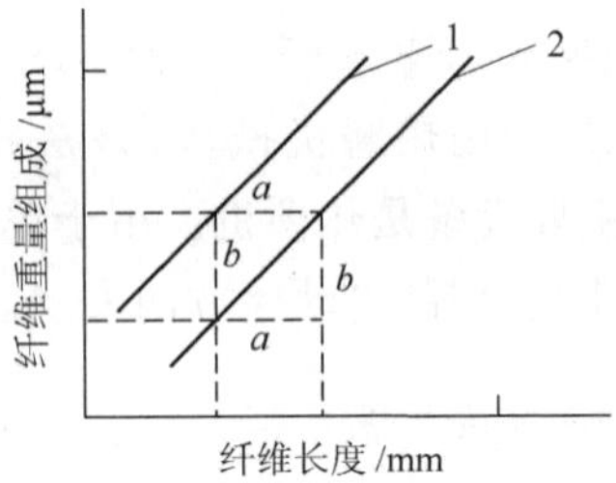

图 3-120　磨盘间隙与纤维形态及组分分布
1. 磨盘间隙 0.2mm;
2. 磨盘间隙 0.5mm

纤维分离质量还与热磨机磨盘直径的大小、转速、磨片齿型、磨片材质、动磨盘与定磨盘的平行度、磨盘的轴向压力以及电流强度等有密切关系。其相关影响如前所述。

(2)纤维分离浓度的影响。

中密度纤维板的纤维分离一般采用高浓条件下的一次纤维分离。在高浓条件下,物料的摩擦大大增加,以至纤维的潜在性能得以充分发挥。高浓纤维分离主要是靠在磨盘间的纤维物料相互摩擦,而不是靠磨盘本身的作用。因此,磨盘间隙可以加大,从而避免了纤维的过度压溃和切断。从纤维筛分组成和纤维形态的观察,可以明显地看出高浓解纤和低浓精浆(3%~5%)纤维存在显著的差别。

高浓解纤时,纤维长度无变化,而低浓制浆时,长纤维比例大大降低,短纤维和细小纤维的比例显著增加。

在纤维形态方面,高浓的纤维帚化程度明显要大得多,纤维呈长条形;而低浓纤维呈宽带状。图 3-121 用纤维的撕裂因子表明不同纤维分离浓度下的动力消耗。由图表明,分离浓度越低,纤维强度越低;在高浓条件下,随着浓度提高,动力消耗增加,纤维撕裂因子增高。此外,高浓纤维分离所得的纤维具有较高的收缩能力,这一性能可提高阔叶材和非木质纤维的使用价值。

2. 热磨系统组成

热磨系统的功能是将前工段制造合格木分离成符合纤维板生产工艺要求的合格纤维。其工作过程如下:首先将木片在预热仓内进行低温预热,然后将预热料仓底部的木片送入送料螺旋（木塞螺旋、锥螺旋），再经送料螺旋送入蒸煮缸进行蒸煮软化。同时，木塞螺旋会对木片进行压缩挤水。最后，软化后的木片经运输螺旋送入热磨机的磨室体内，经磨盘磨片进行纤维分离，分离后的纤维在蒸汽压力作用下排出系统。热磨系统的组成包括预热器、进料螺旋、蒸煮缸、热磨机、动力、运输螺旋、料位器、安全阀等，见图 3-122。

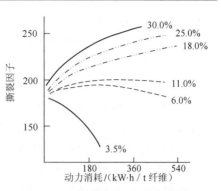

图 3-121 不同浓度下,动力消耗与撕裂因子的关系

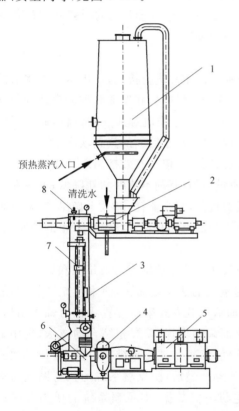

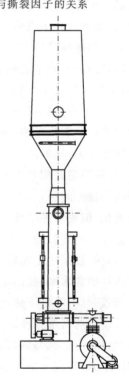

图 3-122 热磨系统
1. 预热器;2. 进料螺旋;3. 蒸煮缸;4. 热磨机;5. 动力;6. 运输螺旋;7. 料位器;8. 安全阀

1）预热器

预热器也叫预热料仓或振动预热料仓。其作用是使木片在进入蒸煮之前进行低温预热，使木片中心温度升高，降低蒸煮软化温度，提高纤维质量。而振动下料的主要目的是解决木片搭桥，使生产保持连续性和稳定性。大大提高了产品质量和产量。有的料仓壁与木片的接触仅为线接触，其摩擦系数非常小，稍有振动便可

下滑。木片预热的优点如下。

（1）木片经过长时间低温预热，缩短了木片蒸煮时间和蒸煮温度，并达到木片充分软化的目的，减少了纤维素和半纤维素的降解，提高了纤维的分离质量和纤维得率，改善了纤维的色泽，使得纤维颜色变浅并均匀一致。

（2）木片充分均匀软化，节约了能耗，降低了生产成本。经过充分预热后，木片均匀软化，降低了主机电流，每立方 MDF、HDF 电耗降低 5%～10%。

（3）消除焦糖产生，使磨片不结焦，提高磨片的使用寿命。

预热料仓主要包括料仓、振动料斗和过渡管。料仓可以对前工段输送来的木片起贮存、缓冲和预热的作用，在料仓上配置的称重模块，可以向控制系统中显示单元提供信号，判断料仓中木片的空满程度。通过过渡管两侧的视镜和温度传感器，可以观察木片下料情况和检测木片的预热温度。

2）进料螺旋及防反喷装置

进料螺旋又叫木塞螺旋，其作用一方面是对木片进行挤压，挤出木片中多余的水分，降低木片含水率和均衡木片含水率，降低干燥能耗和保证纤维分离适合的含水率；另一方面是形成一个连续的木塞，不但可以不停地对蒸煮缸供料，而且可以抑制蒸煮缸的蒸汽外泄；再者就是将大木片挤碎，利于后面的蒸煮软化。

压缩比大、螺旋的压缩段长（约是其他系统的 2 倍），有效挤出水和均衡木片水分，水分的均匀就相当于蒸煮均匀，纤维质量均匀，有利于热磨功耗降低；如果在木塞管增加额外的脱水，可极大减轻干燥机的负荷，减少能耗，降低干燥温度，减少胶的预固化，但要增加造价。而且还能减轻干燥压力和有利于纤维含水率的控制，有利于提高并稳定板的质量。

木塞螺旋采用了比较大的压缩比，使块状木片在螺旋管内被挤压和撕碎，从而减少木片的含水率，提高了木片蒸煮时与蒸汽的热交换面积，使木片充分软化，缩短了蒸煮时间，降低了热磨功耗。其次，轴承承载方式采用后置式推力轴承结构，提高了设备的可维修性。再次，螺旋轴表面采用堆焊、喷焊相结合的技术，选用新型的焊接材料，大大地提高了螺旋轴耐磨性，缩短了螺旋轴维修时间，延长了螺旋轴使用寿命，提高了生产率，增加了经济效益。最后，防反喷系统的执行系统与进料直流电机联动。通过 PLC 采集直流电机电流数据，对反喷系统的压力及时调整，在保证不反喷的前提下减少反喷系统对进料系统施加的额外负荷，从而降低电机的功率消耗。

木塞螺旋（进料螺旋）有三种形式：变节距的圆柱形螺旋、等节距的圆锥形螺旋、组合型螺旋（前段变节距圆柱螺旋，后端等节距锥螺旋）。生产上一般采用组合型螺旋。

目前，纤维板生产广泛采用螺旋进料器。螺旋进料器主要由进料螺旋、螺旋管和外塞管组成，如图 3-123 所示。通常将整个螺旋分成前后两段，前段为等距螺旋,保证计量供料,后段螺旋的螺距和直径逐渐缩小,在输送木片的同时对木片实行压缩,在外塞管内形成木塞,以防止蒸汽外漏。为了保证木塞形成,传统热磨机在外塞管后侧设有阻尼挡板,现在普遍采用气动防反喷阀装置。木片受

图 3-123 木塞螺旋

螺旋进料器的强烈挤压而损伤,纤维强度有所下降,不过经压缩后的木片在进入预热蒸煮缸后自动回弹膨胀,则有利于水汽快速进入木片内部,从而加速木片的软化。

采用回转阀代替螺旋进料器,其优点在于能避免木片因受挤压而引起损伤,耗电低,无反喷问题,对原料有更广泛的适应性。但是,回转阀与预热蒸煮缸的配合精度要求高,阀体表面必须进行特殊处理,以提高其耐磨性和防腐蚀性能。

3)预热蒸煮器

传统的预热蒸煮器由水平预热缸和垂直预热缸两部分组成,软化处理温度由饱和蒸汽的压力大小决定,由于传统湿法生产热磨机预热蒸煮缸小,为了提高纤维分离效率多采用 0.8~1.2MPa 的高压(高温)软化处理。目前,干法生产普遍采用高度为 4~6m 的加长垂直预热缸进行软化处理,使用 0.4~1.0MPa 的饱和蒸汽进行软化处理。软化处理时间由 γ 射线料位控制器的高度确定,由高温高压的 1~2min 延长到低温低压的 4~6min。采用低温低压软化处理技术,有效地减少了低分子有机物的生成量,使纤维得率提高,并提高了纤维分离质量,纤维分离效率通过加大磨盘直径和提高磨盘转速得以保证。为了提高纤维得率,减少低分子有机物的生成,还可以采用多管蒸煮设备。

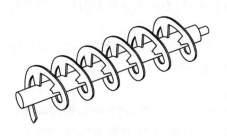

图 3-124 带式运输螺旋

4)带式螺旋进料系统

运输螺旋有普通螺旋运输和带式螺旋两种。普通螺旋用于小产量热磨机和老式热磨机,新近开发的大磨盘热磨机多数使用带式螺旋供料给磨盘。带式螺旋运输机的特点是供料均匀,克服了普通螺旋送料不稳定的缺点。带式螺旋因为靠近螺旋轴的部分为空,只有周边才有螺旋片推动木片,一旦遇到供料不均匀或缺料时,靠近螺旋轴四周的木片能进行短暂补充,从而达到均匀供料的目的,而普通螺旋不具有这种功能,见图 3-124。

带式螺旋密封采用多级机械密封的方式,减少了进入磨室的进水量和蒸汽对机械密封的影响,从而提高了机械密封的使用寿命,降低了维修损耗。通过使用带

式螺旋，减少了木片在磨削时产生的蒸汽对进料的影响，并降低了原实心螺旋轴对蒸煮后木片的破坏。

5）热磨主机

热磨机按磨室体结构可分为上盖式和侧开门式，按传动形式可分为皮带传动和联轴器传动，如图 3-125 所示。门式热磨机磨片更换方便且快速，但制造精度要求高，难度大。盖式热磨机制造相对简单，但磨片更换相对困难，维修时间长，且为热磨机普遍使用。皮带传动为早期小型热磨机使用，且传功功率小，效率低。目前基本采用联轴器传动，传动功率大，效率相对高。

(a) 上盖式热磨机 　　　　　　　　　　(b) 侧开门式热磨机

图 3-125　热磨机类型

上盖式磨室设计方式可以很容易地检查和调整磨盘之间的平行度，保持动盘和定盘之间的平行度是保证纤维质量的关键；磨片从背后固定，磨齿完整和连续，更利于出好纤维（纤维质量对薄板生产极为重要），而且磨片的固定螺钉不磨损消耗。

侧开门式磨室设计方式可以满足大直径磨盘的安装需要，适用于大型热磨机结构，磨盘磨片更换方便，但开门涉及的设备较多，因而需要较长的时间。要求磨室体加工精度高，侧门固定螺丝调整要求高。

热磨法纤维分离所用设备是热磨机，目前生产上普遍使用的热磨机的结构原理如图 3-127 所示。热磨机（图 3-126）由机座、磨盘磨片、冷却密封装置、主轴及其移动控制机构、液压工作站等构成。

木片由备料工序送入储料斗内，料斗上设有振动出料器，用光电装置控制其开闭，不能连续供料时则打开，以使储料斗中的料不致振实，木片形成"搭桥"时则振动，使"桥"破坏。下部电磁振荡器是常开的，均匀向进料螺旋供料，供料量靠调节转速来改变，由水平螺旋发出信号，以达到产量的平衡。木片经进料螺旋压缩，形成木塞，以防止蒸汽从预热缸向外喷出（俗称"反喷"）。为防止反喷，在垂直预热缸的上部，有一防反喷装置，是一锥形头的活塞缸活动装置，其压力为 0.2MPa。当没有形成木塞时，锥形头始终关闭出口，当形成木塞后，木塞把锥形头顶开，而锥形头把木塞顶碎而落入垂直预热缸中。

图 3-126　热磨机

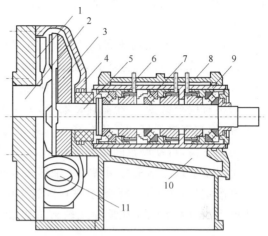

图 3-127　热磨机原理结构示意图
1. 固定磨盘；2. 进料口；3. 动磨盘；4. 磨室体；
5. 主轴；6. 进油口；7. 锥轴承；8. 主机箱体；
9. 轴承座套；10. 冷却腔；11. 排料口

垂直预热缸受热时膨胀，冷却时收缩，故将上部进料螺旋装在铰接的底座上，同时在木塞管一端装有膨胀、冷缩装置。

在预热缸外部装置可以自动上下移动的 γ 射线料位控制器，根据不同的原料需要不同的预热时间决定原料在预热缸内的要求堆积高度（即停留时间）。γ 射线料位器由进料螺旋自动控制其上升和下降的位置来达到生产的要求。垂直预热缸底部的送料螺旋使木片不断拨入磨室体。木片进入磨室体，经旋转磨盘和固定磨盘的相对运动，而使木片解纤获得所需的纤维。在解纤的同时，磨室体上装有石蜡乳液喷嘴，这样的方式能均匀地使石蜡附着于纤维表面，热磨后的纤维通过一板式孔阀连续排放，可由手控或气动装置来控制阀的开度，这种阀结构简单、维修方便、耗电少。

热磨机使用一定蒸汽压的饱和蒸汽预热木片，故设有一套蒸汽平衡系统，以控制垂直预热缸、磨室和排料阀处的压力差，从而稳定热磨机的产量和质量。

在蒸汽管路上，设一旁通接磨室体的密封装置，压力高于磨室体内的蒸汽压约 0.2MPa。蒸汽密封后面还设有水密封，水密封的压力为 0.3MPa，供水量约 50L/min。此部分水可排除或循环使用，循环水量的大小，以热磨机主轴温升小于 70℃为准。

热磨机主电机一般采用高压电机，由 6kV 或 10kV 高压电启动。转动盘安装于主轴上。主轴及其液压缸安装在热磨机机体上。固定盘安装在磨室体上。固定盘与转动盘上用螺栓各安装由 6 片扇形磨片组成的圆形磨环。两磨盘间隙的调整是通过液压系统与磨盘间隙指标器来自动调节所需的间隙，最大开档达 50mm 左右。当热磨机主轴温升超过允许值时，温升保护装置则使设备停止运行，从而保证设备安全运转。

生产多年的 L 系列热磨机已被新型的 M 系列热磨机取代。M 系列热磨机改磨室体径向分离为轴向分离式，使磨盘和磨片装拆简便，还可实现磨片预装，构成一个装配单元，使更换磨片整体化、快捷化。

磨室有两个磨盘，一个是转动磨盘，另一个是固定磨盘。两种磨盘的齿纹虽略有差异，但都有进料区和纤维分离区。纤维分离区又细分为预磨区和主磨区。主磨区齿面平滑，可使磨盘间隙调整到 0.1～0.2mm。预磨区有一定锥度，以利于木片在进入主磨区之前进行预磨。主轴端头装有甩料器。软化后的木片被螺旋运输机送进磨室后，在甩料器和磨盘进料区的作用下，很快进入纤维分离区。木片在磨齿中间多次磨搓，并沿着螺旋线轨迹向磨盘边缘移动，离开主磨区时被分离成纤维。

由于设备的产能要求高，主轴的轴向推力也随之增大，传统的止推轴承已无法满足工作要求。通过改进主轴结构，采用自平衡油膜动压止推轴承，使主轴的轴向承载能力得到很大的提高。

对于主轴的密封问题，通过不断改进和完善机械密封结构，并结合水系统、蒸汽系统等的联动保护，使主轴的机械密封效果更好。

另外，通过对定盘、磨室体、动盘、拨料轮等结构进行优化，最大限度地增加了进料空间，减少了木片在进入磨盘间隙时的阻力，同时减轻了木片热磨时产生的大量蒸汽对纤维质量的影响。排浆口的优化设计使纤维排放更稳定，不但减轻了排放阀磨损，而且降低了热磨时的蒸汽消耗，对后续的干燥工段十分有利。

密封水冷却系统主要向主轴机械密封及带式螺旋机械密封提供冷却水和密封冲洗水。通过采用国产多级高压水泵、双吸水过滤器和双压力水过滤器，当出现差压报警时，可切换到备用过滤器，保证在不停机的情况下及时更换受堵的过滤器。管路中设置的各种仪表和传感装置都能及时提供各种压力和流量等信号。

液压、润滑系统集成于液压油箱的上盖，通过油管与主机连接。液压系统为压力油缸提供足够的压力，以保证热磨时磨盘之间的正向压力。润滑系统用来对热磨机主轴前后轴承及平面推力轴承进行润滑和冷却，各支路流量均可调整，且油路上设有流量、压力、温度显示。通过设置压力和温度传感、回油高温和低压报警、极高温度关闭主机等信号，有效地保护主机主轴系统。润滑系统设有停电保护功能，当突然停电时，主机由于惯性继续转动，此时油泵已不能持续供油，系统中的蓄能器将贮存的油释放给系统，继续向轴承输送润滑油，以保持轴承的润滑和冷却。整个系统配有油冷却系统，可以将油箱油温控制在合理的范围内。

磨齿形状对纤维分离质量影响很大,不同原料应选择不同齿形。用于粗磨的磨片,应采用窄齿,以便木片和粗料尽快磨碎。精磨的磨片,为获得较大的碾磨面积,应该是宽齿、浅槽。浅槽能使盘间的全部纤维原料在槽内和齿面有充分的交换机会,齿面上可保持足够的纤维原料,提高纤维分离效果。为了增加纤维分离时间,槽内设有阻板,如图 3-128 所示。设置阻板还可增加纤维分离面积,提高纤维分离效果。

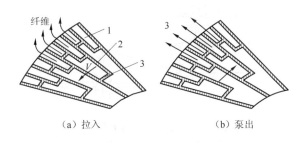

（a）拉入　　　　　　　（b）泵出

图 3-128　磨齿的"拉入"与"泵出"作用
1. 齿槽;2. 磨齿;3. 阻隔条

此外,磨盘的转动方向对纤维分离时间和设备利用效率也有影响。如图 3-128 所示,磨盘转动方向与磨齿倾斜方向相同时,磨齿对纤维有"拉入"作用,能够延长纤维分离时间;磨盘转动方向与磨齿倾斜方向相反时,磨齿对纤维有"泵出"作用,能够提高设备生产率。

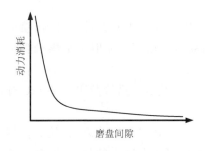

图 3-129　动力消耗与磨盘间隙的关系

磨盘间隙通过微调装置进行调整。磨盘间隙与纤维分离程度有关,湿法生产纤维分离时粗磨的磨盘间隙要比精磨大些。一般磨盘间隙应是纤维束直径的 3～4 倍。间隙过大,纤维太粗;间隙过小,虽然纤维较细,但纤维浆料的滤水性能较差,而且磨盘可能相互接触摩擦,纤维损伤严重,动力消耗剧增,动力消耗与磨盘间隙之间的关系如图 3-129 所示。

纤维分离过程中还必须保证磨盘对木片或纤维有足够的压力,即磨浆压力。热磨机的磨浆压力由液压系统控制。

6）排料装置

为了适应热磨机连续生产的需要,排料装置应能使磨室里的纤维定量均匀地排出,并能使磨室内的蒸汽压相对稳定。适于高温高压条件下工作的排料装置有往复式、回转式和直接排放式,见图 3-130 和图 3-131。

早期湿法生产的热磨机多采用往复式弯管排料装置,或称 S 形管排料装置。S 形管排料装置由 S 形管和伸入管内的两个阀体及其传动机构构成。排料装置工作时,进口排料阀和出口排料阀是交替启闭。进口阀打开时,出口阀处于关闭状态,此时 S 形管里充满纤维和蒸汽。出口阀打开时,进口阀被关闭,此时 S 形管中的纤维和蒸汽在管内外压力差的作用下被送进减压稀释器。阀门的启闭次数和开

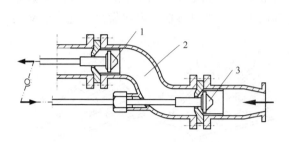
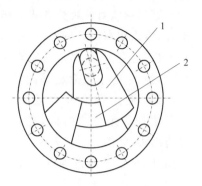

图 3-130   往复式弯管排料阀   图 3-131   排料阀(直排)
　1. 排料阀;2. 弯管;3. 进料阀   　1. 摆阀;2. 排浆口

启程度都影响纤维分离质量,它们应与热磨机生产率相适应。阀门启闭次数过大,每次排出的气多料少,蒸汽消耗量大。阀门开启程度过大,纤维排出量虽多,但纤维较粗。如果阀门启闭次数过少,或开启程度过小,则容易堵塞磨室和 S 形管,增加主机负荷。经验表明,采用增加阀门开启次数与缩小阀门开启程度相互配合的方案,效果较好。

目前生产上使用的热磨机其排料装置普遍采用直接喷放的直排式排料,喷放口的开启大小可调,纤维和蒸汽混合体靠磨室内高压作用直接喷射至干燥机管道中。干法生产,在纤维排放管上开孔,由施胶泵将胶液由纤维排放管上的喷胶孔注入,与纤维混合而进行管道施胶。通常喷胶孔为 3 个,喷胶孔沿管壁四周呈 120°分布,以保证施胶均匀。

为了补充由于排料而损耗的蒸汽,并避免补充蒸汽通过纤维分离区,从而控制纤维分离时间和减少纤维分离区的纤维波动,即稳定纤维分离区的气压,在磨室的固定磨盘后面(纤维分离区外)与垂直预热缸顶部连接一个蒸汽平衡管。因为纤维质量与纤维分离时间有关,所以蒸汽平衡管在某种程度上起着控制纤维质量的作用。

7)热磨蒸汽控制系统

热磨机采用了蒸汽控制监测系统。通过对蒸汽的流量、压力、故障状态下的蒸汽紧急释放等进行控制,可以实现热磨过程的压力测定和故障保护。同时,配合排料阀的开度,可以很好地控制蒸汽消耗量。

8)电气控制系统

热磨机电气控制系统一般是根据用户的要求进行配置的。整个控制系统采用WINCC 组态软件微机监控,预热料仓的温度、进料螺旋和运输螺旋的转速、电流、蒸煮罐料位、高压电机的电流、电机定子的温度、主机轴承的油温、油压、密封水的压力、蒸汽的流量和压力均采用模拟量传感器,所有数据均能在中央操作台的计算机上通过 WINCC 界面显示,实现了远程监控的目的。操作画面主要有热磨机主画面、主机油系统画面、主机水系统画面、报警画面和主要参数趋势图画面等。能在计算机上对主站控制范围内的所有设备进行各种监控和操作、运行参数的设定和修改、进行各类故障诊断及报表的记录、分析和处理。同时在主操作台上设置了必要的急停按钮和仪表,便于及时处理紧急情况。

另外在设备旁还设置了机上按钮盒,能以按钮操作的方式进行运行模式下的所有操作,保证计算机出故障时也可实现手动维持连续生产和手动单机维修运行的按钮操作、参数设定、仪表显示和报警显示等,大大增加了操作的灵活性、多样性和可靠性。

在热磨系统中,主机的安装调整是关键中的关键。44in 热磨机采用底板固定、螺栓调节和紧固的模式进行安装。在设备安装时,将机座安装表面安装在可调节的底板上,底板用混凝土固定,热磨机水平方向和垂直方向依靠调节螺栓来调整,解决了设备一旦安装就无法再进行调整的问题,为以后维修调整提供了方便。

3.磨片的设计和选择

1)磨片的种类

磨片由磨齿、齿槽和阻隔条构成,磨齿的作用是对物料加压和对物料进行分离,齿槽的作用是让物料减压,由磨齿和齿槽周期性地对物料"加压-减压"作用,从而实现对物料的反复作用,达到使物料分离成纤维和纤维束的目的。同时,磨齿对纤维有一定的剪切作用,可导致纤维被切断。阻隔条的作用阻碍物料沿齿槽排出,延长热磨时间。没有阻隔条的磨片将会减少纤维分离时间和分离次数。用于粗磨的磨片,应采用窄齿、稀齿,以便木片和粗料尽快磨碎。精磨区磨片,应采用宽齿浅槽、窄槽。因为精磨区单元变小,宽齿、浅槽有利于延长细单元的继续分离。

磨片是热磨机中直接起研磨作用的工作部件。它的齿纹形状、结构合理与否,对纤维分离的效果、热磨机的动力消耗以及磨片本身的使用寿命均有一定影响。磨片的结构种类较多,根据磨片的齿形断面可分为锯齿形磨片和条齿形磨片两种。锯齿形磨片易于切断纤维,齿也易磨损,一般很少采用;条齿形磨片可获得较好的帚化纤维,所以被广泛应用。根据条齿的排列状态,磨片又可分为径向放射式、切向辐射式和人字式三种基本形式(图 3-132),通常以切向放射式磨片采用较为普遍。根据齿面或沟槽宽度的变化情况,磨片又可分为齿宽不变型和槽宽不变型两种。目前在热磨机中这两种类型的磨片都被采用。根据磨片的数目,通常可分为整体式磨片和组合式磨片两种。一般都采用组合式磨片,其磨片的数目为 4~8 块或更多。数目的多少根据磨盘直径的大小而定。弧线齿一般用于非木材植物纤维分离或造纸纤维的二次分离和打散。

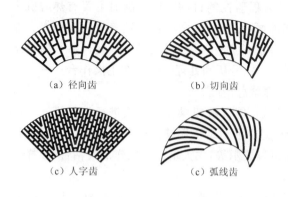

（a）径向齿　　　　　　（b）切向齿

（c）人字齿　　　　　　（c）弧线齿

图 3-132　磨片基本齿形

国内常用的磨片一般是从造纸所用磨片演变而来的，对磨片结构缺乏深入的理论研究，磨片结构设计针对性较差，纤维质量难以控制和保证。而国外对纤维分离理论和磨片设计已有了很深入的研究，尤其是在新型磨片设计方面，可以针对不同原料（软、硬、软硬混合）的需求，设计出最佳的磨片齿形，获得最佳的纤维质量，而且这些磨片具有较高的使用寿命和较低的动力消耗。国内 MDF 生产中很难做到因原料不同及时更换磨片，也不能针对不同的原料合理设计和选择出最佳的磨片齿形，从而也无法保证最理想的纤维形态。这必然会影响成品纤维板的质量，也必然会影响我国纤维板产品的国际竞争力。

磨片作为直接分离纤维的部件，即整个磨浆机中的核心部件，在分离纤维的同时，自身也导致磨损，且耗损很大。在整个热磨机的使用周期中，磨片所耗费用远远超过热磨机的购置费用，因此，热磨机磨片的合理设计、制造都是非常重要的。影响热磨机磨片使用的原因主要有以下几个方面。

2）热磨机磨片的齿形设计

因为磨片表面的磨齿直接与植物纤维接触，首先要保证纤维分离速度、纤维分离质量、降低纤维分离所需的能耗；其次就是在保证上述要求的前提下适当提高磨片的使用寿命。一片磨片中按磨齿功能可以分两部分：一部分是粗磨区；另一部分是精磨区。粗磨区主要作用是对纤维原料进行破碎，使纤维原料成为纤维束；精磨区主要是将纤维束分离成细小纤维。在这里，磨齿的排列是最重要的，磨齿的角度、磨齿的宽度、磨齿与磨齿的距离（槽宽）、磨齿的倾角、磨齿的周向角的大小和排列都直接影响着磨片在使用中的能耗、纤维质量、产量等。例如，磨齿角度增大纤维质量会得到提高，但电耗会增加；齿数增加会提高纤维质量，但会降低产量、增加电耗；单向齿磨片比双向齿的磨片可降低电耗，增加产量，但对纤维质量有影响；阻隔条多纤维质量得到提高，但产量减少、电耗增加等。所以磨片磨齿设计形式是直接影响纤维分离质量、产量、能耗的一个重要因素。根据生产条件优化磨片齿形是提高纤维分离质量、产量，降低能耗的一个实际且有效的办法。

（1）热磨机磨片的材质。

热磨机磨片已经历了近百年的发展，其材质也经历了由铸铁到铸钢，由单一金属到合金,由以热处理提高性能到合金化提高性能为主的发展过程。目前一般由 Ni、Nb、Cr、Mo、V、Ti、Mn、W 等合金元素共同组成,由于有的金属元素起到均匀细化组织的作用,提高了回火稳定性和减弱回火脆性,对钢的强度、硬度、耐磨性和抗冲击韧性等多种力学性能和耐腐蚀性都有提高。

磨片材质硬度高,其耐磨性将会得到很大提高,使用寿命延长;但其脆性也很明显,如果纤维中混有硬质材料或磨片发生接触则磨片很容易被打烂。如果磨片硬度低,则韧性好,但耐磨性减弱,使用寿命和连续生产的稳定性降低。目前国际上一般硬度控制在 HRC55～HRC65。从上述中可以看出,磨片材质是保证磨片质量的基础。

(2)纤维原料的性质。

生产中密度纤维板的原材料较多,如各种木材、麦秆、棉秆、蔗渣等,这些原料又各自有不同的特性。由于植物纤维的不同,其在纤维分离过程中所表现的分离以及分丝帚化程度也不尽相同,为适应不同的纤维原料需要有不同齿形的磨片。尤其在最近几年,由于资源日趋紧张,现在原料使用枝桠材、果木、竹材等增多,例如,有的工厂使用果木,果木中含有丰富的果胶,由于果胶的影响使得磨片分解纤维变得更加困难。

(3)热磨机的转动部件和磨片的动平衡性。

现在越来越多的热磨机安装了间隙传感器,通过传感器控制热磨机的进给装置,防止磨片与磨片接触;有的热磨机还安装了振动传感器,如果磨片自身的动平衡性不好,磨片在运转过程中传感器会及时发出警报,防止意外事故发生;磨片在使用过程中,由于磨损等影响动平衡也可以及时报警更换磨片;同时动平衡性不好会影响纤维分离的能耗和磨片使用寿命等。

(4)其他因素。

磨片自身的光洁度和同组磨片之间结合的缝隙、磨片之间磨齿结合是否互相吻合等,都会对纤维分离的质量、磨片使用的寿命和能耗等具体实际考核指标产生影响。

综上所述,在磨片的生产研制过程中,为使磨片能够符合中密度纤维板生产工艺要求,就要综合考虑生产过程中的各个要素,这样才能不断优化齿形等各项参数,才能实现节能降耗。

4.现代热磨机技术

1)世界先进的热磨机制造技术

国外知名度较高的人造板机械制造商为扩大市场占有率,十分注重新产品的技术创新和进步,所以其产品对我国人造板行业影响较大的三家国际知名热磨机制造企业如下。

　　Metso 公司、奥地利 Andritz 公司和德国 Pallmann 公司热磨系统处于世界领先水平。这三家公司能向国际市场提供满足年产 $3 \times 10^4 \sim 40 \times 10^4 m^3$ 中/高密度纤维板生产线以及同规格造纸生产线配套需求的各种规格系列热磨机，规格从 36in 到 74in（64in 以上规格热磨机一般用于造纸行业）。他们生产的热磨机具有如下共同特点：①热磨机大型化；②高可靠性；③采用机械密封的密封结构；④采用先进的轴承组合结构；⑤磨机主机结构先进、紧凑、精度高；⑥具有带式螺旋的进料结构；⑦采用触点式磨片保护系统；⑧采用蒸汽压力的自动调节和稳定系统；⑨先进的自动化控制系统和可靠的连锁保护系统；⑩磨浆质量高。同时三家公司的热磨机又各具特色。

　　Metso 公司最近开发的新产品 EVO 系列热磨机更具有结构紧凑、能耗低、动力大、操作简单、维修方便、使用经济和全自动的特点，在给定纤维质量的提前下，能够最大限度地降低能耗和树脂胶的消耗。与早期同规格的 M 或 P 系列热磨机相比，单位电耗降低 10%，蒸汽消耗降低了 25%～45%。EVO 系列热磨机代表当今热磨机的发展方向，已经成为业界高品质和高可靠性的标准。

　　Andritz 公司是全球最大的造纸制浆设备供应商之一。采用侧开门技术，方便磨片的快速更换和维修，突出与热磨工艺技术的结合性，该公司生产的 ABS68/70-1CP 型热磨机，磨盘直径为 70in、主电机功率 11000kW，最大生产能力 40t/h，是世界上在线运行的最大热磨机之一。

　　Pallmann 公司是世界最著名的木材削片设备制造商，也是纤维制浆设备制造商。其设备特点是刚性好，耐用度高，可维修性强。其生产的 PR32～PR64 系列热磨机，主电机功率为 240～9000kW，干纤维生产能力为 1～36t/h，其磨片间隙液压伺服调节机构的调节精度达到 0.01mm。

　　2）国外最新应用技术成果

　　(1)运输螺旋的改进。

　　蒸煮缸底部的出料螺旋与带式螺旋在同一水平面上，且出料螺旋有一定的锥度。这样即可消除螺旋垂直落料的不连续性和木片松散致使堆积密度不匀的问题，供料更均匀连续，为热磨机的平稳运转和生产均匀的优质纤维创造最佳先决条件。

　　(2)出料口切向排料。

　　磨室体出料口采用底部沿切线方向设计，使得从磨盘切向排出的纤维沿磨室体底部及时快速排出，减少了纤维在磨室体内停留，有利于纤维颜色不被加深和提高热磨机产量。

　　(3)蒸煮缸底部锥形设计。

　　蒸煮缸底部采用锥形设计，配合锥形端部的拨料齿，不会造成角部木片堆积；拨料器轴端部采用锥形设计，便于拆装与维护。

(4)蒸汽介质的机械密封。

热磨机磨室的机械密封前端采用蒸汽作为密封介质而不是用水,蒸汽完成密封功能后进入磨室体,无任何浪费,且不消耗密封水,不增加干燥机的负荷。如果用水作密封介质要多蒸发 $0.5\sim1.5t/h$(相当于 $60\sim150$ 元/小时)的热能,而且在加减速时纤维含水率较难控制。

(5)新型木塞螺旋。

Metso 公司新型木塞螺旋,经过整体式的硬化处理,更加耐磨,使用寿命更长;全新机械加工工艺降低了中心摇摆的风险,中心摇摆会造成螺纹严重磨损并导致产量波动;新增了一个脱水区,之前的一个区现被两个区取代,已经运行的几台热磨系统显示脱水率能提高 50%,从而极大减轻干燥系统负荷,降低能耗,减少胶的预固化,使木塞螺旋更加完善。

(6)新型磨盘间隙实时精确测量传感器。

AGS 传感器可在热磨机运行过程中,转动盘与固定盘不接触的条件下,不停机对磨片间隙自动加以校准,这样可以随时精确地保证磨片之间小且稳定的间隙,以确保更高的浆料质量和设备利用率。

3)国产热磨机发展现状

国产热磨机和进口热磨机相比还有不少的差距,尤其在计算机自动控制系统、监测和调整等方面,磨出的纤维质量与国外热磨机磨出的纤维质量差距较大。有待解决和突破的问题主要有以下几个方面。

(1)磨片间隙的实时精确自动测量。

磨片间隙的大小直接影响纤维分离的质量和产量,其大小通常在 $0.2\sim0.5mm$,精度要求达到 $0.01mm$。目前国产热磨机的间隙测量主要靠间接测量,而国外先进的热磨机已经能够实现间隙实时自动直接测量,以确定磨片磨损后的实际间隙,使测量精度和热磨机控制水平大大提高。

(2)磨片单位面积研磨压力的确定。

在木片研磨过程中,受到磨盘施加的压力和旋转,使木片受到压缩、拉伸、剪切、扭转、冲击、摩擦和水解等多次重复的外力作用才得以分离成纤维。在研磨过程中,这些作用力的施加并无一定的顺序,其大小也无固定的函数关系,因此,对其进行定量分析有相当大的难度。

在热磨机设计过程中,主轴轴向加压油缸输出力主要根据热磨机工作时磨片单位面积的研磨压力计算,但目前国内热磨机设计时磨片研磨压力并没有被准确掌握,多数是根据已经成熟的热磨机型号的磨片尺寸推算的,是一种经验数据。这样就给设计带来了很大困难和风险:如果所选油缸压力过小,热磨机工作时由于压紧力不足,主轴轴向窜动,引起磨机振动导致设备故障,并且磨纤质量无法保证,而且一旦加压油缸设计完成,若提供压力不足,再改进就非常困难;如果所选油缸压力过大,造成设计浪费的同时,也加大了主轴推力轴承的额外载荷,减低了其使用寿命。

(3)热磨系统的节能降耗。

在中密度纤维板生产线的能耗中,热磨系统占了相当大的比重。由于国内运行的中密度纤维板生产线多数单线产能较低,能源利用率低,单位能耗较大,浪费更大。因此要实现中密度纤维板生产线的节能降耗,必须对热磨系统的节能设计进行改进。

国外的大型热磨机已经实现了能耗的下降。Pallmann 公司的热磨系统加长了木塞螺旋的压缩段长度(约是其他系统的 2 倍),可以有效挤出水和均衡木片水分,有利于热磨功耗的降低。Mesto 公司已开发出用于热磨系统中蒸汽回收的机械式蒸汽分离器 PeriSplitter,机械式分离器可大幅提高分离效率,分离后蒸汽中的纤维含量几乎为零,并且强化能耗效应,可以使热磨系统完全依靠自身产生的蒸汽运行。这种设备降低能耗的同时,改善了生产环境。Pallmann 热磨机技术参数见表 3-44。

表 3-44　Pallmann 热磨机技术参数

热磨机类型	磨盘直径 /mm	磨机电机可 选功率/kW	木塞螺旋 直径/mm	蒸煮缸 容量/m³	热磨机 产量/(t/h)
M32	800	180~250	230	1.0	1.0
M36	900	630~875	350	1.25~2.5	3.5
M42	1070	1170~1625	350	2.5~3.5	6.5
M44	1120	1440~2000	350	3.0~4.0	8.0
M46	1170	1800~2500	350	3.5~5.0	10.0
M48	1220	2160~3000	420	4.0~8.0	12.0
M50	1270	2700~3750	420	6.0~10.0	15.0
M52	1320	3240~4500	420	7.0~11.0	18.0
M54	1370	3780~5250	420	8.0~13.0	21.0
M56	1425	4320~6000	500	9.0~14.0	24.0
M58	1475	4860~6750	500	10.0~16.0	27.0
M60	1525	5400~7500	500	11.0~17.0	30.0
M62	1575	5940~8250	5000	11.0~19.0	33.0
M64	1625	6480~9000	500	12.0~20.0	36.0

此外,提高木塞螺旋的压缩比也是节能的措施之一,虽然会加大电机的功耗,但加大压缩比后,首先,可以有效减少木片在蒸煮缸的干燥和软化时间,降低干燥

能耗;其次,适当加大压缩比之后,木片受到更大程度的挤压、扭曲,木片更容易转化成束状纤维束,便于软化和干燥,这样可以加快热磨进程,降低热磨机功耗。

(4)注重研究控制系统、操作方法的人性化。

热磨机设计人员应该更多地深入运行现场,倾听用户意见和需求,力求将控制理念、操作方法、流程设计与使用者的直观性、方便性达到和谐统一,便于准确操作。

总体来看,经过 20 多年的快速发展,国内企业已经能够自行设计和制造大规格热磨设备,热磨机规格系列比较齐全,磨纤质量已与国外同规格先进热磨机磨纤质量相当。但国产热磨机在制造加工精度、自动化控制水平、节能降耗等方面还有较大的提高空间。另外,我国的基础工业、元器件、机械加工水平跟发达工业国家相比还有不小差距,热磨机的关键轴承、传感器等精度要求较高的关键零部件还需要进口,无疑加大了国产热磨机的制造成本。因此,国产热磨机要赶超世界最先进热磨机技术水平,必须加大试验设备和加工设备的投入,重视基础技术研究和试验,建立一整套完整开发体系。在开发过程中应结合国情,发挥国产热磨机的优势,在保证技术先进、磨纤质量好、使用可靠、操作和维修方便的前提下,充分重视设备的高效、节能环保和低维护成本等。

目前国产 48in 热磨机技术成熟,拥有先进热磨机所具有的机械密封、带式螺旋、计算机远程操控等主要特征,并且生产的纤维质量较高,能满足 $3\times10^4 \sim 1.2\times10^5 m^3$ 中纤板生产线的要求。58in 热磨机和 54in 热磨机均获得比较理想的纤维质量,产能也能够满足年产 $4\times10^4 m^3$ 生产线的需要。

国产热磨机和进口热磨机相比还有一定的差距,尤其在计算机自动控制系统、监测和调整等方面,并且纤维质量也不及国外热磨机。

3.4.5 纤维质量及贮存

1.纤维质量要求

为了使纤维板在热压或干燥过程中获得应有的强度和耐水性,分离后的纤维必须有一定的比表面和交织性能。为此,对分离后纤维的长度、长宽(长/径)比、筛分值、滤水性能、纤维的亲水性、化学组成和聚合度等均有一定的要求。对纤维的具体要求应根据后续工序的处理方法、所用设备和纤维板性质等有所不同。例如,湿法成形时板坯很厚(70~80mm),浆料应能迅速脱水,并形成牢固的板坯。为了便于脱水,纤维可稍粗些,但必须具有足够的交织性能;生产低密度的软质纤维板时,板坯不必加压而直接干燥,但为使纤维板有一定强度,需要采用细长纤维,以增加纤维的交织性能和接触面积。硬质(高密度)纤维板需具有较高的强度和耐水性,故板坯应在一定压力下进行干燥。虽然纤维可比软质纤维板稍粗,但不应有粗大的纤维束,纤维形态应尽量保持完整。为了提高纤维板的耐湿、耐水和耐腐性能,应除掉纤维中的低聚糖类。干法生产,除了要保证纤维的交织性能之外,还要考虑板坯再加压压缩时的排气问题,若纤维太细、粉尘过多,在板坯预压和热压时容易造成板坯破损或产生微裂纹,所以纤维的粗细要适当。

纤维板生产中通常采用纤维分离度和纤维筛分值衡量纤维的质量。

纤维分离度。纤维分离度与纤维分离过程中纤维被分离的程度有直接关系。纤维分离得越细,纤维的比表面积就越大,纤维的滤水性能就越低;反之,若纤维的滤水性能高,说明纤维比较粗,纤维的比表面积小。因此,纤维的滤水性能在一定程度上可以反映纤维被分离的程度,即纤维分离度。生产上正是利用纤维（浆料）的滤水性能与纤维分离度的这种相关关系,通过测定浆料的滤水性能而间接地测定纤维分离度。

纤维分离度测定仪的种类很多,国内外湿法生产常用滤水度测定仪、叩解度测定仪和游离度测定仪等,其中滤水度测定仪最为普遍。上述三种测定仪分别以滤水度（DS,有时称热磨秒）、叩解度和游离度表示纤维分离度。各种单位之间没有数学关系,但有实验数据的换算关系。

纤维分离度是纤维的重要质量指标,它对产品质量和生产工艺有直接影响。在一定范围内,纤维分离度越高,即纤维越细,板坯内纤维间的交织情况就越好,而且由于纤维的接触面积增加,纤维板的强度、耐水性和密度也随之提高,如表 3-45 和图 3-133 所示。但是不能得出纤维分离度越高越好的结论。实际生产中纤维的分离度是控制在一定范围之内的,如果超过一定限度,不仅脱水、排气困难,而且加压时也会因排水和排气困难而破坏板坯结构。

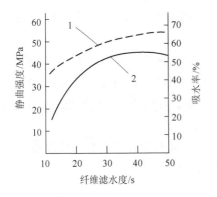

图 3-133　纤维滤水度与硬质纤维板
强度及吸水率的关系
1. 吸水率;2. 静曲强度

表 3-45　纤维分离度与纤维板强度及密度的关系

叩解度 /°SR	软 质 板		软 质 板		硬 质 板	
	静曲强度 /MPa	密度 /(kg/m³)	静曲强度 /MPa	密度 /(kg/m³)	静曲强度 /MPa	密度 /(kg/m³)
14	4.41	260	6.37	360	51.87	1010
16	5.59	330	6.67	400	58.05	1050
18~20	7.55	360	11.37	450	74.82	1100

各种纤维板的纤维分离度见表 3-46。

表 3-46　各种纤维板的纤维分离度

板的类型	密度/(g/cm³)	纤维分离度	
		滤水度/DS	叩解度/°SR
软质板	<0.3	60~80	18.6~21.0
软质板	0.3~0.4	40~50	15.5~17.5
半硬质板	0.5~0.7	30~35	13.5~14.5
硬质板	0.8~1.0	20~28	11.5~12.5

综上所述,为稳定纤维板质量,在纤维分离过程中必须经常检查纤维分离度,随时进行调整,使其稳定在一定范围之内。

纤维筛分值。通常纤维分离度或纤维的滤水性能可以反映纤维的质量,但它往往只能表示纤维质量的一个方面。例如,粗纤维的滤水性能好,细纤维的滤水性能差,但粗纤维中若含有大量细纤维,其滤水性能也比较差。又如,非常粗的纤维和细纤维的混合物与只有中等长度的纤维相比,其滤水性能可能是相同的。实际生产中有时也发现,虽然控制了纤维分离度,而纤维板质量却不稳定。这些现象说明,单凭纤维分离度还不能全面、确切地表示纤维质量。

为使纤维板具有一定强度、刚性和密度,分离后的纤维必须具有一定长度及一定的长短粗细纤维的配合比例,即纤维大小及长短粗细纤维配比也是衡量纤维质量的重要指标。纤维长度及其配比情况是用纤维筛分仪测定的。由于筛分仪形式和测定方法不同,所得结果,即筛分值也不相同。所谓筛分值就是浆料中留于或通过各种规格筛网的纤维重量所占百分比。

干法纤维板生产对纤维筛分值的测定,则是采用振动筛测定通过或留在不同网目纤维的百分比来评价纤维的质量。

筛分值不同,纤维板的性质也不同。具有同样纤维分离度的纤维,如果筛分值不同,纤维板的强度也不相同,见表 3-47。从表 3-47 和表 3-48 可以看出,细小纤维含量对硬质纤维板强度影响较大。研究表明,纤维中通过 200 目筛网的细小纤维含量在低于 21.68% 的范围内,硬质板的强度将随其含量的增加而提高。有材料报道,为了生产符合标准的纤维板,浆料中通过孔径 0.25mm 筛网的细小纤维量不得少于 25%。细小纤维富于塑性,能填充纤维间隙,增大纤维接触面积,因而纤维板的物理力学性能较好。当然,细小纤维的量也不能过多,否则将因细小纤维本身强度低而降低纤维板的强度。

表 3-47　筛分值对纤维板静曲强度的影响

编号	浆料配比 /%	叩解度 /°SR	筛 分 值/%					静曲强度 /MPa
			28目以上	28~40目	40~80目	80~200目	200目以上	
1-1	母浆100	12.5	6.24	14.53	41.87	24.16	13.20	36.18
1-2	中浆100	12.5	—	14.93	41.74	32.66	10.67	30.79
1-3	粗浆78 细浆22	12.5	3.28	18.29	46.10	21.25	11.08	30.79
2-1	母浆100	12.0	11.49	20.22	37.96	18.44	11.89	29.81
2-2	中浆100	11.0	—	23.87	51.79	20.30	4.04	27.85
2-3	粗浆75 细浆25	11.0	48.40	23.23	4.88	6.79	16.70	30.10
3-1	母浆100	11.5	14.35	8.69	41.24	21.56	14.16	47.95
3-2	中浆89 细浆11	11.5	—	16.17	47.64	25.72	10.50	40.01
3-3	粗浆73 细浆27	11.5	13.77	34.59	27.63	15.23	8.78	39.52

注:原浆为母浆,将原浆筛分,留于28目筛网者为粗浆,过80目筛网者为细浆,通过28目筛网而留在80目筛网者为中浆

表 3-48　纤维特性与纤维板强度的关系

叩解度 /°SR	筛 分 值/%					静曲强度 /MPa
	28目以上	28~40目	40~80目	80~200目	200目以上	
9	38.94	20.43	22.76	16.07	1.80	34.62
	18.89	21.41	28.64	22.88	8.18	34.12
10	12.94	16.51	39.78	18.30	12.47	40.30
	15.06	23.48	39.10	11.79	10.57	36.77
12	5.88	11.62	43.80	22.63	16.07	47.56
	6.58	18.59	39.50	22.50	12.83	41.87
15	—	6.12	50.08	24.53	19.27	49.81
	—	2.53	52.76	28.68	16.03	59.91
18	7.50	45.57	25.25	21.68		60.21
	2.02	54.05	24.29	19.64		62.56

　　对于湿法纤维板来说,纤维的不同筛分性能也不相同。如果分别用纤维的各种筛分制板,则纤维板的性质大不相同。如图 3-133 所示,30~60目筛分的纤维板吸水率低,强度高。这与纤维形态有关,这种筛分的纤维长宽比较高,交织性能好。

一般来说,纤维越长交织性能越好,但超过一定限度也会因纤维凝聚而给湿法成形工序带来困难,影响制品质量。通常浆料的平均纤维长越接近原料的平均纤维长,纤维板质量就越好。

各种纤维搭配使用。在树种混杂的情况下,若同时生产粗浆和细浆,并将两种浆料搭配使用,可生产出优质纤维板。例如,美国生产软质纤维板所使用的纤维以墨母浆纤维为主,其余则搭配热磨法纤维或高速磨浆法纤维。这种纤维搭配用来改善纤维质量的方法说明了纤维筛分值的重要意义。

影响纤维形态的因素主要是树种、纤维分离方法和设备,如表 3-49 和表 3-50 所示。从表中的数字清楚地看出,就分离后的纤维形态而言,针叶材比阔叶材好,化学机械法比热磨机械法好,纯机械法效果最差。

表 3-49 纤维平均尺寸与树种及纤维分离方法的关系

纤维分离方法	纤维平均尺寸/mm					
	松 木		云 杉		山 杨	
	长	宽	长	宽	长	宽
加热机械法	1.0～2.32		1.66～1.72		0.18～0.98	
纯机械法	—	0.044	0.62～1.23	0.041	0.07～0.86	0.033
化学机械法	1.31～3.12		1.68～3.83		0.20～1.12	

表 3-50 云杉纤维筛分值与纤维分离方法及设备的关系

纤维分离方法	纤维分离设备	纤维筛分值/%			
		0.9mm 以上	0.3～0.9mm	0.05～0.3mm	0.05mm 以上
加热机械法	热磨机、连续式打浆机	51.3	10.0	17.6	21.1
	高压釜、连续式打浆机	62.1	20.5	15.3	2.1
	连续式蒸煮器、磨碎机	64.1	15.2	13.1	7.6
纯机械法	磨木机	48.6	12.3	15.9	23.2
化学机械法	蒸煮锅、磨碎机	68.3	24.4	5.4	1.9

综上所述,纤维筛分值在实际生产中有很大意义,如果掌握得当,调整纤维筛分值可改善纤维性能,提高纤维板质量。纤维筛分值究竟以多少为好,应根据生产条件和要求,通过试验确定。

2.纤维质量检测

纤维分离质量的好坏,直接影响生产工艺控制和纤维板的质量,因此纤维质量检测是纤维板生产的一个重要工艺参数控制环节。纤维质量检验主要通过检测纤维分离度、纤维长度和纤维筛分值来评定。另外,在干法生产中还要检测纤维的堆积密度,为设定板坯铺装高度和预压工艺作参考。

纤维分离度。常用的测定方法有肖伯式叩解度测定仪、滤水度测定仪、加拿大游离度测定仪、威廉式游离度测定仪。国内纤维板生产主要使用滤水度测定仪,其余方法主要是借鉴造纸行业的纤维质量检测方法。

1)肖伯式叩解度测定仪

肖伯式叩解度测定仪如图 3-134 所示,由三个部分组成,即具有 80 目铜网底的圆筒、锥形盖和具有排水管的分离室,锥形盖可上下移动。肖伯式测定仪的不足之处是对叩解度小于 25°SR 的浆料,反应不够灵敏。

操作时,先将锥形盖放好,取相当于 2g 绝干纤维的浆料放在 1000mL 的水中(水温保持在 20℃),搅拌均匀后倒入圆筒,用手轮将锥形盖提起。此时,浆料在铜网上开始滤水,滤过铜网的水进入分离室,通过排水管排出。浆料的叩解度计算公式为

$$M = \frac{1000 - N}{100} \tag{3-57}$$

式中,M——浆料的叩解度,°SR;

　　　N——量筒中的水量,mL。

如果浆料的纤维分离度较低,浆料的滤水性能必然较强,滤过铜网的水因来不及从排水管 5 流出,而更多地从排水管 6 流入量筒,说明浆料叩解度低,叩解度低即表示纤维分离度低。

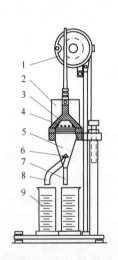

图 3-134　肖伯式叩解度测定仪
1.手轮;2.圆筒;3.锥形盖;4.铜网;
5.分离室;6.遮水器;7,8.排水管;
9.量筒

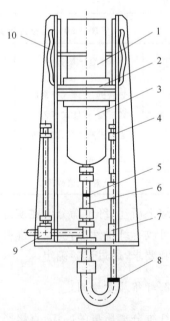

图 3-135　滤水度测定仪
1.上圆筒;2.网框;3.下圆筒;4.排水手柄;
5.水线;6.透明出水管;7.弹簧;8.排水阀;
9.进水阀;10.上圆筒压紧器

2）滤水度测定仪

滤水度测定仪如图 3-135 所示，主要由能够沿着固定在机架上的导向板、上下滑动的上圆筒、装有 25 目过滤网的网框和固定的下圆筒组成。

测定浆料滤水度的工作步骤：将上圆筒放在网框上，用夹紧器夹紧；向下按动手柄使销钩挂在钩环上，关闭泄水阀；打开进水阀供水，直至水位高于网框 5mm；将预先搅拌均匀的含 128g 绝干纤维的 10000mL 浆料倒入上圆筒；摘掉销钩，打开泄水阀，同时按动秒表计时；当水位到达排水管的水位指示线时，立即停止秒表走动。从开始泄水阀到水位降至水位指示线所需要的时间即滤水度，以秒表示。显而易见，浆料的滤水度越高，即浆料滤水所需时间越长，说明浆料越细，纤维分离度越高。

如果绝干纤维重不等于 128g，可按图 3-136 进行校正。假如已知滤水度为 27s 的绝干纤维重是 123g，则首先找出 123g 和 27s 的垂直线交点，并以此点作平行于附近斜线的直线，此线与绝干纤维重 128g 的垂直线的交点，即 28s，就是校正后的浆料滤水度。

滤水度是国内纤维板生产评定纤维分离度的主要方法，不但用于湿法生产纤维浆料质量的评定，亦可用于干法生产中纤维分离质量的评定。

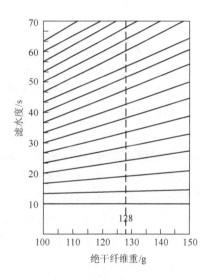

图 3-136 滤水度校正图

3）筛分仪

测量浆料筛分值的仪器很多，应用比较广泛的是 HS 型筛分仪，如图 3-137 所示。筛分圆筒中装有搅拌器，搅拌器的下方钻有许多小孔。铜网有五种规格，每次只能测定一种筛网的筛分值。

HS 型筛分仪的操作程序是：开动电动机，打开进水阀，使水压准确地控制在 0.1MPa；水满后将预先稀释、搅拌均匀的 5g 绝干纤维浆料倒入筛分圆筒里，同时开始计时；搅拌 10min 后关闭进水阀，停止电动机；冲洗筛分圆筒和搅拌器，使纤维落到铜网上；取下铜网，将留在网上的纤维在 (100±5)℃ 条件下烘干至恒重，并称量。之后，依次更换铜网同样用 5g 绝干纤维浆料按上述方法进行测定。留在某种规格铜网上的绝干纤维重与绝干试样纤维重（5g）的百分比，就称为某种规格铜网的纤维浆料筛分值。

此外，还有一种能同时测定几种筛网筛分值的纤维筛分仪。这种筛分仪是由数个（通常 4 个）筛分槽成梯形排列组成的。水从第一槽流到第二槽，再由第二槽流到第三槽，其余类推，最后流进下水道。

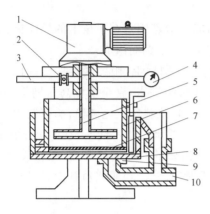

图 3-137　HS 型筛分仪
1. 传动机构；2. 水阀；3. 进水管；4. 水压表；
5. 搅拌器；6. 筛分圆筒；7. 铜网；
8. 底盖；9. 排水阀；10. 排水管

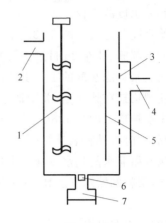

图 3-138　筛分槽原理图
1. 搅拌器；2. 进口管；3. 筛板；4. 出口管；
5. 隔板；6. 清洗口塞；7. 排水盒

如图 3-138 所示，每个筛分槽都有一个直立搅拌器、隔板、进口管和出口管。筛分槽的一边装有清洗口和用滤布作底的排水盒。各筛分槽的筛板孔眼大小依次减小。

筛分仪工作时，水首先定量地流进第一个筛分槽，此槽水满后，加进 10g 绝干纤维浆料试样。由于搅拌器和隔板的作用，浆液在隔板与筛板之间高速流动，细小纤维通过筛孔，经出口管流到第二个筛分槽。其余各槽的工作情况与第一槽完全相似。整个筛分仪经过 20min 以后，停止给水和搅拌，取掉清洗口塞，将筛分槽中的余浆从排水盒的滤布通过，纤维即被留在滤布上，烘干称量后就可得到各筛板的筛分值。

图 3-139　振动筛分仪

4）振动筛分仪

干法纤维板生产多采用振动筛测定纤维的分离质量，振动筛的结构如图 3-139 所示。振动筛由机座、振动装置、筛子和筛子固定装置构成。筛子可选用孔径为 4.00mm、2.00mm、1.25mm、0.80mm、0.50mm、0.25mm 的标准筛网，由于纤维蓬松在每层筛子中放入 3～5 块橡胶块以保证纤维筛分效果。取一定量纤维（以装载筛子体积的 60%～80% 为准），放入最顶层筛子中，振动时间通常取 10～15min，振动筛分后纤维按大小不同分布在不同筛网上，最细的纤维落在最底层，称量每层筛网上和最底层筛网下纤维各自重量，分别除以总试样纤维重，即可得出留在不同筛孔筛网上和通过最下层筛网纤维所占的百分比例，由此可判断纤维粗细和大小分布情况。这种方法虽然不是按照纤维的长短分级,但基本上反映了纤维粗细和大小分布情况,是一种评价纤维分离质量的简便而有效的方法。

参 考 文 献

安德里茨机械制浆系统技术附件(资料):1-27.

陈光伟. 2012. 热磨法磨片纤维分离机理的模型分析与实验研究[D]. 哈尔滨:东北林业大学.

陈光伟, 花军. 热磨机磨片不同区域对纤维分离作用机理的探讨[EB/OL]. 中国科技论坛在线, http://www. paper. edu. cn.

陈光伟, 花军, 贾娜, 等. 2008. 影响热磨机磨片齿形结构设计要素分析[J]. 林业机械与木工设备, 36, (6):11-13.

陈桂华. 2003. 单板旋切过程中后角变化的理论分析[J]. 林业机械与木工设备, 31(10):10-12.

陈桂华. 2002. 旋切过程中单板厚度变化的理论研究[J]. 林业机械与木工设备, 30(3):10-12.

陈健. 2002. 我国使用的几种木材刨切机及其工作原理[J]. 林业机械与木工设备, 30(7):40-42.

迟立新. 2009. 浅议热磨机磨片的制造与使用[J]. 中国人造板, (3):22-23.

东北林学院. 1981a. 胶合板制造学[M]. 北京:中国林业出版社.

东北林学院. 1981b. 刨花板制造学[M]. 北京:中国林业出版社.

东北林学院. 1981c. 纤维板制造学[M]. 北京:中国林业出版社.

方普新. 2008. 二十余载热磨机研发历程[J]. 中国人造板, (5):34-36.

顾继友, 胡英成, 朱丽滨. 2009. 人造板生产技术与应用[M]. 北京:化学工业出版社.

郭建方. 2003. 锯切装饰单板及加工. 全国人造板工业科技发展研讨会.

韩立超. 1996. 刀轴式刨片机在轻质刨花板生产中的应用[J]. 木材加工机械, (3):22-24.

韩少杰. 2007. 中密度纤维板生产工艺纵横谈[J]. 中国人造板, (4):17-20.

华智元. 1994. BF-178 矩形摆动筛平衡系统的研究[J]. 林业机械, (3):15-17.

宦铁兵. 2009. 刨花板生产用环式刨片机的使用与维护[J]. 中国人造板, (6):26-28.

姜树海, 张锐, 马岩, 等. 2000. 旋切定心与上木技术的发展[J]. 林业机械与木工设备, 28(2):4-7.

科尔曼 F F P, 等. 1984. 木材与木材工艺学原理(人造板部分)[M]. 北京:中国林业出版社.

李伟光, 郭晓磊, 曹平祥. 2008. 单板刨切技术的现状与发展[J]. 木材加工机械, (6):37-39.

李孝军, 王素俭, 陈超. 2009. 浅谈刨花板生产中几种刨花筛选设备[J]. 林业机械与木工设备, 37(2):39-41.

刘金涛. 1990. 爆破法制浆工艺[J]. 纸和造纸, (2):36-37.

陆熙娴, 秦特夫, 颜镇, 等. 1997. 杨木爆破处理及制板的研究[J]. 林业科学, (4):365-373.

罗伯特·路德, 董双文. 2004. 提高刨花板生产质量的关键环节[J]. 林产工业, 31(6):43-45.

马铨英. 1987. 介绍一种新型的刀环式万能刨片机[J]. 木材加工机械, (4):35-36.

南京林产工业学院. 1987. 木材切削原理与刀具[M]. 北京：中国林业出版社.

欧阳琳. 2001. 热磨法分离纤维[J]. 人造板通讯，(8)：8-11.

齐英杰，马洪斌，杨春梅. 2007. 多重蒙特卡罗算法在木片热磨过程中的应用初探[J]. 林产工业，34(3)：29-31.

秦启文. 2002. 62″热磨机主轴及密封系统的设计[D]. 哈尔滨：东北林业大学.

茹煜，余颖. 2006. 旋切机旋刀后角的模拟研究[J]. 木材加工机械，(6)：11-14.

沈毅，王新男. 2012. 大型刨花板备料工段设备研发[J]. 中国人造板，(6)：17-21.

沈锦桃，薛宏丽，方普新，等. 2006. BMI1111 /15/ 23 (44英寸)热磨机的开发[J]. 林产工业，33(5)：46-48.

沈锦桃，薛宏丽. 2006. 44英寸热磨机结构特点[J]. 林业机械与木工设备，34(9)：38-40.

沈学文. 2010. 刨花矩形摆动筛的结构与使用[J]. 中国人造板，(4)：25-58.

史玉梅. 2007. 圆环直齿热磨机磨片的设计分析和结构优化[D]. 长春：吉林大学.

宋先亮，殷宁，潘定如. 2003. 爆破法制浆技术的研究现状[J]. 北京林业大学学报，2003，25(4)：75-78.

孙义刚，车仁君. 2010. 刨切机与旋切机、刨切单板与旋切单板的比较[J]. 林业机械与木工设备，38(5)：4-6.

谭长敏，李维邦. 1992. 矩形摆动筛运动原理浅谈[J]. 木材加工机械，(1)：12-16.

唐永裕. 1982. 刨花制造工艺与设备[J]. 林产工业，9(3)：21-30.

唐忠荣. 2002. 单鼓轮长材刨片机的理论研究[J]. 林业机械与木工设备，30(11)：7-9.

王垠，张爱莲，解集亭. 1994. 帕尔曼环式刨片机使用与维修点滴[J]. 林业科技情报，(1)：15-16.

王忠奎. 2002. 热磨机磨片对中密度纤维板纤维分离质量影响机理的研究[D]. 哈尔滨：东北林业大学.

吴季陵. 1998. 几种原木剥皮机械性能概述[J]. 林业机械与木工设备，26(1)：4-7.

吴培国. 1995. 刀轴式刨片机与传统刨花制备工艺的对比[J]. 林产工业，22(3)：34-36.

向仕龙，李赐生. 2010. 木材加工与应用技术进展[M]. 北京：科学出版社.

谢立忠. 2004. 50英寸大型热磨机开发要点浅析[J]. 林产工业，31(1)：40-42.

徐大鹏，陈光伟，张绍群，等. 2012. 纤维分离过程力学模型的建立及其运动状态分析[J]. 东北林业大学学报，40(1)：90-93.

杨春梅，马洪斌. 2011. 热磨机及其关键技术发展的趋势和前景[J]. 木工机床，(3)：18-20.

曾靖山，郑炽嵩，胡健，等. 2003. 爆破法制浆技术及其产业化应用[J]. 造纸科学与技术，22(6)：17-21.

张瑞芳，张士勇. 2011. 54英寸侧开门热磨机主机结构设计简介[J]. 木材加工机械，(5)：4-7.

张言海. 2001. 国产BW1111系列热磨机特点[J]. 建筑人造板，(2)：41-43.

章鑫才. 1987. 盘式削片机设计[J]. 木材加工机械，(3)：1-11.

郑凤山. 2009. 刨花板生产的刨花制备[J]. 中国人造板，(3)：26-30.

周定国，华毓昆. 1987. 人造板工艺学[M]. 2版. 北京：中国林业出版社.

周兰美，马大国，贾娜，等. 2004. 单板刨切与旋切的比较[J]. 林业机械与木工设备，32(3)：

44-46.

Ben Y X, Kokta B V. Effect of chemical pretreatment on chemical characteristics of steam explosion pulps of aspen. Journal of Wood Chemistry and Technology, 1993, 13 (3): 349-369.

Law K N. The role of fibrillar elements in the rmomechanical pulp[J]. Pulp and Paper Canada, 2000, 101(1): 57-60.

第 4 章 干　燥

干燥是利用物理、化学、机械等方法除去目标物体中湿分(水分或其他液体)的操作。干燥技术有着很宽的应用领域。面对众多的产业、不同理化性质的干燥对象、干燥质量及其他方面的要求,干燥技术是一门跨行业、跨学科、多门类、具有实验科学性质的技术。

通常,在干燥技术的开发及应用中需要具备三个方面的知识和技术。

(1)需要了解被干燥物料的理化性质和产品的使用特点。

(2)要熟悉传递工程的原理,即传质、传热、流体力学和空气动力学等能量传递的原理。

(3)要有实施的手段,即能够进行干燥流程、主要设备、电气仪表控制等方面的工程设计。

现代干燥技术虽已有一百多年的发展史,但至今还属于实验科学的范畴。大部分干燥技术目前还缺乏能够精准指导实践的科学理论和设计方法。实际应用中,依靠经验和小规模试验的数据来指导还是主要的方式。造成这一局面的原因有以下几方面。

(1)干燥技术所依托的一些基础学科(主要是隶属于传递工程范畴的学科)本身就具有实验科学的特点。例如,空气动力学的研究发展还要靠"风洞"试验来推动,就说明它还没有脱离实验科学的范畴。而这些基础学科自身的发展水平直接影响和决定了干燥技术的发展水平。

(2)很多干燥过程是多种学科技术交汇进行的过程,牵涉面广、变数多、机理复杂。例如,在喷雾干燥技术领域,被雾化的液滴在干燥塔内的运行轨迹是工程设计的关键。而液滴的轨迹与自身的体积、质量、初始速度、方向及周围其他液滴和热风的流向流速有关。但这些参数由于传质、传热过程的进行,无时无刻不在发生着变化。而且初始状态时,无论液滴的大小还是热风的分布都不可能是均匀的。显然,对于如此复杂、多变的过程只凭借理论计算来进行工程设计是不可靠的。

(3)被干燥物料的种类是多种多样的,其理化性质也是各不相同的。不同的物料即使在相同的干燥条件下,其传质、传热的速度也可能有较大的差异。

以上三方面的原因决定了干燥技术的开发与应用要以试验为基础。这是干燥技术应用的显著特点。此外,种类繁多、用途各异也是干燥技术的一个特点。在工程实践中,要根据具体情况选择适用的干燥技术种类。这对投资费用、操作成本、产品质量、环保要求等方面都会产生重大的影响。

干燥是传热和传质的复合过程,传热推动力是温度差,而传质推动力是物料表面的饱和蒸汽压与气流(通常为空气)中水气分压之差;根据向湿物料传热的方式不同,干燥可分为传导干燥、对流干燥、辐射干燥和介电加热干燥,或者是两种以上传热方式联合作用的结果。工业上的干燥操作主要是传导干燥和对流干燥。

(1)传导干燥:将热能以传导的方式通过金属壁面传给湿物料。特点:热能利用率高,但物料温度不易控制,易过热。

(2)对流干燥:将热能以对流的方式传给与其直接接触的湿物料。热空气将热能以对流的方式传到湿物料表面,再由表面传到物料内部,这是一个传热过程。物料表面的湿分由于受热汽化,使物料内部和表面之间产生浓度差。因此,物料内部的湿分以液态或气态的形式向表面扩散,然后汽化后的水蒸气再通过物料表面扩散到气流主体,这是传质过程。干燥是传热和传质同时进行的过程,两者相互联系。干燥过程的速度同时由传热速度和传质速度决定。特点:热能利用率比传导干燥低。

(3)辐射干燥:热能以电磁波的形式由辐射器发射至湿物料表面,被湿物料吸收再转变为热能,而将湿物料中湿分汽化并除去。

(4)介电加热干燥:将需要干燥的物料置于高频电场的交变作用使物料加热而达到干燥。

在干燥过程中,组合各种传热方式已被实践证明具有许多好处,如缩短干燥时间、提高产品质量等。近年来,此方式得到较好的利用,具体而言,可以结合对流传热、热传导、热辐射或介电(高频和微波)两种以上的传热方式同时供给热能,也可以在不同的干燥阶段使用不同形式的传热方式。目前,也开始结合过热蒸汽干燥和真空干燥操作。

4.1　干燥基础理论

4.1.1　干燥介质的基本特性

1.湿空气的分压力

湿空气是指绝干空气与水蒸气的混合物。在干燥过程中,随着湿物料中水分的汽化,湿空气中水分含量不断增加,但绝干空气的质量保持不变。因此,湿空气性质一般都以 1kg 绝干空气为基准。操作压强不太高时,空气可视为理想气体。

湿空气是指含有水蒸气的空气,是干空气和水蒸气的混合物。完全不含水蒸气的空气称为绝干空气(简称干空气)。湿空气中水蒸气分压通常很低(0.003～0.004MPa),可视为理想气体。湿空气是理想气体的混合物,遵循理想气体状态方程。

根据道尔顿(Dalton)分压定律：

$$p = p_a + p_v \tag{4-1}$$

系统总压 p 即湿空气的总压(kN/m^2)为 $p_{干空气}$ 与 p_{H_2O} 之和，干燥过程中系统总压基本恒定不变，且

$$\frac{p_{H_2O}}{p_{干空气}} = \frac{n_{H_2O}}{n_{干空气}} \tag{4-2}$$

空气中水蒸气分压越大，水分含量就越高，根据气体分压定律，则有

$$\frac{p_v}{p_g} = \frac{p_v}{p - p_v} = \frac{n_v}{n_g}$$

湿空气中的水蒸气通常处于过热状态，干空气与过热水蒸气组成的湿空气称为未饱和空气。当水蒸气的分压达到对应温度下的饱和压力，水蒸气达到饱和状态。由干空气与饱和水蒸气组成的湿空气称为饱和空气。

湿空气是对流干燥的传热介质，随着干燥的进行，干燥介质将热能传递给干燥对象，而干燥对象中的水分从其表面向介质中扩散，从而导致湿空气中的湿含量增加。干燥系统则以新鲜空气置放部分高含湿量的干燥介质，以保证干燥条件。

干燥操作通常在常压下进行，常压干燥的系统总压接近大气压力，热敏性物料的干燥一般在减压下操作。

2. 湿空气中的水蒸气量

湿空气中水蒸气量表示方式有三种：绝对湿度、相对湿度和湿含量。

1)绝对湿度

单位体积湿空气所含水蒸气的质量称为湿空气的绝对湿度，用 ρ_v 表示，单位 kg/m^3。

湿度是用来表示大气干燥程度的物理量。在一定的温度下，一定体积的空气里含有的水汽越少，则空气越干燥；水气越多，则空气越潮湿。空气的干湿程度叫做"湿度"。

空气的温度越高，它容纳水蒸气的能力就越高。虽然水蒸气可以与空气中的部分成分(如悬浮的灰尘中的盐)进行化学反应，或者被多孔的粒子吸收，但这些过程或反应所占的比例非常小，相反地，大多数水蒸气可以溶解在空气中。干空气一般可以看做一种理想气体，但随着其中水气成分的增高，它的理想性越来越低。这时只有使用范德华方程才能描写它的性能。

根据理想气体状态方程：

$$\rho_v = \frac{p_v}{RT} M_v = \frac{p_v}{R_v T} \tag{4-3}$$

对于饱和空气：

$$\rho_{sv} = \frac{p_{sv}}{RT} M_v = \frac{p_{sv}}{R_v T} \tag{4-4}$$

水在一个标准大气压下的饱和蒸汽压仅是温度的单值函数。

$$p_{sv} = 610.8 + 2674.3\left(\frac{t}{100}\right) + 31\ 558\left(\frac{t}{100}\right)^2 - 27\ 645\left(\frac{t}{100}\right)^3 + 94\ 124\left(\frac{t}{100}\right)^4$$

绝对湿度的量随温度变化而变化,且越靠近最高湿度,它随温度的变化就越小。

2)相对湿度

在一定温度及总压下,湿空气的水汽分压 p_v 与同温度下水的饱和蒸汽压 p_s 之比的百分数,称为相对湿度,用符号 φ 表示,即

$$\varphi = \frac{p_v}{p_s} \times 100\% \tag{4-5}$$

当 $p_v = 0$ 时,$\varphi = 0$,表示湿空气不含水分,即绝干空气。

当 $p_v = p_s$ 时,$\varphi = 1$,表示湿空气为饱和空气。

若 $t <$ 总压下湿空气的沸点,$0 \leqslant \varphi \leqslant 100\%$。

若 $t >$ 总压下湿空气的沸点,湿分 $p_s > p$,最大 φ(空气全为水气)$< 100\%$,故工业上常用过热蒸汽做干燥介质。

若 $t >$ 湿分的临界温度,气体中的湿分已是真实气体。此时 $\varphi = 0$,理论上吸湿能力不受限制。

3)湿含量

空气的湿含量是指 1kg 干空气所携带的水蒸气质量(又称为比湿度),以 d 表示,单位 kg 水/kg 干空气。

$$d = \frac{m_w}{m_a} = \frac{\rho_v}{\rho_a} \tag{4-6}$$

根据理想气体状态方程,有

$$d = \frac{m_w}{m_a} = \frac{p_w M_w}{(p - p_w)M_a} = 0.622\frac{p_w}{p - p_w} = 0.622\frac{\varphi p_{sw}}{p - \varphi p_{sw}}$$

因此

$$d = f(\varphi, t)$$

绝对湿度、相对湿度和湿含量三者的关系如下:

$$\rho_v = \frac{p_v}{RT} M_v = \frac{p_v}{R_v T}$$

$$d = \frac{m_w}{m_a} = \frac{p_v M_w}{(p - p_v)M_a} = 0.622\frac{p_v}{p - p_v} = 0.622\frac{\varphi p_{sw}}{p - \varphi p_{sw}}$$

$$\rho_v = \frac{dp M_w}{(0.622 + d)RT}$$

$$\varphi = \frac{dp}{(0.622 + d)p_{\mathrm{sw}}}$$ (4-7)

3.湿空气的温度

1)干球温度

干球温度是湿空气的真实温度,简称温度(℃ 或 K)。将温度计直接放在湿空气中即可测量。干球温度计温度通常被视为气体温度,它是真实的热力学温度。

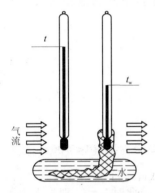

图 4-1　干湿球温度测定

2)空气的湿球温度

湿球温度是标定空气相对湿度的一种手段,是指在某一状态下的空气,同湿球温度计的湿润温包接触,发生绝热热湿交换,使其达到饱和状态时的温度。该温度是用温包上裹着湿纱布的温度表,在流速大于 2.5m/s 且不受直接辐射的空气中,所测得的纱布表面温度,以此作为空气接近饱和程度的一种度量。周围空气的饱和差越大,湿球温度表上发生的蒸发越强,而其湿度也就越低。根据干、湿球温度的差值,可以确定空气的相对湿度(图 4-1)。

湿球温度实际上是湿纱布中水分的温度,而并不代表空气的真实温度,由于此温度由湿空气的温度、湿度所决定,故称为湿空气的湿球温度,所以它是表明湿空气状态或性质的一种参数。

对于某一定干球温度的湿空气,其相对湿度越低,湿球温度值越低。对于饱和湿空气,其湿球温度与干球温度相等。

干球温度是接触球体表面空气的实际温度,湿球温度是球体表面附着有水时,水分蒸发带走热量后球体的温度,水的蒸发量跟空气的湿度有关,空气湿度越大蒸发量越小,带走的热量越少,干湿球温度差异越小;空气湿度越小水蒸发量越大,带走的热量也越大,干湿球温差也就越大,所以可以通过干湿球温差的变化规律来反映当前空气湿度状况。

3)绝热饱和冷却温度 t_{as}

绝热饱和过程是指在高温不饱和空气与水在绝热条件下进行传热、传质并达到平衡状态的过程。达到平衡时,空气与水温度相等,空气被水蒸气所饱和,见图 4-2。

绝热饱和冷却温度是指不饱和的湿空气等焓降温到饱和状态时的温度。

$$t_{\mathrm{as}} = t - \frac{r_{\mathrm{as}}}{c_{\mathrm{H}}}(H_{\mathrm{as}} - H)$$ (4-8)

由于 r_{as} 和 H_{as} 是 t_{as} 的函数,故绝热饱和温度 t_{as} 是气体温度 t 和湿度 H 的函数。已知 t 和 H,可以求解 t_{as}。

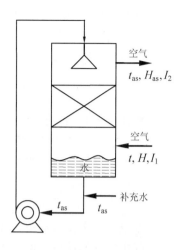

绝热增湿过程直到空气被水气所饱和,则空气的温度不再下降,而等于循环水的温度,称此温度为该空气的绝热饱和温度,用符号 t_{as} 表示,其对应的饱和湿度为 H_{as},此刻水的温度亦为 t_{as}。

在空气绝热增湿过程中,空气失去的是湿热,得到的是汽化水带来的潜热,空气的温度和湿度虽随过程的进行而变化,但其焓值不变,见图 4-2。

塔顶和塔底处湿空气的焓分别为

$$I_1 = (c_g + Hc_v)t + Hr_0^0$$
$$I_2 = (c_g + H_{as}c_v)t_{as} + H_{as}r_0^0$$

图 4-2 绝热增湿过程示意图

湿空气在绝热增湿过程中为等焓过程,即 $I_1 = I_2$。

由于 H 和 H_{as} 值与 l 相比皆为一很小的数值,故可视为 C_H、C_{Has} 不随湿度而变,即 $C_H = C_{Has}$。则有

$$t_{as} = t - \frac{r_0^0}{c_H}(H_{as} - H) \qquad (4-9)$$

实验测定表明,对于在湍流状态下的空气-水蒸气系统,$\frac{\alpha}{k_H} \approx C_H$,同时 $r_0^0 \approx r_{tw}$,故在一定温度 t 和湿度 H 下,有

$$t_w \approx t_{as}$$

绝热饱和温度 t_{as} 与湿球温度 t_w 是两个完全不同的概念,但是两者都是湿空气状态(t 和 H)的函数。特别是对于空气-水蒸气系统,两者在数值上近似相等,对其他系统而言,不存在此关系。湿球温度与绝热饱和温度的特性差异见表 4-1。

表 4-1 湿球温度与绝热饱和温度对照表

参数	湿球温度	绝热饱和温度
空气特点	空气多,水分少	空气一定,大量水
水汽化所需热	来自水温下降	来自空气(气温下降)
物理含义	热、质速度达到动态平衡	绝热冷却增湿至饱和
空气性质	温度、湿度不变	温度下降,湿度增大
性质	空气状态函数	空气状态函数
联系	对空气-水蒸气系统,当空气流速较大时,二者相等	

4)露点 t_d

露点:空气湿度达到饱和时的温度。即不饱和空气等湿冷却到饱和状态时的

温度，以 t_d 表示；相应的湿度为饱和湿度，以 H_s、t_d 表示。

处于露点温度的湿空气的相对湿度 $\varphi=1$，空气湿度达到饱和湿度，湿空气中水气分压等于露点温度下水的饱和蒸汽压，则

$$H_{s,t_d} = 0.622 \frac{p_{s,t_d}}{P - p_{s,t_d}}$$ (4-10)

温度为 t 的不饱和空气在等湿下冷却至温度等于 t_d 的饱和状态，此时 $H = H_{s,t_d}$。

不饱和空气 $t > t_{as}$（或 t_w）$> t_d$；饱和空气 $t = t_{as} = t_d$。

4.湿空气的密度

湿空气的密度表示单位体积湿空气的质量，用 ρ 表示，单位 kg/m³。它也表示湿空气中空气的质量浓度与水蒸气的质量浓度之和，即

$$\rho = \rho_a + \rho_v$$

因为

$$\rho_a = \frac{p_a}{R_a T}, \rho_w = \frac{p_w}{R_w T}$$

所以

$$\rho = \frac{p_a}{R_a T} + \frac{p_w}{R_w T} = \frac{p_a}{R_a T} + \frac{p_w}{R_a T} - \frac{p_w}{R_a T} + \frac{p_w}{R_w T}$$

$$\rho = \frac{p}{R_a T} - \frac{p_w}{T}\left(\frac{1}{R_a} - \frac{1}{R_w}\right) = \frac{p}{R_a T} - \frac{\varphi p_{sw}}{T}\left(\frac{1}{287} - \frac{1}{461}\right)$$

$$\rho = \frac{p}{R_a T} - 0.001\,315\,\frac{\varphi p_{sw}}{T}$$ (4-11)

5.湿空气的比热和焓

1）比容（v_H 或湿比容（m³/kg 绝干气体）

比容：1kg 绝干空气和相应水气体积之和。

$$v_H = \left(\frac{1}{29} + \frac{H}{18}\right) \times 22.4 \times \frac{t+273}{273} \times \frac{1.0133 \times 10^5}{P}$$

$$= (0.772 + 1.244H) \times \frac{t+273}{273} \times \frac{1.0133 \times 10^5}{P}$$ (4-12)

2）比热容 c_H[kJ/(kg·℃)]

比热容：1kg 绝干空气及相应水汽温度升高 1℃所需要的热量。

$$c_H = c_g \times 1 + c_v \times H$$ (4-13)

式中，c_g——绝干空气的比热容，kJ/(kg·℃)；

c_v——水气的比热容，kJ/(kg·℃)。

对于空气-水蒸气系统：

$$c_g = 1.01 \text{kJ/(kg} \cdot \text{℃)}, c_v = 1.88 \text{kJ/(kg} \cdot \text{℃)}$$

$$c_H = 1.01 + 1.88H \tag{4-14}$$

3）焓 I

焓：1kg 绝干空气的焓与相应水气的焓之和。

$$I = I_g + HI_v$$

由于焓是相对值，计算焓值时必须规定基准状态和基准温度，一般以 0℃ 为基准，且规定在 0℃ 时绝干空气和水汽的焓值均为零，则

$$I = (c_g + Hc_v)t + r_0 H = c_H t + r_0 H \tag{4-15}$$

对于空气-水蒸气系统：

$$I = (1.01 + 1.88H)t + 2490H \tag{4-16}$$

6. 湿空气的焓湿图及其应用

为了简化计算，便于确定湿空气的状态及其参数，分析研究湿空气的状态变化过程，常采用湿空气的焓湿图（hd 图）。

焓湿图是以式 $d = 622 \dfrac{\varphi p_s}{B - \varphi p_s}$ 和式 $h = 1.01t + 0.001d(2500 + 1.84t)$ 等为基础，在一定的大气压力 B 下绘制的。不同大气压力下有不同的 hd 图，使用时应注意选用与给定的当地大气压力相适应的 hd 图。

湿空气的焓湿图，以含 1kg 干空气的湿空气为基准，以焓 h 为纵坐标，含湿量 d 为横坐标，如图 4-3 所示，并在 hd 图上表示出湿空气的主要参数 h、d、t、φ 和 P_{vap} 等。

（1）等含湿量线。它是一系列与纵坐标平行的直线，从纵轴为 $d=0$ 的等含湿量线开始，自左向右 d 值逐渐增加。

（2）等焓线。为使图形清晰，等焓线为一系列与纵坐标成 135° 夹角的平行线。通过含湿量 $d=0$ 及温度 $t=0$℃ 交点的等焓线，其焓值 $h=0$，向上的等焓线为正值，向下的等焓线为负值，且自下而上焓值逐渐增加。

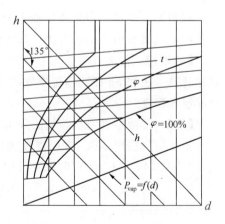

图 4-3　湿空气的焓湿图

（3）等温线。由式 $h = 1.01t + 0.001d(2500 + 1.84t)$ 可知，当温度 t 为常量时，焓 h 和含湿量 d 之间为线性函数关系。对于不同的温度，该直线有不同斜率，所以等温线是一组互相不平行的直线。温度越高，直线的斜率略有增加。

(4)等相对湿度线。它是一组向上凸的曲线。其中 $\varphi=0$ 的等 φ 线为干空气线,此时 $d=0$,故与纵坐标轴重合;$\varphi=1000\%$ 的等 φ 线称为饱和曲线(临界曲线),还可以说是露点的轨迹。饱和曲线将 hd 图分为两部分。上部是未饱和空气,临界曲线上各点是饱和空气,下部表示水蒸气已凝结成为雾状的湿空气,图中未画出。

应当指出,当大气压力 $B=0.1\text{MPa}$ 时,其对应的饱和温度是 99.634℃。当湿空气的温度比 99.634℃ 高时,湿空气中所含水蒸气的最大分压力 p_s 只能保持其最大值并等于 B。由式 $d=622\dfrac{\varphi p_s}{B-\varphi p_s}$ 可知,$d=f(\varphi)$,φ 不变时 d 亦不变,故等 φ 线与 99.634℃ 的等温线相交后即折向上,成为垂直线。

(5)水蒸气的分压力与含湿量的变换线。根据 $d=622\dfrac{p_{vap}}{B-p_{vap}}$ 的关系式可绘出 $p_{vsp}=f(d)$ 的曲线,此曲线一般绘制在临界曲线的下面(也可以绘制在图的上方),在纵坐标上标出水蒸气分压的数值,自下向上逐渐增加。

hd 图上每一个点都代表湿空气的一个状态。只要知道湿空气的任意两个独立参数和大气压力 B,就可根据 hd 图确定湿空气的状态,并找出其他状态参数(包括 p_{vap})。

由于露点是给定的蒸汽分压力 p_{vap} 下所对应的饱和温度 t_s,所以可利用 hd 图上的已知状态点,引垂直线与临界曲线($\varphi=100\%$)相交,其交点的温度即露点。

利用 hd 图,还可以很方便地表示和计算湿空气的状态变化过程,这是在干燥过程和空气调节中常用的方法。具体使用方法,可参考下列各例。

【例 4-1】 设大气压为 0.101 325MPa,温度为 30℃,相对湿度 φ 为 60%,试分别用计算方法和 hd 图确定湿空气的下列参数:露点温度、含湿量、水蒸气分压力、焓和湿球温度。

【解】 ①湿空气中水蒸气的分压力。

根据空气温度 30℃,查以温度为序的饱和水和饱和水蒸气表,可得饱和压力 $p_s=0.004\ 245\ 1\text{MPa}$。此时湿空气中水蒸气的分压力为

$$p_{vap}=\varphi p_s=0.6\times0.004\ 245\ 1=0.002\ 547(\text{MPa})$$

②露点温度。

按 $p_{vap}=0.002\ 547\text{MPa}$,查以压力为序的饱和水和饱和水蒸气表,得露点温度为 21.4℃。

③含湿量。

$$d=622\frac{p_{vap}}{B-p_{vap}}=622\times\frac{0.002\ 547}{0.101\ 325-0.002\ 547}=16(\text{g/kg DA})$$

④湿空气的焓。

$$h = 1.01t + 0.001d(2500 + 1.84t)$$
$$= 1.01 \times 30 + 0.001 \times 16(2500 + 1.84 \times 30)$$
$$= 71.2(kJ/kg \text{ 绝干空气})$$

⑤查 hd 图。

$t = 30℃$、$\varphi = 60\%$ 时(图 4-4 中状态 a),$d = 16$g/kg 绝干空气,$h = 71.1$kJ/kg 绝干空气。由 a 点沿等焓线往右下方与饱和空气线相交于 b 点,b 点的温度为湿球温度,$t_w = 23.8℃$。由 a 点沿等 d 线垂直往下,与饱和空气线相交于 c 点,c 点的温度为露点温度,$t_{dew} = 21.4℃$。由 a 点沿等 d 线垂直向上,与水蒸气分压力线相交于 e 点,得到水蒸气分压力 $p_{vap} = 0.002\ 54$MPa。

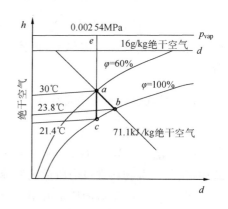

图 4-4 过程 hd 图

【例 4-2】 将 $p = 0.101\ 325$MPa,$t_1 = 20℃$,$\varphi_1 = 60\%$ 的空气在加热器中加热到 $t_2 = 50℃$,然后送入干燥箱,用以烘干物体。空气从干燥箱出来时温度 $t_3 = 30℃$。在这样的过程中,每蒸发 1kg 水分需要多少空气,加热器应提供多少热量?

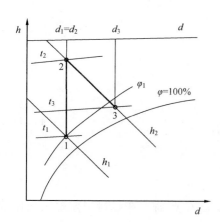

图 4-5 过程 hd 图

【解】 利用 hd 图,根据 t_1、φ_1 在图(图 4-5)上确定状态点 1,可得

$$d_1 = 8.7(g/kg \text{ 绝干空气}),$$
$$h_1 = 42.2(kJ/kg \text{ 绝干空气})$$

空气在加热过程中,d 不变,即 $d_2 = d_1 = 8.7$g/kg 绝干空气。根据 d_2 及 t_2 查得状态点 2 的参数为

$$h_2 = 73(kJ/kg \text{ 绝干空气})$$

空气在干燥箱内经历的是绝热加湿过程,其焓值近似不变,即 $h_3 = h_2$。按 h_3 和 t_3 查得状态点 3 的参数为

$$d_3 = 16.7(g/kg \text{ 绝干空气})$$

每千克干空气吸收的水分和吸收的热量为

$$\Delta d = d_3 - d_1 = 16.7 - 8.7 = 8.0(g/kg \text{ 绝干空气})$$
$$q = h_2 - h_1 = 73 - 42.2 = 30.8(kJ/kg \text{ 绝干空气})$$

蒸发 1kg 水分需要的空气量、加热器提供的热量为

$$m = \frac{1}{\Delta d} = \frac{1}{0.008} = 125 (\text{kg 绝干空气})$$

$$Q = mq = 125 \times 30.8 = 3850 (\text{kJ/kg 绝干空气})$$

4.1.2　干燥过程的物料量和热量的平衡计算

干燥过程的计算中应通过干燥器的物料衡算和热量衡算计算出湿物料中水分蒸发、空气用量和所需热量，再依此选择适宜型号的鼓风机、设计或选择换热器等。

1. 干燥过程的物料平衡计算

1）水分蒸发量

$$W = G_1 - G_2 = G_c(X_1 - X_2) = L(H_2 - H_1) \tag{4-17}$$

式中，G_1——湿物料进口的质量流率，kg/s；

　　G_2——产品出口的质量流率，kg/s；

　　G_c——绝干物料的质量流率，kg/s；

　　w_1——物料的初始湿含量；

　　w_2——产品湿含量；

　　L——绝干气体的质量流率，kg/s；

　　H_1——气体进干燥器时的湿度；

　　H_2——气体离开干燥器时的湿度；

　　W——单位时间内汽化的水分量，kg/s。

2）空气消耗量

绝干空气消耗量

$$L = \frac{W}{H_2 - H_1} \tag{4-18}$$

绝干空气比消耗

$$l = \frac{L}{W} = \frac{1}{H_2 - H_1}$$

说明：比空气用量只与空气的最初和最终湿度有关，而与干燥过程所经历的途径无关。

湿空气的消耗量为

$$L' = L(1 + H_1) = L(1 + H_0) \tag{4-19}$$

3）干燥产品的流量 G_2

$$G = G_2(1 - w_2) = G_1(1 - w_1)$$

$$G_2 = \frac{G_1(1 - w_1)}{1 - w_2} \tag{4-20}$$

式中, w_1、w_2——物料进出干燥器时的湿基含水率。

【例 4-3】 在一连续干燥器中,每小时处理湿物料 1000kg,经干燥后物料的含水率由 10% 降至 2%(wb)。以热空气为干燥介质,初始湿度 $H_1 = 0.008$kg 水/kg 绝干气,离开干燥器时湿度为 $h_2 = 0.05$kg 水/kg 绝干气,假设干燥过程中无物料损失,试求水分蒸发量、空气消耗量和干燥产品量。

【解】 ①水分蒸发量:将物料的湿基含水率换算为干基含水率,即

$$X_1 = \frac{w_1}{1 - w_1} = \frac{0.1}{1 - 0.1} = 0.111(\text{kg 水/kg 绝干料})$$

$$X_2 = \frac{w_2}{1 - w_2} = \frac{0.02}{1 - 0.02} = 0.0204(\text{kg 水/kg 绝干料})$$

进入干燥器的绝干物料为

$$G = G_1(1 - w_1) = 1000(1 - 0.1) = 900(\text{kg 绝干料/h})$$

水分蒸发量为

$$W = G(X_1 - X_2) = 900(0.111 - 0.0204) = 81.5(\text{kg 水/h})$$

②空气消耗量。

$$L = \frac{W}{H_2 - H_1} = \frac{81.5}{0.05 - 0.008} = 1940(\text{kg 干气/h})$$

原湿空气的消耗量为

$$L' = L(1 + H_1) = 1940(1 + 0.008) = 1960(\text{kg 湿空气/h})$$

单位空气消耗量(比空气用量)为

$$l = \frac{1}{H_2 - H_1} = \frac{1}{0.05 - 0.008} = 23.8(\text{kg 绝干空气/kg 水})$$

③干燥产品量。

$$G_2 = \frac{G_1(1 - w_1)}{1 - w_2} = 1000 \times \frac{1 - 0.1}{1 - 0.02} = 918.4(\text{kg/h})$$

$$\text{或} \ G_2 = G_1 - w = 1000 - 81.5 = 918.5(\text{kg/h})$$

2. 干燥过程的热量平衡计算

干燥系统如图 4-6 所示,湿空气通过预热器进行加热,热气体进入干燥器对物料进行加热干燥,废气排出。

其中,Q_p——预热器向气体提供的热量,kW;

Q_D——向干燥器补充的热量,kW;

Q_L——干燥器的散热损失,kW。

1)预热器的热量衡算

预热器的作用在于加热空气。根据加热方式可分为两类。

直接加热式:如热风炉。将燃烧液体或固体燃料后产生的高温烟气直接用做

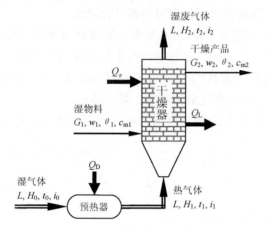

图 4-6　干燥系统示意图

干燥介质。

间接换热式：如间壁换热器。

空气预热器传给气体的热量为

$$Q_p = L(I_{H1} - I_{H0})$$

如果空气在间壁换热器中进行加热，则其湿度不变，$H_0 = H_1$，即

$$Q_p = Lc_{H0}(t_1 - t_0) \qquad (4-21)$$

通过预热器的热量衡算，结合传热基本方程式，可以求得间壁换热空气预热器的传热面积。

2）干燥器的热量衡算

$$Lc_{H0}(t_1 - t_2) + Q_D = W(r_0 + c_v t_2 - c_w \theta_1) + G_c c_{m2}(\theta_2 - \theta_1) + Q_L$$

热气体在干燥器中冷却而放出的热量：

$$Q_g = Lc_{H0}(t_1 - t_2)$$

$$Q_g + Q_D = W(r_0 + c_v t_2 - c_w \theta_1) + G_c c_{m2}(\theta_2 - \theta_1) + Q_L \qquad (4-22)$$

物理意义：气体在干燥器中放出的热量和补充加热的热量用于汽化湿分、加热产品和补偿设备的散热损失。

3）整个干燥系统的热量衡算

在连续稳定操作条件下，系统无热量积累，单位时间内（以 1s 为基准）

$$LI_1 + G_c I'_1 + Q_p + Q_D = LI_2 + GI'_2 + Q_L$$

$$Q = Q_p + Q_D = L(I_2 - I_0) + G_c(I'_2 - I'_1) + Q_L$$

式中，$L(I_2 - I_0)$——气体焓变；

　　$G_c(I'_2 - I'_1)$——物料焓变。

物料焓：

$$I_m = (c_s + Xc_w)\theta = c_m \theta$$

气体焓：

$$Q_p = L(I_{H1} - I_{H0})$$

$$= L[(c_g + H_2 c_v)t_2 + r_0 H_2 - (c_g + H_0 c_v)t_0 - r_0 H_0]$$

$$= L[c_g(t_2 - t_0) + c_v(H_2 t_2 - H_0 t_0) + r_0(H_2 - H_0)]$$

因为

$$H_2 = H_0 + \frac{W}{L}$$

$$L(I_{H2} - I_{H0}) = L\left\{ c_g(t_2 - t_0) + c_v\left[\left(H_0 + \frac{W}{L}\right)t_2 - H_0 t_0 \right] + r_0 \frac{W}{L} \right\}$$

$$= L(c_g + H_0 c_v)(t_2 - t_0) + W(r_0 + c_v t_2)$$

$$= Lc_{H0}(t_2 - t_0) + Wi_{v2}$$

因此，整个干燥系统的热量衡算如下。

物料焓变：

$$G_c(I_2 - I_1) = G_c[(c_s + X_2 c_w)\theta_2 - (c_s + X_1 c_w)\theta_1]$$

$$= G_c[c_s(\theta_2 - \theta_1) - c_w(X_2\theta_2 - X_1\theta_1)]$$

因为

$$X_1 = X_2 + \frac{W}{G_c}$$

$$G_c(I_{m2} - I_{m1}) = G_c\left\{ c_s(\theta_2 - \theta_1) + c_w\left[X_2\theta_2 - \left(X_2 + \frac{W}{G_c}\right)\theta_1 \right] \right\}$$

$$= G_c(c_s + X_2 c_w)(\theta_2 - \theta_1) + Wc_w\theta_1$$

$$= G_c c_{m2}(\theta_2 - \theta_1) + Wc_w\theta_1$$

$$Q = Q_p + Q_D = W(2490 + 1.88t_2) + G_c c_{m2}(\theta_2 - \theta_1) + 1.01L(t_2 - t_0) + Q_L$$

汽化湿分所需要的热量：

$$Q_w = W(r_0 + c_v t_2 - c_w\theta_1)$$

加热固体产品所需要的热量：

$$Q_m = G_c c_{m2}(\theta_2 - \theta_1)$$

放空热损失：

$$Q_L = Lc_{H0}(t_2 - t_0)$$

总热量衡算：

$$Q = Q_p + Q_D = Q_w + Q_m + Q_L + Q_1'$$

（1）预热器的热量衡算。

若忽略预热器的热损失，以 1s 为基准，则有

$$LI_0 + Q_p = LI_1$$

$$Q_p = L(I_1 - I_0)$$

(2)干燥器的热量衡算。

$$LI_1 + GI_1' + Q_D = LI_2 + GI_2' + Q_L$$

$$Q_D = L(I_2 - I_1) + G(I_2' - I_1') + Q_L$$

(3)干燥系统消耗的总热量。

$$Q = Q_p + Q_D$$
$$= L(I_2 - I_0) + G(I_2' - I_1') + Q_L$$

由于

$$w = L(H_2 - H_0) \quad I_{v2} = r_0^0 + c_v t_2$$

$$Q = Q_p + Q_D$$
$$= Lc_g(t_2 - t_0) + w(r_0^0 + c_v t_2) + Gc_m(\theta_2 - \theta_1) + Q_L$$
$$= 1.01L(t_2 - t_0) + w(2490 + 1.88t_2) + Gc_m(\theta_2 - \theta_1) + Q_L$$

由上式可以看出,向系统输入的热量用于加热空气、加热物料、蒸发水分、热损失四个方面。

(4)干燥系统的热效率。

定义:

$$\eta = \frac{\text{蒸发水分所需的热量}}{\text{向干燥系统输入的总热量}} \times 100\%$$

蒸发水分所需的热量为

$$Q_v = w(2490 + 1.88t_2) - 4.187\theta_1 w$$

若忽略湿物料中水分代入系统中的焓,则有

$$\eta = \frac{w(2490 + 1.88t_2)}{Q} \times 100\%$$

提高热效率的措施:

①使离开干燥器的空气温度降低,湿度增加(注意吸湿性物料);

②提高热空气进口温度(注意热敏性物料);

③部分废气循环操作,回收利用其预热冷空气或冷物料;

④注意干燥设备和管路的保温隔热,减少干燥系统的热损失。

【例4-4】 某糖厂的回转干燥器的生产能力为4030kg/h(产品),湿糖含水率为1.27%,于31℃进入干燥器,离开干燥器时的温度为36℃,含水率为0.18%,此时糖的比热容为1.26kJ/(kg绝干料·℃)。干燥用空气的初始状况为:干球温度20℃,湿球温度17℃,预热至97℃后进入干燥室。空气自干燥室排出时,干球温度为40℃,湿球温度为32℃,见图4-7。试求:①蒸发的水分量;②新鲜空气用量;③预热器蒸汽用量,加热蒸汽压为200kPa(绝压);④干燥器的热损失,$Q_D = 0$;⑤热效率。

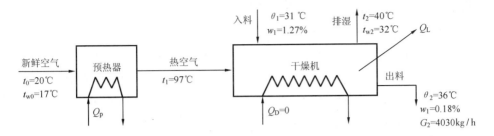

图 4-7　干燥系统计算原理图

【解】

① 水分蒸发量：将物料的湿基含水率换算为干基含水率，即

$$X_1 = \frac{w_1}{1-w_1} = \frac{1.27\%}{1-1.27\%} = 0.0129(\text{kg 水}/\text{kg 绝干料})$$

$$X_2 = \frac{w_2}{1-w_2} = \frac{0.18\%}{1-0.18\%} = 0.0018(\text{kg 水}/\text{kg 绝干料})$$

进入干燥器的绝干物料为

$$G = \frac{G_2}{1-w_2} = \frac{4030}{1-0.18\%} = 4022.7(\text{kg 绝干料}/\text{h})$$

水分蒸发量为

$$W = \frac{G}{X_1-X_2} = \frac{4022.7}{0.0129-0.0018} = 44.6(\text{kg 水}/\text{h})$$

② 新鲜空气用量：首先计算绝干空气消耗量。

由图查得：当 $t_0=20℃$，$t_{w0}=17℃$ 时，$H_0=0.011\text{kg 水}/\text{kg 绝干料}$。

当 $t_2=40℃$，$t_{w2}=32℃$ 时，$H_2=0.0265\text{kg 水}/\text{kg 绝干料}$。

绝干空气消耗量为

$$L = \frac{w}{H_2-H_1} = \frac{44.6}{0.0265-0.011} = 2877.4(\text{kg 绝干空气}/\text{h})$$

新鲜空气消耗量为

$$L' = L(1+H_0) = 2877.4 \times (1+0.011) = 2909(\text{kg 新鲜空气}/\text{h})$$

③ 预热器中的蒸汽用量

查 Id 图，得

$I_0=48\text{kJ}/\text{kg 干空气}$

$I_1=127\text{kJ}/\text{kg 干空气}$

$I_2=110\text{kJ}/\text{kg 干空气}$

$Q_p = L(I_1-I_0) = 2877.4 \times (127-48) = 2.27 \times 10^5(\text{kJ}/\text{h})$

查饱和蒸汽压表得：200kPa（绝压）的饱和水蒸气的潜热为 2204.6kJ/kg，故蒸

汽消耗量为 $2.27 \times \dfrac{10^5}{2204.6} = 103(\mathrm{kg/h})$

④干燥器的热损失。

$$Q_{\mathrm{L}} = Q_{\mathrm{p}} + Q_{\mathrm{D}} - 1.01L(t_2 - t_0) - w(2490 + 1.88t_2) - Gc_{\mathrm{m}}(\theta_2 - \theta_1)$$

$$= 2.27 \times 10^5 + 0 - 1.01 \times 2877.4 \times (40 - 20) - 44.6 \times (2490 + 1.88$$

$$\times 40) - 4022.7 \times 1.26 \times (36 - 31)$$

$$= 2.9 \times 10^4 \, \mathrm{kJ/h}$$

⑤热效率。

若忽略湿物料中水分带入系统中的焓，则有

$$\eta = \frac{w(2490 + 1.88t_2)}{Q} \times 100\%$$

$$= \frac{44.6 \times (2490 + 1.88 \times 40)}{2.27 \times 10^5}$$

$$= 50.4\%$$

4.1.3　物料的干燥过程

1. 物料中水分的表示方法

（1）湿基含水率 w。

以湿物料为计算基准的物料中水分的质量分数或质量百分数。

$$w = \frac{\text{湿物料中水分的质量}}{\text{湿物料的总质量}} \times 100\%$$

（2）干基含水率 X。

不含水分的物料通常称为绝对干物料或称干料。以绝对干物料为基准的湿物料中含水率，称为干基含水率，亦即湿物料中水分质量与绝对干料的质量之比，单位为千克水分/千克绝干料。

$$X = \frac{\text{湿物料中水分的质量}}{\text{湿物料中绝干物料的总质量}} \times 100\%$$

（3）两种含水率之间的换算关系为

$$w = \frac{X}{1 + X}, \; X = \frac{w}{1 - w}$$

工业上常采用湿基含水率。

2. 物料中水分的性质

湿分的传递方向（干燥或吸湿）和限度（干燥程度）由湿分在气体和固体两相间的平衡关系决定。

平衡状态：当湿含量为 X 的湿物料与湿分分压为 p 的不饱和湿气体接触时，

物料将失去自身的湿分或吸收气体中的湿分,直到湿分在物料表面的蒸汽压等于气体中的湿分分压,见图4-8。

平衡含水率:平衡状态下物料的含水率,不仅取决于气体的状态,还与物料的种类有很大的关系。

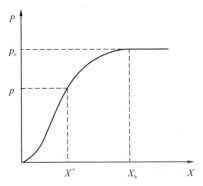

图 4-8　气体-固体湿分平衡示意图

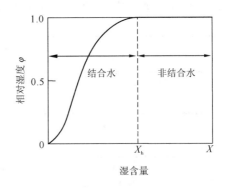

图 4-9　水分划分示意图

1)结合水分与非结合水分

一定干燥条件下,根据水分除去的难易,可分为结合水与非结合水,见图4-9。

非结合水分:与物料机械形式的结合,附着在物料表面的水,具有和独立存在的水相同的蒸汽压和汽化能力。

结合水分:与物料存在某种形式的结合,其汽化能力比独立存在的水要低,蒸汽压或汽化能力与水分和物料结合力的强弱有关。

结合水分按结合方式可分为吸附水分、毛细管水分、溶胀水分(物料细胞壁内的水分)和化学结合水分(结晶水)。

化学结合水分与物料细胞壁水分以化学键形式与物料分子结合,结合力较强,难汽化;吸附水分和毛细管水分以物理吸附方式与物料结合,结合力相对较弱,易于汽化。

划分依据:根据物料与水分结合力的状况。

结合水分包括物料细胞壁内的水分、物料内毛细管中的水分和以结晶水的形态存在于固体物料之中的水分等。

特点:借化学力或物理化学力与物料相结合,由于结合力强,其蒸汽压低于同温度下纯水的饱和蒸汽压,致使干燥过程的传质推动力降低,故除去结合水分较困难。

非结合水分包括机械地附着于固体表面的水分,如物料表面的吸附水分、较大孔隙中的水分等。

特点：物料中非结合水分与物料的结合力弱，其蒸汽压与同温度下纯水的饱和蒸汽压相同，干燥过程中除去非结合水分较容易。

物料的结合水分和非结合水分的划分只取决于物料本身的性质，而与干燥介质的状态无关；平衡水分与自由水分则还取决于干燥介质的状态。干燥介质状态改变时，平衡水分和自由水分的数值将随之改变。

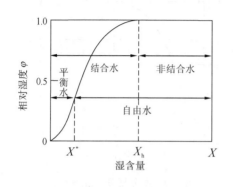

图 4-10　水分示意图

物料的总水分、平衡水分、自由水分、结合水分、非结合水分之间的关系见图 4-10。

2）平衡水分和自由水分

一定干燥条件下，按能否除去，可分为平衡水分与自由水分，见图 4-10。

平衡水分：低于平衡含水率 X^* 的水分，是不可除水分。

自由水分：高于平衡含水率 X^* 的水分，是可除水分。

划分依据：物料所含水分能否用干燥方法除去。

物料中的水分与一定温度 t、相对湿度 φ 的不饱和湿空气达到平衡状态，此时物料所含水分称为该空气条件（t、φ）下物料的平衡水分。

在干燥过程中能除去的水分只是物料中超出平衡水分的那一部分，称为自由水分。

平衡水分随物料的种类及空气的状态（t、φ）不同而异。

平衡水分代表物料在一定空气状况下可以干燥的限度。

干燥过程：当湿物料与不饱和空气接触时，X 向 X^* 接近，干燥过程的极限为 X^*。物料的 X^* 与湿空气的状态有关，空气的温度和湿度不同，物料的 X^* 不同。欲使物料减湿至绝干，必须与绝干气体接触。

吸湿过程：若 $X < X_h$，则物料将吸收饱和气体中的水分使湿含量增加至 X_h，即最大吸湿含量，物料不可能通过吸收饱和气体中的湿分使湿含量超过 X_h。欲使物料增湿超过 X_h，必须使物料与液态水直接接触。

物料湿含量的平衡曲线有两种极端情况。

强吸湿性物料：与水分的结合力很强，平衡线只是渐近地与 $\varphi = 100\%$ 接近，平衡湿含量很大。如某些生物材料。

非吸湿性物料：与水分的结合力很弱，平衡线与纵坐标基本重合，$X^* = X_h \approx 0$，如某些不溶于水的无机盐（碳酸盐、硅酸盐）等，见图 4-11。

一般物料的吸湿性都介于二者之间。

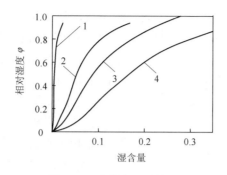

图 4-11　物料的吸湿性
1. 氯化锌；2. 优质纸张；3. 木材；4. 烟叶

3. 对流干燥过程的基本规律

对流干燥过程中载热体以对流方式与湿物料颗粒（或液滴）直接接触，向湿物料对流传热，故对流干燥又称直接加热干燥。对流干燥的载热体同时又是载湿体。

对流干燥过程中物料颗粒或液滴与温度一定的热空气对流接触，当物料温度上升到与热空气相对应的湿球温度后，热空气向物料的传热量与物料中水分汽化所需的潜热相等，物料温度不再上升，水分以恒速汽化。当物料的含水率降至一定量以后，物料表面的吸附水分及较大孔隙中的水分汽化殆尽，细孔内的扩散成为干燥速度控制步骤，干燥速度降低，物料温度上升，直至达到物料的平衡水分，见图 4-12。

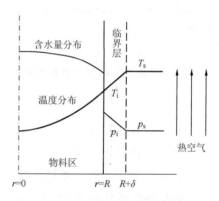

图 4-12　对流干燥的热质分布图

1）干燥曲线

对一定干燥任务，干燥器尺寸取决于干燥时间和干燥速度。

由于干燥过程的复杂性，通常干燥速度不是根据理论进行计算的，而是通过实验测定的。

为了简化影响因素，干燥实验都是在恒定干燥条件下进行的，即在一定的气-固接触方式下，固定空气的温度、湿度和流过物料表面的速度进行实验。

为保证恒定干燥条件，采用大量空气干燥少量物料，以使空气的温度、湿度和流速在干燥器中恒定不变。实验为间歇操作，物料的温度和含水率随时间连续变化。

干燥曲线：物料含水率 X 与干燥时间 τ 的关系曲线，见图 4-13。

预热段：初始含水率 X_1 和温度 τ_1 变为 X 和 t_w。物料吸热升温以提高汽化速

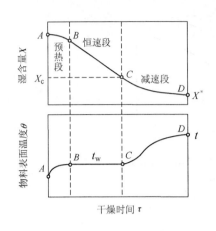

图 4-13　干燥曲线图

度,但湿含量变化不大。

恒速干燥段:物料温度恒定在 t_w, $X \sim \tau$ 变化呈直线关系,气体传给物料的热量全部用于湿分汽化。

减速干燥段:物料开始升温, X 变化减慢,气体传给物料的热量仅部分用于湿分汽化,其余用于物料升温,当 $X = X^*$, $\theta = t$。

减速段干燥速度曲线的形状因物料的结构和吸湿性而异。对于多孔性物料,湿分主要是借毛细管作用由内部向表面迁移;对于非多孔性物料,湿分借助扩散作用向物料表面输送,或将湿分先在内部汽化后以气态形式向表面扩散迁移,如肥皂、木材、皮革等。吸湿性物料与水分的亲和能力大;反之,非吸湿性物料与水分的亲和能力小。不同物料的干燥机理不同,湿分内扩散机理不同,干燥速度曲线的形状不同,情况非常复杂,故干燥曲线应由实验的方法测定。

2)干燥速度

干燥速度 U:干燥器单位时间内汽化的湿分量(kg 湿分/s)。微分形式为

$$U = -\frac{\mathrm{d}W}{\mathrm{d}\tau} = -G_c \frac{\mathrm{d}X}{\mathrm{d}\tau}$$

式中,U——干燥器的干燥速度,kg/s;

　　W——汽化水分量,kg;

　　G_c——绝干物料的质量,kg;

如果物料形状是不规则的,干燥面积不易求出,则可使用干燥速度进行计算。

干燥速度曲线:干燥速度 U 或干燥速度 N 与湿含量 X 的关系曲线。干燥过程的特征在干燥速度曲线上更为直观,见图 4-14。

由于物料预热段很短,通常将其并入恒速干燥段。

以临界湿含量 X_c 为界,可将干燥过程只分为恒速干燥和减速干燥两个阶段。

设物料的初始湿含量为 X_1,产品湿含量为 X_2:当 $X_1 > X_c$ 和 $X_2 < X_c$ 时,干燥有两个阶段;当 $X_1 < X_c$ 或 $X_2 > X_c$ 时,干燥都只有一个阶段,即恒速干燥段。

恒速干燥段:物料表面湿润,$X > X_c$,汽化的是非结合水。

在恒定干燥条件下,$\tau = t_w$, $p = p_s$, α 和 k_p 不变,而湿物料与空气间的 q 和 N 恒定。

由物料内部向表面输送的水分足以保持物料表面的充分湿润,干燥速度由水分汽化速度控制(取决于物料外部的干燥条件),故恒速干燥段又称为表面汽化控制阶段。

减速干燥段:$X < X_c$,内部扩散控制。

物料实际汽化表面变小而出现干区,第一减速段;汽化表面内移,第二减速段;平衡蒸汽压下降(各种形式的结合水);固体内部水分扩散速度极慢(非多孔介质)。

减速段干燥速度取决于湿分与物料的结合方式,以及物料的结构。物料外部的干燥条件对其影响不大。

临界湿含量:X_c 决定两干燥段的相对长短,是确定干燥时间和干燥器尺寸的基础数据,对制定干燥方案和优化干燥过程十分重要,不同物料的临界湿含量见表4-2。

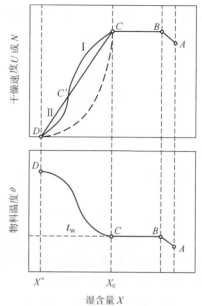

图 4-14 干燥速度曲线

表 4-2 不同物料的临界湿含量

| 物 料 | | 空 气 条 件 | | | 临界湿含量/ |
品种	厚度/mm	速度/(m/s)	温度/℃	相对湿度/%	(kg 水/kg 干料)
黏土	6.4	1.0	37	0.10	0.11
黏土	15.9	1.0	32	0.15	0.13
黏土	25.4	10.6	25	0.40	0.17
高岭土	30	2.1	40	0.40	0.181
新闻纸	—	0	19	0.35	1.00
铁杉木	25	4.0	22	0.34	1.28
羊毛织物	—	—	25		0.31
白岭粉	31.8	1.0	39	0.20	0.084
白岭粉	6.4	1.0	37		0.04
白岭粉	16	9~11	26	0.40	0.13

注:X_c 与物料的厚度、大小和干燥速度有关,所以不是物料本身的性质。一般需由实验测定

4.1.4　木质原料干燥的过程特性

1.水分的移动

尽管木板、单板、刨花和纤维的大小规格和形态差别较大,但其干燥原理是相同的。木材等植物纤维原料中的水分通常以三种形式存在:①存在于大毛细管内(细胞腔内)的水分称为自由水;②存在于微毛细管内(细胞壁内)的水分称为吸着水;③少数与木材分子具有化学结合的水分称为化合水。化合水含量极少,通常采用物理的方法不能将化合水与木材分离,在木材干燥中将其归为吸着水类。

植物纤维材料中的自由水一般在微毛细管系统内的水分达到饱和时才存在,其容量很大,有的使材料的绝对含水率超过100%,植物纤维原料中自由水的增加或减少不引起材料尺寸的缩胀。植物纤维原料中存在的吸着水可使其含水率最高达到30%左右,此时的含水率称为纤维饱和点。超过纤维饱和点以上的水分为自由水。纤维饱和点是植物纤维原料中自由水和吸着水存在状态的分界线。微毛细管对吸着水有一定的束缚力,其大小随含水率变化而变化,因此,蒸发相同体积的吸着水比蒸发自由水消耗更多的热量。增加部分的热量称为分离热。纤维饱和点以下含水率的增加或减少均会引起材料尺寸的胀缩。

所谓木板、单板、刨花和纤维的干燥,本质是在干燥介质的作用下,通过传热传质过程,蒸发各类被胶接单元中的自由水和吸着水,使之符合生产工艺的要求。

被胶接单元的干燥过程是在温度作用下,热量首先传递给物料的表面,并逐渐向内部传递,这个过程称为传热过程。物料表面的水分首先蒸发,导致表面和内部的含水率形成差异,称为含水率梯度。在热量和水蒸气压力差作用下,物料内部水分源源不断地向表面扩散,此扩散过程称为内扩散。物料表面水分汽化过程以及物料内部水分向表面移动的过程称为传质过程。在被胶接单元干燥过程中存在着两类传质:一类是物料表面的水汽化向干燥介质中移动的气相传质;另一类是内部水分向蒸发表面扩散移动的固体内部的传质。

对一般大规格成材(板方材)而言,表面水分蒸发要比内扩散作用强烈得多,二者之间若不相适应,即会产生应力,引起开裂、变形等干燥缺陷。因此,要根据被干燥物料的厚度、材种、含水率等具体情况,选择适宜的干燥工艺。对于板方材干燥,使表面水分蒸发速度与内部水分扩散速度相一致,这种工艺条件称为干燥基准。

植物纤维类原料中水分移动有两种通道:一种是细胞腔作为纵向通道,平行于纤维方向移动;另一种是以细胞壁上的纹孔(包括细胞间隙)作为横向通道,垂直于纤维方向移动。单板、刨花和纤维厚度小,面积大,其形态与板方类成材存在比较大的差异,主要依靠横向通道传递水分,表面蒸发速度和内部扩散速度彼此容易适应。尽管两种作用都很强烈,但不会产生开裂、变形等工艺缺陷,故可采用高温快速干燥工艺。

2. 干燥工艺

干燥过程通常分为三个阶段,即预热阶段、恒速干燥阶段和减速干燥阶段。

预热阶段主要通过干燥介质与干燥物料直接接触,使物料的温度快速上升,一般预热阶段不产生水分蒸发,根据环境温度和物料大小的不同,所需要的时间也不同。

恒速干燥阶段以蒸发自由水为主,且蒸发速度不变。由于木材中自由水的增减不影响木材的尺寸变化,故自由水的蒸发速度可以尽可能地提高。

减速干燥阶段又可分为两段:第一段,主要蒸发第二阶段剩下的自由水和大部分吸着水;第二段,蒸发剩余部分吸着水。减速干燥阶段的特点是:水分移动和蒸发阻力逐步加大,干燥速度逐步降低,供给的热量除了蒸发水分外,还使被干燥单元温度上升。

一般来说,从时间上严格划分三个阶段的明显界线是很困难的,常常出现前一阶段尚未结束,后一阶段已经开始的现象。例如,在自由水尚未蒸发完毕的情况下,被干燥单元的吸着水已经开始蒸发。特别是对于人造板制造的单元进行干燥,由于其尺寸小,又多采用快速干燥,这种阶段区分更不明显。

在人造板制造单元的纤维、刨花和单板干燥中,对于单板干燥,选择合适的干燥温度和干燥时间是非常重要的,处理不当会引起单板翘曲、变形严重和含水率不均等缺陷。一般所用的干燥介质温度不宜过高。对纤维和刨花,干燥时间相对较短,通常不考虑其变形问题,干燥介质的温度相对比较高,干燥时间亦相对较短,在干法纤维板和刨花板生产中,一般都采用高温快速干燥系统。

人造板制造单元的干燥过程实质上包含了热量传递和水分蒸发二者作用的总和,可以用数学方程式描述干燥过程中单元与干燥介质之间的热量和水分的动态变化规律。

3. 干燥曲线和干燥速度曲线

干燥曲线是指在被干燥物料干燥过程中,以横坐标表示干燥时间,纵坐标表示被干燥物料的含水率 C,根据数据整理所得到的 C-τ 曲线,称为干燥曲线,如图 4-15 所示。图 4-15 中给出的 C-τ 曲线表示物料表面温度 θ 与干燥时间 τ 之间的关系,称为温度曲线。

单板、刨花和纤维的干燥曲线可以通过实验得到。实验必须在稳定的干燥条件下进行。这就是说,干燥介质(热空气)的温度、相对湿度和流动速度在整个干燥过程中应保持不变。

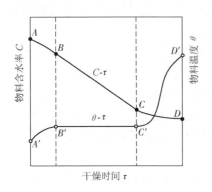

图 4-15　恒定干燥条件下的干燥曲线

从图 4-15 中可以看出,AB 段属于预热阶段,供给的热量主要用于干燥物料升温,基本上不用于水分蒸发,反映在 θ-τ 温度曲线上 AB 段温度变化比较明显;BC 段属于恒速干燥阶段,主要蒸发自由水,物料的含水率急剧下降,C-r 曲线斜率较大,但单位时间内物料含水率下降的速度不变,C-τ 曲线近似呈直线,此阶段内供给的热量基本上相当于物料水分蒸发所需的热量,物料的表面温度基本上不变,反映在 θ-τ 曲线上 BC 段比较平坦;CD 段为减速干燥阶段,主要蒸发 BC 段未蒸发完的自由水和吸着水,单位时间内物料含水率下降速度逐渐减小,C-r 曲线斜率变小,此阶段供给的热量除了用于吸着水蒸发所需的热量,尚有一部分用于干燥物料升温,θ-τ 曲线在 CD 段有所上升。

在大量试验的基础上,可以在物料含水率 C 与干燥时间 τ 之间建立经验公式 $C=f(\tau)$,或者建立分段公式,如 $C_{B\text{-}C}=f(\tau_{B\text{-}C})$、$C_{C\text{-}D}=f(\tau_{C\text{-}D})$。

干燥速度曲线。干燥速度 μ 表示在单位时间内单位干燥面积上蒸发的水分量,即

$$\mu=\frac{\mathrm{d}\omega}{A\,\mathrm{d}\tau}=\frac{-G\mathrm{d}C}{A\,\mathrm{d}\tau} \tag{4-23}$$

式中,ω——自然物料中除去的水分量,kg;

　　　A——干燥面积,m^2;

　　　τ——干燥时间,h;

　　　G——绝干物料量,kg。

式(4-23)中负号表示物料含水率随干燥时间的增加而降低。$\mathrm{d}C/\mathrm{d}\tau$ 表示干燥曲线的斜率。干燥速度有恒速和减速之分。所谓恒速,指在整个干燥过程中干燥速度保持不变,一般发生在蒸发自由水阶段;所谓减速,指在干燥过程中速度逐步下降,一般发生在蒸发吸着水阶段。

图 4-16 为木材干燥速度曲线。从图 4-16 中可以看出,AB 段为物料预热段,此阶段主要提高物料表面温度,几乎不蒸发水分;BC

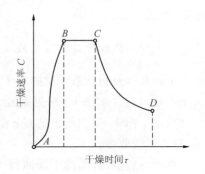

图 4-16　木材干燥速度曲线

段为恒速干燥阶段,此阶段干燥速度基本上维持不变,反映在图上为一条近似直线;CD 段为减速干燥阶段,此阶段主要蒸发纤维饱和点以下的吸着水,干燥速度逐步下降,反映在图上即 CD 段为一曲线。在恒速干燥阶段与减速干燥阶段之间,有一拐点(C 点),与 C 点对应的物料含水率称为临界含水率 C_C,即纤维饱和点含水率。

干燥速度可以分为蒸发自由水阶段和蒸发吸着水两种情况。

蒸发自由水(纤维饱和点以上的水分)时的干燥速度

$$\frac{\mathrm{d}\omega}{A\,\mathrm{d}\tau} = \frac{k}{k_C} \cdot \frac{1}{RT} \cdot \frac{P}{P-P_s} \cdot \frac{\mathrm{d}p}{\mathrm{d}x} \tag{4-24}$$

式中,k——空气中水蒸气的扩散系数,m/h;

k_C——含水率为 C 时物料水分的扩散阻力系数,m/h;

R——水蒸气的气体常数,47.1kg·m/(kg·K);

T——水蒸气的热力学温度,K;

P——热空气的蒸汽压力,Pa;

P_s——水蒸气的分压,Pa;

$\dfrac{\mathrm{d}p}{\mathrm{d}x}$——压力梯度,Pa。

蒸发吸着水(纤维饱和点以下的水分)时的干燥速度

$$\frac{\mathrm{d}\omega}{A\,\mathrm{d}\tau} = -K_f \frac{\mathrm{d}C}{\mathrm{d}x} \tag{4-25}$$

式中,K_f——水分传导系数,kg/(m·h·%),随受温度影响的表面张力、黏度及含水率的变化而变化;

$\dfrac{\mathrm{d}C}{\mathrm{d}x}$——断面上含水率梯度,%/m;

ω——水分蒸发量,kg;

τ——干燥时间,h;

A——蒸发面积,m²。

由以上两个方程式可知,干燥速度与水蒸气扩散系数 k、水分传导系数 K_f 成正比,与水分扩散阻力系数 K_μ 成反比,而 K、K_f、K_μ 又受干燥介质参数(热空气的温度、相对湿度、气流速度)和被干燥物料的条件影响。干燥过程所需的时间的计算式为

$$\tau = \tau_1 + \tau_2 \tag{4-26}$$

式中,τ——干燥时间;

τ_1——恒速干燥阶段所需时间;

τ_2——减速干燥阶段所需时间。

其中

$$\tau_1 = \frac{G}{k_cA} \cdot \frac{C_H - C}{C_0 - C_p} = \frac{G}{U_cA} \cdot (C_H - C) \tag{4-27}$$

式中，G——绝干物料的质量，kg；

$\quad k_c$——比例系数，$kg/(m^2 \cdot h \cdot \Delta C)$；

$\quad A$——干燥面积，m^2

$\quad C_H$——物料的初始含水率，%；

$\quad C_0$——物料的临界含水率，%；

$\quad C_p$——物料的平衡含水率，%。

$$\tau_2 = \frac{G}{kA}\ln\frac{C_0 - C_p}{C_e - C_p} \tag{4-28}$$

式中，C_e——减速干燥终点物料的含水率，%。

由于受被干燥物料树种、被干燥单元形态和干燥方式等因素的影响，用式（4-27）计算出的干燥时间仅作为制定干燥工艺条件的参考依据，与实际干燥时间会有所差异，应当根据实际生产试验来最终确定干燥时间。

在人造板生产中，也可以用平均干燥速度来表示被胶接单元的干燥过程，计算公式为

$$\mu = \frac{C_1 - C_2}{\tau} \tag{4-29}$$

式中，μ——平均干燥速度，%/s；

$\quad C_1$——物料干燥前的含水率，%；

$\quad C_2$——物料干燥后的含水率，%；

$\quad \tau$——完成干燥所需要的时间，s。

平均干燥速度意味着在单位干燥时间内使物料含水率下降的程度，根据平均干燥速度的大小可以对所采用的干燥工艺参数和干燥设备性能进行评估。

4.1.5　木质材料构成单元的干燥系统

人造板制造过程中，被胶接单元的干燥是消耗热能的关键工序之一，对整个生产过程的能量消耗有重要影响，所以估算或计算干燥工序能耗对于生产成本控制、工艺设计都是至关重要的。

1.热量计算

在选用或设计一台人造板生产用物料干燥装置之前，首先要确定被干燥物料量、要蒸发水分的量以及需要供应的热量，这就需要进行物料平衡计算和热量平衡计算。

在一个干燥系统中，湿物料的重量随着水分的蒸发不断降低，但其干物料的重量是不会改变的（不考虑植物纤维原料有机挥发物的散失）。设进入干燥系统的物

料流量为 G_τ(kg 干物料/h)，物料进出干燥系统的含水率分别为 C_1 和 C_2，进出干燥系统的绝干空气的流量为 L(kg 干空气/h)，空气的湿度分别为 x_1 和 x_2(kg 水蒸气/kg 干空气)。单位时间内的水分和物料平衡计算方程如下：

$$G_\tau C_1 + L x_1 = G_\tau C_2 + L x_2$$

整理后的水分蒸发量 ω 为

$$\omega = G_\tau (C_1 - C_2) = L(x_2 - x_1)$$

绝干空气消耗量 L 为

$$L = \frac{\omega}{x_2 - x_1} \tag{4-30}$$

蒸发 1kg 水分所消耗的绝干空气量称为单位空气消耗量，记为 J。知道了水分蒸发量 ω、绝干空气量 L 就可以计算干燥过程的热量消耗。在工程计算中，对一个完整的干燥系统，输入的总热量 Q 应由四部分组成。

$$Q = Q_1 + Q_2 + Q_3 + Q_4 = \sum_{i=1}^{4} Q_i \tag{4-31}$$

式中，Q_1——蒸发物料中水分所需要的热量，kJ；

Q_2——加热物料所需要的热量，kJ；

Q_3——设备散热损失，kJ；

Q_4——废气排放带走的热量，kJ。

对于干燥过程，Q_1 和 Q_2 是不可少的，是有效热，故干燥机的热效率计算式为

$$\eta = \frac{Q_1 + Q_2}{Q} \times 100\% \tag{4-32}$$

很显然，要提高 η 值，有两条途径：一是采用多种措施，增大蒸发强度，使总热量 Q 下降。总热量 Q 中 Q_1 和 Q_2 占的比重增大；二是采用各种新技术，尽可能地降低 Q_3 和 Q_4，使总热量 Q 下降。

$Q_1 \sim Q_4$ 的计算公式为

$$Q_1 = G C_\text{水} (t_1 - t_0) + G'(L + q) \tag{4-33}$$

式中，G——物料中所含水分的质量，kg；

$C_\text{水}$——水的比热容，J/(kg·K)；

t_0——干燥装置的环境温度，℃；

t_1——水汽化临界温度，℃；

G'——物料中蒸发水分的质量，kg；

L——水的汽化潜热，J/kg；

q——克服水分子和木材分子结合力的平均分离热，J/kg。

$$Q_2 = G_0 C_\text{木} (t_2 - t_0) \tag{4-34}$$

式中，C_0——物料绝干质量，kg；

$C_\text{木}$——物料的比热容，J/(kg·K)；

t_2——物料离开干燥机时的温度,℃。

作为设备散热损失 Q_3 分为两种情况。

对于框架壳体式单板干燥机,Q_3 为

$$Q_3 = (A_1\lambda_1 + A_2\lambda_2)(t_3 - t_0) = A\lambda(t_3 - t_0) \qquad (4\text{-}35)$$

式中,A_1——干燥机壁的表面积,m^2;

A_2——干燥机底的表面积,m^2;

t_3——干燥机内温度,℃;

λ_1——干燥机内壁体的传热系数,$W/(m^2 \cdot K)$;

λ_2——地面的传热系数,$W/(m^2 \cdot K)$;

λ——干燥机整个壳体传热系数的概略值。干燥机壳体上下、左右、前后有很大差别。为了计算简便,一般概略计算为

$$\lambda = 2.236 \sim 3.489$$

对于圆筒式或管道式刨花和纤维干燥机散热损失 Q_3,可参照以下有关简式计算

$$Q_3 = \lambda(2\pi rL)(t_介 - t_0) \qquad (4\text{-}36)$$

式中,$t_介$——最外层的介质温度。

对于单板干燥机,Q_4 相当于加热补充新鲜空气所需要的热量,计算式为

$$Q_4 = \left(\frac{\omega_2}{d_2 - d_1}\right)(C_2 + C_3 d_1)(t_3 - t_0) \qquad (4\text{-}37)$$

$$= \left(\frac{\omega_2}{d_2 - d_1}\right)C_2(t_3 - t_0)$$

式中,d_1——环境空气的湿含量,kg/kg 干空气;

d_2——干燥机内空气的湿含量,kg/kg 干空气;

C_2——干燥机内空气的比热容,$J/(kg \cdot K)$;

C_3——水蒸气的比热容,$J/(kg \cdot K)$;

对于刨花和纤维干燥机,Q_4 相当于排放废气带走的热量,计算式为

$$Q_4 = V\rho r \qquad (4\text{-}38)$$

式中,V——从干燥机内排放出的废气量,m^3;

ρ——在排气口温度条件下废气的密度,kg/m^3;

r——在排气口温度条件下废气的热含量,J/kg,r 值可以经实测并计算后得出。

应当说明,对干燥系统的热量评价最可靠的方法是实地进行热平衡测试。目前,我国对胶合板、刨花板和纤维板工程项目的热量损耗指标值均有一定的规定,在进行干燥系统设计时必须遵守。

2. 热量供应和转换模式

在被胶接单元的干燥过程中,干燥工序的热量供应和转换是十分重要的,为了充分理解这一问题,首先引入载热体和干燥介质的概念。

载热体是热量传递的一种物质,在某种状态下,该物质蓄存了一定的热量,通过状态的变化,使热量释放,人造板生产中干燥工序常用的载热体有蒸汽、热水、热油、热空气和烟气等。

干燥介质是指在干燥过程中把热量传递给物料并从物料中带走蒸发水分的物质。被胶接单元干燥过程中,常用的干燥介质为热空气和烟气。

热空气作为干燥介质,应用广泛,它可以通过蒸汽、热水、热油和烟气换热得到。热空气的特性参数如表 4-3 所示。

表 4-3 热空气的特性参数 $(B=1.013\times10^5\,\text{Pa})$

t /℃	ρ /(kg/m³)	C_p/ [kJ/(ke·℃)]	λ/ [W/(m·℃)]	$\alpha\times10^6$ /(m²/s)	$\mu\times10^6$ /(n·s/m²)	$\nu\times10^6$ /(m²/s)	$\beta\times10^3$/ K^{-1}	p_t
−50	1.534 0	1.005	0.020 59	13.4	14.65	9.55	4.51	0.715
0	1.293 0	1.005	0.024 31	18.7	17.20	13.30	3.67	0.711
20	1.204 5	1.005	0.025 70	21.4	18.20	15.11	3.43	0.713
40	1.126 7	1.009	0.027 10	23.9	19.12	16.97	3.20	0.711
60	1.059 5	1.009	0.028 49	26.7	20.02	18.90	3.00	0.709
80	0.999 8	1.009	0.029 89	29.6	20.94	20.94	2.83	0.708
100	0.945 8	1.013	0.031 40	32.8	21.81	23.06	2.68	0.704
120	0.898 0	1.013	0.032 80	36.1	22.66	25.23	2.55	0.700
140	0.853 5	1.013	0.034 31	39.7	23.51	27.55	2.43	0.694
160	0.815 0	1.017	0.035 82	43.0	24.33	29.85	2.32	0.693
180	0.778 5	1.022	0.037 22	46.7	25.14	32.29	2.21	0.690
200	0.745 7	1.026	0.038 61	50.5	25.82	34.63	2.11	0.685
250	0.674 5	1.034	0.042 05	60.3	27.77	41.17	1.91	0.680
300	0.615 7	1.047	0.045 36	70.3	29.46	47.85	1.75	0.680
350	0.566 2	1.055	0.048 50	81.1	31.17	55.05	1.61	0.680
400	0.524 2	1.068	0.051 52	91.9	32.78	62.53	1.49	0.680
450	0.487 5	1.080	0.054 31	103.1	34.39	70.54	—	0.685
500	0.456 4	1.093	0.056 99	114.2	35.82	78.48	—	0.690
600	0.404 1	1.114	0.062 10	138.2	38.62	95.57	—	0.690
700	0.362 5	1.135	0.066 64	162.2	41.22	113.70	—	0.700
800	0.328 7	1.156	0.070 59	185.8	43.65	123.80	—	0.715
900	0.301 0	1.172	0.074 08	210.0	45.90	152.50	—	0.725
1000	0.277 0	1.185	0.076 99	235.0	47.90	173.00	—	0.735

　　烟气作为干燥介质,国外应用较广泛。为了降低干燥成本,近年来在纤维干燥和刨花干燥中烟气的用量在增加。它具有获取方便、温度较高等优点,但也存在着污染物料表面、钝化物料活性等缺陷。烟气一般通过热油、木材加工剩余物和煤的燃烧而获得。烟气需要经过净化处理才可用做干燥介质。工业生产中,可以把热空气和烟气两种干燥介质混合在一起使用,烟气的特性参数见表4-4。

表 4-4　在标准大气压力下烟气的特性参数

(烟气成分: $X_{CO_2}=0.3$, $X_{H_2O}=0.11$, $X_{N_2}=0.76$)

t /℃	ρ /(kg/m³)	C_p /[kJ/(ke·℃)]	$\lambda\times10^2$ /[W/(m·℃)]	$\alpha\times10^6$ /(m²/s)	$\mu\times10^6$ /(n·s/m²)	$\nu\times10^6$ /(m²/s)	p_t
0	1.295	1.042	2.28	16.9	15.8	12.20	0.72
100	0.950	1.068	3.13	30.8	20.4	21.54	0.69
200	0.748	1.097	4.01	48.9	24.5	32.80	0.67
300	0.617	1.122	4.84	69.9	28.2	45.81	0.65
400	0.525	1.151	5.70	94.3	31.7	60.8	0.64
500	0.457	1.185	6.56	121.1	34.8	76.30	0.63
600	0.405	1.214	7.42	150.9	37.9	93.61	0.62
700	0.363	1.230	8.27	183.8	40.7	112.1	0.61
800	0.330	1.264	9.15	219.7	43.4	131.8	0.60
900	0.301	1.290	10.00	258.0	45.9	152.5	0.59
1000	0.275	1.306	10.90	303.4	48.4	174.3	0.58
1100	0.257	1.323	11.75	345.6	50.7	197.1	0.57
1200	0.240	1.340	12.62	392.4	53.0	221.0	0.56

　　在人造板生产中,干燥介质转换的模式,根据干燥对象、干燥要求、干燥形式和干燥设备的不同而改变,归纳起来如表4-5所示。

表 4-5　干燥介质转换模式

干燥对象	热量转换方式	所用设备
单板	①蒸汽或热油→换热器→热空气→进干燥机 ②燃料→烟气→热空气→进干燥机 ③蒸汽或热油→进压板	①②网带式或滚筒式单板干燥机 ③热板干燥机
刨花	①蒸汽或热水或热油或烟气→进干燥管束 ②蒸汽或热油→换热器→热空气→进干燥机 ③燃料→烟气→热空气→进干燥机 ④烟气→净化→进干燥机	①圆筒式或转子式刨花干燥机 ②③④单通道、三通道或喷气式干燥机
纤维	①蒸汽或热油→换热器→热空气→进干燥机 ②燃气或烟气+热空气→进干燥机	①②管道式纤维干燥机

4.1.6　人造板单元干燥

1. 干燥要求

人造板生产中,单元干燥是一个非常重要的工序,其目的是保证施胶前后被胶接单元的含水率保持在一个合理的工艺要求范围内。通常木板胶接前含水率在 15% 以下,单板涂胶前含水率在 8%~12%,刨花拌胶前含水率在 2%~3%,采用先干燥后施胶工艺的纤维含水率在 3%~5%,而采用先施胶后干燥工艺的纤维含水率在 8%~12%。对于可胶接高含水率木材的胶黏剂,虽然被胶接单元的含水率可达 20%~70%,甚至更高,但作为板材使用其制成品的含水率也不能过高,否则会因水分散失、板材失水收缩不平衡导致成品尺寸变化,而引起变形。

通常单元制备时,为保证被胶接单元的加工质量和延长切削刀具寿命,必须使原料具有一定的含水率,一般控制在 40%~60%。蒸煮处理后的木材含水率可达 100%,热磨后纤维的含水率在 60% 以上,木片的含水率一般也在 30% 以上。因此,被胶接单元通常都必须进行干燥处理。对于用无机胶黏剂(石膏、水泥)生产特殊复合板材时,由于石膏和水泥需要加水调配的工艺特殊性,一般不需要干燥工序。

人造板干燥占人造板生产能耗的 70%~80%,干燥质量直接影响成品质量。因此干燥工序是人造板生产的一个非常重要的工序,其基本要求如下。

(1)保证单元形态完整,减少干燥缺陷。人造板单元在干燥过程中,机械的作用将会致使单元形态破坏,因此,必须选择适当的干燥方法和工艺才能保证工艺要求。

(2)保证干燥后含水率满足工艺要求。其含水率要求包括三方面的含义:含水率不能过高,否则影响单元施胶质量和严重延长热压时间。含水率也不能过低,将会因为施胶单元吸胶过多,造成胶黏剂的浪费;单元加工时因单元脆性增加而易造成单元破损或粉尘量增加;含水率要平稳,保证不同时间不同位置干燥出来的单元体的含水率要接近,否则造成施胶计量不准确,热压生产不稳定,成品应力加大等。

(3)保证生产需求。单元干燥速度在保证干燥质量的前提下要尽量满足后续生产的需要,否则将会造成“无米之炊”的结果。

(4)降低能耗,节约成本。在生产过程中,一定要注意平衡生产,减少能源浪费。因为影响干燥的工艺因素中的温度和湿度直接影响排出废气的能源,只有适当控制好温度和湿度,才能减少单位产品的能源消耗。

2. 干燥方法的选择

人造板的单元干燥因单元的尺寸大小和单元形态差异而水分扩散传送路径的

主次有不同,其干燥速度差异较大。另外,不同形态的单元,因其规格大小和重量不同、干燥后尺寸变化和质量要求不同,采用的干燥方法亦不同。木板干燥,因单元尺寸大,水分移动阻力大,干燥中存在木板易变形、开裂、含水率分布不均匀等问题,多采用长周期的干燥窑强制干燥;单板干燥,因单板薄,水分向外扩散路径短,干燥速度快,多采用连续式网带运输或滚筒运输干燥机干燥;刨花干燥,因刨花既小又薄,且对干燥后刨花形态变化无限制,干燥速度快于单板,多采用较高温度的机械或气流干燥机干燥;纤维干燥,因纤维细小,水分极易排出,多采用较高温度的气流干燥。

对流干燥是热气流和固体(单元)直接接触,热量以对流传热方式由热气流传给湿固体,所产生的水气由气流带走的一种干燥方法。干燥介质温度、设备原理及控制可根据干燥对象的形态、干燥速度和质量要求等进行设计,可满足人造板不同结构单元的干燥要求,它是目前人造板普遍使用的一种干燥方法。

人造板构成单元主要有单板、刨花和纤维,由于各单元的形态及尺寸大小的差异,其干燥方法差异较大。

(1)单板为幅面较大的片状材料,其干燥中存在着端裂及变形缺陷,且水分移动的路线较长,因而适宜采用较低温的长时间干燥方法。一般采用对流换热的周期厢式窑干法或连续带式干燥法。生产中多采用网带式或滚筒式连续干燥机。

(2)纤维为散状物料,其水分蒸发速度很快,干燥时间短,且不存在干燥缺陷问题,一般采用高温快速干燥。生产上利用纤维细小,在气流中的悬浮速度不大,因此选用对流换热的管道式气流干燥。

(3)刨花为散状物料,其水分蒸发较快,干燥时间较短,且不存在干燥缺陷问题,但因其形态尺寸较大,其气流悬浮速度要求大,且干燥时间长,故不适宜采用管道式气流干燥。散状物料采用带式干燥,其存在于堆积刨花中部的水分不易被流动的干燥介质带走,因而在干燥过程中必须翻动或搅拌。生产上采用对流换热和接触传热的滚筒或转子干燥机。

人造板单元干燥方法的选择见表4-6。

表 4-6　人造板单元干燥方法对照表

加热方法	胶合板	刨花板	纤维板
接触传热	压板干燥	—	—
对流加热	网带运输干燥 滚筒运输干燥	喷气干燥	管道干燥
接触＋对流加热	—	滚筒干燥 转子干燥	—

4.2　单板干燥

旋切后的单板和薄切后的薄木含有大量的水分,进行胶合时,除用湿热法生产胶合板外,大都需要把单板(或薄木)干燥到一定的含水率(10％左右),以满足胶合工艺和单板(或薄木)贮存的要求。另外,湿单板(或薄木)在贮存过程中,边缘易开裂或翘曲,并易生霉变质。因此,旋切后的单板和薄切后的薄木必须进行及时的干燥。单板和薄木的干燥原理相同,以下仅以单板为例进行阐述。

4.2.1　单板干燥理论

1.单板干燥的含水率要求

单板干燥后的含水率高低与干燥时间、单板的干缩率、胶接质量都有着密切的关系。单板终含水率高,可以提高干燥机的生产率,降低单板的干缩率,但胶接质量差,在胶合板使用过程中,易产生脱胶、变形、表面裂隙等缺陷;单板终含水率过低,则由于木材表面羟基活性减少和单板表面纤维的物理性能受到损伤而影响胶接强度,且干燥机的生产率低,单板的干缩率大。因此,单板干燥的终含水率,应根据使用的树种、胶种和胶接制品的各项性能(胶接强度、变形、胶合板表面裂隙等)来确定。

胶黏剂种类不同,对单板含水率的要求也不一样。一般合成树脂胶黏剂要求单板含水率低一些,特别是酚醛树脂对单板含水率的要求更为严格,而使用蛋白质类胶黏剂时可稍高一些。

树种不同,对单板含水率的要求也有差异。因为有的树种如水曲柳等,早材管孔粗大、透气、透水性好,热压时含水率稍高一点对胶接强度影响不大。而有的树种如松木等,由于单板内含有大量松脂,热压时透气性差,若含水率高,则容易引起鼓泡等缺陷。

胶接强度是衡量胶接质量的一项重要指标。常用的脲醛树脂,单板含水率在5％～15％,都能得到较好的胶接强度,含水率在 7％～8％时,胶接强度最好。如果涂胶量减少,则单板的含水率应提高一些,防止胶黏剂过度渗透,才能保证足够的胶接强度。

从胶合板变形和表面裂隙方面来考虑,一般情况下,单板含水率为 5％～8％时,产生的胶合板的变形量和裂隙最少。为了保证胶合板有较高的胶接强度和减少胶合板的变形量与表面裂隙程度,使用脲醛树脂时,胶合板的干单板的含水率以5％～10％为最适宜。通常胶合板生产,对脲醛树脂、酚醛树脂胶合板,要求单板干燥后的含水率为 6％～12％。血胶、豆胶胶合板要求单板干燥后的含水率为 8％～

14%。近年来，由于生产胶合板原料的变化，特别是进口材、速生杨木、混杂树种的利用，胶合板生产工艺技术也发生了相应的变化，再加上胶黏剂和胶接技术的进步，单板含水率要求也发生一定变化，总体上单板含水率在提高。

单板含水率的检测是单板干燥的一项重要工作，它既是制定干燥工艺的依据，也是衡量单板干燥质量的重要指标。单板含水率的测定主要采用重量法、电阻测湿法、介质常数测湿法和微波测湿法。

（1）重量法。先将干燥后的单板称量，再将单板烘至恒重，然后称量，用两次称量的质量差，求得单板的绝对含水率。

$$W = \frac{G - G_0}{G_0} \times 100\% \qquad (4-39)$$

式中，G——干单板质量，g；

G_0——绝干单板质量，g。

这种方法简单可靠，但是它只能对一批干单板进行抽样检验。因为是抽样，所以有局限性，而且不能适应当前高速生产的要求，尤其不能连续地检验单板在干燥过程中含水率变化的情况，以便及时校正干燥工艺程序。因此，在生产中使用不方便。

（2）电阻测湿法。木材的电阻因含水率不同而变化。一般在纤维饱和点以下时，水分减少，则电阻增加；反之，水分增加，则电阻减小。利用这一原理，制造电阻测湿仪，其测定含水率的范围为 5%～33%。这种测湿仪结构简单，使用比较方便，只需将检测头上的钢针插入单板，就可以读出单板含水率的数值。但测湿仪内电池的电压高低和钢针插入单板的深度对测定数据的准确性有一定影响。电阻测湿仪在生产中应用较为普遍。

（3）介质常数测湿法。木材对 5000MHz 的高频阻抗随着含水率的不同而变化。由于阻抗的改变而引起电流的改变，电流的改变通过平衡电桥的电位差来计量，从而显示含水率的大小。利用这一原理制造的介电常数测湿仪，其测量含水率的范围为 0～12%，使用温度为 0～40℃。它可以放在干燥机的冷却段或出口端来进行检测。其缺点是长期使用后读数易产生漂移，只能显示出含水率增减的趋势，而且含水率测量范围有限。

（4）微波测湿法。微波是一种频率为 1000～10 000MHz 的电磁波。微波束穿透一定厚度的单板时，被吸收的微波能量与单板的含水率成正比。根据这一原理设计制造的微波测湿仪，只要使传感器的接收和发送测头靠近单板的两个相对表面，不需要直接接触，就可以测出单板的含水率，并且越靠近被测表面，所测数据越准确。因此，微波测湿仪安装在干燥机的出口端，能连续测定干燥过程中单板的含水率，便于发现问题，及时调整干燥工艺。用此法测定含水率范围广，但对单板厚度变化和木材结构的均匀程度及水分分布的均匀性比较敏感，故得不出一个可重复的结果,读数始终在一定范围内波动。因此,微波测湿仪适用于单板带的厚度变化不大,且含水率分布差异较小的情况。使用时,可以用几对微波传感器,从而求得一个终含水率的平均值。

2.单板干燥工艺及其影响因素

1)单板干燥的基本原理

要了解单板干燥的基本原理,就要首先认识木材的显微构造及其中所存在的水分,掌握木材中水分的移动通道、运动状态及运动阻力。单板干燥原理与其他被胶接单元的干燥原理是相同的,所不同之处仅在于水分传递路径和因干燥产生的收缩影响不同。另外,要了解单板干燥过程中的三个时期,这样方可知道在干燥过程中单板内的水分是如何排除的,在此基础上即可理解或制定合理的单板干燥工艺。

由于结构的特点,水分在木材中移动主要有两个通道,即以细胞腔作为纵向通道,顺纤维长度方向运动,从木材的两个端面排出(长度方向);以细胞壁上的纹孔作为贯通纤维之间的横向通道,使水分从木材的侧面排出(宽度或厚度方向)。细胞壁内的许多孔隙可作为纵向或横向通道使水分沿壁内运动。由于纵向通道比较通畅,所以水分纵向移动速度比横向快 12～13 倍。

就单板而言,单板长度比厚度大数百倍至数千倍,因此单板干燥过程中,主要依靠横跨纤维方向的横向通道传导水分。

木材中的水分蒸发,必须提供一定能量,使其与大气形成一定的液体和蒸汽压力差,才能向外移动。这个能量应能克服液体或蒸汽在木材中运动所遇到的阻力。在单板干燥中,水分的移动方向以垂直于纤维排列方向的横向传导为主。所以,最大的阻力来自通过细胞壁上的纹孔的阻力,其次是通过细胞腔的阻力。此外,还有一个影响水分蒸发的较大阻力,那就是单板表面与空气接触处的临界层,如图 4-17所示。

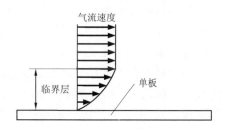

图 4-17　平行气流通过单板
表面的临界层示意图

当高速气流平行于单板表面流动时,基本上是紊流,但越接近单板表面,由于摩擦阻力增加,使气流速度减小而趋于层流。与单板表面接触的薄层,速度接近于零,呈现凝滞的空气薄膜,把热空气与单板表面隔开,这层薄膜就称为临界层。临界层的厚度随着离板端距离的增加而增加。空气中的热量只有通过热阻很大的临界层,缓慢地向单板内部传导,而单板中的水分也只能通过缓慢的扩散作用,穿过临界层而进入空气中。因此，临界层不仅影响热交换效率，而且也降低了单板中水分逸出的速度，如图 4-18 所示。

目前，广泛采用的喷气式干燥机，正是根据存在临界层的情况，采用垂直于单板表面的方式喷射高速热气流（一般 15～20m/s）来冲破或扰乱这个临界层，以提高传热效率和加速水分的蒸发，如图 4-19 所示。

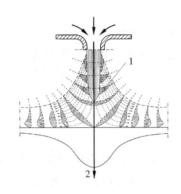

图 4-18　气流喷射平面内局部气流
速度和局部传热系数的部分示意图
1. 局部气流速度；2. 局部传热系数

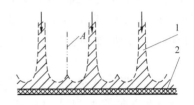

图 4-19　气流垂直喷射单板示意图
1. 气流场区；2. 单板；A. 气流临界层

木材中水分常凝结成液体而存在，仅有少数水分在孔隙中以气态存在，其内部水分为了与大气温湿度平衡而增减，直到达到平衡。

当木材的含水率高于纤维饱和点时，若细胞腔内全部充满自由水，水分在细胞腔内呈液体状态，木材中并没有蒸汽状态的水分移动，则可能只有液体状态的自由水沿着细胞腔与纹孔之间移动。

当木材的含水率低于纤维饱和点时，木材内不含自由水，所有细胞腔内充满着空气。一般认为，木材中的水分以蒸汽和液体状态沿着三种传导方式进行移动：①液体状态，沿着长的连续不断的微胶粒之间的毛细管移动；②蒸汽状态，沿着细胞腔与纹孔组成的大毛细管移动；③蒸汽状态与液体状态不断地相互交替，沿着邻近的微胶粒之间的微毛细管和细胞腔移动。

木材在一定温度的热空气中加热时，首先在表面引起水分蒸发，使表面水分减少。木材内部的水分要向表面移动，这就形成了木材内部和表面的含水率梯度及水蒸气压力梯度。在这种梯度作用下，水蒸气开始沿着细胞腔通过纹孔与纹孔膜上的小孔，由内部向外部扩散，直至扩散到临界层。因此，干燥过程就是由表面蒸发和内部扩散作用两个因素决定的。如果内部扩散作用比表面蒸发作用剧烈，则干燥速度主要受表面蒸发速度的影响；反之，则主要受内部扩散作用的影响。

对于一般成材来讲，因为厚度大、面积小，水分移动的路程长，所以，内部扩散作用比表面蒸发作用要缓慢得多。在过分剧烈的干燥条件下，表面蒸发和内部扩散速度不相适应,使表面过度干燥,而引起开裂、变形等缺陷。所以,选择干燥工艺时,应使表面蒸发速度与内部扩散速度相一致。

旋切后的单板,情况则不同。因为厚度小,面积大,水分移动路程短,木材组织由于旋切后而松弛,有些纤维被切断,但板内部的扩散阻力下降。所以,单板与成材的干燥就有很大的差别。其干燥速度虽然也由表面蒸发和内部扩散两个因素来决定,但是,因表面蒸发面积大,内部扩散阻力小,表面蒸发作用和内部扩散作用都很剧烈,它们彼此相适应。所以,单板可以采用高温快速干燥工艺,而不会产生开裂、变形等缺陷。单板应采用高温快速干燥工艺,这是单板干燥与成材干燥的主要区别。

单板干燥是高含水率的单板在一定条件下(空气温度、湿度和风速等),通过加热进行水分的强制蒸发。现以对流加热为例,说明干燥过程的三个时期,如图 4-20 所示。

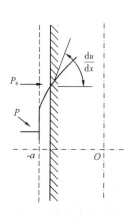

加热期。单板刚接触空气,表面自由水的蒸汽压比热空气的蒸汽压低,单板中水分不能蒸发,热空气的热量主要用于单板的升温,直到表面开始蒸发。此时单板表面温度低于"露点"(水蒸气从湿空气中凝结成露滴的温度称为露点),热空气中的水蒸气反而在单板表面凝结,这个时期很短。

图 4-20　木材向热空气蒸发水分示意图

恒速干燥期。单板温度上升到露点时,表面水分开始蒸发,温度继续上升,单板表面的水分通过临界层向热空气中大量蒸发,形成表面和内部的毛细管压力差,迫使内部自由水向表面移动。由于自由水移动的阻力很小以及干燥条件剧烈,所以水分蒸发量很大。在此期间,单板表面的温度保持在湿球温度,水分蒸发的速度大致相等,故称为恒速干燥期。该时期内,热空气供应的热量全部用于水分蒸发。单板表面蒸发速度可用式(4-40)求得,原理如图 4-20 所示。

$$\frac{dW}{A\,d\tau} = -K(P_s - P) \tag{4-40}$$

式中,W——水分蒸发量,kg;

A——蒸发面积,m^2;

τ——干燥时间,s;

P——热空气的蒸气分压,Pa;

P_s——临界层内侧的水蒸气分压,Pa;

K——表面蒸发系数,$kg/(m^2 \cdot s \cdot Pa)$。

公式中负号表示水分蒸发方向是由内向外。

随着表面水分的蒸发,内部水分传导距离的延长,阻力越来越大。因此,水分在木材内部的扩散速度与表面蒸发速度相一致的时间很短,恒速干燥期的时间也很短。

这一时期以蒸发自由水为主,但因干燥条件剧烈,几乎在蒸发自由水的同时,吸着水也开始蒸发,这表现在单板刚开始干燥含水率远在纤维饱和点以上时,单板就开始干缩这一现象上。

减速干燥时期。减速干燥第一阶段,单板温度大体上仍保持在湿球温度,内部水分移动的速度开始低于表面蒸发速度。因为单板表面已部分干燥到纤维饱和点以下,随着干燥过程的深入,水分移动路程的延长,扩散阻力增大,所以蒸发速度渐减,单板的干燥速度逐步降低。这一阶段既蒸发完了自由水,也蒸发了大部分吸着水,这是单板干燥的主要阶段。

减速干燥第二阶段,单板含水率远低于纤维饱和点,单板中只剩下部分吸着水,蒸发速度更小。因为微毛细管收缩,空隙变小,使水分移动更困难,基本上以蒸汽的移动为主。在此阶段,热空气供给的热量除蒸发水分外,还使单板温度逐渐上升,直到接近干球温度。

上述三个时期中,第一、二时期和第三时期第一阶段,虽然热空气温度高,但单板温度高于湿球温度不多,因此,高温对木材造成的损伤较小,所以一般干燥机进口端温度都很高,以提高干燥效率。在减速干燥的第二阶段,因单板接近干球温度,所以干燥机末端的温度不宜过高,以免高温损伤单板。

为了使单板含水率趋于平衡和便于立即胶接使用,最后还应通过吸冷排热的风机来加速单板的冷却。

2)影响单板干燥速度的因素

单板干燥时,少部分热量用于单板本身的加热升温,大部分热量用于单板水分的蒸发。它与单纯的热传导有很大的差别,这种差别明显地影响着干燥特性。

通常认为,当木材的细胞腔中全部充满着自由水时,若木材中存在压力差(即压力梯度),则木材内部的水分就要向表面移动。纤维饱和点以上的水分,即自由水,由于含水率梯度的作用,主要通过水蒸气的扩散排出,而纤维饱和点以下的水分,则主要通过毛细管系统的水分传导作用而排出。

影响单板干燥速度的因素主要有干燥介质和单板的条件。干燥介质因素包括温度、相对湿度和风速。单板条件因素包括树种、初含水率和单板的厚度等。

(1)干燥机内干燥介质的影响。

①热空气温度的影响。介质的温度是影响单板干燥速度的重要因素。温度越高,则单板内部和表面水蒸气压力差(即压力梯度)、单板内部和外层的含水率差(即含水率梯度)、毛细管张力差,以及水蒸气扩散系数、水分传导系数都相应增大,

因而单板表面水分蒸发速度和内部水分移动速度加快。

图 4-21 为 1mm 厚桦木单板(幅面 20cm×20cm)在风速为 2.2m/s 时在不同温度条件下含水率减少的过程。

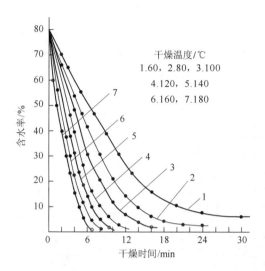

图 4-21　不同温度条件下单板含水率下降过程
桦木单板 20cm×20cm×1mm,空气速度 m/s

在高含水率区域,恒速干燥的速度与干球温度(介质温度)或干湿球温度差几乎呈直线比例增加。在低含水率区域,干球温度比干湿球温度差对干燥速度的影响更大。

温度和干燥时间的关系可表示为

$$Z = Z_0 \left(\frac{t_0}{t} \right)^{-n} \qquad (4\text{-}41)$$

式中,Z——温度 t 时的干燥时间,min;

　　Z_0——温度 t_0 时干燥时间,min;

　　n——根据单板条件而定的系数,含水率范围在 10%～60% 时,n 为 1.5。

此公式适用于一般对流传热的干燥机,也适用于风速为 15～20m/s 的喷气式干燥机。

由于介质温度是影响单板干燥速度的主要因素,所以单板干燥机都使用 100～200℃ 的高温来加热单板,以加速水分的蒸发。

②热空气的相对湿度的影响。热空气的相对湿度即空气被水蒸气饱和的程度。相对湿度可用干湿球温度计分别测出干球温度和湿球温度,然后根据干球温度、湿球温度即可得出空气的相对湿度值。

相对湿度低,由于单板表面与热空气水蒸气的压力差大,水分易于蒸发,干燥速度加快；反之，则干燥速度慢。

相对湿度对单板干燥速度的影响主要表现在：当介质温度一定时，相对湿度小，则干燥速度大；单板含水率高时，相对湿度对干燥速度的影响大，而对低含水率单板，相对湿度对干燥速度的影响小；介质温度高时，相对湿度对干燥时间的影响小，而介质温度低时，相对湿度对干燥时间的影响则大，如图 4-22 所示。例如，当介质温度为 150℃ 时，相对湿度的变化对单板的干燥时间几乎无多少影响，而温度为 70℃ 时，相对湿度上升，干燥时间延长。

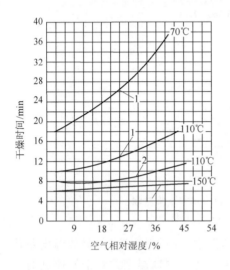

图 4-22　空气相对湿度与
干燥时间的关系
1. 对流传热；2. 对流接触传热

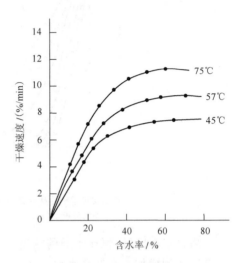

图 4-23　不同干湿球温度差（湿度）
对干燥速度的影响
单板 20cm×20cm×1mm，干球温度 120℃，
空气速度 2.2m/s

干球温度一定时（如 120℃），干湿球温度差不同，含水率与干燥速度的关系，如图 4-23 所示（单板厚度 1mm，幅面 20cm×20cm，干球温度 120℃，空气速度 2.2m/s）。

相对湿度与干燥时间的关系，可计算为

$$Z = Z_0 \left(\frac{\varphi}{\varphi_0} \right)^{0.64} \tag{4-42}$$

式中，Z、Z_0——相对湿度 φ、φ_0 时的干燥时间，min。

一般来讲，降低干燥介质的湿度，可以减少单板干燥的扩散阻力，从而提高干燥速度，但只有在单板含水率高、介质温度低时，才有明显的作用。过低的湿度会使单板端部发生严重的波浪形和单板的翘曲现象，更主要的是增加干燥时的热量损耗，在经济上不合适。湿度过高又会降低单板排湿效果，增加干燥时间，减缓干燥速度。一般干燥机的相对湿度为 10%～20%。

③风速。在一定温度下,热空气的气流循环速度是影响单板干燥速度的主要因素之一,特别在含水率很高时,其影响更大。这是由于风速大,有利于传热和单板表面水蒸气的扩散,所以干燥速度加快;反之,则干燥速度减慢。

图 4-24(桦木单板,幅面 20cm×20cm,干球温度 120℃,湿球温度 45℃)和图 4-25(红松单板,厚 3.2mm,幅面 30cm×60cm,初含水率 35%,终含水率 5%)分别为一般网带和喷气式网带干燥机风速与干燥时间的关系。

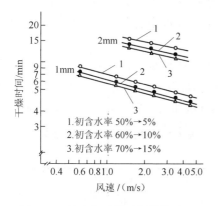

图 4-24 风速与干燥时间的关系

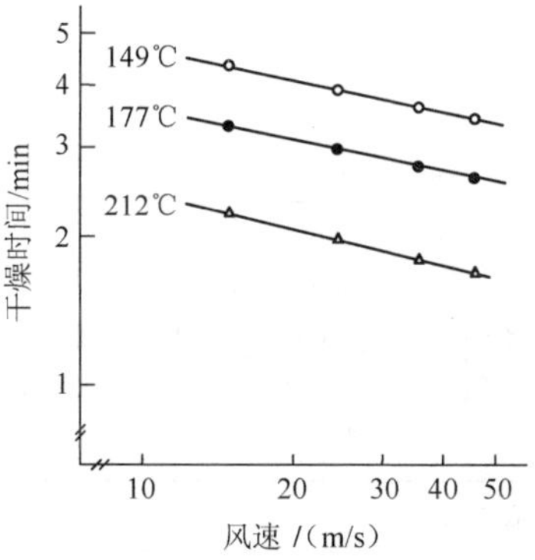

图 4-25 风速与干燥时间的关系(喷气式)

气流平行于单板流动的一般网带式干燥机,当风速超过 2m/s 时,对干燥速度影响就减小,而动力消耗却增加,故较为经济的风速一般为 1~2m/s。喷气式网带干燥机因喷射的气流要有足够的速度才能冲破临界层,因此速度越大,效果越好,但在选择与确定喷射气流速度时同样也要考虑动力消耗的合理性,故一般风速选为 15~20m/s。

喷气式网带干燥机,除喷射气流的速度外,喷嘴的宽度和间隔、喷嘴与单板表面的垂直距离对单板的干燥速度也有一定的影响。

(2)单板条件的影响。

①树种。不同树种的木材具有不同的细胞结构,其密度也有一定的差别,因此树种的不同影响热量与水分的传递。同一厚度、同一含水率而密度不同的树种如蒸发出相同数量的水分,则密度大的树种的单板含水率减少的数值小。由于密度大的树种木材组织中一般细胞腔较小,而细胞壁较厚,所以在低含水率阶段,水分传导阻力大。因此,干燥速度降低。图 4-26 为单板厚度 1mm、幅面 30cm×30cm、干球温度 140℃、湿球温度 57℃、风速 2.2m/s、含水率由 60% 干燥至 10% 时密度和干燥时间的关系。

此外,干燥速度还与材质结构有关,如密度为 0.69g/cm³ 的水曲柳单板的干燥时间比密度为 0.63g/cm³ 的椴木单板还短。这是因为水曲柳的环孔大,材质粗糙,

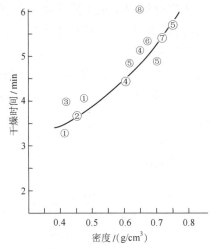

图 4-26　密度和干燥时间的关系
①红柳桉；②③⑦柳桉属；④冰片树属；
⑤⑥龙脑香属；⑧异翅龙脑香属

易于蒸发水分。如 1.25mm 厚的椴木单板要比同厚度水曲柳单板的干燥时间长 10％～15％，比柳桉单板长约 40％。

②初含水率。同一树种、同一厚度的单板，初含水率的大小对干燥时间有一定的影响，初含水率高，则所需的干燥时间长。有些树种，心、边材的区别比较明显，边材部分含水率比较高，干燥时间应适当延长。

单板的含水率取决于原木的含水率和原木的运输保存方法以及是否进行水热处理等条件，如表 4-7 所示。

表 4-7　不同树种的单板含水率

（单位：％）

运输方式	水曲柳	椴木	桦木	松木边材	松木心材
陆运材	60～80	60～90	60～80	80～100	30～50
水运材	80～100	100～130	80～100	100～130	40～60
沉水材	>100	>130	>100	>130	40～60

③单板厚度。单板厚度越大，则水分传导和水蒸气扩散的路程越长，因此阻力也随之增大，干燥速度减慢，干燥时间延长。两者之间不是简单的正比关系，而是一个对数关系。它们之间的关系为

$$Z = Z_0 \left(\frac{d}{d_0} \right)^{-n} \tag{4-43}$$

式中，Z 和 Z_0——单板厚度为 d 和 d_0 时的干燥时间，min；

n——系数，一般为 1.3。

图 4-27 是单板厚度与干燥时间的关系。实验条件是桦木单板，幅面 20cm×20cm，干球温度 120℃，湿球温度 45℃，风速 2.2m/s。

为了保证单板最终含水率的均匀，干燥前应按树种、单板厚度和初含水率的不同进行分类，然后用相应的干燥工艺分别进行干燥。

3）单板干缩与变形

木材是一种非均质的各向异性毛细管多孔材料。单板在干燥过程中，当含水率降到纤维饱和点以下时，将发生形态变化，如各个方向尺寸的收缩、单板的翘曲和变形等。

（1）单板的干缩。在纤维饱和点以下，含水率降低，木材尺寸变小，称为干缩。通

常木材的干缩弦向最大,径向次之,纵向最小。旋切单板的宽度方向为木材弦向,厚度方向为木材的径向,长度方向为木材的纵向。因此,单板在宽度方向上干缩率最大,一般为 $7\%\sim10\%$,单板在厚度方向上的干缩率一般为 $3\%\sim6\%$,单板在长度方向上的干缩率仅为 $0.25\%\sim0.35\%$。

由于干燥机内综合条件的影响,整个单板的平均含水率高于纤维饱和点时,单板的宽度方向可能产生含水率不均匀,先局部干缩,然后才整个地发生干缩。

快速干燥时,温度越高,单板宽度上的干缩率越小。如温度由 $110℃$ 升高到 $180℃$ 时,干缩率将由 7.5% 降到 5%。所以,高温快速干燥有利于提高出材率。

在干燥过程中,单板厚度增加,含水率

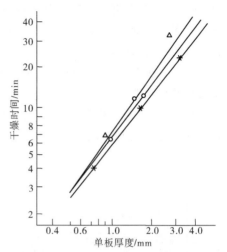

图 4-27　单板厚度与干燥时间的关系
＊含水率为 $70\%\to15\%$;
○含水率为 $60\%\to10\%$;
△含水率为 $50\%\to5\%$

梯度也随之增加,因而内部的湿层将妨碍其表层的收缩,于是表层的收缩受到限制,而形成应力状态。所以,厚单板比薄单板的宽度方向收缩率小。但是,含水率梯度的增加,对厚度方向的干缩有相反的影响。若单板横断面上的平均积分含水率相同,含水率梯度越大,则单板表层过度干燥越严重。由于厚单板比薄单板的含水率梯度大,所以,厚单板由于其表层的过度干燥,而比薄单板在厚度方向上有较大的收缩率,如图 4-28 所示。

如果采用先干后剪工艺,则必须预留干缩余量,但干缩率仍然是一个应该注意的问题。在连续干燥中,单板的前进方向与单板横纹方向垂直,木材横纹方向拉伸强度较低,由于干缩而产生的应力会使单板开裂,甚至将单板拉断。

在旋切时也同样要考虑单板厚度上的厚度余量 d:

$$d=\frac{DV_{\mathrm{H}}}{100-V_{\mathrm{H}}} \qquad (4\text{-}44)$$

式中,D——单板厚度,mm;
　　V_{H}——厚度方向上的干缩率,$\%$。

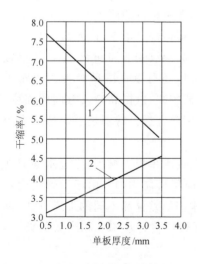

图 4-28　单板厚度与单板干
缩率的关系
1. 宽度;2. 厚度

（2）单板的变形。单板具有木材的非均匀性，如单板内早、晚材的差别，使单板各相应部位的密度不同；木材的扭转纹、涡纹、节子等缺陷，使单板的组织不均匀，加之单板在旋切时，其背面产生的裂隙，使正反面材质结构不对称，以及单板的各向异性。这些都会使单板的不同部分在干燥过程中产生收缩率的差别，从而引起单板变形和开裂。

此外，在单板干燥过程中，单板边缘部分比中间部分水分蒸发得快，而边缘部分的收缩又受到中间部分的限制，因此，边缘部分容易出现波浪形，有时甚至开裂。

单板在干燥机中的传送方式，对变形有很大影响，采用滚筒传送时对单板变形有一定的限制效果。如图4-29为网带与滚筒传送，单板干燥后的变形比较（单板为山毛榉边材，厚1mm，平均温度115～135℃，终含水率0～5％，40张单板的平均变形量）。

为了减少或克服变形和开裂，可以采取如下措施：①单板纵向送进干燥机时，前后板端重叠1～2cm，在板端厚度加倍的情况下，边部蒸发速度减小，使之和中间接近一致，从而防止变形和开裂；②带状单板连续干燥时，在单板带的两边6mm宽度上喷水，增加单板边部含水率，以延缓边部干燥过程，减少波浪纹变形和开裂；③带状单板连续干燥时，还可以在湿单板带两边贴上加强胶带或胶线，以提高横纹方向的强度，防止单板端向开裂。特别是干燥超薄表板时，多采用这种方法提高单板带的抗拉伸强度。

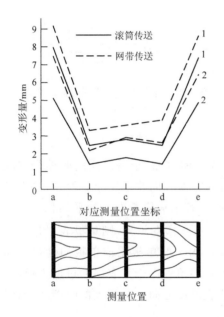

图4-29　单板传送方式与变形量的关系
1. 压力500Pa；2. 压力2000Pa

（3）单板终含水率偏差及其处理。胶合板工艺要求单板干燥后，终含水率应在复合工艺要求的范围内，一般为5％～10％，而且应尽可能均匀。由于干燥机内不同部位的风速、温度、湿度的差异，或者单板初含水率的差异和不同的干燥方法，都会引起干燥不均匀。因此，在实际生产中，单板干燥后终含水率有相当大的偏差，给胶合板的胶接质量带来不良的影响。

试验证明，多数树种边材部分的单板初含水率比心材部分单板的含水率高，而且偏差也大，从而使得单板干燥后含水率偏差大。但另一方面的测试数据表明，终含水率的偏差随着单板干燥后平均含水率的降低而变小。

单板干燥后的终含水率有一定的偏差范围,这是避免不了的。为了减少这种偏差采取如下措施:①心、边材含水率偏差太大的树种(如松木),旋出的单板按心、边材分别进行干燥;②设计和制造干燥机时,应力求使干燥机内各处的温度、湿度和风速均匀;③采用微波——对流加热的混合式干燥机,利用微波按含水率高低选择性加热的特性,使单板干燥后的含水率均匀;④在干燥机后部,安装连续式含水率测试仪,随时了解单板干燥后含水率状态,及时调整干燥机速度,使终含水率符合要求;⑤单板干燥后堆放一段时间,使其含水率均匀,以减少含水率偏差。一般要求单板干燥后,存放 24h 待用。

(4)单板的色变和内含物外析。单板经过干燥后失去了水分,或者由于木材内部内含物的作用,单板表明的色泽会发生变化。一般来说,色泽普遍由浅变深。色泽变化的程度受树种、单板在树干中的部位和含水率高低的影响。此外,干燥介质的温度和干燥时间也对色泽变化有着不可忽视的作用,要防止单板过干而造成表面炭化。

单板干燥后,木材内部的内含物也会外析到单板表面,使单板表面钝化。例如,用马尾松旋切成的单板,干燥后表面会有松脂类物质,影响单板的胶接性能。在砂光时松脂类物质会钝化砂带,所以工艺上需要对马尾松等材种进行脱脂处理。

3.单板干燥方法

单板可以天然干燥,也可用干燥室和干燥机干燥。天然干燥和干燥室干燥只是在生产规模很小的工厂才用。一般工厂都采用各种类型的干燥机。

单板干燥机有很多种,可以按传热方式、气流的循环方向与单板的传递方式分类。

按传热方式分为:空气对流式,由循环流动的空气把热量传给单板;接触式,热板与单板接触直接把热量传给单板;联合式,是以对流传热与其他传热形式的联合,如对流-接触式、红外线-对流式、微波-对流式等多种形式。

按单板的传递方式分:网带式,单板被放在两层钢网之间输送通过干燥机;滚筒式,单板由上下滚筒夹持着输送通过干燥机。

按热空气循环方向与干燥机纵向中心线之间的关系分:纵向通风干燥机,热空气沿干燥机长度方向循环,气流可以和单板进料方向一致,也可以相反,纵向通风干燥机的热空气循环系统比较简单,但效果差,现已很少制造和使用;横向通风干燥机,热空气沿干燥机宽度方向循环,气流有平行于单板表面流动的,也有与单板表面垂直喷射的。

4.2.2 单板干燥设备

目前,使用最广泛的单板干燥机主要有横向通风的网带式和滚筒式干燥机。

此外,还有接触传热式和红外线辐射、微波电场或几种方式混合加热的干燥机。单板干燥机是一种连续式的单板干燥设备,每种单板干燥机都包括干燥段和冷却段两部分。

干燥段主要用来加热单板,蒸发水分,通过热空气循环,从单板中排出水分。干燥段视产量不同,可由若干分室组成,各个分室结构相同。干燥段越长,传送单板速度越快,设备生产能力越高。

冷却段的作用在于使单板在保持受压状态的传送过程中,通风冷却,一方面消除单板内的应力,使单板平整;另一方面利用单板表芯层温度梯度蒸发一部分水分。冷却段一般由1~2个分室组成。单板的传送常用两种方式:①用上、下网带传送,下层网带主要用于支撑和传送,上层网带用于压紧,给单板以适当的压紧力,防止单板在干燥中变形;②用上、下成对滚筒组,依靠滚筒转动和摩擦力带动单板前进,鉴于前后滚筒的距离不能太小,故这种传送方式适合于传送厚度为0.5~1.0mm以上的单板。由于滚筒传送压紧力较大,所以干燥后单板的平整度比网带式好。

单板干燥机绝大多数采用0.4~1.0MPa的饱和蒸汽做热源。冷空气通过换热器被加热成140~180℃的热空气作为干燥介质,将热量传递给单板,也可直接燃烧煤气、燃油、木材加工剩余物等加热冷空气。热空气通风系统一般有横向与纵向之分,同样条件的干燥机,采用不同通风方式,干燥效率有很大差别。

干燥机的工作层数为2~5层。一般喷气式网带连续干燥机,先干后剪,通常为2层或3层,干燥机出板端配备剪板机。滚筒式、网带式干燥机若是要干燥零片单板,为提高干燥机生产能力,一般多为5层。

干燥机的进板方向有纵向和横向之分。如果进板方向与单板的纤维方向一致,称为纵向进板。一般网带式干燥机和所有的滚筒式干燥机都采用这种进板方式。如果单板的进板方向与单板的纤维方向垂直,称为横向进板。网带喷气式干燥机采用横向进板。

纵向进板必须把旋切后成卷的单板剪裁成单张,才能进行干燥,而横向进板则可以将成卷单板展开后连续地送进干燥机。目前,国内外广泛地采用喷气式网带干燥机,高温、高速热气流从单板带的两面垂直喷射在板面上,冲破单板表面的临界层,是单板干燥的速度大大加快,为单板连续干燥创造了必要条件。将旋切、剪裁、干燥工序改变为旋切-干燥-剪裁、配板连续化生产。

喷气式网带干燥机有直进型和"S"型两种。直进型用于干燥表、背板(薄单板)。"S"型主要由于干燥厚芯板或场地受限制的条件下使用。图4-30为两种类型喷气式网带连续干燥机"旋切-干燥-剪裁"工序连续化示意图。

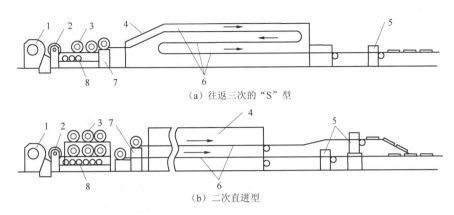

（a）往返三次的"S"型

（b）二次直进型

图 4-30 "旋切-干燥-剪切"工序连续化示意图

1. 旋切机；2. 卷筒机；3 单板卷；4. 干燥机；5. 剪切机；6. 单板带；7. 松单板卷机；8. 空卷筒

目前,大量采用速生树种,如杨木自身含水率不均、干缩率大等材性本身的特点,导致单板干燥时常常出现翘曲变形缺陷。因旋切后杨木单板自身含水率分布不均,干燥后含水率越低变形越严重,致使在工艺控制上杨木单板的终含水率普遍偏高。在实际生产中,除了要求改进干燥工艺条件外,还可采用如热板干燥、单板整平等技术。

单板干燥机主要由机架、传递装置、门、外壁和附属装置等五大部分组成。目前胶合板生产的单板干燥机主要采用多层喷气式网带干燥机和多层喷气式滚筒干燥机,前者可用于表背板和芯板干燥,后者主要用于芯板干燥。

单板干燥的方法很多,但目前用于工业化生产的主要方式仍是采用热风循环,可连续地使单板进行干燥。此外还有热压式、红外线、微波和高频等干燥方法,但直到目前,这些方法的实际应用尚不普遍。

单板干燥机的种类很多,按单板的传送方式,单板干燥机可分为滚筒式、网带式和链条式,但链条式极少采用;按传热方式,单板干燥机可分为对流式、接触式、辐射式和混合式等。目前,国内外普遍采用的是由网带或滚筒来传送单板的喷气式单板干燥机,见图 4-31。

（a）双层网带式单板干燥机

（b）滚筒式单板干燥机

图 4-31 单板干燥机

单板干燥机的主要技术要求如下。

(1)单板干燥机要保证单板干燥后的最终含水率的大小和均匀性达到胶合板生产工艺要求。为此,要求干燥机干燥室温度差应达到规定的范围,即纵向循环的干燥机不得超过 6℃,横向循环的干燥机不得超 3℃,横向循环喷气式干燥机不得超过 4℃。

(2)干燥后的单板表面要平整、开裂少。因此,干燥介质的温度不能太高,湿度不能太低。单板在干燥过程中要能自由收缩,当对单板快速冷却时,应使其处于被夹持状态。

(3)干燥机内的温度和湿度应能根据工艺要求进行调整。在干燥过程中最好能实现自动控制。采用高温干燥如用燃气直接干燥单板,则要有安全防火措施。

(4)热效率高,产量大。单板干燥过程中耗能很大,国产单板干燥机的热能消耗约占整个胶合板生产中热能消耗的 70% 以上,而现在要求胶合板生产规模都要达到 $1×10^4 m^3$ 以上,又旋切机旋切单板的速度可达 100m/min 以上,国外甚至可达 250m/min,因此提高干燥机的热效率和生产能力对降低生产成本、节约能源都显得很重要。

1.网带式干燥机

网带式干燥机主要有横向循环网带式单板干燥机和横向循环喷气网带式单板干燥机,其基本机构见图 4-32 和图 4-33。

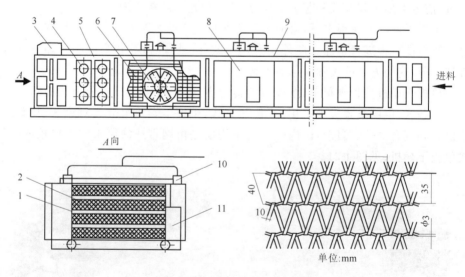

图 4-32　横向循环网带式单板干燥机
1.机架;2.传送网带;3.驱动装置;4.冷却区通风机;5.冷却节;6.加热系统;
7.加热区通风机;8.干燥节;9.保温装置;10.排湿装置;11.电气装置

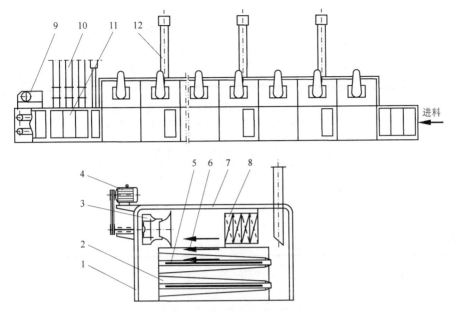

图 4-33 横向循环喷气网带式单板干燥机
1. 机架；2. 喷箱；3. 加热区通风机；4. 电机装置；5. 传送网带；
6. 干燥节；7. 保温装置（顶板、侧板和门）；8. 加热系统；9. 驱动装置；
10. 进、排风筒及冷却区通风机；11. 冷却节；12. 排湿装置

干燥系统采用直向气流循环方式，钢铝复合轧片散热器，散热器采用蒸汽和导热油加热，用离心风机直接把换出的热风注入机内的上下风箱中，热风通过上下风箱的喷嘴，以高速喷射热气流的方式，将热气流喷射到单板两面，喷射气流的压力可以冲破单板表面饱和水蒸气层，加快热传导，使单板受热均匀，达到最佳干燥效果。

传动系统由链轮带动网带运行，单板横向放在运行的网带上，由进料口送入机内，运行的单板通过上下风嘴的对吹，使单板受热均匀，达到最佳干燥效果。

控制系统有手动、无级变速和全自动计算机控制系统，可根据单板厚薄和含水率的高低需要来调整进料速度，以达到理想的烘干效果。

干燥机外形结构有金属壳（铁板、铝板、不锈钢板等）岩棉保温、砌砖体。热源系统有蒸汽炉、油炉等。

BG183/A-8 型产品为多层喷气网带干燥机，网带（滚筒）宽度 2750mm，滚筒速度 3.5～5m/min，3 层，18 节加热室和 1 节冷却室，蒸汽压力 1.3MPa，蒸汽耗量 5200kg/h，单板厚度为 0.5～3.5mm，单板初含水率 80%，单板终含水率 8%，平均年产量为 36 000m³，总功率为 287kW，外形尺寸（长×宽×高）49 750mm×4780mm×4485mm，重量 120t。

国产 183 系列三层网带式单板干燥机见图 4-34，技术性能参数见表 4-8。

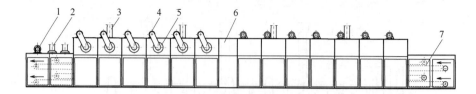

图 4-34　BG1832 型网带式单板干燥机示意图

1.网带驱动装置;2.冷却系统;3.排湿管;4.电动机;5.气流循环风机;6.过渡段;7.网带

表 4-8　国产网带式干燥机技术性能参数表

型号	规格 长×宽×高/m	网带 宽度/m	热风 室/m	冷风 室/m	工作 层数	热风电机 /kW	冷风电机 /kW	传动电机 /kW	蒸汽耗量 /(t/h)	日产 量/m³
BG1815	(1~3)×2.8×2.6	1.5	10~28	2~4	2	(5~14)×5.5	1×(2.2~5.5)	2×(2.2~5.5)	1.0~2.0	9~28
BG1820	(1~3)×3.3×2.6	2.0	10~28	2~4	2	(4~10)×7.5	1×(3.0~5.5)	2×(3.0~5.5)	1.0~3.0	12~35
BG1829	(1~3)×4.5×2.6	2.9	10~28	2~4	2	(5~14)×7.5	1×(4.0~7.5)	2×(4.0~7.5)	1.5~4.0	20~50

2.滚筒式干燥

滚筒式单板干燥机有热气流循环滚筒式单板干燥机和横向循环喷气滚筒式单板干燥机,见图 4-35 和图 4-36。

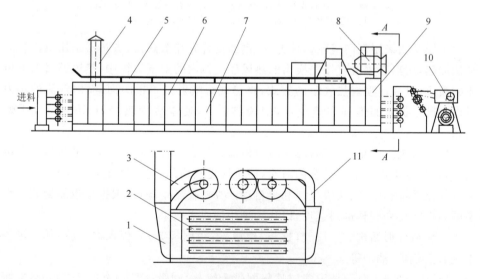

图 4-35　热气流循环滚筒式单板干燥机

1.机架;2.传送滚筒;3.气流循环系统;4.排湿装置;5.加热系统;6.保温装置
(顶板、侧板和门);7.干燥节;8.电器装置;9.冷却节;10.驱动机构;11.冷却系统

喷气滚筒式单板干燥机干燥系统采用直向气流循环方式,钢铝复合轧片散热器,散热器采用蒸汽和导热油加热,用离心风机直接把换出的热风注入机内的上下风箱中,热风通过上下风箱的喷嘴,以高速喷射热气流的方式,将热气流喷射到

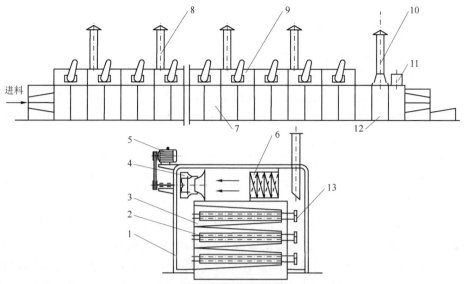

图 4-36　横向循环喷气滚筒式单板干燥机

1. 机架；2. 传动滚筒；3. 喷箱；4. 加热区通风机；5. 电机装置；6. 加热系统；
7. 干燥节；8. 排湿装置；9. 保温装置（顶板、侧板和门）；10. 排气筒；
11. 进气筒和冷却区通风机；12. 冷却节；13. 驱动装置

单板两面,喷射气流的压力可以冲破单板表面饱和水蒸气层,加快热传导,使单板
受热均匀,达到最佳干燥效果。

　　单板纵向由进料口送入机内,由链条带动上下两排辊相对运转,靠上辊的自重
压单板前行,单板通过两辊和上下风嘴的同时,达到烘干和烫平的效果,所以本机
烘干的单板平整、光滑、无痕。

　　控制系统有手动、无级变速、全自动计算机控制系统,可根据单板厚薄和含水
率的高低需要来调整进料速度,以达到理想的烘干效果。

　　外形结构有金属壳(铁板、铝板、不锈钢板等)、岩棉保温、砌砖体。

　　热源系统选择送热设备,有蒸汽炉和油炉。

　　干燥单板厚度为 0.3~5.0mm。

　　此类干燥机型号和技术参数见表 4-9。

表 4-9　国产滚筒式干燥机技术性能参数表

型号	规格 （长×宽×高） /m	网带 宽度 /m	热风 室/m	冷风 室/m	工作 层数	热风电机 /kW	冷风电机 /kW	传动电机 /kW	蒸汽 耗量 /(t/h)	日产量 /m³
BG1315	(1~3)×2.3×2.3	1.5	10~28	2~4	2	(5~14)×5.5	1×(2.2~5.5)	2×(2.2~5.5)	1.0~2.0	9~28
BG1320	(1~3)×2.8×2.3	2.0	10~28	2~4	2	(4~10)×7.5	1×(2.2~4.0)	2×(3.0~5.5)	1.0~3.0	12~35
BG1329	(1~3)×3.7×2.3	2.9	10~28	2~4	2	(5~14)×7.5	1×(3.0~5.5)	2×(4.0~7.5)	1.5~4.0	20~50

3. 其他类型单板干燥机

1) 红外线-对流加热混合式干燥机

红外线是一种可见电磁波，又是一种热射线，波长为 $0.76\sim400\mu m$。红外线具有普通光线的特性，能辐射、定向、穿透和被吸收转变为热能。单板含水率影响红外线穿透性，湿木材比干木材小。对木材的最大穿透深度为 $1\sim2mm$。这个穿透深度足够干燥单板，特别适于薄单板。

红外线干燥的技术关键在于选择吸收光谱。发射的红外线波长必须与被加热物体（尤其是水分）的吸收光谱相吻合。此外，还应考虑波长与温度的关系，否则影响热效率和干燥效率。

红外线辐射源可以采用功率 $250\sim500W$ 的专用红外灯，或燃烧气体（如煤气、重油）来加热辐射表面——多孔陶瓷板或金属网（辐射表面温度 $800\sim1000℃$，金属网比陶瓷板辐射强度大），再由辐射表面射出大量红外线加热单板，并由辐射源和燃烧废气加热循环气流，则可获得辐射和对流混合加热作用，既可充分利用热源，又可以提高热效率，缩短干燥时间。

红外线干燥与对流干燥相比，在热空气温度为 $100℃$，空气相对湿度 5%，气流速度 $2m/s$ 条件下，而红外线辐射表面温度为 $600℃$ 时，其热流强度为对流干燥的 30 倍，故红外线干燥是很有前途的。但消耗电能较多（蒸发 $1kg$ 水分需耗电 $1.6\sim5kW\cdot h$），目前应用还受到一定限制。

2) 微波-对流加热混合式干燥机

微波是一种波长为 $2\sim30cm$，频率为 $1000\sim10\,000MHz$ 的电磁波，利用单板在微波电场中木材内偶极分子排列方向的急剧变化，分子间摩擦发热而使水分蒸发，达到干燥的目的。

单板在微波电场中，微波的损失能量为

$$P\propto fE^2\varepsilon_r \qquad (4\text{-}45)$$

式中，P——微波的损失能量（即单板吸收的微波能量）；

f——微波频率；

E——电场强度；

ε_r——微波损失率，与木材的物理性能（含水率、密度、无机物含量、温度等）有关，含水率是最主要的因素。

单板在微波电场中，吸收微波能量的多少与含水率成正比。据试验，花旗松单板含水率为 15%、22%、30% 时，其微波损失率依次为单板含水率 7% 时的 2 倍、3 倍、4 倍，而且吸收微波能量的多少与加热速度成正比。

由此可见，木材吸收能量具有选择性，含水率高处吸收能量多，升温快，水分蒸发快。利用这一原理，设计了微波-对流加热干燥机。在对流式干燥机加热段后部安装微波装置,使单板从微波电场中通过,对单板进行选择性加热,利用热气流将水分带走,对缩短干燥时间,提高终含水率均匀性能收到很好的效果。

3)热板干燥机

热板干燥机结构及动作原理类似于胶合板的热压机,将单板在热板间加压干燥,压力小于 0.35MPa,热板温度 190℃,干燥时在单板与热板之间放置一张带孔垫板,使水分和树液中的蒸汽能够逸出。试验表明,美国的南方松单板,在厚度为 3.2mm 时,1.75min 内即可干燥到 5％的含水率。芬兰的试验条件是 3.3mm 的针叶树单板,在热压温度 180℃时,压力 0.3MPa,干燥时间为 4min。

这种干燥方法不但缩短了干燥时间,并且单板干燥后光滑平整。适合于涂胶、配板、热压连续化生产需要,对于淋胶也可获得良好的效果;另一方面,该法接触传热,热效率高,与喷气式单板干燥机相比可节省 36％的能耗,而且还可减少宽度方向的干缩率。

热板干燥机尤其对于干燥速生杨木单板,可以有效克服因杨木单板本身含水率不均,而采用普通干燥方法,当终含水率较低时易翘曲变形的难题。这种干燥方法适合于热压机负荷小的小型工厂。

各种类型干燥机性能比较见表 4-10。

表 4-10　各种类型干燥机性能比较

类型	传导方式	热风流动方向	单板进料方式	设备性能及优缺点	备　注
滚筒式干燥机	对流和接触传热	纵向循环	纵向(单板纹理与进料方向一致)	干燥的单板平整度好,对厚单板平整有利,采用纵向进料,要湿单板先剪切,后干燥,单板齐边损失大,增加木材消耗,电力消耗省;设备钢材多,造价高,清除机内碎屑较麻烦,松木单板松脂多,污染滚筒,清洗困难	适合于厚 1.25mm 以上单板的干燥
网带式干燥机	空气对流	横向循环热空气平行于单板表面	纵向	干燥单板的平整度略差,采用纵向进料,湿单板先剪切,后干燥,齐边损失大,增加木材消耗;设备钢材和投资省,碎片杂屑清除尚方便	适合于厚度为 0.5～4.5mm 单板的干燥
喷气式网带干燥机	空气对流	机内横向循环热空气垂直喷射于单板表面	横向(单板纹理与进料方向垂直)	单板干燥平整度略优于前一种,单板带连续进料,由于采用干单板剪切消除了拼板齐边的损失,节约木材,加工简便,生产效率高于前两种,适于旋、干、剪连续化,风速大,散热器积灰多,每周需清除,否则影响干燥效率,动力消耗较大	适合于厚度为 0.5～2.5mm 单板的干燥

续表

类型	传导方式	热风流动方向	单板进料方式	设备性能及优缺点	备　注
喷气式滚筒干燥机	对流和接触传热	机内横向循环热空气垂直喷射于单板表面	纵向	单板平整度好，生产效率比前三种高，湿单板先剪后干，齐边损失量同第一种干燥机；钢材的投资略大于第一种干燥机，风速大，散热器积尘多，需每周清除，动力消耗大	适合于厚单板的干燥，单板干燥质量好，生产效率高
热板干燥机	接触		纵向	干燥单板既平整又不易压碎，所以适用于干燥刨切薄木，它可以取得含水率小于 5% 的单板，而滚筒式干燥机如小于 5%，则会压碎单板；干燥机占地面积小，干燥机热效率高，但生产量低，传动件易磨损，而影响干燥质量	适合于薄板，如刨切薄木

4.3　刨　花　干　燥

4.3.1　刨花干燥理论

1.刨花干燥原理

　　刨花干燥的基本原理就是在热传递的作用下，使刨花内的水分由液态水变为蒸汽而离开刨花的过程。这个过程遵循干燥速度曲线，如图 4-37 所示，该曲线分为 3 个阶段。

　　(1)快速干燥阶段(阶段Ⅰ)。湿刨花进入干燥机内，刨花内的水分快速蒸发，含水率急剧下降，含水率的降低过程并不影响水分蒸发速度，蒸发始终处于近似相等的高速状态。这一阶段是刨花干燥的最有效阶段，应是刨花干燥设备结构设计中重点考虑的因素，从结构上适当延长刨花在阶段Ⅰ的停留时间，使刨花翻转落下更均匀；同时也是湿蒸汽大量产生的时期，为了保持干燥机内合适的空气相对湿度，应设置排湿装置并控制好湿空气排出量。

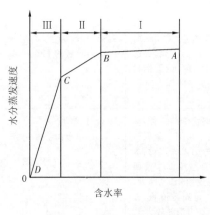

图 4-37　刨花干燥速度曲线

　　(2)减速干燥阶段(阶段Ⅱ)。随着刨

花在干燥机内不断向前运动,在含水率由 B 逐渐降低至 C 的过程中,水分由刨花内部移到表面的速度持续降低,刨花的干燥速度明显下降。此时刨花的含水率已经不高了,接近于工艺规定的终含水率。刨花应已靠近干燥机的出口位置,干燥机在结构设计上应重点考虑如何使刨花快速移动至出口处。对于转子式刨花干燥机有效的方法是增加斜料铲的数量,而对于通道式干燥机则是减少阻碍刨花向前输送的芯部料铲的数量。

(3)慢速干燥阶段(阶段Ⅲ)。这个阶段水分由刨花内部移到表面的速度已经非常缓慢,刨花含水率已趋于稳定,只有在干燥机内停留更长的时间,才能使刨花中的含水率更低。这样不但浪费了大量热能,而且容易引起干刨花着火,这也是刨花板生产线工艺将刨花干燥终含水率定为 2%～4%,而不是低于 1% 的近绝干状态的重要原因。

在这个阶段即干燥机的出口处,应重点考虑刨花的快速和顺畅排出以及避免"死角"的产生。

一般情况下,刨花板或中/高密度纤维板生产线均采用绝对含水率,只有特殊情况下才采用相对含水率表示。刨花绝对含水率、相对含水率计算公式分别为

$$W = \frac{m - m_0}{m} \times 100\% \tag{4-46}$$

$$W_0 = \frac{m - m_0}{m_0} \times 100\% \tag{4-47}$$

式中,m_0——绝干刨花质量,kg;

W——刨花绝对含水率,%;

W_0——刨花相对含水率,%。

2. 刨花干燥的要求

1)含水率的大小符合工艺要求

刨花含水率的大小对刨花板的热压过程及产品质量都有较大影响。如果干燥后刨花含水率较高,经拌胶后,将使刨花含水率进一步升高。这样会给热压带来很大困难,很容易产生分层和鼓泡等缺陷。特别是单层大幅面压机和宽幅面连续压机,对施胶后刨花含水率要求更为严格。此外,热压时为蒸发刨花中过多的水分要消耗较多的热量,同时也会延长热压周期,降低热压机的生产效率。所以湿刨花在拌胶前必须进行干燥,使刨花含水率降低到一定要求。从提高产品质量角度来讲,刨花若不经干燥,其含水率往往不一致,致使刨花板内部产生应力,容易翘曲、变形,降低产品质量。因此,为了提高刨花板的质量,一定要使干燥后的刨花含水率的变动范围严格控制在较小值内。

当然,干燥后刨花含水率也不是越低越好。若刨花含水率过低,则刨花容易吸

收胶液,使刨花表面胶量减少,这不仅浪费了胶黏剂,而且还降低了胶接强度。同时刨花过干,其塑性较差,压缩比较困难。刨花板内部容易形成空隙,降低板材的强度。另外,也给操作过程带来一些困难。刨花过干,在干燥机中有着火的危险,如果采用气流输送,在管道内也会有引起静电起火的可能。甚至对热压工序也有影响,过干的刨花较轻,当压机闭合时容易将刨花吹离板坯表面,同时,刨花含水率过低,会使刨花加工时产生过多的粉料,影响刨花板的质量和正常生产。

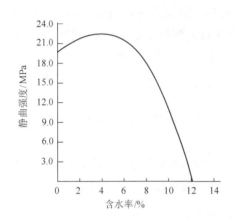

图 4-38 刨花含水率对板材的影响

刨花含水率大小与板材强度有关,如图 4-38 所示,当干燥后刨花含水率在 3%～6% 时较适宜。

研究指出,生产三层刨花板表层用的微型刨花,在打磨前将较高含水率的刨花预干到含水率为 30%～40% 最为适宜,这样打磨时可最大限度地减少粉尘的产生(约减少 40%),并可得到规格均匀一致的细刨花。然后再将这些微型刨花进行补充干燥。

2)含水率平衡稳定

在刨花板生产过程中,对刨花在施胶、铺装、预压、热压工段的含水率都有严格要求。如果含水率偏高,在正常的热压工艺参数下,板坯容易发生分层和鼓泡,严重的甚至可能会"放炮";若延长放气时间,不但会增加热压周期,降低生产效率,而且成品板表面质量不佳。如果含水率偏低,干刨花产生"吸胶"现象,使刨花板强度下降;同时,在板坯运输、装板入热压机的过程中,会增加板坯的破损率;还有,若表层含水率偏低,则会减慢热压机内表层到芯层的热传导,降低板子内结合强度。由于制板原料树种不同,并受季节、存放条件、存放时间等因素的影响,刨片后的湿刨花含水率很高且差异较大。为了保证刨花板产品质量的稳定、提高生产率,需要对湿刨花进行干燥并且达到规定的、均匀一致的含水率。生产工艺要求干燥后刨花的理想含水率为 2%～4%,这里的含水率是指绝对含水率。

3)产量满足生产需要

在正常生产时,干燥机的产量要可以和后工段保持平衡生产,此时应注意保持干燥质量的稳定,为后工段生产提供保证;但干燥机的产量受到季节和原材料的初含水率影响很大,如果干燥能力超出很多,则可以选择保证终含水率满足生产要求的前提下尽量提高产量,采取开机-待机的干燥模式,这对降低能源消耗效果明显。

4)节能降耗,降低生产成本

由于干燥工序需要消耗大量的能源,约占总能耗的 70%,所以选择合适的干燥方式、干燥设备和干燥工艺对降低能耗非常重要。

3.刨花干燥方式

刨花的干燥按照加热方法可分为间接传热干燥和直接传热干燥两种方式。按照加热介质的性质可分为蒸汽加热干燥、导热油加热干燥、过热水加热干燥和直接燃烧加热干燥等。

1)间接传热干燥

间接传热干燥的热介质不与刨花直接接触,以管路中流动的热介质产生的热传递作用对刨花进行加热干燥。同时,刨花依靠自身的安息角和机械动力在干燥机内向前运动,并经过一定时间达到规定的终含水率。常见的设备是转子式刨花干燥机和圆筒式刨花干燥机,热介质有导热油和饱和蒸汽两种。因饱和蒸汽作为热介质存在热量损失大、热使用效率低等诸多缺点,采用这种热介质的干燥机新建工厂已经较少使用。而采用导热油作为热介质,具有热能损失小、热稳定性好、节能明显高于饱和蒸汽等优点,导热油加热的转子式刨花干燥机已经成为中小规模刨花板生产企业的首选设备。但因其结构、刨花的机械运动方式和热介质的限制,往往产能较小,多用于年产刨花板小于 $6 \times 10^4 \, \text{m}^3$ 的生产线。

2)直接传热干燥

直接传热干燥的传热介质即干燥介质,传热介质与刨花直接接触,以高温烟气为热介质,刨花与烟气以一定的混合浓度依靠风机的气流力量高速运动,并经过较短的时间(通常小于 30s)而达到规定的终含水率。常见的设备是三通道气流刨花干燥系统和单通道气流刨花干燥系统。这类设备具有产能大(最大可满足年产 $4.5 \times 10^5 \, \text{m}^3$ 生产线需要)、节能、可靠性高等优点。目前我国有少数厂家具有其制造的技术能力,但是产量限于年产刨花板 $1 \times 10^5 \, \text{m}^3$ 以下。

4.干燥工艺及影响干燥的因素

1)干燥工艺

为了使刨花的终含水率达到一定的要求,应根据不同的干燥条件采取不同的干燥工艺。干燥条件取决于供热和对刨花的传热情况。干燥方法很多,有接触干燥、对流干燥和辐射干燥,也可联合采用这些传热方式。接触干燥需要的时间最长,对流干燥可以缩短干燥时间。

在相同干燥条件下,干燥工艺取决于刨花树种、厚度和初含水率等。图4-39为对流干燥,刨花树种和初含水率对干燥时间的影响。可见,在针、阔叶材初含水率相同的情况下,干燥到要求的终含水率时,针叶材的干燥时间比阔叶材的干燥时间要短。

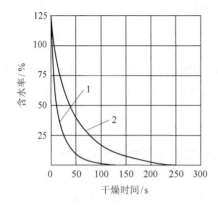

图 4-39　刨花树种和初含水率对
干燥时间的影响
1. 针叶材；2. 阔叶材

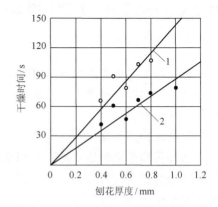

图 4-40　刨花厚度与干燥时间的关系
（初含水率 113％）
1. 终含水率为 3％；2. 终含水率为 30％

在对流干燥条件下，刨花厚度对干燥时间的影响如图 4-40 所示。图 4-40 中直线 1 是初含水率为 113％，干燥到终含水率为 3％时，不同厚度刨花所需要的干燥时间。直线 2 是初含水率为 113％，干燥到终含水率为 30％时，不同厚度刨花所需要的干燥时间。同一厚度刨花，由于终含水率不同，干燥时间亦不同。终含水率低的刨花干燥时间要长些。

由于刨花体积小，而且呈疏松状态，在干燥过程中不必考虑产生变形和开裂等缺陷。因此，刨花干燥可以采用较高温度和较低的相对湿度的干燥介质进行快速干燥。干燥介质温度越高，干燥时间越短。干燥过程中干燥介质与刨花之间温差小，干燥时间也短。

2)影响刨花干燥的工艺因素

影响刨花干燥的因素包括原料特性和干燥条件两方面。主要有原料的初含水率、刨花的几何形状、干燥机外界条件的变化、干燥机工作状态等。

(1)原料的初含水率。由于原料的来源不同，刨花的初含水率变化相当大。例如，废料刨花的绝对含水率为 15％～20％，锯屑为 35％～45％，板皮、截头等制成的刨花和碎木为 35％～40％，碎单板、木心等制成的刨花为 65％～75％。因此，在干燥过程中最好将初含水率相差较大的刨花分开干燥，否则较干的刨花干燥后会过干，容易引起燃烧，也影响胶接质量。另外较湿的刨花经干燥后仍达不到要求，使热压制板时容易产生分层、鼓泡等缺陷。

树种会影响生材的含水率，如沙松生材含水率较高，约为 150％，而有些落叶松仅为 70％左右。另外，特别是松科树种，心材和边材的含水率有较大差别，如鱼鳞松心材含水率为 40％，而边材则高达 140％。

刨花出含水率的变化将决定终含水率的范围。如果进入干燥机的刨花初含水率变化范围较大,则干燥设备必须及时调整所需热量。有的干燥机能调整刨花在干燥机内停留的时间,以使终含水率一致。为了获得终含水率一致的刨花,最好使刨花具有相对一致的初含水率后,再进入干燥机进行干燥。

(2)刨花的几何形状。在刨花干燥过程中,要求刨花的形状和尺寸尽量一致。如果刨花形状和尺寸相差较大,将影响干燥质量,会造成小尺寸的刨花过干,而大尺寸刨花未干的结果。过干的小刨花还有可能有火灾及爆炸的危险。

生产中如需要两种规格的刨花,如三层结构刨花板,表层与芯层刨花应该分开干燥。

(3)干燥机外界条件的变化。当干燥机周围空气温度与湿度改变时,应调整干燥机的进口温度,使干刨花含水率仍能达到生产要求。当气温低而湿度高时,应适当提高干燥机的进口温度;当气温高而湿度低时,可略微降低干燥机的进口温度。当空气湿度较高时,最好将刨花终含水率适当降低些,以免干燥后的刨花由于吸湿,而使含水率提高到不符合干燥后刨花含水率要求的程度。在低温季节干燥机要多消耗些热量,必然使干燥机的效率降低。

(4)干燥机工作状态。将刨花送到干燥机入口处的方法对干燥效果也有影响。进料方法一般可分为容积式和重量式两种。容积式用得比较多,如螺旋式运输机在已定的速度下供给固定容积的刨花。有的从旋风分离器下来的刨花,直接用皮带运输机送到干燥机内。

容积式运输机存在的问题是刨花的密度会发生变化。密度发生变化的原因有树种的变化、刨花形状和尺寸的变化、刨花含水率的变化等。当不同密度的刨花进入干燥机时,会影响干燥机载荷的变化,进而影响刨花干燥的质量。

从实际操作经验来看,供料设备最好采用直径比较小、速度比较高的螺旋运输机。如果使用皮带运输机,则要求输送速度高、输送量少。

4.3.2　刨花干燥设备

干燥系统是刨花板生产线的重要组成部分,干燥设备的性能不仅影响板材的质量和能量的消耗,而且还影响对环境的污染程度。因此,选择适合生产需求的干燥设备至关重要。

传统的刨花干燥机是以热油、热水或蒸汽为热源的转子式干燥机或圆筒式干燥机,热源通过金属传导,将热量传递给刨花进行干燥,燃料的热能利用率约为65%。随着干燥技术的发展,转子式干燥机逐渐被以烟气为干燥热源的滚筒式干燥机替代,燃料的热能利用率达90%以上。

在刨花板生产发达的北美和欧洲,90%以上的工厂使用滚筒式干燥机。而我国此项技术推广较晚,除了近几年新建的大中型刨花板厂采用滚筒式干燥机以外,建于2003年前的生产线,以及近期建造的小型刨花板厂,大多仍然采用转子式干燥机。

早期干燥设备大部分使用热水和蒸汽做热源的旋转式干燥机，现在使用热油、烧油或炉气和木粉等产生的混合气体做热源加热的连续式干燥机。同时气流式干燥机也在发展，这种干燥机对悬浮状态的刨花还有良好的分选效果。

现代化干燥机应具备的条件是容量大、工效高、操作简便，整个干燥过程可以连续化作业，不易引起火灾。此外，干燥工序还可以放在整个生产线之外，这样不但能节约基建费用，并可减少刨花板生产线的火灾危险。

刨花干燥机按照传热方式可分为接触加热和对流加热两大类，而在干燥过程中，总是多种传热方式同时存在。接触加热干燥机内装有加热管道，主要靠刨花与加热管接触进行热交换，刨花在干燥机内主要依靠机械装置产生螺旋运动；对流加热干燥机利用热介质和刨花进行热交换，达到干燥目的，其刨花的移动可以依靠机械传动，也可以直接利用气流带动。

刨花干燥机按使用的热介质分为蒸汽、高温热水、热油、热空气和炉气等。使用炉气的干燥机一般都带有燃烧室。使用的燃料有煤气（天然的或液态的）、汽油、煤、木材（如板皮、废木块、树皮、粉尘、锯屑和刨花板裁边后的边条）等。有的燃烧室还可循环使用炉气，可以减少总燃料的消耗。由于油类和煤气成本较高，考虑到节约能源问题，利用木材废料做燃料更为普遍。刨花表面污染的情况与使用的燃料有关，应该注意燃料是否燃烧完全的问题。汽油达到完全燃烧比天然气困难些。若燃烧不完全，产生的颗粒往往会黏附在刨花表面上，钝化表面，影响胶接质量。有时也会因干燥机的入口温度过高，使刨花表面烤焦，从而降低刨花板的质量。

刨花干燥机主要有转子式干燥机、圆筒式干燥机、滚筒式干燥机和喷气式干燥机等。转子式干燥机是干燥机机壳固定，内部的加热管道旋转，并在进行热交换的同时将刨花翻转并使刨花前移；圆筒式干燥机是干燥机内部的加热管道固定且进行热交换，利用外壳旋转翻动刨花和使刨花前移；滚筒式干燥机是机壳旋转，热介质即干燥介质，利用外壳的旋转和介质推动刨花前移；喷气干燥机是机壳固定，热介质即干燥介质，刨花随着介质移动而前移。

1. 转子式刨花干燥机

目前，我国中小规模普通刨花板生产线的干燥工段，基本上都是配置转子式刨花干燥机，单台产量可满足年产刨花板 $1.5 \times 10^4 \sim 3.0 \times 10^4 \, \text{m}^3$，较大产量需用两台并联或采用双转子刨花干燥机，以年产量 $3 \times 10^4 \sim 6 \times 10^4 \, \text{m}^3$ 居多。

1）转子式刨花干燥机的结构

转子式刨花干燥机由出料口、配风口、故障处理口、管道支架、下料分配器、曲柄连杆机构、排湿口、刮料板、进料板、新鲜空气入口、空气预热器、空心轴等组成，如图 4-41 和图 4-42 所示。

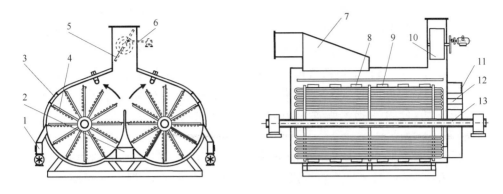

图 4-41 双转子管束干燥机

1. 出料口；2. 配风口；3. 故障处理口；4. 管道支架；5、10. 下料分配器；6. 曲柄连杆机构；
7. 排湿口；8. 刮料板；9. 进料板；11. 新鲜空气入口；12. 空气预热器；13. 空心轴

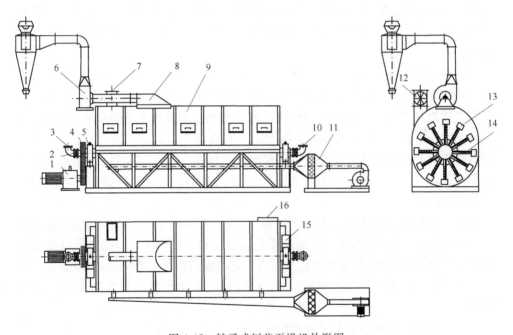

图 4-42 转子式刨花干燥机外形图

1. 减速器；2. 石墨密封环；3. 热水入口；4. 链传动；5. 轴承座；6. 排湿风机；7. 进料口；
8. 抽风口；9. 机壳；10. 热水出口；11. 空气预热系统；12. 旋转下料器；13. 刮板；
14. 加热管道；15. 轴承座支架；16. 出料口

　　干燥机的壳体由钢板和型钢焊接而成，横断面呈腰形，分为上壳体和下壳体两部分。上壳体长度方向分布着一排观察口，顶部是排湿口和进料口。下壳体底部有一排清料口，进料一侧端板上有新鲜空气入口的调节窗。上壳体和下壳体由螺栓连接，便于运输和维修。

转子由空心主轴、管束和料铲等组成。主轴上呈放射状在两端各焊有一组支撑架,用于支撑固定管束,管束每一组按"S"链接,每一组呈扇形分布。空心主轴的两端各用一个调心轴承支撑,靠出料端为热源进口,进料端为热源出口。管束的外沿分布着料铲组,料铲组由斜料铲、直铲和反向斜料铲组成,斜料铲角度可调,并固定在一根与管道同向的支撑梁上,并随转子一起转动。转子由变级电动机通过多排链条驱动,分为 4 挡。或者采用调速电机驱动转子转速一般在 $2\sim11r/min$ 调整。

排湿系统是一台功率 20kW 的电动机带动一台直径 1000mm 的离心风机,风管直径为 500mm,进风口装在干燥机顶部靠出料段的部位,湿空气经旋风分离器后排出。

热源系统负责提供给干燥机热能,并可以按工艺设定进行温度调节和恒定,以保证干燥介质的温度稳定。新鲜空气经过空气预热器加热后从下料口一端的干燥机下部进入,进气量通过百叶窗式阀门控制进气量,以调节干燥机的干燥介质相对湿度。热介质从出料口一端的空心轴进入后,通过干燥管道束并从另一端排出。

2)转子式刨花干燥机工作原理

转子干燥机的干燥原理是通过干燥机内部的干燥管道加热干燥介质,进入干燥机内的刨花在转子上提升板的作用下被提升到一定高度后落下掉在管束上,受到管束的接触加热,同时机内的干燥介质也对刨花进行对流换热,从而将刨花干燥。倾斜提升板在将刨花提升过程中也会施给刨花一个向前的推力,从而刨花在倾斜提升板和气流的共同作用下从进料一端推向出料一端,再经旋转下料阀的作用将刨花送出机外。

将干燥机分段加热到设定的干燥温度 $180\sim190℃$,并开启排湿风机,逐步加入湿刨花进行干燥,保持排湿口温度不超过设定值 $150\sim155℃$,检测出口刨花含水率。当含水率超高时,则首先适当提高干燥温度和降低干燥机转速,以延长干燥时间,提高干燥强度。否则就减少下料量,直至终含水率达到工艺要求。反之亦然。

3)转子式刨花干燥机主要技术参数计算

转子式刨花干燥机在我国的发展已经有 20 多年的历史,其结构形式已经比较成熟,刨花板生产线产能大小与转子尺寸已经形成系列化,如转子直径 2700mm 用于年产 $1.5\times10^4m^3$ 的生产线,转子直径 3000mm 用于年产 $2.5\times10^4m^3$ 的生产线,转子直径 3300mm 用于年产 $3\times10^4m^3$ 的生产线等。

干燥机供热及排湿的平衡计算,以对热源的流量和湿热空气的排湿量给出定量的数据。

(1)供热计算。导热油进出干燥机所产生的总热量,应大于或等于湿刨花总耗热量(主要包括刨花预热、刨花水分蒸发、壳体热损、排出湿空气等)。热源进出干燥机所产生的热量,根据式(4-48)进行计算。

$$P_1 = Q_1 \times (T - T_0) \times \rho \times C_P \qquad (4-48)$$

式中,P_1——热源产生的总热量,kJ;

Q_1——热源有效循环量,m^3/h;

T——热源入口温度,K;

T_0——热源出口温度,K;一般进、出口温度差 $\Delta T = 20K$;

ρ——热源的密度,kg/m^3;

C_P——热源的比定压热容,$kJ/(kg \cdot K)$。

湿刨花总耗热量计算:

$$P_2 = q \times (W_2 - W_1) \times K \qquad (4-49)$$

式中,P_2——湿刨花总耗热,kJ;

q——干燥机生产能力(绝干),kg/h;

W_1——干刨花终含水率,%,一般为 $2\% \sim 4\%$;

W_2——湿刨花初含水率,%;

K——蒸发热耗量系数,kJ/kg,一般取 4180,若初含水率较低,则该系数取 $4180 \sim 5016$。

热源进出干燥机所产生的热量与湿刨花总耗热量相平衡,即 $P_1 = P_2$,则热源有效循环量公式为

$$Q_1 = q \times \frac{(W_2 - W_1) \times K}{(T - T_0) \times \rho \times C_P} \qquad (4-50)$$

式(4-50)说明,热源循环量和干燥机生产能力、湿刨花初含水率成正比(因为终含水率较低,所以认为 $W_2 \approx W_2 - W_1$)。若保证生产能力不变,则热源循环量需和湿刨花初含水率成正比,因此热泵的选择应以湿刨花的初含水率和不同季节对初含水率的影响作为最重要依据。同时热泵的扬程、实际效率和输送过程中的压力损失等也需考虑在内。另外,为充分发挥热传递的效率,干燥机管束内的导热油流速尽量不要低于 1.6m/s。

例如,年产 $2.5 \times 10^4 m^3$ 的刨花板生产线所需绝干刨花量为 2800kg/h;湿刨花初含水率 80%,终含水率 3%;导热油进口温度 230℃,出口温度 210℃,导热油密度 751kg/m^3;比定压热容 2.55kJ/(kg · K)。则热油泵有效循环量为

$$Q_1 = \frac{2800 \times (0.8 - 0.03) \times 4180}{(230 - 210) \times 751 \times 2.55} = 235(m^3/h)$$

(2)排湿量平衡计算。排湿量的平衡,即湿刨花水分的蒸发量和预热空气风量之和,要与排湿口的吸出风量相等。排湿风机一般采用锅炉引风机,预热空气风机采用通风机,参见图 4-42。

预热空气风量计算公式为

$$Q_2 = Q_0 \times \frac{T_1 + 273}{T_2 + 273} \tag{4-51}$$

式中,Q_2——预热空气风量,m^3/h;

Q_0——通风机风量,m^3/h;

T_1——预热空气温度,℃,一般为80~100℃;

T_2——环境空气温度,℃。

湿刨花水分的蒸发量计算公式为

$$Q_3 = q \times \frac{(W_2 - W_1)}{\rho_1} \tag{4-52}$$

式中,Q_3——湿刨花水分的蒸发量,m^3/h;

q——干燥机生产能力(绝干),kg/h;

W_1——干刨花终含水率,%,一般为2%~4%;

W_2——湿刨花初含水率,%;

ρ_1——预热空气密度,kg/m^3。

由式(4-51)和式(4-52)可求得排湿口的吸出风量为

$$Q = Q_2 + Q_3 \tag{4-53}$$

式(4-53)中的Q,即排湿引风机的风量,其他参数可查阅有关资料进行确定。需要注意的是,风机入口需设置调节风门,以便在生产能力、刨花初含水率等发生变化的时候进行风量的调整。

2. 滚筒式干燥机

通道式(滚筒式)刨花干燥系统具有产量大、含水率均匀一致、节能环保、可靠性好、技术含量高等特点。目前,我国刨花板生产线大产能的通道式刨花干燥系统主要依靠进口,但是年产$1 \times 10^5 m^3$以下生产线,国产设备完全可以替代进口。

常用通道式刨花干燥系统分为单通道刨花干燥系统和三通道刨花干燥系统。三通道刨花干燥系统的核心设备是三通道刨花干燥机,由三个同心的、连接为一体的通道组成,刨花和热烟气由内通道进入,经180°转向进入中间通道,再经180°转向进入外通道,最后从外通道排出。单通道相对于三通道而言,从头至尾只有一个通道,不存在180°转向的问题。

近几年,我国大产量刨花板生产线出现了配置进口通道式干燥系统的情况,如江苏洪泽东盾木业有限公司年产$7 \times 10^4 m^3$生产线配置进口美国MEC公司的三通道刨花干燥系统,吉林森工刨花板江苏分公司年产$1 \times 10^5 m^3$生产线配置的也是进口美国MEC公司的三通道刨花干燥系统,中盐银港人造板有限公司年产$2 \times$

$10^5\,m^3$ 生产线配置进口德国 Dieffenbacher 公司的单通道刨花干燥系统,福建福人木业有限公司年产 $2.5\times10^5\,m^3$ 生产线配置进口芬兰 Metso 公司的单通道刨花干燥系统等。

滚筒干燥机和管道干燥机的差别是滚筒干燥机的干燥单元形态相差较大,干燥时间长短要求很大,所以干燥气流速度较小,从而较大的单元不可能处于悬浮状态干燥;管道干燥适合干燥单元形态相近,且干燥速度较快的单元(如纤维);单板的气流干燥是气流喷射在单元表面,目的是加快单板表面的临界层的热量交换。

滚筒式干燥机按照其干燥机的结构,主要有单通道滚筒和三通道滚筒干燥机,其干燥系统的工艺布置见图 4-43。

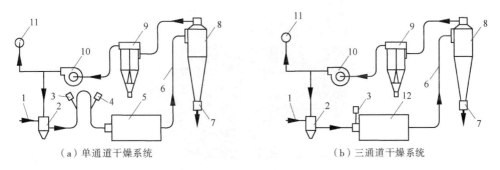

（a）单通道干燥系统　　　　　　　　　　（b）三通道干燥系统

图 4-43　单通道和三通道刨花干燥系统工艺布置简图
1. 高温烟气;2. 混合室;3. 湿刨花下料器;4. 预干刨花下料器;5. 单通道刨花干燥器;6. 风管;
7. 出料下料器;8. 旋风分离器;9. 除尘分离器;10. 风机;11. 烟囱;12. 三通道干燥机

1)单通道干燥机

(1)带预热段的单通道滚筒干燥机系统。

年产量 $1\times10^5\,m^3$ 以上的刨花板生产线,基本上采用单通道刨花干燥系统,常见使用于年产 $1.5\times10^5\,m^3$、$2\times10^5\,m^3$、$2.5\times10^5\,m^3$、$3\times10^5\,m^3$ 生产线。目前我国人造板机械厂家尚无制造,大规模产能生产线使用的单通道刨花干燥系统全部依赖进口。

单通道刨花干燥系统的工艺配制与三通道刨花干燥系统类似,由于其产量巨大,通常在干燥机前设置预干燥管道,如图 4-44 所示。工作原理如下。

单通道刨花干燥系统(图 4-45)通过加热系统产生高温气流,通过过滤后与回流干燥介质一同进入气流混合器 2,进行干燥温度和湿度的调节后进入干燥机,湿刨花通过旋转阀 4 进入垂直布置的预干管道,由于粗大刨花的重力大于气流的上升力,在重力的作用下下降而从经排料口排出;细小刨花在热气流场的作用下顺着管道前进进入干燥机,并降低了含水率;含水率较低的刨花直接从旋转阀 5 进入干燥滚筒 6。高温干燥介质进入干燥机内,通过对流换热继续干燥刨花,同时也将干燥机筒体及内部金属隔层加热,微细刨花随着气流迅速排到干燥机外,含水率达到干燥要求。由于干燥滚筒直径较干燥管道大,所以干燥机内部的气流速度将减小,较粗的刨花可能落入干燥机内部的金属板上而进行加热,随着滚筒的滚动,落入底部的刨花会被提起再次落入气流中,如此经过反复的对流加热和接触传热,刨花含水率降低,重量减轻,直至被气流带出干燥机外。经干燥机排出的刨花直接进入高效旋风分离器10,刨花经旋风分离器底部排出,热气流从旋风分离器顶部排出,经气流调节阀9进入风机。排出来的回流气体,一部分经湿空气排出口7排入大气,另一部分回到气流混合器2循环使用。

图 4-44　单通道干燥机外形图

干燥机直径 4m,长度 22m,出口产量 15 000kg/h,蒸发水分 15 200kg/h,入口含水率 100%,
出口含水率 1.5%,入口温度 450℃,出口温度 120℃

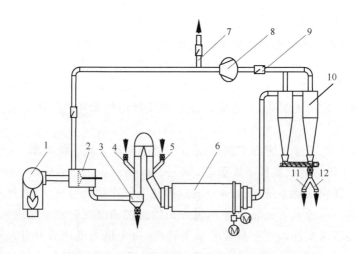

图 4-45　刨花板单通道干燥机结构原理

1.加热系统;2.气流混合器;3.粗大刨花排出口;4.湿刨花入口;5.预干刨花入口;6.干燥滚筒;
7.湿空气排出口;8.风机;9.气流调节阀;10.高效旋风分离器;11.紧急排料口;12.干刨花排出口

　　单通道干燥机适用于刨花长度大于 50mm,且尺寸大小不均匀的物料干燥,如定向刨花板(OSB)和木煤(wood Pellet)的原料。刨花尺寸不同,通过干燥筒的速度亦不同:细小刨花在筒内停留时间较短,约 10min;粗大刨花则逗留时间较长,有的甚至达 20min。

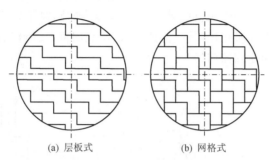

(a) 层板式　　　　　　(b) 网格式

图 4-46　单通道干燥机内部结构断面示意图

　　单通道干燥机内部的隔层有层板式和网格式两种,见图 4-46。层板式适用于普通刨花板生产,而网格式适用于定向刨花板生产。

　　图 4-47 为定向结构刨花板干燥机的温度分布情况。从图 4-47(a)可以看出,干燥机长度方向的前部分温度降低速度快,后部分温度相对平稳,说明前部分水分蒸发迅速,后部分干燥平稳。从图 4-47(b)可以看出,干燥机断面温度分布平衡,温差不超过 5℃。

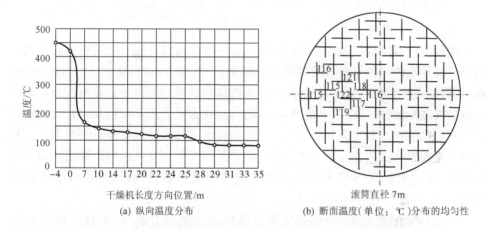

干燥机长度方向位置/m
(a) 纵向温度分布

滚筒直径 7m
(b) 断面温度(单位:℃)分布的均匀性

图 4-47　定向结构刨花板单滚筒干燥机纵向和断面温度分布

　　与相同产量的三通道刨花干燥系统相比,单通道干燥系统更加节能、制造和运行的成本更低,但其对干燥系统的制造、安装和运输能力要求很高,具有相当难度。我国开发单通道干燥机的意义重大,可以打破制约大规模产能刨花板生产线的刨花干燥瓶颈,可以改变大规模产能刨花板生产线的刨花干燥系统完全依赖进口的现状。

(2)不带预热段的滚筒干燥机。

不带预热段的滚筒干燥机又称炉气加热圆筒干燥机,图4-48为炉气加热圆筒干燥机的示意图。这种干燥机的外形与间接加热的圆筒干燥机十分相似,而与带预热段的单通道干燥机相比,其气流速度低,干燥时间长。圆筒的两端用支撑轮支撑。由电动机带动使圆筒回转。

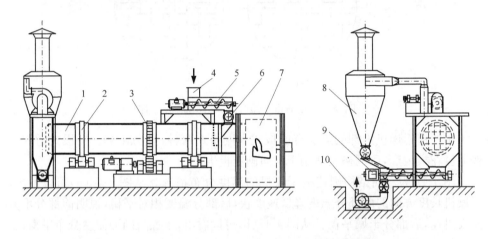

图 4-48　炉气加热滚筒干燥机(气流干燥滚筒干燥机/单通道干燥机)
1. 干燥转筒;2. 支撑体;3. 转动齿轮;4. 进料口;5. 进料螺旋;
6. 旋转阀;7. 燃烧室;8. 旋风分离器;9. 出料螺旋;10. 风机

滚筒的内部结构简单,没有加热管,只装一些导向的叶片。圆筒转动时使刨花向出料口移动。这种干燥机前端带有燃烧室,一般用废木材、锯屑、煤或油等做燃料,在燃烧室燃烧后产生高温气体,与进入燃烧室的冷空气按一定比例混合。通过两道挡火墙,可将炉气中的火星即灰尘除去,防止火星进入干燥机及炭粒玷污刨花表面。炉气的进口温度为 $300\sim400℃$,以 $1\sim3m/s$ 的气流速度经过干燥圆筒。从进料口进入圆筒的刨花与炉气进行热交换。干燥后的刨花从排料口排出。出口温度约 $200℃$。废炉气可排入大气中或经炉气再循环装置送回燃烧室,继续循环使用。

为了防止刨花燃烧,在燃烧室内增设风量自动调节装置,可以根据干燥圆筒内的温度自动调节风门的开启程度,自动控制进入燃烧室的冷空气量,进而自动调节炉气温度,防止温度过高引起刨花燃烧。这样可以达到安全生产的目的。

单滚筒干燥机的技术参数见表4-11。

表 4-11　单滚筒干燥机的技术参数

型　　号	直径/m	长度/m	产量/(kg/h)		含水率/%		温度/℃	
			总重	绝干	入口	出口	入口	出口
S. P. B. /Thailand TT4. 0×22	4.0	22	15500	15270	100	1.5	450	120
Gotha/Germany VT‐TT4. 6×24	4.6	24	22040	19000	120	4.0	465	120
Masisa/Brasil TT6. 0×32OSB(2×)	6.0	32	30000	20000	150	2.0	460	120
Norbord/Belgium TT6. 0×32OSB	6.0	32	30000	22000	140	3.0	480	120
Scharja/Russia VT‐TT4. 6×24	4.6	24	25000	24500	100	2.0	510	120
Falco/Hungary VT‐TT5. 2×28	5.2	28	30000	29400	100	2.0	495	120
Kronospan/Czech Rep. TT6. 0×35OSB	6.6	35	37400	31700	120	2.0	520	130
Laminex/Australia TT5. 6×30	5.6	30	38000	35720	96	2.0	460	120
Hevea/Malaysia TT6. 0×32LL	6.0	32	40760	32000	80	1.5	450	125
Mielec/Poland TT7. 0×37	7.0	37	61225	60000	100	2.0	550	120
Mieco/Malaysia TT7. 0×37	7.0	37	64000	62720	100	2.0	520	120
Bolderaja/Lettland TT7. 0×35‐OSB	7.0	35	37400	31700	100	2.0	500	120

2)三通道气流干燥机

三通道干燥机利用高温干燥以及生物质燃料热风炉自动为刨花干燥、纤维干燥等人造板木质颗粒等生物质颗粒进行干燥的设备,由三层圆筒组成,物料与热风在干燥机圆筒内顺流并行。各层均装有特殊形状的导料板,物料在圆筒旋转力和热风引力作用下沿螺旋导流道运行,使物料在三层圆筒内进行充分热交换。苏州苏福马机械有限公司三通道刨花干燥系统组成。该系统由热交换装置、燃烧室、供料装置、旋转阀、三通道干燥机、风机、旋风分离器、扩料室和出料装置组成,见图 4-49。

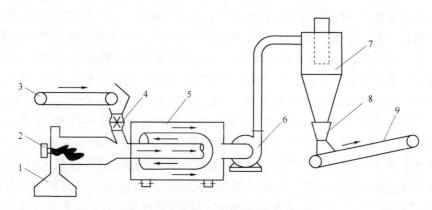

图 4-49　三通道气流干燥系统原理示意图

1. 热交换装置;2. 燃烧室;3. 供料装置;4. 旋转阀;5. 三通道干燥机;
6. 风机;7. 旋风分离器;8. 扩料室;9. 出料装置

　　三级滚筒气流干燥机外形长约 30m，直径约 4m，图 4-49 为三通道气流干燥系统原理示意图。刨花在干燥筒内要经过大约 3 个干燥筒长度的干燥过程。刨花在半悬浮状态下，与热烟气相接触，并随着烟气从中心通道向外侧通道移动。

　　刨花在三个通道中的状况亦不同。

　　第一通道（中心通道）：刨花由进料器进入干燥筒中心通道后快速移动，以便尽快离开高温区。此时刨花的含水率很高，表面水分快速蒸发。

　　第二通道：刨花的流速降低，约为在中心通道时的 50%。刨花在此通道内停留的时间延长，完成刨花芯部的水分向表面转移的过程。

　　第三通道：刨花的流速再次降低，从刨花芯部转移到表面的水分逐渐蒸发，最终达到要求的含水率。

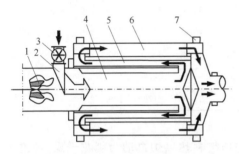

图 4-50　三通道滚筒干燥机原理图
1. 热源；2. 均料器；3. 旋转阀；4. 中心筒；
5. 内筒；6. 外筒；7. 滚道

　　三通道刨花干燥机的结构由托轮及托轮装置、滚道、干燥筒体、挡托轮装置、驱动装置等组成，如图 4-50 所示。在干燥筒体的两端紧固有滚道，支承在托轮上，由驱动装置驱动旋转，筒体转速为 3～11r/min；挡托轮装置用于限制干燥筒体的轴向移动；驱动装置由变频电机、液力耦合器、减速器和链轮传动组成，用于驱动干燥筒体旋转。

　　燃烧炉内送入所需的工艺燃料，在充足的空气条件下得到充分燃烧，所产生的高温烟气由燃烧炉上部排出，来自燃烧炉的高温烟气进入混合室，与来自干燥机的尾气混合，调整烟气的温度达到工艺使用的要求（一般为 300～500℃），再经过除尘器将清洁的烟气送到需用热量的三通道刨花干燥机，同时湿刨花通过回转下料器进入干燥机。在风机的作用下，热烟气与湿刨花一起以 20m/s 的速度进入内通道，再以 10m/s 的速度折向中间通道，最后以 5m/s 的速度通过外通道运动至出口。湿刨花在向前输送的过程中，较小的刨花在干燥机内基本上处于悬浮状态与烟气速度同步通过干燥机；而较湿重的刨花落入筒体底部，但由于干燥筒的转动，被分布于通道内的抄板抄起返回气流中，随烟气向前运动，在这个过程中烟气充分与湿刨花接触产生热传递，水分迅速蒸发，经过三个通道的长距离干燥而达到所需要的终含水率。较小的刨花在干燥机内迅速干燥，并较快地从干燥筒内排出；而较湿重的大刨花在干燥机内时间较长，这样可使刨花干燥更均匀。合格的干燥刨花由旋风分离器下部的回转下料器排出，湿热的烟气除尘后一部分经烟囱排向大气，其余再次进入干燥系统混合室循环使用，大大提高了热能使用效率。

　　一般热风进入干燥机的温度为 t_1 为 450～500℃，出风口的排气温度 t_2 为

120℃左右,风速为 25m/s 左右,二层套筒内风速为 6m/s 左右,外层套筒风速为 3.6m/s 左右,干燥机出口处的管道风速约 25m/s,混合刨花干燥时间为 5~8min。物料通过气流和外层套筒的刮板向前移动。刨花在干燥过程中,滚筒作连续慢速旋转,旋转速度可以调节。

干燥后排出的湿热空气,一部分排至大气,另一部分可直接进入燃烧炉内,回收利用余热。干燥机产量以蒸发水分的量而定。

这种干燥机的燃烧室以天然气、油类、木粉尘或它们的混合物为燃料,产生的热空气作为干燥介质。圆筒由三层同心圆筒组成,热空气在三个同心圆筒之间进行循环,这样就缩短了干燥机的总长度。刨花是靠气力运输通过干燥机。排气部分通常由一或二台鼓风机组成,鼓风机安装位置可以形成正压,也可形成负压。负压时的优点是刨花不通过鼓风机,保持了刨花原状,同时鼓风机的叶轮磨损较少。

三级圆筒式气流干燥机的工作原理是在第一级圆筒(即直径最小的圆筒)内可使用较高的空气温度和速度,当气流作用到刨花上时,表面水分蒸发处于等速干燥阶段。在第二、第三级圆筒(即中间及最外面圆筒)内使用较慢的空气速度和中等温度。刨花在第二、第三级圆筒内水分蒸发处于减速干燥阶段。热空气的速度随着不同温度和筒径而变化。如果干燥新鲜木材制得刨花,入口最高温度为 650~760℃,三个圆筒由小到大的进口速度依次为 498m/min、195m/min、98m/min。

目前,国产三通道刨花干燥系统主要用于年产 $6×10^4$~$1×10^5 m^3$ 的刨花板生产线。2007 年 8 月,苏州苏福马机械有限公司成功研发出我国首套满足年产 $1×10^5 m^3$ 刨花板生产线的三通道刨花干燥系统,安装在山东兴阳木业有限公司,经过半年运行,于 2009 年 6 月通过用户验收,各项性能指标与国际同类产品先进水平相当,如表 4-12 所示。

表 4-12 三通道刨花干燥机性能指标比较

型号	刨花含水率/%		产量/(kg/h)		蒸发 1kg 水的热能消耗/(kg/kJ)	制造厂家
	初含水率	终含水率	蒸发水分	绝干刨花		
比松 80	100	2	7000	7140	3846	比松
BGXT07	100	2	7840	8000	4180	苏福马
1260-T	100	2	11760	12000	4180	HEC
BGXT10	100	2	11560	11800	4180	苏福马

三通道干燥机的三层通道间的 180°转向处压力损失较大,如果要提高干燥机的产能就需要增加风机功率、风量,增大筒体直径,但从节能和运行成本来看不可取,故三通道干燥机不宜用于大规模产能生产线。结合国外同类产品的使用情况和经济节能的要求,其一般用于年产量不大于 $1×10^5 m^3$ 的生产线。而单通道干燥机只有一个通道,不仅压力损失小,而且刨花通过能力大,在大产能生产线刨花的

处理方面比三通道干燥机具有更多的优越性。

3.圆筒式刨花干燥机

间接加热滚筒式刨花干燥机主要有接触加热回转圆筒式干燥机,见图 4-51,其内部结构如图 4-52 所示。这是国内小规模刨花板生产常用的干燥设备。

干燥机圆筒长 5～18m,直径与长度之比为 1:4～1:6。圆筒用两对导轮支撑,由电动机带动圆筒回转。为控制干燥时间,圆筒的调速范围在 3.5～25r/min。

间接加热滚筒式刨花干燥机一般利用蒸汽作为传热介质,通过干燥机内部的金属管道对干燥介质进行加热。金属管道固定不动,而干燥机外壳转动。蒸汽从圆筒一端的进气管

图 4-51　干燥滚筒内部结构

进入,通过内部多组加热管,圆筒的另一端有排气管,刨花从进料口进入,与加热管接触加热刨花使之干燥。圆筒安装成一定倾斜度,并在圆筒内设有导向叶片,在圆筒回转时使刨花逐渐向出口处移动。

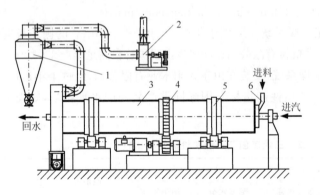
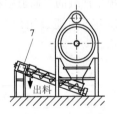

图 4-52　滚筒干燥机原理结构示意图

1.旋风分离器;2.排湿风机;3.干燥滚筒;4.滚动齿轮;5.支撑辊;6.进料器;7.出料螺旋

干燥过程中,必须随时将圆筒内的湿空气排出和补充新鲜空气。圆筒内空气流动速度不应太快,以免刨花被高速气流带走。现有设备采用的圆筒出口空气速度为 1.5～2.5m/s。干燥时应使蒸汽出口温度保持在 140℃,排湿口废气温度保持在 80℃。

这种干燥机的缺点是刨花之间,以及刨花与干燥机壁和加热管之间的摩擦,容易使刨花破碎和生成粉尘。此外,圆筒内有较多的蒸汽管,一旦漏汽,维修较为困难。

我国刨花板生产线规模大小各异,干燥机的配置形式也不尽相同,在选择干燥

机时,需重点考虑其能量消耗与产量输出的合理匹配。

4.喷气式干燥

1)回转式喷气干燥机

回转式喷气干燥机(buttner schilde haas)是带有分选(筛选)作用的回转式喷气干燥机,图 4-53 是这种干燥机的原理示意图。旋转锥形喷管 2 在具有绝热性良好的圆筒形干燥室 1 内回转。湿刨花经回转阀 3 进入干燥室,干刨花通过回转阀 7 排出。适当调整喷嘴角度,就能使刨花从进料回转阀 3 到出料口 4,围绕并沿着回转锥形喷管的周边,形成螺旋状刨花流。装配叶片 5 可以使刨花产生漩涡和升力。本设备热效率高,干燥时间很短。粗刨花在回转锥形喷管的末端通过出料口 8 排出。在排出端 4 处,薄而轻的刨花首先由气流带至旋风分离器 6,随后是较厚的刨花。经旋风分离器分离出来的刨花,由回转阀 7 排出。气流循环如图 4-53 中箭头所示。在燃烧室 9 中产生缺氧的热气体,通常燃烧的是甲烷、油或油和木屑的混合物。热气体利用风扇 11 与湿回流气体相混合,而一部分回流气体经排气管 12 排出,另一部分回流气体 13 起分选的作用。热气流的运行路径由线 14 表示。

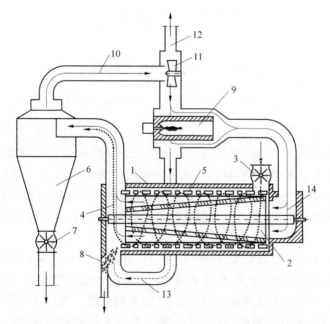

图 4-53　具有分选作用的回转式喷气干燥机原理示意图

1.圆筒形干燥室;2.旋转锥形喷管;3,7.进料和排料旋转阀;4.干燥室的排出端;5.叶片;
6.旋风分离器;8.粗刨花出料口;9.燃烧室;10.湿空气回流;11.风机;
12.排气管;13.分选气流;14.热气流入口

各种规格的回转式喷气干燥机,其功率消耗为 17～66kW。脱水能力为 500～4000kg/h(1100～8800 磅/时)。每脱去 1kg 水所消耗的热能在 850～900kcal。

虽然很多干燥机都有刨花规格分选设备,但是单独进行刨花的干燥和规格分选,往往是有道理的。

2)固定式喷气干燥机

固定式喷气干燥机,主要用于刨花干燥,也可用于纤维干燥,其工作原理如图 4-54 所示。

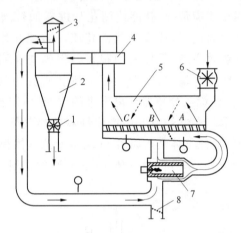

图 4-54　喷气式干燥机工作原理图
1. 出料口旋转阀;2. 旋风分离器;3. 排湿口;4. 鼓风机;5. 干燥机筒体;
6. 进料口旋转阀;7. 燃烧室;8. 新鲜空气调节阀

喷气式干燥机利用的是旋转流动层干燥的原理。湿料进入固定筒体的一端,在筒体底部形成物料层。热空气进入筒体是经过筒体纵向排列的缝隙,使热空气呈切线方向进入干燥筒内,物料在筒内一面旋转一面向前运动。为了防止刨花集结,可用旋转齿耙耙松。已干物料经过鼓风机,从旋风分离器底部排出。热空气可回到加热装置继续使用,使大部分热量保留在干燥机内,这种封闭式空气循环热效率较高。

这种干燥机主要控制安装在筒底空气进口缝隙内的叶片,决定热介质在筒内旋转角度及物料向前运动的速度,以此来调整物料在筒内的停留时间。如图中 A 段使物料很快经过,B 段以中等速度向前运动,C 段为回流段。使用这种控制装置,可以根据刨花的大小,采取不同的干燥时间。如干燥较大规格的刨花,使它移动速度减慢,延长干燥时间。反之,细小刨花,则使它较快通过,缩短干燥时间。

这种类型干燥机根据加热方式分为直接加热式和间接加热式两种,其原理如图 4-55 所示。

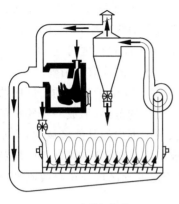
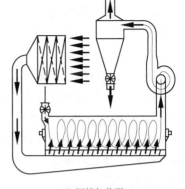

（a）直接加热型　　　　　　　　　　　（b）间接加热型

图 4-55　两种加热装置喷气式干燥机原理图

直接加热式喷气干燥机使用煤气或油做燃料，也可使用木屑与油的混合燃料。干燥机工作时入口温度为 370～400℃，加热介质可循环使用。使用蒸汽、热水或热油的间接加热喷气干燥机，其热空气不能再循环使用。工作时入口温度为 160～188℃。

对流供热和气流传动干燥除了以上两种典型干燥机之外，还有悬浮式气流干燥机、管道式气流干燥机，但目前在刨花干燥上应用得不多。

在刨花板生产中也有使用振动筛式干燥机的。干燥机内装有数层筛子，采用机械振动将刨花抛起并向前移动，同时利用热空气通过刨花层进行干燥。振动筛的振幅和振动频率等对干燥效果有影响。

5. 干燥过程含水率控制

刨花含水率是刨花板生产工艺过程控制的重要内容。干燥后刨花的终含水率是刨花干燥质量评价的重要指标，它直接与成品板材质量相关。在干燥过程中要时时掌控干燥后刨花的含水率及其变化，特别是刨花干燥中含水率的连续测控，是实现刨花板生产自动化、保证产品质量稳定的重要工艺环节。对测定刨花水分的仪器要求快而精确，能及时指导生产。

目前，在木材加工中应用的连续式含水率测定仪有介质常数测定仪、相对湿度仪、红外线测湿器、电阻测湿仪等。木材等植物纤维原料含水率测定的重量法、电阻测湿法、介质常数测湿法、微波测湿法在单板干燥中已经作过介绍。

相对湿度仪的工作原理是从原料的表面连续抽取空气样品，测量其相对湿度，并用含水率表示出来。用一个螺旋送料器连续收集原料样品，送料器的一端埋在流动的原料中，当螺旋送料器将原料样品送过空气取样管入口处时，空气样品从原料中连续抽出。由一只小电动机驱动一个轴向风扇，使空气样品抽过取样管，并将其吹过测量线。测量线随相对湿度的变化而胀缩,由杠杆系统将这种胀缩转换成含水率读数。测过的空气通过回气管,并在空气进气管前吹向原料取样管,这一过程使相对湿度的急剧小变化减弱。空气进气管和回气管的长度可达10m左右。这种仪器的缺点是受温度和大气相对湿度的影响,含水率的读数不精确。

红外线测湿器的工作原理是利用物质对波长为$1\sim2\mu m$的光束的不同吸收程度而设计的。由于物质的含水率不同,在$1\sim2\mu m$波长的范围,形成一个狭窄的吸收区,并以此吸收区作为基准点。在$1\sim2\mu m$波长的范围内的其他区域内,含水率变化大的物质对红外线的吸收量变化也大,就形成了广泛变化区域,这些区域就是测量仪器需要测量的部分。含水率根据测出波长广泛变动区域与狭窄或不变区域之间的比例而定。

仪器重新校正后,在被测物质表面十分均匀的情况下,含水率读数可以精确到0.5%。表面粗糙时,读数不如平滑时精确,但仍能保持在±1%以下,这是粗糙层厚度变化或粗糙层阴影所引起的。阴影对仪器有一定影响,为了消除车间内明亮度和阴暗处光差的影响,必须保证车间有稳定的光源。被测面上光线增强或减弱,会相应地显示含水率的提高或下降。长期使用这种仪器会产生读数不准确,使用24h精度降低为$\pm(0.5\%\sim1\%)$。

刨花干燥过程的控制方法通常有三种,即控制刨花的进料量、控制温度和控制刨花停留时间。根据生产实际,循环气流的温度、停留时间和进料量三者结合起来进行综合控制,较为有效。

循环气流温度与停留时间比进料量的控制更为重要。在正常的工作条件下,循环气流温度根据刨花的初含水率来调节,停留时间根据刨花的终含水率要求调节。若刨花含水率较高,就应调节气流温度,使之迅速升高,适当延长刨花停留时间。若干刨花含水率仍大于规定值,就要减少湿刨花的进料量,直到刨花含水率达到要求值。

2010年5月28日,江苏保龙自主研发的$2.2\times10^5 m^3$定向刨花板生产线干燥筒在湖北宝源木业有限公司一次性通过德国Dieffenbacher公司验收,并得到Dieffenbacher、GTS、Pallmann等公司专家的一致认可!

湖北宝源木业有限公司是湖北省农业产业化重点龙头企业。宝源木业现有的两条中/高密度纤维板生产线以小径材和枝桠材为主要生产原料,为调整产业结构,宝源公司以意杨、泡桐速生林中的大径材为原料,在中国乃至亚洲率先建立第1条年产$2.2\times10^5 m^3$定向刨花板生产线,并开展深加工,延伸产业链条,形成宝源森工产业园。全套生产线由德国Dieffenbacher机械制造有限公司提供,成套设备中长刨花机系统由德国Pallmann公司提供设备及工艺技术,剥皮备料工段成套设备、干燥筒设备、刮板输送机、螺旋输送机等所有输送设备均由江苏保龙提供。

此次,$2.2×10^5 m^3$ 定向刨花板生产线干燥筒一次性通过德国 Dieffenbacher 公司验收,标志着江苏保龙备料工段成套设备的技术已达到国际先进水平,也将从原先的国内赶跑者向领跑者转型。

2009 年 5 月 9 日,湖北宝源木业有限公司引进德国 Dieffenbacher 机器制造公司年产 $2.2×10^5 m^3$ OSB 生产线成套设备签约仪式隆重举行。全套生产线及工艺技术由德国 Dieffenbacher 机械制造有限公司提供,成套设备中长材刨片机由德国 Pallmann 公司提供。

湖北宝源木业有限公司现有两条中/高密度纤维板生产线,以小径材和枝桠材为主要原料。投资 4.6 亿元,以意杨、泡桐速生材为原料,建设年产 $2.2×10^5 m^3$ OSB 生产线,并开展深加工,延伸产业链条。

4.4　纤维管道气流干燥

4.4.1　纤维干燥理论

1.干燥原理及特点

纤维干燥是纤维中水分的汽化过程,也就是纤维中的水分由液态转变成气态而蒸发的过程。由于纤维单元细小,悬浮速度小,比表面积大,干燥速度快,干燥时间短,所以适合采用气流干燥。

纤维干燥具有一般固体物质干燥的相同特性,即也包含预热段、等速干燥段和减速干燥段三个过程,纤维干燥是一个不稳定的条件下进行的干燥过程,在干燥前段,纤维预热,温度升高,伴有少量水分蒸发,当温度达到一定值时,水量急剧蒸发,这时纤维吸收的热量主要用于蒸发水分,而纤维温度不会继续上升;当纤维继续干燥时,由于管道内干燥介质温度降低,湿度加大,所以干燥速度降低,直至排出干燥系统。

纤维中水分的移动原理与木材相似,但由于纤维干燥具有体积小、比表面积大、干燥速度快等特点,且不存在木材干燥的开裂变形、表面硬化等干燥缺陷和干燥质量要求,所以纤维干燥具有自身特点。植物原料被分离成纤维状后,其蒸发表面积加大,纤维又为热敏性物质,所以极适用于高温气流快速干燥。在干燥过程中,湿纤维经热磨机出口在蒸汽压力作用下喷入常压的干燥管道中,纤维受高速热气流的冲击,使结团的纤维分散呈悬浮状态。纤维整个表面暴露在热气流介质中,而热介质又不断地高速更新,这样就大大地提高了湿纤维与热介质的热传导效率,强化了干燥过程,使其干燥在瞬间完成。

在采用气流干燥工艺时,湿纤维与高温热介质接触时间短暂,一般只有数秒钟,热介质中的热量主要用于纤维中水分的蒸发汽化。在水分未蒸发之前,纤维本身的温度不会急剧上升,故不会出现纤维过热现象,也不会使纤维上的胶黏剂大量提前固化。所以,纤维气流干燥过程是高温、快速、安全的。

纤维管道气流干燥具有如下 5 个特点。

(1)干燥强度大。由于气流速度高,碎物料在气流中分散性好,物料的全部表面积都可作为干燥的有效面积。同时由于气流对物料的分散和搅拌作用,使蒸发表面不断更新,所以传热、传质强度大,如直管气流干燥装置的体积传热系数约比滚筒干燥机大 20 倍。

(2)干燥时间短。气流干燥时,气固两相接触时间很短,在几秒钟内即完成干燥过程,因此物料不会过热或分解而影响质量。

(3)热效率高。由于物料和气流顺流输送,且在干燥初期阶段,物料的温度总是接近于与其接触的气体湿球温度(一般不超过 60~65℃),干燥后期,物料温度上升,但此时气体温度已大大降低,因此,物料温度也不会超过 70~90℃。使用高温气体做干燥介质可显著提高干燥热效率(高达 50%~60%)。

(4)干燥产量大。如一根直径 1.3m、长约 80m 的干燥管,每小时可干燥近 7 吨纤维。

(5)设备简单、占地小、投资省。若采用垂直布置的直管气流干燥装置,与滚筒干燥相比,占地面积可减少 50%,投资约节省 60%。同时可使干燥筛选、输送作业一体化,不但简化了流程,而且易于实现自动控制。

2.纤维干燥要求

干法纤维板生产,是以空气为分散、输送、成形介质,纤维需要在胶黏剂的胶接作用下结合成板。纤维干燥的目的是降低纤维的含水率,使其控制在一定范围内,以满足纤维铺装、热压工艺要求。

1)胶黏剂的固化要求

胶黏剂在热压成板过程中的胶接固化反应、热压工艺、卸压后板材的含水率都对进入热压机板坯的含水率有一定要求,通常热磨后纤维含水率达到 30%~40%,施加液体胶黏剂后,其含水率达到 40%~50%,而热压要求板坯含水率在 8%~12%,且湿纤维易结团,难以输送,不利于板坯成形。

2)施胶的要求

由于纤维的比表面积特别大,为了保证施胶均匀,胶黏剂的黏度不能过高,所以纤维板用胶黏剂的固含量低,即施胶时由胶黏剂所带入的水分多。因此,干法生产的纤维必须进行干燥。

3)铺装的要求

在中/高密度纤维板生产过程中,若纤维含水率过高,在板坯铺装时容易结团,直接影响板子的厚度、密度等均匀性,有些甚至会造成胶斑。

4)热压的要求

在热压时,在热压机内需要蒸发的水分量增大,增加热能消耗,延长热压周期,降低了热压机的生产效率;更为严重的是板坯内部会产生很大的内应力,易造成板子分层和鼓泡等。若纤维含水率过低,则纤维的塑性较差,从而影响胶合质量;同时会影响热能向板坯内部的传递,导致延长热压周期。因此,在中/高密度纤维板生产时,热压前板坯的含水率要求在 8%～12%,如果采用先干燥后施胶工艺,则施胶前纤维含水率要求更低。通常从热磨机排出的纤维含水率达 70%～80%,加上施加液体胶黏剂等则含水率超过 85%,无法满足纤维铺装和热压工艺要求,故湿纤维必须进行干燥处理。

根据干法纤维板生产工艺的不同,其纤维干燥工艺亦存在差异。采用常规人造板的生产施胶工艺,即"先干燥后施胶"的生产工艺,纤维干燥后含水率要求低,通常在 3%～5%;而目前干法纤维板生产,为了克服纤维因拌胶产生施胶不匀、纤维结团等造成的胶斑问题,提高施胶均匀性,主要采用"先施胶后干燥"的生产工艺,其干燥后施胶纤维的含水率通常在 8%～12%。

纤维的含水率分为干基含水率(绝对含水率)和湿基含水率(相对含水率)两种。中/高密度纤维板生产所涉及的含水率通常均采用绝对含水率,相对含水率只在特殊情况下才采用。

3.纤维管道气流干燥过程

1)受力分析及计算

(1)物料在气流中的运动。

物料最初以零或较低的初速度送入干燥管,与管中气流相遇后,其速度不断增加,直至气流与物料间的相对速度等于物料在气流中的沉降速度 V_t,这时物料在气流中的上升速度 $V_m = V_g - V_t$(V_g 为气流速度)。在这加速管段中,气流与物料间的相对速度大,又顺流操作,初期气流与物料间的温差也大。因此,加速段内有很高的传热及干燥强度。当物料速度加速到最大值 $V_m = V_g - V_t$ 后,则进入等速段。这时物料与气流间的相对速度及温差均减小。因此,等速段内传热及干燥强度均比加速段减小。

(2)物料在加速段的受力。

在加速段,物料受三种力的作用。

上升气流对物料的作用力 F_s 为

$$F_s = \xi \times A_{0p} \times \rho_g \frac{(V_g - V_m)^2}{2g} = \xi \times A_p \times \rho_g \times \frac{V_t^2}{2g} \tag{4-54}$$

式中,ξ——物料与气流间的阻力系数,是 Re 的函数,其关系见表 4-13;

ρ_g——气体密度,kg/m³;

g——重力加速度，m/s^2；

A_0——垂直于气流方向上的物料最大截面积。对颗粒物体，$A_p = \pi d^2/4$，d 为直径；对纤维 $A = d \cdot l$，d 和 l 分别为纤维直径和长度。

表 4-13　阻力系数表

Re	$0\sim1$	$1\sim500$	$500\sim150\,000$
ξ	$24/Re$	$70/Re^{0.5}$	0.44

物料的重力

$$F_g = V \times \rho_m \qquad (4\text{-}55)$$

式中，V——物料体积；

对于颗粒物体：

$$V = \frac{\pi d^3}{4} \qquad (4\text{-}56)$$

对于纤维：

$$V = \frac{\pi d^2}{4} \times l \qquad (4\text{-}57)$$

ρ_m——物料密度，kg/m^3。

气流对物料的浮力为

$$F_b = V \times \rho \times g \qquad (4\text{-}58)$$

则物料受到的合力为

$$F_m = F_b + F_s - F_g$$

（3）物料在等速段内受力。

等速运动时，物料受到的合力为零，即 $F_g = F_b + F_s$ 浮力很小，可忽略。

经计算求得物料的沉降速度 V_t。

对颗粒物体：

$$V_t = \sqrt{\frac{4d \times \rho_m \times g}{3\rho_g \times \xi}} \qquad (4\text{-}59)$$

对纤维：

$$V_t = \sqrt{\frac{\pi d \times \rho_m \times g}{2\rho_g \times \xi}} \qquad (4\text{-}60)$$

2）气流干燥管中的传热计算

（1）气体与物料间放热系数的计算。

悬浮于气流中的物料与气体间传热强度与气流速度、物料速度、气流及物料的密度，物料的形状，尺寸及气体的运动黏度等有关传热的多种计算方法中，以

И. М. Фegopb 的相似准数法最简单，且较符合实际。计算步骤如下：

求 K_i 准数

$$K_i = \sqrt[3]{\frac{4d_i^3 \times g(\rho_m - \rho_g)}{3v_g^2 \times \rho_z}} \qquad (4-61)$$

式中，d_i——物料计算直径，m。

对颗粒物料，$d_i = d$。

对纤维：

$$d_i = \sqrt[3]{1.5d^2 \cdot l}$$

式中，d、l——纤维直径和长度；

　　　g——气体的运动黏度，m^2/s（表 4-14）。

表 4-14　空气的热物理性质[*]

温度/℃	密度 $\rho_g/(kg/m^3)$	导热系数 $\lambda_g/$ $10^2[W/(m \cdot ℃)]$	运动黏度 $\nu_g/$ $10^6(m^2/s)$
160	0.815	3.64	30.09
180	0.779	3.78	32.49
200	0.746	3.93	34.85
250	0.674	4.27	40.61
300	0.615	4.60	48.33
350	0.566	4.91	55.46
400	0.524	5.21	63.09

[*] 炉气作干燥介质时，由于混合的炉气中混有大量空气，故可近似借用此表

求 Re_t 准数。

已知 K_i 准数，可从图 4-56 中查出 Re_t 准数。

计算 Nu 准数

当 $Re_t < 150$ 时：

$$Nu = 2 + 0.16Re_t^{0.67} \qquad (4-62)$$

当 $Re_t > 150$ 时：

$$Nu = 0.62Re_t^{0.5} \qquad (4-63)$$

计算放热系数 α

$$\alpha = \frac{Nu \times \lambda}{d_i} \qquad (4-64)$$

式中，λ——气体导热系数，$W/(m \cdot ℃)$。

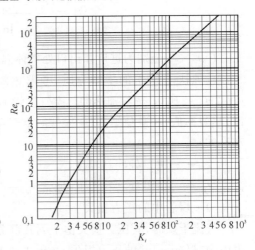

图 4-56　Re_t 准数与 K_i 的关系

(2)气体流量 G_g 的计算。

通过干燥管的气体质量流量 G_g,可用物料衡算法计算:

$$G_g = \frac{G_m(W_1 - W_2) \times 1000}{d_2 - d_1}$$

式中,G_m——每小时滤过的被干物料的全干质量,kg/h;

W_1、W_2——物料的初、终含水率,%;

d_1、d_2——管道出口和进口处的气体湿含量,g/kg。

(3)气体与物料间的传热量 Q。

$$Q = G_g(I_2 - I_0)$$

式中,I_2、I_0——管道出口处气体的焓及新鲜空气的焓,kJ/kg。

$$I_2 = (1 + 0.0019d_2) \times t_2 + 2.487d_2$$

式中,t_2——出口处气体温度,℃。

(4)所需的干燥时间 τ。

因为

$$Q = \alpha \times A' \times \Delta t_m \times \tau \times 3600$$

所以

$$\tau = \frac{Q}{\alpha \times A' \times \Delta t_m \times 3600} \tag{4-65}$$

式中,A'——气体与物料间的传热面积,m²/h;

$$A' = \frac{6G_m}{d_i \times \rho_m}$$

Δt_m——管道进口与出口处,气体与物料间的平均对数温差,℃;

$$\Delta t_m = \frac{(t_1 - t_{m1}) - (t_2 - t_{m2})}{\ln \dfrac{t_1 - t_{m1}}{t_2 - t_{m2}}}$$

t_1、t_2——分别为进口和出口处气体温度,℃;

t_1 取决于采用的干燥介质,考虑热效率和安全性两个因素而定炉气干燥时 $t_1 = 260 \sim 310$℃;蒸汽加热的热空气干燥时,$t_1 = 140 \sim 160$℃。t_2 考虑到热效率(t_2 高,热效率低)和避免结露(t_2 太低湿空气会结露);t_2 比露点温度高 $20 \sim 30$℃,常用 $70 \sim 90$℃。

t_{m1}——进口处物料温度,℃;

t_{m2}——出口处物料温度,通常 $t_{m2} = t_2 - (10 \sim 20)$,℃。

3)干爆管中的压力损失

气流干燥时,其压力损失由下列几部分组成:管道沿程摩擦阻力,局部阻力,管道中物料位差引起的压力损失,物料加入和加速引起的压力损失。计算方法同气力运输。

(1)干燥管结构尺寸的计算。

①加速段管径 D_1 为

$$D_1 = \sqrt{\frac{4G_g}{\pi \times \rho_{g1} \times V_{g1} \times 3600}}$$

式中,ρ_{g1}——管道入口处的气体密度,与温度有关;

V_{g1}——入口处气体流速,通常取 $25 \sim 30 \text{m/s}$。

②等速段管径 D_2 为

$$D_2 = \sqrt{\frac{4G_g}{\pi \times \rho_{g2} \times V_{g2} \times 3600}}$$

式中,ρ_{g2}——出口处湿气体密度,按 t_2 和 d_2 查 I-d 图;

V_{g2}——出口处气流速度,通常取 $15 \sim 20 \text{m/s}$。

(2)气流干燥的数学模型。

为了建立气流干燥的数学模型,现作如下假定:物料为球形颗粒,粒径、含水率均匀;干燥管与水平面垂直;干燥管截面处颗粒分布均匀,气流速度均匀;物料与空气运动同向;干燥管是绝热的。图 4-57 所示为沿气固流动方向任取的一个干燥管体积元。基于传热传质和两相流动力学理论,对于该体积元可建立以下 5 个微分方程。

①热平衡方程:

$$\frac{\mathrm{d}t_p}{\mathrm{d}x} = \frac{ha(t_g - t_p) - [r + c_v(t_g - t_p)]aW}{G_p(c_p + c_w M)} \times \frac{\pi}{4}D^2$$

式中,t_p——物料温度,℃;

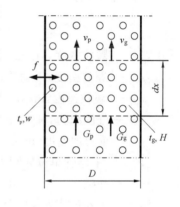

图 4-57 干燥管的体积元

x——管长,m;

h——气固间的传热系数,$\text{J/(m}^2 \cdot \text{s} \cdot \text{℃)}$;

t_g——热空气温度,℃;

r——水的蒸发潜热,J/kg;

c_v——水蒸气的比热容,$\text{J/(kg} \cdot \text{℃)}$;

a——单位体积干燥管内颗粒的表面积,1/m;

W——颗粒表面的蒸发速度,$\text{kg/(s} \cdot \text{m}^2)$;

D——管径,m;

G_p——物料喂入量,干物质,kg/s;

c_p——物料的干物质比热容,$\text{J/(kg} \cdot \text{℃)}$;

c_w——水的比热容,$\text{J/(kg} \cdot \text{℃)}$;

M——物料水分,干基。

②热传递方程：

$$\frac{\mathrm{d}t_\mathrm{g}}{\mathrm{d}x} = \frac{h a(t_\mathrm{g} - t_\mathrm{p})}{G_\mathrm{g}(c_\mathrm{g} + Hc_\mathrm{v})} \times \frac{\pi}{4}D^2$$

式中，G_g——风量(干空气)，kg/s；

$\quad\quad c_\mathrm{g}$——干空气比热容，J/(kg·℃)；

$\quad\quad H$——热空气湿含量。

③质平均方程：

$$\frac{\mathrm{d}H}{\mathrm{d}x} = \frac{aW}{G_\mathrm{g}} \times \frac{\pi}{4}D^2$$

④干燥速度方程：

$$\frac{\mathrm{d}M}{\mathrm{d}x} = \frac{aW}{G_\mathrm{p}} \times \frac{\pi}{4}D^2$$

⑤颗粒动量方程：

$$\rho_\mathrm{s} v_\mathrm{p} \frac{\mathrm{d}v_\mathrm{p}}{\mathrm{d}x} = F_\mathrm{s} \mp p_\mathrm{s}g - \frac{F_\mathrm{p}}{1-\varepsilon}$$

式中，ρ_s——颗粒密度，kg/m³，对于湿物料 $\rho_\mathrm{s} = \rho_\mathrm{p}(1+M)$；

$\quad\quad \rho_\mathrm{p}$——颗粒密度，干物质，kg/m³；

$\quad\quad v_\mathrm{p}$——颗粒速度，m/s；

$\quad\quad F$——气固阻力，N/m³；

$\quad\quad g$——重力加速度，m/s²；

$\quad\quad F_\mathrm{p}$——干燥管单位体积内颗粒与管壁间的摩擦力，N/m³；

$\quad\quad \varepsilon$——孔隙率，$\varepsilon = 1 - 4G_\mathrm{p}/(\pi D^2 \rho_\mathrm{p} v_\mathrm{p})$。

颗粒向上运动时 $p_\mathrm{s}g$ 取负号，向下运动时 $p_\mathrm{s}g$ 取正号。

4. 纤维干燥方式

纤维干燥主要采用管道式的干燥方法，即气流干燥方式。由于时间极短，又称为"闪击式"管道干燥。

先期使用的干燥系统包括长 70～100m，直径 1.0～1.5m 的主干燥管道，管道端部与旋风分离相连接，使干纤维与干燥介质相分离，干燥时间为 4～10s。由于纤维板生产规模的扩大，干燥机的产量也随之增加，目前，在中/高密度纤维板生产线中应用最广泛的是管道气流干燥纤维的整个干燥时间一般仅为 3～5s，干燥管道直径为 1.0～2.6m(管道直径根据产量不同而不同)，管道长度为 120m 左右。这种管道干燥系统主要由空气预热器(散热器)、干燥管道、风机、旋风分离器、监测装置和防火安全装置等组成。

纤维干燥的方式按加热方式可分为热空气加热干燥法和混合气体加热干燥法，按工艺方式可分为一级气流干燥法和二级气流干燥法，见图 4-58。

1)一级气流干燥法

纤维干燥系统由燃烧炉、空气预热器、干燥管道、风机系统、旋风分离器、检测控制装置与防火安全设施等部分构成。

一级气流干燥系统,干燥介质的温度使用 250～350℃,纤维通过干燥机能一次达到要求的含水率,并且干燥时间应控制在胶黏剂达到固化以前结束。酚醛树脂在 350℃ 下,8～10s 内固化,所以纤维在一级干燥的管道内停留的时间不超过5～7s。

一级气流干燥系统的特点是干燥时间短、生产效率高、设备简单、投资少、热损失小。但它的主要缺点是由于温度高而着火概率大,含水率不易控制。

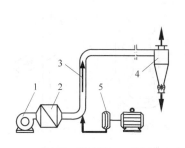
(a) 一级气流干燥系统（正压式）

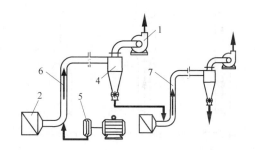
(b) 二级气流干燥系统（负压式）

图 4-58 纤维干燥系统原理
1. 鼓风机;2. 热交换器;3. 干燥管道;4. 旋风分离器;5. 热磨机;
6. 一级干燥管道;7. 二级干燥管道

2)二级气流干燥法

二级气流干燥系统,使用的干燥介质温度在 200℃ 以下,其纤维干燥分两级进行。第一级由于纤维含水率高(50%～60%)(绝对含水率 70%～100%),可以使用较高的进口温度(160～180℃),达到干燥机出口处时,温度降低到 55～65℃。纤维在第一级管道中停留 3～4s,使纤维含水率降到 20% 左右,然后初步干燥的纤维进入第二级,其进口温度为 140～150℃,出口温度为 90～100℃,使纤维含水率达到最终要求的 6%～8%(酚醛树脂的干法硬质纤维板),纤维在第二级管道中停留 3～4s。纤维通过二级干燥系统的总时间(包括在旋风分离器和出料阀中停留的时间)为 12s 左右。

二级干燥系统的优点是干燥温度低、干燥条件柔和、着火概率小,干燥过程控制灵活,纤维含水率均匀。二级干燥系统的缺点是干燥管道长、占地面积大、投资高。由于多一次废气排放和管道长,则热损失大,热效率与一级干燥系统相比低。

3)空气加热气流干燥法

空气加热气流干燥法是热源的热能通过热交换器加热空气,然后以热空气作为干燥介质干燥纤维，是目前普遍使用的一种干燥方法，见图4-58。

4）混合气体加热气流干燥法

混合气体加热气流干燥法是指燃烧室产生的炉气体通过过滤后直接进入干燥机，以较高温度的炉气体作为干燥介质干燥纤维。

5.干燥管道的类型及风压形式

1）管道类型

由于干燥管型不同，纤维在管道中流动的情况也不一样，对干燥工艺也有一定的影响。按管道的结构形式，可分为等径型、变径型和套管型，如图4-59所示。

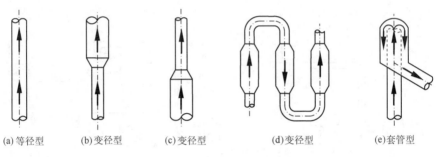

(a) 等径型　　(b) 变径型　　(c) 变径型　　(d) 变径型　　(e) 套管型

图 4-59　气流干燥的管道类型

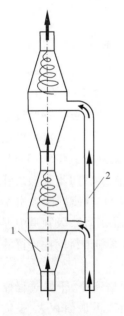

图 4-60　改良型脉冲式
干燥管道
1. 纤维和主热气流通道；
2. 二次气流

（1）等径型。干燥机的主干管为直管，通常管道直径在 1～2.6m，管道长度在 100～120m。其特点是结构简单、加工容易、维修方便、投资少，因此国内外中/高密度纤维板生产线基本使用这种管型。缺点是干燥管道很长、结构不紧凑。

（2）变径型。变径型包括加速式、减速式和脉冲式三种。脉冲型管道呈双圆锥形，管径交替扩大和缩小，使纤维不断加速和减速，从而能提高干燥的效率。当气流携带纤维向上飞行通过小径管道时，纤维产生加速运动。而管径扩大时，气流减速，但纤维质量大于气流，由于惯性关系其速度大于气流速度。在向上运动中随着气流的阻力作用，使纤维的速度逐渐减慢。而脉冲式管道呈双圆锥体，管径交替扩大和缩小，使纤维不断加速和减速，从而提高了干燥效率。当管径再次突然缩小，纤维再一次被加速。纤维和气流所做的不等速运动，使纤维不断更新受热面，达到改善热交换效率的目的。同时在扩大区气流都减小，则相应地延长了干燥时间，故干燥效果比等径型好。

改良型脉冲式管如图 4-60 所示。其特点是在扩大区的切线方向导入一个二次热气流，在扩大区中造成一种附加的高紊流，这样可以调节纤维的流动速度，使纤维在里面旋转。只要控制二次气流的流量，即可把最重的粗纤维的速度限制在最佳悬浮点；延长其干燥时间，而让细小的纤维在主气流的升力作用下优先通过。因此，不至于使细纤维过热，同时切向导入的二次气流产生的高紊流，还可以防止纤维附着在管壁上，消除了易于着火的炭化纤维。这种管型使纤维在反复加速、减速和旋转的热气流的作用下，能进行高效的热交换。因此干燥后纤维的含水率比较均匀。缺点是结构复杂，干燥工艺难控制。

（3）套管型。有立式和卧式两种，立式一般做成双套管，其目的是减小直管的高度和占地面积。而卧式套管型则通常用三条不同管径的导管套在一起，形成同心的三路干燥器，如图 4-61 所示。这种结构紧凑、占地面积小，而能容纳很长的管道，还能充分利用管内的热辐射提高热效率。缺点是粗而重的颗粒会在管道的底部滚动，对干燥不利；气流在管道内多次作 180° 转向，增加了

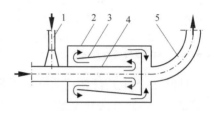

图 4-61　卧式套管干燥管系统
1. 湿纤维进口；2. 外套管；3. 中套管
4. 内套管；5. 干纤维出口

纤维通过的阻力和动力消耗；纤维容易在一些死角停留或附着在管壁上形成火源。

上述各种管型均适用于一级或二级干燥，如用于二级干燥系统只需分段将选取的管道串联起来。

无论一级或二级干燥系统，或各类管型，都能安装成正压和负压形式。

2）风压形式

（1）正压系统。正压形式称为压出式，指纤维在干燥管道中受到正压力，多数情况是纤维通过风机，也有不通过风机，见图 3-144(a)。正压式增大了纤维的受热面积，改善了热交换条件，容易形成各种需要的风压，干燥效率较高。采用纤维通过风机形式，易使纤维黏附在风机叶片上，破坏叶轮的动平衡，同时风机需在高温下作业，从而增加风机主轴和轴承的磨损。如图 4-58 中的一级气流干燥系统。正压形式根据风机的布置位置不同，其效果差异较大。风机布置位置可在加热器前段，也可以在加热器和纤维入口之间，也可以在纤维入口之后。现在一般布置在纤维入口之前。风机在加热器之前，风机的气流为冷气流，风机没有受热，风机系统温度低，可减少风机系统的故障，但风机阻力大；风机布置在加热器和纤维入口之间，则风机使用温度高，对风机的要求也高；风机在纤维入口之后，纤维要通过风机，风叶对絮聚的纤维团起分散作用，增大受热面积，改善热交换条件，容易形成各种需要的风压，干燥效率较高。其缺点是纤维容易黏附在风叶上，破坏叶片的动平

衡,以及风机需要在高温下工作,从而增加风机主轴和轴承的磨损。

(2)负压系统。负压形式称为吸入式,纤维不经过风机,而风机直接与旋风分离器顶部的气流出口相连,风机只吸出废气,见图4-58(b)。负压系统没有压出式的缺点,但风压受到限制,尤其是离心风机所能形成的真空度是有限的。要加大风速,只能增加风机的容量,故动力消耗较大。另外,纤维在管内分散状态及热交换情况都不如压出式。

虽然正压式和负压式在中/高密度纤维板生产线中都有应用,但是近几年来,中/高密度纤维板生产线一级气流干燥工艺基本都采用纤维不经过风机的正压系统。这种系统综合了常规两种风压形式的优点,因此应用日益广泛。

不论一级或二级干燥系统,也无论采用哪一种管型,纤维均需靠风机形成的气流在管道中流动。对纤维而言也有正压和负压风压形式。

4.4.2　纤维干燥系统

目前,生产上广泛使用的纤维干燥机主要是一级气流管道干燥机。依据使用的干燥介质不同有两种类型:一种是以燃气做干燥介质的一级气流干燥系统;另一种是以热空气做干燥介质的一级气流干燥系统。

1.热空气介质的气流干燥系统

早期的干法纤维板生产也采用先施胶后干燥工艺,因使用的是酚醛树脂,其耐热老化性能好、固化温度高(130~140℃),故因干燥而产生的预固化问题不突出。目前,干法纤维板生产普遍使用脲醛树脂胶黏剂,其耐热老化性能不好,固化温度又低(低于100℃),故由干燥而产生的脲醛树脂胶黏剂预固化问题就比较突出。另外,胶液在干燥过程中,会因温度升高致使黏度降低,而增加胶液渗透性;施加过固化剂的胶液当温度升高时,则逐渐固化,若固化过度即失去胶接能力。因此,采用先施胶后干燥工艺的施胶量,通常会比采用先干燥后施胶工艺的施胶量的1%~2%。这是热空气介质气流干燥工艺(采用"管道施胶")的不足之处,为此如何有效控制干燥过程中脲醛树脂胶黏剂的预固化,是干法纤维板生产普遍存在的关键技术问题。

1)一级气流干燥系统

这是目前干法纤维板生产普遍采用的干燥系统。典型的以热空气作干燥介质的一级气流干燥系统如图4-62所示。干燥系统包括吸风过滤器、风机、热交换器、控制阀、旋风分离器、旋转阀、温度控制器、火花探测与灭火系统、空气滤清器的压差监控装置、紧急情况风门控制装置等。

热磨机喷出的湿纤维与胶液等在施胶管中混合后通过喷放管送入干燥机,由经过蒸汽加热器加热的空气携带着纤维物料在干燥管道内移动干燥,同时在气流的扰动力作用下完成胶液等与纤维的均匀混合。

干燥过程所需要的空气由高效风机,经过吸风罩从室外吸入。风机吸风端受一台电动机驱动进口控制器的控制,由电动机的输出功率,通过对驱动电动机负荷测量来控制、打开和关闭风机。主风机吸入的空气通过空气滤清器送至两台空气加热器,由蒸汽(也可用热油)加热。

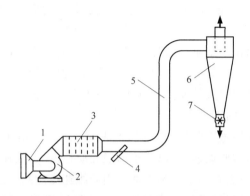

图 4-62 热空气介质一级气流干燥系统
1. 空气滤清器;2. 风机;3. 热交换器;4. 纤维喷管;
5. 干燥管;6. 旋风分离器;7. 旋转阀

空气加热器对干燥装置进行"恒定负载"加热,"控制负载",由带有控制阀的旁通来调节进风量的多少以达到理想的进口温度。

空气滤清器配有电子压差测量装置,当滤清器的污染程度达到千定程度时或达到压差的设定值时,就给控制室传送电子信号,此时要对滤清器的前后部件进行检查。

喷放管布置在干燥机入口区域,其作用是将施胶后的湿纤维物料吹入干燥管道,在约 100m 长管道内进行干燥,并由后面的旋风分离器将纤维与气流分开。纤维经由旋风分离器底部的旋转阀或紧急换向阀排放到旋风分离器的下面。如果出现紧急情况,将换向阀切换到废料仓。废气通过旋风分离器上面的排废气管送到外面。

纤维干燥装置包括温度指示装置和将信号传送至控制系统的传输器组成的两台温度测量装置。

干燥机进口温度控制在 120℃ 左右,出口温度控制在 55～75℃,通过对出口温度的精确控制,以保证干燥后纤维含水率的均匀一致,通常施胶纤维干燥后含水率控制在 9%～11%。纤维干燥机干燥能力当纤维终含水率为 9% 时为 5t/h;当纤维终含水率为 12% 时为 9.5t/h。

干燥机旋风分离器最终将施胶后干燥好的纤维送至皮带秤计量,计量信号用于施胶比控制。干纤维的含水率采用近红外线装置连续检测,其原理是基于和纤维参照物相比较不同的近红外光束的吸收度为基准。通过精确调整（用实际纤维样品），可使含水率读数保持永久准确。纤维含水率的波动也对施胶比的控制有影响。

以热空气作为干燥介质的干燥方法，因为可使用蒸汽、热油等作热源加热空气，干燥介质温度远低于燃气介质。因此，干燥机着火的概率减低。所使用的干燥介质温度通常为170℃左右，纤维一次干燥达到最终含水率的要求，并且干燥过程控制在胶黏剂达到固化前结束。这种一级干燥法具有干燥时间短、生产效率高、设备简单、投资少、热损失小等优点。但由于干燥温度高，存在着火概率大的危险性，因此在系统中特别要重视火警监测和预防。一级干燥工艺对纤维含水率的控制较难掌握，这也是该系统的不足之处。

一级干燥系统管道虽不分级，但可加工成变径管道。由于靠近纤维喷入的一段，由于纤维速度小，需要加速，所以要求前段介质速度大，迅速将纤维的速度提高到一定值，管道直径小更有利于纤维提速。当纤维速度达到一定值后，需要保持一定速度，以保证干燥时间和减少管道长度。因此管道的前段和后段的功能不同可分为加速段和干燥段，见图4-63。

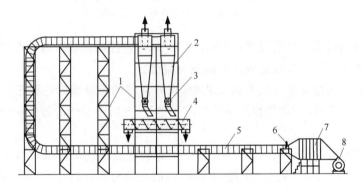

图 4-63　纤维一级气流干燥系统示意图
1. 支撑架；2. 旋风分离器；3. 旋转阀；4. 双向螺旋；5. 干燥管道及保温层；
6. 湿纤维入口；7. 加热器；8. 风机

加速段。在此段从热磨机排出已施胶的湿纤维，喷出后速度骤然减小，而热介质速度快（23～30m/s），湿纤维与热介质的速度差大，热交换频率高，所以纤维中水分能快速汽化，含水率急剧下降。

干燥段。由于管径加大，热介质流速减小，与湿纤维的相对速度差较小，甚至同步，纤维的水分减少，造成管道内湿度增加，温度下降。干燥主要依靠纤维与热介质之间的温度梯度来完成，因此适当延长纤维在热介质中的滞留时间可以获得较好的干燥效果。特别是对较粗的纤维干燥尤为重要。由此可见，干燥段除了使纤维最终达到要求的含水率，还有改善粗细纤维在加速段造成的含水率不一的功能,以使所有纤维含水率趋于一致。干燥段的关键是纤维滞留的时间应略长,解决的办法是通过扩大管径即相当于加速段管径的 1.1～1.2 倍,以适当降低热介质流速来实现的,管道长度约为管道全长的 90%。

2)二级气流干燥系统

二级气流干燥中,纤维干燥分两步进行。从热磨机喷出并经过施胶的湿纤维进入第一级干燥时,其含水率很高,使用较高温度的热介质,由于热介质与湿纤维的速度差使纤维的水分快速蒸发汽化,含水率急剧下降。进入第二级干燥时,采用的热介质温度较第一级低,管道也长,由于此时纤维的含水率相对较低,水分蒸发速度慢,纤维有较长的滞留时间,避免了因过热而导致损伤纤维和胶黏剂提前固化,保证能得到优质的纤维。

二级气流干燥的干燥段使用的干燥温度低,降低了着火的概率,纤维质量也好;另外,在二级干燥系统中可灵活控制和调整纤维的干燥程度,使纤维含水率均匀。但二级气流干燥系统明显比一级气流干燥系统复杂,投资大,占地面积亦大,且多一次热介质排放。

图 4-64 为节能型二级气流干燥系统。它克服了传统二级气流干燥系统多一次热介质排放造成的热能损失,并且充分利用了热介质的能量,热效率大大提高。其工作原理是:湿纤维经第一级干燥后,因纤维含水率急剧下降,废气中水分较高,故直接排放;经第一级干燥后的纤维再进入第二级干燥,此时因废气中水分较少且温度为 70～90℃,将此部分废气再返回到第一级干燥加热装置中循环使用,可大大降低热能消耗,同时可减少废气的排放量。

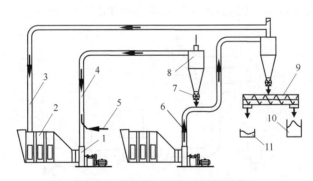

图 4-64 节能型二级气流干燥系统

1. 鼓风机;2. 加热器;3. 热能回收管;4. 一级干燥管道;5. 纤维入口;6. 二级干燥管道;
7. 旋转阀;8. 旋风分离器;9. 双向螺旋;10. 干纤维料仓;11. 废纤维料仓

如某干燥系统的参数如下:干燥采用蒸汽为介质,以加热空气,施好胶的纤维在管道中被热风吹送前进。干燥机入口温度为 170℃,纤维含水率约 80%;出口温度 75℃,纤维含水率为 8%～10%。干燥机管道长度为 100m,管道直径 1250mm。

干燥好的纤维被送入直径为 4500mm 的高效旋风分离器,在这里将纤维和湿空气分离,湿热空气排到大气中。干燥纤维能力为 5000kg/h,蒸汽耗量最大为 8200kg/h,设计风量为 95 000m³/h,风压为 4500Pa。干纤维通过旋转出料器排出至螺旋称重进料机,纤维在这里准确称出重量。该装置还可按预置的胶和纤维的比例控制施胶量,然后纤维被风送至干纤维料仓。为了避免火灾,干燥系统安装了火花探测和自动灭火系统(另外干纤维仓和铺装机等处也安装有自动报警和自动灭火系统)。在发生火警的时候,着火纤维可以从出料器后的分流管排出。有一套气力输送系统把干燥好的纤维以及从铺装机、预压机、板坯修边锯和截断锯等处回收的纤维风送至干纤维料仓。

2.燃气介质的气流干燥系统

由于燃气介质干燥系统采用的拌胶工艺,致使纤维结团,无法解决成品板面胶斑缺陷。由原瑞典桑斯公司开发出的"管道施胶"技术,有效地解决了成品板面胶斑问题。同时,由于管道施胶是在纤维进入干燥管道前施加胶黏剂,则干燥的终含水率即施胶后(成形前)纤维的含水率,通常在 8%~12%,因此提高了干燥纤维的终含水率,减少了干燥热量消耗,可采用相对低的介质温度。由于干燥介质温度低,所以纤维干燥时的着火概率也相应减低。

目前在干法纤维板生产中,为了提高干燥机干燥效率、节约干燥成本,对热空气介质一级气流干燥系统进行改造,引入一部分燃烧气(废木材、木粉)或直接使用燃烧气作干燥介质。这种干燥系统由燃烧炉、空气预热器、干燥机、旋风分离器、监测控制系统和安全设施等构成,其工艺原理简略如图 4-65 所示。

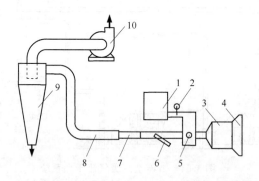

图 4-65　燃气介质的一级气流干燥系统
1. 燃烧炉;2. 测温计;3. 蒸汽加热器;4. 空气滤清器;5. 冷空气混合处;
6. 纤维喷管($\phi=15cm$);7. 加速干燥管;8. 主干燥管
($L=66m,\phi=114cm$);9. 旋风分离器;10. 风机

干燥机干燥能力:进料(湿纤维)15 000kg/h,出料(干纤维)7500kg/h;进口温度 315℃,出口温度 90℃;风机能力 119 000m³/h;电动机:排风机 225kW,燃烧炉鼓风机 22kW,气锁 7.5kW。

燃气是通过燃烧木粉而获得的。第一燃烧室的温度控制在 1000℃,第二燃烧室紧接第一燃烧室,燃气在这里降温至 650℃。然后与蒸汽加热器加热的空气(130℃左右)混合,两种气体按比例混合使其最高温度保持在 315℃,作为干燥介质。

从热磨机出来的湿纤维一般在 70% 左右,由纤维喷管喷入干燥机加速管进行加速,气流夹带湿纤维以 30m/s 的速度移动,使纤维含水率迅速降到 10% 左右。然后,进入长 66m 的主干燥管道,纤维含水率最终降至 3%～5%。纤维经过整个干燥段的时间为 4s。干燥后的纤维经旋风分离器排出,每隔 15min 取样测一次含水率。

采用这种明火的燃气式干燥形式,由于温度高,纤维在管内的沉积,因金属物的混入,直至火星的进入等,都将极易引起火灾及由此引起的爆炸事故。因此,要求干燥机必须具备完备的现代化防火防爆措施,以保证干燥机安全可靠地运行。此系统采用红外线火星探测器及进出口热电偶温度测试仪组成的监测系统,由警报器、喷水装置和防爆门等组成的安全排险措施。

3.纤维干燥质量的影响因素

纤维干燥质量主要取决于下列因素:干燥管道内热介质的温度、纤维的输送浓度、管道内气流流速和纤维质量好坏等。因此,在中/高密度纤维板生产中须根据上述因素对干燥工艺进行调整,以获得最佳的干燥效果。

1)干燥介质温度

干燥介质温度的高低不仅影响干燥时间的长短,而且直接关系到干燥后纤维的质量。采用较高的温度既能使干燥时间缩短,又能减少干燥管道的长度和降低动力的消耗。但对于采用先施胶后干燥工艺,并且是施加脲醛树脂胶的情况下,一定要防止在高温条件下纤维上的胶黏剂提前固化和纤维炭化,从而影响产品的质量;若采用低温介质,虽可避免施胶纤维的胶黏剂提前固化和纤维炭化,但需要的干燥时间过长,生产效率降低。

目前,中/高密度纤维板生产中采用的干燥温度应根据干燥方式、施胶工艺、所用介质的类型和性质的不同而有所不同。一般来说,二级干燥介质温度比一级干燥介质温度低;先干燥后施胶工艺的干燥介质温度高于先施胶后干燥的温度;采用烟气为介质的干燥系统的介质温度可远高于常规介质的温度,这是因为烟气中氧气含量低,高温不易产生火灾。

中/高密度纤维板生产常用的纤维干燥温度见表 4-15。

表 4-15　中/高密度纤维板生产常用的纤维干燥温度

施胶工艺		先施胶后干燥			先干燥后施胶		
干燥方式		一级	二级		一级	二级	
			Ⅰ	Ⅱ		Ⅰ	Ⅱ
干燥温度/℃	进口	170	170	120	180	180	140
	出口	60～90			80～100		

2)气流速度

在干燥管道中,只有气流速度大于纤维悬浮速度,才能正常输送和干燥纤维。纤维中的水分汽化与气流速度有关。在气流干燥系统中,气流速度越大,纤维表面水的汽化越迅速,因而干燥的时间越短。但是,若在相同的干燥时间内提高气流的速度,则须增加干燥管道的长度,这样就使干燥机风机的动力增加。

目前,纤维板生产主要采用管道气流干燥。在干燥过程中,湿纤维在常压的管道中流动,受到高速气流的冲击,使结团的纤维分散成悬浮状态。此时,克服纤维的重力,支持其不下沉的气流速度称为悬浮速度。气流速度的确定是以纤维悬浮速度(克服纤维重力支持其不下沉的气流速度称为悬浮速度)为依据的。纤维越细、含水率越低,悬浮速度越小;反之,纤维越粗、含水率越高,悬浮速度越大。为了延长纤维在干燥管道中的滞留时间,提高干燥效率和缩短干燥管道的长度,要使气流速度大于悬浮速度,这两个速度之差与干燥时间和干燥管道长度有直接关系,计算公式为

$$T = \frac{L}{V_1 - V_2} \tag{4-66}$$

式中,T—干燥时间,s;

　　　L—干燥管道长度,m;

　　　V_1—气流速度,m/s;

　　　V_2—纤维悬浮速度,m/s。

根据实测,对于热磨纤维(滤水度 14～18s)当施胶后含水率在 50％ 左右时,其平均悬浮速度约 8.5m/s。欲使湿纤维能在管道中流动,气流速度必须大于悬浮速度。但是,为了延长纤维在管道中停留的时间,提高干燥效率和缩短干燥管道的长度,通常使用的气流速度都大于悬浮速度。

通常取气流速度为悬浮速度的 1.3～1.5 倍,则

$$V_1 = (1.3 \sim 1.5)V_2 \tag{4-67}$$

即气流速度取 11～13m/s。

目前,纤维干燥所采用的气流速度远比此数值大得多。气流速度与干燥介质和施胶工艺有关。采用先干燥后施胶工艺,要求纤维干燥后含水率低,以燃气作干燥介质时,气流速度最高达 30m/s;采用先施胶后干燥工艺,要求纤维干燥后含水

率较高,以热空气做干燥介质时,气流速度可低些,通常在 25m/s 左右。

在国内外中/高密度纤维板生产中,干燥管道在热磨浆料排放处的气流速度一般为 30～36m/s。注意,在干燥管道中,气流速度和纤维悬浮速度沿管道长度方向均呈线性降低。因为管道中热介质温度逐渐降低,热胀冷缩,热介质量逐渐减少,速度越来越小;而纤维含水率逐渐降低,所以其悬浮速度越来越小。因此,计算干燥时间时,气流速度和纤维悬浮速度要取其平均速度。

气流干燥的温度比较高,因干燥方式不同,选用的干燥温度也不同。一般来说,介质温度高,水分蒸发速度大,干燥时间可相应缩短,并可以缩短干燥管道的长度。

纤维干燥主要使用燃气和热空气做干燥介质。燃气主要是直接燃烧煤气、油、废木材、树皮和砂光粉尘获得的;热空气是利用蒸汽和导热油等间接加热空气获得。干燥介质的类型决定介质温度的高低,如果用燃气做介质,采用一级气流干燥其进口温度可高达 315℃。如果使用热空气做干燥介质,其温度则低,干燥机进口温度通常在 110～180℃。

纤维在管道中干燥,纤维与空气混合物的输送和干燥是同步进行的,被干燥纤维和输送空气组成了一定的输送浓度。输送浓度是指输送 1kg 绝干纤维所需要标准状态下空气量。通常纤维干燥管道直径、长度和风机都是固定的,在保证纤维终含水率符合要求的前提下,选择合适的干燥温度、输送浓度,直接影响干燥机的热效率和产量,同时也影响纤维干燥的质量。

若输送浓度大,由于单位时间内纤维受热面积大,纤维中水分的蒸发量增加,使干燥介质在干燥机出口的温度降低,干燥机的热效率和产量会提高。但是,若输送浓度过大,则产生副作用,致使干燥后纤维含水率达不到要求,纤维分散性变差,甚至产生纤维沉积现象。

若输送浓度较低,虽然可获得较好的纤维干燥质量,但干燥机的热效率和产量均相对较低。通常干燥介质与纤维的混合比为 12m³/kg,纤维在干燥管道内的停留时间为 4～10s,一般为 4～5s。

3)纤维的输送浓度

纤维的输送浓度是指标准状态下 1m³ 空气中所含的绝干纤维质量。若输送浓度过大,则不仅容易造成纤维在干燥管道内沉积,而且容易造成干燥分离器冒顶而污染环境;若输送浓度较低,虽然可以获得均匀的干燥纤维质量,但是干燥机的热效率和产量降低,其消耗的热量和动力多数被浪费,这是非常不经济的。目前国内外中/高密度纤维板生产中,纤维的输送浓度一般控制在 50g/(N·m³)左右。

除上述因素外,纤维质量的好坏、环境温度和湿度的变化,也都直接影响纤维干燥质量。在中/高密度纤维板实际生产中,若上述任一因素发生变化,则都必须及时调整干燥工艺参数。

4.干燥过程的参数控制

1)纤维含水率的控制

干燥后纤维含水率对中/高密度纤维板生产的热压工艺和产品性能有十分重要的影响。因为中/高密度纤维板的板坯密度低、孔隙率大,热压时纤维中的水分是主要的传热介质,含水率越高其热传导效果越显著,使板坯受热均匀,芯层温度迅速上升,胶黏剂均匀而又充分地快速固化;若纤维含水率过低,易出现板面起毛和板边松软等缺陷,大幅度降低产品质量。但纤维含水率亦不能过高,否则由于水分吸收蒸发热,温度的传导速度反而降低,板内积累的水蒸气压会使内应力增加,热压机卸压时板子易出现分层、鼓泡等缺陷。含水率过高则势必会延长热压时间,降低生产率。

此外,从干燥工艺来讲,纤维含水率过高,纤维易堵塞、易粘挂在干燥管道和分离器上,进而酿成火灾;铺装成形时纤维也易结团,影响铺装成形质量,造成板材密度不均匀。因此,在中/高密度纤维板生产中,应严格控制干燥后的纤维含水率。

纤维含水率控制原理见图 4-66。含水率测定仪(MX)不断对干燥后的纤维进行含水率测定,并通过含水率显示器(MI)显示;测得的含水率与设定含水率参数(MR)经分析处理后,由含水率控制器(MC)发出指令来调整干燥介质温度控制器(TC)的温度数值,并通过安装在干燥分离器出口的温度检测器(TX)监测温度,不断检查干燥后纤维的含水率,从而满足生产工艺的需要。

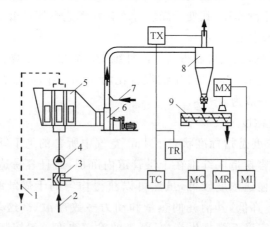

图 4-66　纤维含水率控制原理图

1.热油回流管;2.热油进油管;3.比例调节阀;4.热油泵;5.加热器;6.鼓风机;

7.纤维入口;8.旋风分离器;9.出料螺旋

目前,中/高密度纤维板生产中,先施胶后干燥的工艺要求干燥后纤维的含水率为 8%～12%;对于先干燥后施胶的工艺,则要求干燥后纤维的含水率为 3%～5%。

2)干燥中的防火措施

中/高密度纤维板生产中,如何有效地防止纤维着火是其必须解决的问题。纤维干燥中的火灾是由于干燥气流中含氧量高、干燥温度高、干燥管壁上粘挂纤维、纤维过分干燥,在金属异物进入干燥系统撞击产生火花引起的。

潮湿或流动的纤维并不容易着火。但是,若纤维黏附在干燥管道壁上,由于长期高温作业,纤维在热降解过程中,分解产生大量低分子有机挥发性化合物。当干燥管道内高速运动的纤维物料中含有金属、砂石等杂物时,由于互相摩擦或与管壁碰撞而偶然产生火星或产生静电火花,在含氧量充足的条件下,即被引燃,然后引起干纤维和整个管道内物料的燃烧。如果仅是管道内的纤维物料燃烧,危害并不很大,因为气流中混合的纤维量有限。问题是在一般情况下不可能及时发现火源,从而停止送料和对着火纤维进行灭火处理。若火源蔓延到干纤维料仓或成形系统,则后果十分严重。所以纤维干燥中的着火问题必须给予高度的重视。

针对上述的着火的主要原因,采取相应的预防措施,可以减少和消除火灾的发生。

(1)定点防护。

在火灾高发的敏感工位安装高敏火花探测器。这种探测器一般装有对红外光源的敏感元件或其他光电敏感装置。其灵敏度比任何物料的运输、燃烧和爆炸速度都快,能在 0.002～0.003s 内发出火警信号,并通过放大器推动执行机构,控制灭火系统喷射灭火剂,以及自动停止进料、出料皮带运输机反转等其他一系列操作,不使火源蔓延。常用的灭火系统是喷水装置,一般安装在火花探测器后 6～10m 处,具体安装距离与管道内风速有关,因为喷水装置从收到信号到喷出水雾需要一定的时间。在这段时间内,火源已移动位置。一般火花探测器安装在距风机出口 3～5m 处或喷水装置安装在距离分离器入口 3～5m 处。

(2)采用烟气作干燥介质的防护措施。

采用烟气作为干燥介质不仅节能环保,而且可大大降低干燥介质中的含氧量,从而降低干燥系统着火的概率。当然,采用烟气做干燥介质必须控制烟气中的含尘量,加强烟气的过滤除尘,否则会因温度高、纤维在管道的沉积或挂壁等导致静电火星而引起火灾,甚至爆炸事故。

除上述措施外,还应注意控制其他着火因素,如控制干燥前金属物进入干燥系统;采用改良型脉冲管道干燥,消除纤维在管壁上的黏附;定期清理干燥管道,防止纤维长期滞留在管道内而炭化等。这一系列措施相互配合,就可以确保纤维干燥系统正常、安全运行。

5.干燥过程的工艺控制及设备维护

1)纤维干燥工艺参数的合理控制

纤维干燥的质量直接影响着成品的各项物理力学性能,对纤维干燥的基本要求是干燥后的含水率符合工艺要求,并且均匀一致。为达此目的,对影响干燥的诸工艺参数必须进行合理控制。

(1)干纤维含水率。纤维干燥的终点含水率,对中密度纤维板性能的影响是十分重要的。由试验和生产证明,在一定含水率范围内,随着纤维含水率的增加,产品质量有明显提高,但是不能过高。含水率过高,不仅延长热压时间降低生产效率,而且由于板内积累水蒸气压,热压卸压时易发生分层、鼓泡。纤维含水率一般要求为 8%～14%,实际控制在 8%～10%最佳。

(2)纤维形态。纤维形态是指纤维的形状、颗粒度和表面积的大小等,这些因素都直接影响着干燥的质量和效率。为保证纤维干燥质量,首先要求纤维质量必须符合中密度纤维板的工艺规范。

(3)纤维初含水率。在热磨和施胶正常工艺操作下,施胶后的湿纤维含水率一般为 50%～60%。初含水率过低,热磨时初始含水率低预热程度不够,纤维不易疏解,而且粉碎性细颗粒多,此时干燥后纤维含水率也低,还易引起着火。含水率过高就不易干燥,在多数情况下,是热磨机主轴密封磨损,高压密封水漏入磨室而造成,应检修热磨机。

(4)干燥介质温度。这也是干燥最重要的工艺参数之一。介质温度以干燥管道进口温度为控制基准,要求温度适当,并且保持稳定,才能得到含水率均匀一致的干纤维。生产中对干燥介质温度的控制范围是:管道施胶采用一级干燥的介质温度为 110～170℃,搅拌机施胶或采用两级干燥中的第一级干燥,介质温度可提高到 300℃左右。

(5)气流速度。气流速度必须大于纤维的悬浮速度,才能保证纤维在气流输送过程中进行干燥。干燥机中气流速度越大,纤维表面水分的汽化越快,则纤维干燥时间越短。生产中实际采用的气流速度应为 22～32m/s,纤维在干燥管道内的停留时间 3～5s。

(6)送料浓度。送料浓度通常指输送 1kg 绝干纤维所需标准状态下的空气量。干燥机的管道直径、长度和风机都是固定的。在保证达到一定的纤维含水率的条件下,选定合适的干燥温度,送料浓度就直接影响干燥机的热效率和产量,同时也影响着纤维的质量。一般一级干燥采用热介质与纤维的混合比在 12～20m³/kg(绝干纤维)。

(7)干燥出口温度。指干燥管道末端旋风分离器的气流进口处的温度。在干燥系统稳定工作的情况下,干燥出口温度的高低,可以间接代表纤维终含水率的高低。在实际生产中,常以干燥出口温度作为干燥调节的依据。所以在干燥自动控制中,通过进口温度、风门开度、旁路风门开度等参数的调节,达到设定的干燥出口温度的稳定,即纤维最终含水率稳定的目的。此出口温度一般为70~90℃。

2)干燥设备的操作和维护

(1)干燥设备的操作。

由于施胶和干燥紧密连接在一起,所以在工艺操作上应注意以下几点:首先是防止纤维在干燥管道中黏结;其次是防止干燥着火。实际上这两个问题是紧密相连的,纤维不在管道上黏结,避免了管道的堵塞,也减少了着火的可能性;反之管道内经常黏结纤维,即使用较低的温度干燥也会经常发生火灾。因此,对这个问题必须特别引起操作者充分注意。其主要措施如下。

①全部干燥管道系统在开车投料前必须充分预热(一般在 15min 以上),管壁温度达到 100℃以上(纤维喷放区),防止胶雾和输送纤维的蒸汽在管壁上冷凝而黏结纤维。

②必须保持系统的连续运转,避免频繁开车停车,正常情况下最好是每周停车一次,并进行检查清理。这不仅是操作者应遵守的规则,更重要的是管理者在开车前必须备有充足的原料,以保证热磨、施胶、干燥系统的不间断连续运转,这是防止管道黏结纤维的重要措施。

③严格遵守操作规程,正确控制胶与纤维的配比,绝对不允许由于操作不当将过多的胶喷入干燥管道。干燥机停车前要维持一定的空车运转时间,绝对避免突然停车以 3 管道堵塞。

④保持干燥管道光洁。干燥管道一般每周清扫一次,清扫时必须将管壁黏结的纤维,尤其在拐弯半径小的弯头处因风速低易黏结纤维,彻底清扫干净。生产中发现气流阻力增大,产量减少,即管道黏结纤维气流通路减小所致,甚者很快堵塞,遇到这种情况必须立即停车清理。

(2)干燥设备的维护和保养。

干燥设备的维护和保养除了按规程操作及日常维护外,还要特别注意以下问题:

①定期检查清理干燥管道及旋风分离器,保证管道内壁清洁、光滑、无黏胶和挂纤维。

②定期检查空气滤清器,必要时进行清理或更换。

③定期检查清理加热器的积灰。

④定期检查灭火装置,并进行试验,保证其灵敏、有效。

6.热能供应及节能降耗

通常中/高密度纤维板生产中干燥介质是由燃煤、燃油或天然气锅炉提供的蒸汽或导热油加热空气,由被加热的空气再干燥纤维。而生产过程中产生的大量树皮、碎料、废纤维、锯边条、砂光粉尘等废料却当垃圾处理,不仅浪费资源,而且还污染环境。

目前,国内外越来越多的中/高密度纤维板生产线,采用热能中心供热方式,利用生产过程中产生的废料作为燃料生产热能,不仅降低了生产成本,而且大大减轻了工厂的环境污染。

热能中心将生产线中产生的废料进行分类集中,剥皮机出来的树皮、筛选机筛选出来的废料及生产线上产生的废纤维集中后直接送往复炉排上燃烧,燃烧过程中产生的灰分自动排除;砂光粉尘及锯边粉尘由于颗粒小,集中后通过喷嘴直接喷到燃烧室中,以便其充分燃烧。燃烧室产生的高温烟气(950℃左右)一部分通过导热油炉产生的热油供应热压机;一部分通过蒸汽发生器产生的蒸汽供应热磨机和制胶设备等,这两部分烟气量可自动调节。通过热油炉、蒸汽发生器后的烟气与部分来自燃烧室的烟气以及干燥分离器排出的废气,经过滤处理后混合起来进入纤维干燥机。当然,混合烟气由于温度仍较高(210~260℃),甚至可达 350℃。故进入干燥机前还要混入一定量新鲜冷空气,以调整干燥机的干燥温度。烟气入口和新鲜空气入口均安装电动调节风门,烟气入口及风机入口均安装温度检测装置。当风机入口温度检测装置测定的温度大于工艺设定的干燥温度时,烟气入口电动调节风门自动关小,同时新鲜空气入口电动调节风门自动开大;反之,当风机入口温度检测装置测定的温度小于工艺设定的干燥温度时,烟气入口电动调节风门自动开大,同时新鲜空气入口电动调节风门自动关小。直到风机入口温度检测装置测定的温度达到工艺设定的干燥温度范围。混合烟气量与补充冷空气量系统可根据设定的干燥温度进行自动调节,若有多余的混合烟气则通过烟囱排放。热能中心的优点是不仅节省资源、降低运行成本、保护环境,而且热量损失少。因此,虽然热能中心一次性投资大,但是近年来我国越来越多的中/高密度纤维板生产厂选择建立热能中心供热。

4.4.3　干燥系统的设计

1.风力系统

干燥系统设计主要是确定风机风量、风压、管道直径、分离器直径等。首先须确定干燥能力,即每小时要干燥多少吨绝干纤维,然后根据热介质与绝干纤维的混合比(一般为 25~32m³/kg)来确定热介质流量。

若采用引风机形式,则风机风量为热介质流量;若采用通风机形式,则风机风量的确定公式为

$$Q_0 = Q \times \frac{T_0 + 273}{T + 273} \tag{4-68}$$

式中,Q_0——通风机风量,$\mathrm{m^3/h}$;

　　Q——热介质流量,$\mathrm{m^3/h}$;

　　T_0——环境温度,℃;

　　T——干燥温度,℃。

然后确定干燥风管直径的公式为

$$d = \sqrt{\frac{4 \times Q}{\pi \times v \times 3600}} \tag{4-69}$$

式中,d——风管直径,m;

　　Q——热介质流量,$\mathrm{m^3/h}$;

　　v——管道风速,$\mathrm{m/s}$,一般管道风速取 30~36$\mathrm{m/s}$。

分离器分内旋和外旋两种。外旋型比内旋型阻力小,分离效果好,因而绝大多数干燥系统分离器选用外旋型分离器。外旋型分离器的相关尺寸(图 4-67)的公式见表 4-16。

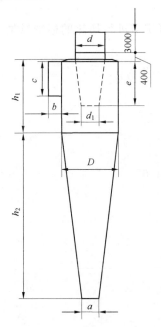

表 4-16　　参数计算表	
$d = 0.5D$	$d_1 = 0.35D$
$b = 0.22D$	$c = 0.45D$
$a = 0.33D$	$e = 0.75D$
$h_1 = 1.2D$	$h_2 = 2.75D$
$K = 0.3D$	$L = (D+b)/2$

图 4-67　外旋型旋风分离器

以上述公式为基准,根据风量和分离器入口风速反算确定分离器直径。分离器入口风速范围一般为 16~20$\mathrm{m/s}$,过大或过小均会降低分离效率。分离器

直径越小,能分离的颗粒越小。因此当分离器直径过大时,建议采用多个小直径分离器并联。注意,计算分离器入口的风量时,需根据式(4-68)将风机风量转化成此处温度状态下的风量(此处温度约为80℃)再加上纤维干燥后蒸发的水蒸气量。

由于干燥系统中干燥风管直径比较大,管道系统阻力较小,所以干燥系统风机风压主要是克服分离器的阻力和进风系统的阻力。若采用引风机形式,风机风压一般取4600~4800Pa;若采用通风机形式,因为还需要克服散热器的阻力,风机风压一般取5000~5200Pa。

2. 热能系统

干燥系统所需的热量公式为

$$P = Q_0 \times K \times (T - T_0) \tag{4-70}$$

式中,Q_0——标准风量,m^3/h;

P——干燥系统所需热量,kJ/h;

K——热量系数,$kJ/(m^3 \cdot ℃)$,一般为1.38;

T_0——环境温度,℃;

T——干燥温度,℃。

若干燥系统需要采用散热器进行换热,则首先确定需进行换热的标准风量,然后计算所需散热器的面积:

$$P = K_f \times S \times \left(\frac{T_1 + T_2}{2} - \frac{T + T_0}{2} \right)/K \tag{4-71}$$

式中,P——干燥系统所需热量,kJ/h;

S——散热器面积,m^2;

K——热损失系数,一般取1.15~1.25;

K_f——传热系数,$kJ/(h \cdot m^2 \cdot ℃)$,一般取104.67;

T_1——散热器入口加热介质温度,℃;

T_2——散热器出口加热介质温度,℃;

T_0——环境温度,℃;

T——干燥温度,℃。

参 考 文 献

东北林学院. 1981a. 胶合板制造学[M]. 北京:中国林业出版社.

东北林学院. 1981b. 刨花板制造学[M]. 北京:中国林业出版社.

东北林学院. 1981c. 纤维板制造学[M]. 北京:中国林业出版社.

范新强. 2009. 刨花干燥设备的制造与使用[J]. 中国人造板, (6): 23-26.

顾继友, 胡英成, 朱丽滨, 等. 2009. 人造板生产技术与应用[M]. 北京: 化学工业出版社.

顾炼百, 李大纲, 承国义, 等. 2000. 杨木单板连续式热压干燥的研究[J]. 林业科学, 36(5): 78-84.

顾炼百. 1991. 气流干燥的原理、设计及应用[J]. 木材加工机械, (2): 35-39.

顾炼百. 2008. 木材干燥理论在木材加工技术中的应用分析[J]. 南京林业大学学报, 32(5): 27-30.

滚筒式单板干燥机. 中华人民共和国国家标准 GB/T 6197 — 2000.

蒋汉文. 1993. 热工学[M]. 北京: 高等教育出版社.

科尔曼 F F P, 等. 1984. 木材与木材工艺学原理(人造板部分)[M]. 北京: 中国林业出版社.

李绍昆, 刘翔. 2007. 中密度纤维板生产的纤维干燥[J]. 中国人造板, (12): 21-25.

李绍昆, 刘翔. 2008. 中密度纤维板生产的纤维干燥(续)[J]. 中国人造板, (1): 24-26.

李占勇. 2005. 日本最新干燥技术[J]. 通用机械, (12): 16-18.

李占勇, 小林敬幸. 2006. 日本干燥技术的最新进展[J]. 干燥技术与设备, 4(1): 3-6.

南京林产工业学院. 1981. 木材干燥[M]. 北京: 中国林业出版社.

潘永康, 王喜忠, 等. 2007. 现代干燥技术[M]. 2 版. 北京: 化学工业出版社.

史丽娟. 2010. 江苏保龙自主研发年产 22 万 m³ 干燥筒通过德国迪芬巴赫公司验收[J]. 中国人造板, (3): 37.

史勇春. 2006. 柴本银中国干燥技术现状及发展趋势[J]. 干燥技术与设备, 4(3): 122-129.

思芳. 2009. 我国首条年产 22 万 m³ OSB 生产线即将落户湖北荆门[J]. 中国人造板, (4): 42.

汪晋毅. 2012. 刨花板滚筒式干燥机的特性分析木材工业[J]. 木材工业, 26(2): 51-54.

王会春, 白平. 2003. 简述木材单板干燥机[J]. 林业机械与木工设备, 31(4): 35-36.

王志同. 1993. 三通道刨花干燥机刨花干燥过程自动控制系统初探[J]. 木材工业, 7(2): 23-27.

向仕龙, 李赐生. 2010. 木材加工与应用技术进展[M]. 北京: 科学出版社.

徐咏兰. 2002. 中高密度纤维板制造与应用[M]. 长春: 吉林科学技术出版社.

杨世铭, 陶文铨. 1998. 传热学[M]. 3 版. 北京: 高等教育出版社.

郑国生. 1994. 颗粒物料气流干燥的数学模型[J]. 北京农业工程大学学报, 14(2): 35-42.

郑国生. 1997. 气流干燥机的性能分析[J]. 上海水产大学学报, 6(1): 25-30.

中国林科院木材工业研究所. 1981. 人造板生产手册(上下册)[M]. 北京: 中国林业出版社.

中国林学会木材工业学会论文集(1). 1988. 新技术革命对木材工业影响的展望[M]. 北京: 林产工业编辑部.

中国林学会木材工业学会论文集(2). 1988. 刨花板应用技术[M]. 北京: 林产工业编辑部.

周定国. 2011. 人造板工艺学[M]. 北京: 中国林业出版社.

朱正贤. 1992. 木材干燥[M]. 2 版. 北京: 中国林业出版社.

Milota M. R, Wengert E. M. 1995. Applied drying technology[J]. Forest Products Journal, 45

(5):33-41.

Pang S. 2007. Mathematical modeling of kiln drying of soft wood timber，model development，validation and practical application[J]. Drying Technology，25(3)：421-431.

第5章 单元加工及贮运

在人造板生产过程中,半成品的加工和贮存是一个不可缺少的工艺过程。半成品质量的好坏直接关系到最终产品的质量。半成品的加工与贮存在生产线上起到前后工序的过渡和缓冲作用。在人造板产品中,因被胶接单元的大小、规格和形态不同,半成品的形态有很大区别,其加工处理方法也不同。按被胶接单元的形态和特性可分为四大类,即板条(包括小规格板方材)类、单板(包括薄木)类、刨花类和纤维类。在此仅就后三类加以阐述,板条的加工与木制品生产的半成品加工方法相同,主要由锯切、刨切和开榫工序完成。

5.1 单 板 加 工

在胶合板的生产过程中,单板分选以湿态和干态两种状态存在,单板含水率的不同将影响单板加工所用的设备和工艺。薄木的加工与单板基本相同。湿单板的加工是在单板干燥前进行,即旋切后的单板直接进行加工,然后再进行干燥。干单板的加工包括胶拼、修补等工序。

5.1.1 单板分选与运输

1. 单板分选

单板分选包括湿单板和干单板分选两部分内容。湿单板分选是根据旋切机制造出来的单板是否可用进行鉴别区分;而干单板分选是根据单板干燥后的质量,按照单板的规格和待处理方式进行归类,便于单板的后续加工和管理。

1)湿单板分选

从旋切机旋出的单板通常包括可用单板和不可用单板。木段通常是不规则的圆柱体,在旋切过程中,会产生一部分厚度不等、形状各异和不连续的不规则单板,这部分单板统称为不可用单板。在旋切过程中,产生的少量窄长单板和大量的连续单板,统称为可用单板。

不可用单板和可用单板的分类,通常采用两种方法。一种是把木段旋圆和旋切分成两个工序,这样做有利于提高单板的质量。但二次上木定心,可能产生基准误差,此外也增加了辅助工作时间,所以一般不采用这种方法。在大型胶合板厂使用大径级原木,并使用高度自动化的自动上木定心多卡轴旋切机时,另外在一些制造航空胶合板、木材层积塑料和薄木的工厂等采用这种方法。另一种是旋圆和旋切在同一台旋切机上完成,然后通过人工和机械将可用单板和不可用单板分开。这是目前普遍采用的工艺路线。

在旋切机的出板端,需要将湿单板分类并输往不同去向。目前,工厂大多采用机械分选,把旋切下来的单板分成两条流水线,如图 5-1 所示,一条为可用单板线,另一条为不可用单板线。不可用单板通过闸门落在运输带上,送到指定地点集中,作为纤维板或刨花板生产原料。可用单板中的窄长单板从闸门上部被送往工作台进行整理和剪裁,而连续单板则被直接送去剪裁或卷筒贮存等。

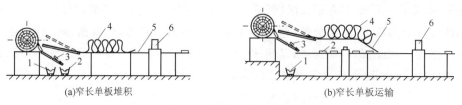

(a)窄长单板堆积　　　　　　　　　　　　　(b)窄长单板运输

图 5-1　单板分类流水线

1. 碎单板;2. 窄长单板;3. 翻板;4. 折叠单板带;5. 折叠单板运输机;6. 剪板机

2)干湿单板分选

干单板分选是对经干燥后的单板进行分选。干单板分选主要采用手工分选,将单板的质量、规格和待处理方式相同的堆积在一起,便于单板的处理和管理,包括整张板、待修补板和胶拼板,面板和背板(依据材质和加工缺陷),尺寸规格等。

2. 单板传送

1)湿单板传送

单板从旋切到干燥工序之间,可采用两种完全不同的加工工艺,即"先剪后干"工艺和"先干后剪"工艺。目前,大多数工厂采用先干后剪工艺。无论采用哪种工艺路线,在旋切和干燥之间都不可能像常规连续流水线那样进行单板直接传送,因为旋切速度、剪板速度和干燥速度三者之间不能完全匹配,这就需要在旋切和单板干燥之间形成一个起连接作用的有较大容量的中间缓冲贮存库。通常采用两种方式,即旋切→中间缓冲贮存库→剪裁→单板干燥→分等(先剪后干);旋切→中间缓冲贮存库→单板干燥→剪裁→分等(先干后剪)。

从旋切机到后道工序的单板传送有带湿单板传送器、单板折叠传送器和单板卷筒装置三种。带式单板传送器生产率高,单板损坏率低,适用于厚单板传送,但造价高,占地面积大;单板折叠传送器缩短传送带长度,减少占地面积,降低设备造价;单板卷筒装置占地面积小,结构简单,适合于大径级原木旋切的薄单板传送。

在单板旋切时,由于单板太薄,旋切机单板输出速度太快。为了防止单板边部开裂,常用胶纸带粘贴在单板的两侧,以提高单板带的拉伸强度。在胶合板生产中,从旋切、干燥到整理工段,可以依据不同的工艺组合形成:旋切→皮带运输贮存→单板干燥→剪裁→分等堆放;旋切→卷板→运送→剪裁→分选、上木→定心→旋切→单板带运送三种不同连接方案。每种方案都有其各自特点,可以根据原料特点、设备类型、工艺要求和资金投入等情况进行选择。

2)干单板运输

经干燥后的单板一般都是幅面尺寸都已经规整化,单板会堆垛在托盘或托架上,一般采用叉车或液压叉车等进行车间内工序间的运输。

5.1.2　单板修剪及拼接

1.单板剪切

若采用先剪后干工艺,则剪切的是湿单板;若采用先干后剪工艺,则剪切的是干单板。如果干燥时采用一般的滚筒式干燥机或网带式干燥机,则需要将湿单板剪切后再送入干燥机内,如果采用喷气网带式连续干燥机连续地干燥单板,则在干燥后进行剪切,二者之间在剪切工艺的要求上是有区别的。

对于先剪后干工艺,由于剪切的是湿单板,必须考虑加工余量。单板的长度加工余量在原木截断时已经考虑,厚度余量已根据单板厚度、干燥收缩余量和加工余量进行了预留。剪切时只需考虑整幅单板的宽度加工余量即可。剪切时主要是根据胶合板幅面要求将单板带剪切成整幅单板和窄长单板。

整幅单板的剪切宽度计算式为

$$B = b + \Delta_a + \Delta_b \tag{5-1}$$

式中,B——胶合板宽度,mm;

Δ_a——胶合板加工余量,mm,一般为 40～50mm;

Δ_b——单板的干燥余量,mm,根据材种和单板含水率进行计算。

单板剪切时除了控制尺寸外,还要进行严格的表面质量控制,胶合板国家标准中对单板的表面质量等级作了严格规定,剪切时应去除材质缺陷,如腐朽、节疤、裂口等。此外,还应去除工艺缺陷,如厚度不够、边缘撕裂等。

为了提高单板出材率,在面、背板达到平衡的前提下,根据材质允许范围,应尽可能多剪成整幅单板,少剪成窄长单板;对于有材质缺陷的单板,若经过修补能符合要求,应尽量剪成整幅单板;剪切后的单板尺寸要规范,四边成直角。切口要整齐,尽可能减少不必要的再次剪切。

湿单板剪切后进行干燥,有可能因产生裂口而降等,需要二次剪切,因此,湿状整幅单板或长条单板的剪切分等并不是最终判定。

湿状长条单板在干燥时由于干缩不均匀会出现毛边,胶拼前先要齐边,所以,在湿状剪切时,可以保留边部 10mm 宽度范围内的缺陷。这些缺陷将在干单板齐边时去除,这样做有利于节省木材。

干单板剪切时可以不考虑干缩余量,剪出的长条单板在胶拼时不必再齐边,干单板剪切时的等级划定就是单板贮存和组坯时的判定依据。

剪板过程中,应注意"三板"平衡,即在胶合板生产中,保持面板、背板和芯板数量之间一定的比例,避免失调。"三板"平衡的关键是如何多出表板尤其是面板,同时要减少芯板,尤其是长芯板。一般认为可以采取以下措施。

(1)原木锯断时,要根据材质情况和原木的长度尺寸,采取以弯取直,截去两端大的径裂、环裂和端腐,把材质缺陷集中到芯板木段上等办法,力求多出质量好的表板木段。

(2)单板旋切时,要提高木段定中心的准确度,多出整张单板;要正确安装好旋刀和压尺,提高单板质量,还要控制使用中间割刀,少出芯板。

(3)剪切时,要按材下刀,合理截断。凡是经过胶拼或修补,能出面背板的单板,都应该剪切成面背板,并严格控制加工余量,防止超过规定尺寸,浪费面背板材料。不能拼成面背板而能补洞的,切成整张芯板;既不能拼成面背板,又不能补成整张芯板的,才能留作长芯板。这样可以少出厚胶合板。

(4)利用材质好的树种生产面背板,材质差的树种生产芯板,既可以达到"三板"平衡的目的,又可以扩大优质材的使用面积。例如,东北的水曲柳、椴木、桦木和南方的楠木、樟木旋制的表板,均可用落叶松、杨木、马尾松旋制芯板来平衡(胶合板质量及翘曲度应符合国家标准要求)。

(5)提倡厚芯结构。以三层 3mm 胶合板为例,国内大多为等厚结构,即面、背、芯三板皆为同一厚度(约 1.2mm)实属浪费资源。宜将面、背板厚度逐步减薄至0.8~1.0mm,芯板用 1.6~2.0mm。这样,同样一根木段,面板率可提高 20%以上,还可以减少涂胶量,提高板面光洁度。

(6)健全调度工作,建立一定容量的单板仓库和收、发责任制,根据生产计划和库内"三板"情况,安排各工序的生产任务,组织均衡生产。

目前,常用的有人工剪板机、电动剪板机和气动剪板机三种。

人工剪板机。在小型胶合板厂,由于产量低或初期投资资金不足,常选用人工剪板机。人工剪板机结构简单、操作简便、价格低廉,剪板质量可以满足工艺要求。主要有脚踏剪板机,见图 5-2(a)。

电动传动剪板机。大多数胶合板生产厂,多采用机械传动剪板机剪切单板。机械传动剪板机具有生产能力大、操作方便等优点。典型的机械传动剪板机的结构如图 5-2 和图 5-3 所示。

（a）脚踏剪板机

（b）电动剪板机

图 5-2　机械剪板机

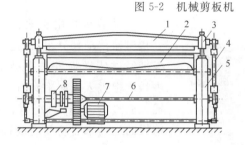
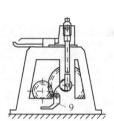

图 5-3　机械传动剪裁机

1. 刀架；2. 剪切刀；3. 垂直连接杆；4. 偏心传动杆；5. 机架；6. 主轴；
7. 电动机；8. 离合器；9. 脚踏板

电动剪板机由机架、底刀、切刀和传动系统组成。机架由两个铸件架、刀架和横梁组成。底刀为固定在机架上的直尺，切刀固定在可上下运动的刀架上。机械传动系统包括主轴、偏心轴、离合器、齿轮副和电动机等。操作时，踩动脚踏板，离合器闭合，离合器的摩擦环张开并与大齿轮接触，电动机通过齿轮带动主轴回转，借助偏心机构使回转运动转换为上下运动，借此完成单板剪切。离合器分开时，电动机带动的大齿轮在主轴上空转。

为了保证切出的单板不出现毛边，必须使切刀锋利并与直尺边缘成直角，因此必须定期研磨切刀和直尺。切刀的研磨角保持在 25°～30°。

单板滚切机。单板滚切机剪切装置是机体上没有送料砧辊，送料砧辊一端设有砧辊驱动轮，送料砧辊上方设有剪切刀轴，剪切刀轴上设有剪切刀，剪切刀轴一端设有从动轮，剪切刀轴一侧设有电机，

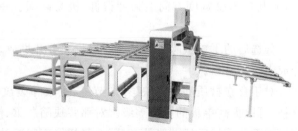

图 5-4　数控单板滚切机

电机上设有主动轮,电机上的主动轮与剪切刀轴上的从动轮相连接,见图5-4。剪切周期短,效率高;剪切时不阻挡送料砧辊上单板的运送,运送连续化平稳性好、误差小,能够满足人造板规模化、连续化、自动化生产需要,适用于人造板单板剪切,尤其是浸渍纸浸胶干燥后的剪切。

这种剪板方式采用数控装置,可以大大提高生产率,剪板质量好,设备结构紧凑、传动平稳。

气动剪板机。气动剪板机具有结构简单、占地面积小、生产能力大、剪切速度快和剪切单板时单板带可连续进给等优点。剪切后的单板通过电动机带动的出料辊输出,出料辊的速度比进料辊的速度高出1倍,一般在喷气式干燥机后需配置气动剪板机。

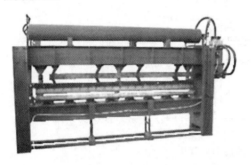

气动剪板机由机架、气动传动部分和机械传动部分组成,见图5-5。单板带经过传送带进入进料压辊,再经进料压辊进入表面附有氯丁橡胶的砧辊。通过两条途径使气门动作,借助单板的运动来启动气门或触动安装在某一位置的限位开关来启动气门。气门开启后,压缩空气进入气动头,使偏向一侧的转动主轴作偏向另一侧的运

图5-5　气动剪板机

动,在这一过程中,切刀产生上下运动,切刀下落到最低点时,完成单板剪切动作,继而刀头提起。如此周而复始,可以连续不断地进行单板剪切。

2. 单板修补

当前,主要以速生杨木单板作为芯板,用进口原木旋切表背板,或者直接使用从国外进口的表背板,应加强对单板质量的检查,以实现表芯层单板的合理搭配。

为防止不必要的单板破碎,应当尽量减少单板的翻动和搬运,因干单板很脆,尤其在木纹宽度方向上强度很低,极易破损。一般应在干燥完成后立即进行分选。

分选后的干单板除了按长、宽、厚尺寸分开堆放之外,还应按材质和加工缺陷,分成表板和背板。

对于存在材质和加工缺陷(如节子、虫眼和裂纹等)的单板应进行修补。经过修补,可以提高单板的质量等级。对那些缺陷严重、修补后仍不能提高等级的则应将缺陷部分剪掉。所谓修补,实际上包括修理和挖补两种工艺。

修理主要是针对单板上的小裂缝而言的。作芯板使用的单板,虽有小裂缝,但

不影响胶合板质量,可以不予修理;表板上的裂缝在制成胶合板后有可能仍然存在或引起叠层,导致产品降等级,所以必须修理。具体做法是用人工熨斗沿着裂缝的全长,在单板的正面贴上一条胶纸带,在胶合板热压后砂光时可将胶纸带砂掉。

　　挖补是指将超出标准允许范围的死节、虫眼和小洞等缺陷挖去,然后再在孔眼处贴上补片的工艺过程。挖补有冲孔和挖孔两种方式。

　　冲孔是借助冲力去除单板的缺陷。冲刀有四种常见类型,即圆形、棱形、椭圆形和船形。椭圆形和船形冲刀冲孔效果好,适于表板冲孔,操作时应使冲刀的长径方向和单板的纤维方向保持一致,不过这两种类型的冲刀制造和研磨比较困难。圆形冲刀制造和研磨较方便,但不能保证单板横纹方向切口平齐,孔的边缘常常破碎,镶进去的补片不够紧,补片效果不好。一般补片时不能用胶固定,在补片镶入孔内后,可以用胶纸带将其固定。补片的含水率应低于表板含水率,一般在 $4\%\sim5\%$,补片的尺寸应比补孔稍大 $0.1\sim0.2$ mm,借此将补片固定在补孔内。

　　挖空是用弯成圆形的锯片或作圆周运动的小刀在单板上加工成圆形孔而将缺陷去除。背板和芯板的修补常用这种方法,补片的尺寸和补孔的尺寸一样,用手工在补片周边涂上胶后再放入补孔,通过电熨斗烫平将补片固定。

　　单板挖补包括机械挖人工补和机械挖机械补两种方式。

　　机械挖人工补所用挖孔机和回转刀头结构如图 5-6 和图 5-7 所示。操作时开动挖孔机,回转刀头将有缺陷部分挖去,留下一个补孔,然后用人工将补片涂胶并镶入补孔。补片可也用挖孔机制取。

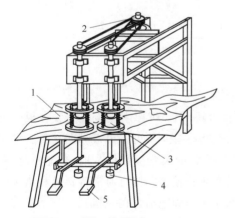
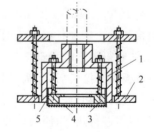

图 5-6　挖补机示意图　　　　　　图 5-7　回转刀头结构
　1. 单板;2. 电机;3. 刀头;　　　　1. 刀头;2. 防护罩;3. 卡头;
　　　4. 复位块;5. 脚踏　　　　　　　　4. 锯片;5. 内圈弹簧

　　机械挖机械补可以使冲孔、冲补片和镶补片在一台设备上连续完成。操作时,将待修补单板上有缺陷部分冲掉,在作补片用的单板上冲下补片,自动压入单板的补孔内并使之压紧。

图 5-8　自动单板修补机

在人造板特别是胶合板生产过程中，都需要对单板的自然缺陷进行修补。长期以来，我国的胶合板生产企业大部分采用手工修补的方法，即使用刀冲模直接修补，也只能冲出形状和补块，再进行人工填充，并用纸带或热熔丝粘连，其过程费料、费工也费时，修补后视感明显，影响美观。

自动单板修补机(图 5-8)采用一个压紧模、一个中模和上下两个冲头在一个工作过程中，完成全部补修工作，适用于各种不同木质单板的修补。它操作简单，挖补速度快，可节省大量人力，降低生产成本，提高单板品质等级。技术参数见表 5-1。

表 5-1　修补机技术参数

项目名称	设备型号		项目名称	设备型号	
	HWB-A	HWBB		HWB-A	HWBB
修补单板厚度	0.8～3mm	0.8～3mm	压缩空气	4～6kg/cm²	
修补单板尺寸	40mm×6mm（蝶形）	60mm×100mm（蝶形）	额定油压	16MPa	
修补速度	3～5s/次		油缸直径	50mm	63mm
电机功率	4.25kW		重量	约 1500kg	
外形尺寸	长×宽 ×高＝1650mm×1300mm×1750mm				

3. 单板拼接

单板拼接包括单板纵向接长和单板胶拼等。

单板纵向接长是由于大径级原木日益短缺，小径级原木逐步成为胶合板的主要原料，整张单板的获得越来越困难。为了解决这一矛盾，可将单板纵向接长。纵向接长技术可将短单板纵向接长后，作为结构胶合板的表背板和长芯板，在配料时，要使相连接的两块单板材质和色泽相近。两块单板连接处的接口通常有斜接和指接两种方式，接口涂胶后需进行热压，使两块胶接单板牢固地结合在一起。

单板胶拼是将窄长单板变成整幅单板的工艺过程。单板胶拼包括纵拼（单板进板方向与木材纤维方向相同）和横拼（单板进板方向与木材纤维方向垂直）两种方式。这两种胶拼方式按涂胶方式又可分为有带胶拼和无带胶拼。

单板胶拼包括两个步骤：第一步为单板齐边，使干燥后的单板边缘平直，单板齐边通常可用刨切机和切边机两种；第二步为按所要求的宽度将窄长单板拼成整幅单板，可用有带胶拼机和无带胶拼机两种设备。胶拼所用的胶纸带是涂有动物胶的牛皮纸,分为有孔和无孔两种。胶内含有甘油,以防止胶层发脆。有孔胶纸带的胶黏剂是一种缩糖树脂改性的全透明脲醛树脂,热熔胶线是一种用热熔胶涂布的玻璃纤维或尼龙线。

有带胶拼机可分为纵向带式胶拼机和横向带式胶拼机。纵向带式胶拼机结构如图 5-9 所示。用其胶拼表板时,在拼缝处贴上胶纸带,板材热压后砂光时将胶纸带去除。如果用于芯板胶拼,应当使用有孔胶纸带,否则会影响胶接强度。

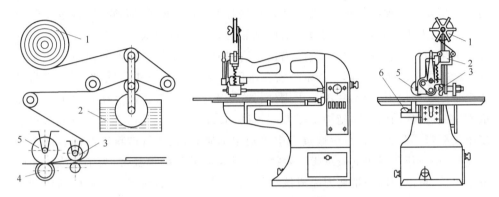

图 5-9 纵向带式胶拼机结构示意图
1. 胶纸带;2. 水槽;3. 进料辊;4. 锥形辊;5. 电热辊;6. 控制电热棍的交阻器

纵向胶纸带拼接每次只能完成一条缝的胶拼。工作时将两张窄长单板拼接的两边,靠紧定向压尺并使端头对齐,由一对带槽沟的进料轮压紧单板进料;另有一电热轮加热胶纸带,使胶黏剂融化,纸带在压力下与单板胶合。电热轮由变阻调节温度在 $70\sim80$℃。在电热辊相应位置,有一对倾斜安装的锥形轮,工作时在单板下面滚动产生推动力,使两单板条紧密拼拢。与此同时,引入已经润湿的胶纸带使胶纸带在电热轮的作用下粘贴在两张单板的拼缝上。

纵向胶拼机有热熔线胶拼机和纵向纸带胶拼机,见图 5-10。

(a) 热熔线纵向胶拼机　　　　(b) 纵向纸带胶拼机

图 5-10 纵向胶拼机

横向胶纸带拼接机主要用来胶拼整幅芯板,也可用于胶拼背板。如果用于芯板的胶拼，胶纸带残存在板内对胶接效果有一定的影响，可使用有孔纸带，也可用热熔胶线代替胶纸带。

将要齐边的单板条连续送入横向纸带胶拼机，机床能自动完成齐边、胶拼、剪板和堆放等工作，全部过程只需一人操作。

横向纸带胶拼机结构原理如图 5-11 所示，单板由进料皮带带入，通过一排厚度检查辊检查单板厚度，当所有被检单板达到同一厚度时，方可驱动开关进行剪切。剪切发生在被测位置，切刀由凸轮机构控制，切刀下部为砧辊，砧辊也用于单板进料，切刀工作时，砧辊不转动，借助砧辊可以保证单板被平行输入。剪下来的废单板条通过废板条排除器清除，借助平行进料辊和单板夹持器使前后两块单板的接缝被严格地拼在一起。胶纸带装在压尺上，靠压缩空气进行活动，压尺携带着胶纸带压在拼缝上，使两片单板牢固地拼在一起。胶纸带是通过在牛皮纸上涂压敏胶制成的，使用时只需施加正压力，不需加水和加热。胶拼时在一条胶缝上可贴多条胶纸带。为了防止在运输过程中单板边部撕裂，在平行进料辊两侧有两个胶带压辊，用来压住封边的胶纸带。胶拼机出来的是连续的单板带，为了切成一张张整幅单板，可以用同一把切刀完成该动作，动作指令由受板带尺寸控制的限位开关下达。整幅单板由皮带输送到自动堆板机上。

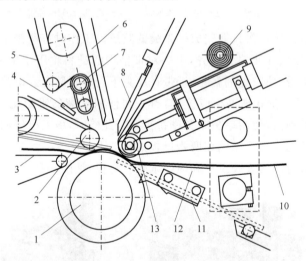

图 5-11　横向纸带胶拼机结构原理图

1. 砧辊；2. 厚度检查辊；3. 单板输送皮带；4. 吹胶带喷嘴；5. 胶带；6. 胶带压尺；7. 胶带引导轮；
8. 剪切刀；9. 胶带；10. 胶拼单板条；11. 废单板排除器；12. 侧面胶带；13. 加压辊

实现单板整张化，不仅可以完全避免在胶合板生产中经常出现的离芯和叠芯缺陷，而且还有助于实现胶合板生产中的涂胶-组坯连续化。

无带胶拼机。所谓无带胶拼是指单板之间的拼缝连接不是靠胶纸带，而是靠胶液加热固化将单板连接在一起。无带胶拼通常借助纵向无带胶拼和横向无带胶拼来实现。

　　纵向无带胶拼机常用来胶拼背板,适合于各种不同厚度的单板胶拼。纵向无带胶拼机结构原理如图 5-12 所示,由机架、上胶机构、进料机构和加热机构组成。机架为呈 C 形的铸铁机架,机架下部装有无级调速器,由其带动进料履带,在工作台上方有可移动的横梁,横梁上装有电加热器和履带。通过手轮可以调节横梁高度、上履带和上加热机构

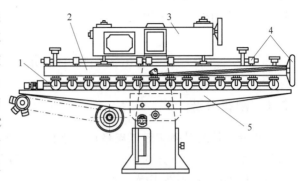

图 5-12　纵向无带胶拼机结构原理图

1. 压紧辊;2. 可移动横梁;3. 垂直调节机构;

4. 压紧辊调节机构;5. 固定式工作台

的位置。履带的进料速度因单板厚度而异。根据单板厚度和进料速度来确定加热温度,并由电接点式温度计控制。上履带的位置可以根据单板厚度调节,其本质仍是调节上下履带间的间隔以改变压力,厚单板取高值,薄单板取低值。待拼单板边部涂胶后经导入辊借助定向压尺而紧密地完成拼缝,胶拼厚单板时,导入辊倾斜角大一些,对拼缝产生的推力越大,要求导入辊的正压力也大一些。胶拼薄单板时,情况则相反。

　　横向无带胶拼机结构原理如图 5-13 所示,它适合于将齐边后的单板条胶拼成连续的单板带,再剪切成整幅单板。横向无带胶拼机工作时,单板先通过一个海绵水槽,使拼缝被胶接面润湿,然后通过一组有沟槽的辊子将单板横向进料,借助辊子的推力,使单板之间的接缝处产生压力,在加热板的作用下,拼缝中胶黏剂固化而提高胶接强度。胶拼机后部配有自动剪板机,将连续单板带按所要求的尺寸剪断。

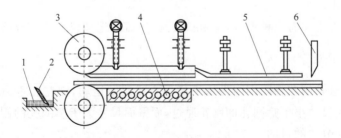

图 5-13　横向无带胶拼机结构原理图

1. 胶液;2. 单板;3. 进料辊;4. 加热板;5. 压单板钢带;6. 剪裁刀

横线无带胶拼机一般只能胶拼厚度为 1.8mm 以上的单板,胶拼后的单板容易

出现扇形状。使用该设备时,工艺上要求被拼接的单板条四边成直角,因此横线无带胶拼机的应用受到一定限制。

5.2　刨花加工

5.2.1　刨花分选

刨花分选是指对刨花形态规格尺寸进行分级和判别,一般有利用机械筛选法对刨花的宽度尺寸进行分选和气流法对刨花的厚度尺寸进行风选。

刨花板生产中,刨花干燥后要经筛选设备将其分成合格与不合格多级规格,对其中过粗的不合格刨花还需进行再碎,合格的刨花进行粗细分级,最后根据不同的刨花形态尺寸,分别送入不同的贮存装置,满足后续工序的需要。刨花分级的作用如下。

(1)将合格刨花与不合格刨花分离,对特厚特大刨花进行再碎使之成为合格刨花,并同时将粉状碎屑除去,以减少胶黏剂用量。将合格刨花中的粗刨花和细刨花分离,以满足工艺要求。分开的粗刨花和细刨花分别施胶,施胶后再将二者混合在一起。板坯铺装成形时,借助机械或气流的作用,将施胶后的粗细刨花重新分离,以达到由表层到芯层刨花形态逐渐由细变粗的渐变结构。当产量特别大时,可用多个铺装头分别铺装成形,形成三层或多层结构的刨花板;亦可由多个铺装头形成渐变结构的刨花板。

(2)表芯层刨花分开施胶,目的是满足表芯层胶黏剂的不同固化特性要求。因为刨花板生产通常都采用接触式传热热压成板,即表层施胶刨花先接触热压板传热速度快、温度高,而芯层施胶刨花传热距离长、传热速度慢、温度低。为了适应这种因传热差异而导致板坯中胶黏剂固化速度不同步的矛盾,以及降低芯层刨花含水率,通过调整表芯层胶黏剂的固化速度和固体含量,满足表芯层胶黏剂同步固化和排气等要求。

刨花分选主要有三种形式,即机械分选、气流分选和机械气流分选。

1. 机械分选

机械分选是刨花在筛网内做水平或垂直或旋转运动,刨花在重力和惯性力作用下,使平面尺寸小于筛网孔的刨花通过,而平面尺寸大于筛网孔的刨花留在筛网上,达到刨花分选的目的。

物料在分选过程中,重力方向总是垂直向下,因此,分选体系可以建立一个以重力方向为一个坐标轴,与其垂直的平面建立一个平面坐标的三维坐标。根据机械分选的运动轨迹进行分类,可以分为:①一维往复水平直线运动的平面筛;②二维垂直平面运动的摇筛;③二维垂直平面运动和一个旋转运动的振动筛;④三维运动和一个旋转运动的振动筛;⑤一个回转运动的圆筒筛。按照筛选工具可分为筛网、筛板和滚筒筛选。

刨花机械分选的设备主要有圆形振动筛、矩形摆动筛、滚筛和滚筒分级筛等。

机械分选设备种类较多,可分为平面筛选和振动筛选两种。其中以平面筛选效果较好,振动筛选效率较高,但分选出来的细刨花规格不一、精度差。

根据筛网的运动状态,可以分为平面筛、振动筛、摆动筛、圆筒筛和圆盘分选器等。

平面筛是借助刨花重力和水平方向惯性力进行分选的一种机械筛,运动速度低、振幅大、分选效果好、生产能力低,目前生产上较少使用。

振动筛是借助刨花的重力和垂直方向的惯性力进行分选的一种机械筛,振动频率高、振幅小、分选效果差、生产能力高。早期刨花板生产应用较普遍,目前生产中应用较少。

摆动筛(又称晃动筛)是综合了平面筛和振动筛二者的运动特点和优点而进行分选的一种机械筛,结构简单、分选效果好、生产能力高,现在刨花板厂普遍采用。

圆筒筛是借助绕轴转动的圆形筛网上的网孔进行分选的一种机械筛,对刨花形态的破坏较小,适合大片刨花的分选。

滚筒分级筛是由若干根装有许多圆盘的辊轴组成一个有若干间隔的工作面,工作面间隙从小变大。根据刨花长度不同而掉入不同区域的原理,常用于定向刨花板的刨花分选。

在设计和选用机械筛时,网孔尺寸是一个重要的参数。网孔尺寸一般根据刨花尺寸、刨花尺寸分布、刨花板所要求的物理力学性能等因素确定。机械筛有二层或三层筛网,上层网孔尺寸为 7mm×7mm,留在网上的刨花为尺寸过大的不合格刨花,需要进一步再碎;中层网孔尺寸为 1.25mm×1.25mm~2.2mm×2.2mm,将通过上层筛网但不能通过此层筛网的刨花作为合格的芯层刨花(粗刨花);底层网孔尺寸为 0.3mm×0.3mm,能通过中层但不能通过此层筛网的刨花作为合格的表层刨花(细刨花);通过底层网孔的刨花视为粉尘,不宜用于制板。

机械筛可用筛选效果和产量两个指标来衡量其性能。效果指的是分选质量,产量指的是生产能力,这两个指标受材种、刨花形态、刨花含水率、进料量、筛网运动情况和筛分时间等因素影响,其中含水率因素影响最大。

1)圆形振动筛

圆形振动筛是刨花板生产中应用最普遍的一种机械筛,其结构如图 5-14 所示,常用圆形振动筛的性能见表 5-2。

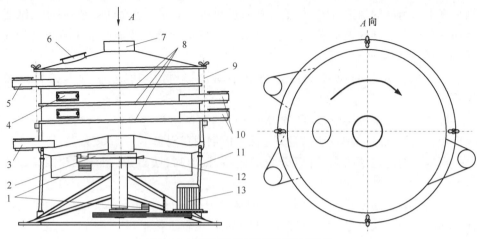

图 5-14　圆形振动筛结构原理示意图

1. 平衡块；2. 偏心量调控机构；3. 细料出口；4. 检查口；5. 不合格料出口；6. 异物取出口；7. 进料口；
8. 筛网；9. 筛网固定螺丝；10. 粗料出口；11. 弹性支撑杆；12. 倾斜调整楔形垫；13. 电动机

　　圆形振动筛工作时，待筛物料从上部筛盖顶端中央进料口投入，首先进入第一层筛网，整个筛子通过主轴转动、偏心轴调节板的作用作偏心转动，从而产生了既有水平方向运动又有垂直方向运动的三向组合运动，使物料不断地从中心移向外围出料口并高效地进行筛分。

　　第一层筛网网孔较大，通过网孔的物料进入第二层筛网，留在筛网上的粗料由上层出料口排出，通往再碎机。未通过第二层筛网的物料由出料口排出，作为合格刨花继续送往气流分选机，通过第二层筛网的细料被送入表层料仓。通常刨花分选使用2～3 层筛网。为了有利于物料向外围分散，筛网中心部分比外围可略隆起 20～30mm，可借助调节螺母调节其高度。典型进口筛选机筛网尺寸见表 5-3。

　　由于圆形摆动筛结构的限制，其筛选面积不可能太大，随着生产规模的不断扩大，圆形摆动筛用量越来越少。

表 5-2　国产圆形晃动筛的技术性能

技术参数		BF1626	BF1626A	BF1626B	BF1626C	BF1620	BF1620A	nF162011
筛选物料		木质碎料	棉秆	干刨花	木片碎料	木片碎料	干刨花	干刨花
筛网直径/mm		2000					1830	
筛选能力/(kg/h)		3000	4000	3000			1800	
筛选孔径	上层	4×4	30×30	4×4		4×4	4×4 或 2.5×2.5	6.3×6 或 4×4
	中层	—	—	—			1.25×1.25	2×2
	下层	1.25×1.25	4×4	1.6×1.6 或 1.25×1.25	1.25×1.25		0.4×0.4	1.25×1.25 或 0.4×0.4

续表

技术参数	BF1626	BF1626A	BF1626B	BF1626C	BF1620	BF1620A	nF162011
筛选物料	木质碎料	棉秆	干刨花	木片碎料	木片碎料	干刨花	干刨花
主轴转速/(r/min)	230						
偏心范围/mm	20～40						
径向倾角/(°)	0～2(分四级)						
切向倾角/(°)	0～30						
电动机功率/kW	Y112－4(VI)N＝4				Y100L2－4(VI)N＝3		
外形尺寸/mm	$\phi2650×2110$		$\phi2650×$ 2320	$\phi2650×$ 2116	$\phi1180×$ 1752	$\phi2650×2110$	
质量/kg	1300	1350	1580	1500	1190	1260	1410

表 5-3　振动筛筛网尺寸

筛网指标		上层/mm	中层/mm	下层/mm	备注
筛孔尺寸	薄板	8.0	3.0	1.25	留于上层为不合格,需再碎;过下层为表层料
(正方形)	厚板	10	5	2	
筛网铁丝直径		1.5	1.0	0.2	

2)矩形摆动筛

矩形摆动筛的结构简图如图 5-15 所示。

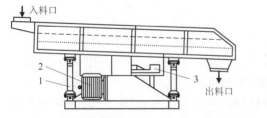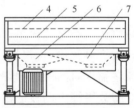

图 5-15　矩形摆动筛结构原理示意图

1. 弹性支撑连杆;2. 电动机;3. 调偏装置;4. 粗筛网;5. 细筛网;6. 粗料斗;7. 细料斗

矩形摆动筛的箱体是矩形,由四个弹性装置支撑,箱体内有两层筛网,并在每层筛箱下方增加一层弹性球框,其内部放入一定数量的弹性球,当摆动筛摆动时,弹性球上下跳动,碰撞上部筛网,以避免网眼孔堵塞。上、下层筛网的孔径不同,上层筛网钢丝直径为 0.8mm,网眼为 4.5mm×4.5mm,下层筛网钢丝直径为 0.5mm,网眼为 2mm×2mm,可筛选出粗、中、细三种物料。实际生产中,也有选用一层或三层筛网的,可分别筛选出两种或四种规格的物料。矩形摆动筛的缺点是由于筛网面积较大,工作时负载增加,主轴的支撑轴承磨损较快,且更换困难,弹性装置的弹性失效也快,因此在一定程度上影响生产效率。

近几年,国产刨花板设备的实际年产量有了很大提高,矩形摆动筛的筛选面积最大达到 12m²,并对设备进行了一些改进。改四支点的弹性装置由圆柱形改为十字叉形,这使弹性装置的内部弹性块受力情况有所改善,延长了使用寿命;进料口由单一进料改为多处进料,使刨花能更均匀地沿截面方向分布,提高了筛选效率。此外,还有的厂家将矩形筛结构彻底改进,将下部支撑结构改为上部吊挂式结构。这样,使下部空间大,有利于后续运输设备的运输、安装和维护。

3)分级辊筛

当刨花板年产量达到 $1 \times 10^5 \, \mathrm{m}^3$ 以上时,单套筛网筛选分选设备难以满足生产要求,而可以选用滚筒分级筛对刨花进行分级,分级筛筛分原理如图 5-16 所示。根据刨花分选规格要求,筛箱中用于分选刨花的分选辊一般分成若干组,每一组内各辊子间的间隙相同,各辊子上的螺旋沟槽也相同,但组与组之间的间隙和螺旋沟槽不同。

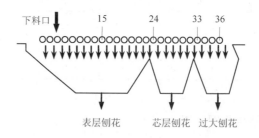

图 5-16　滚筒分级筛筛分原理图

分级辊筛具有结构简单、功能齐全、调整范围大、故障率低、维修方便等优点,在刨花板生产过程中,可根据原料、刨花形态和含水率的变化及时进行调整,以满足生产工艺需求,保证刨花板的产量和质量。

CS3 型分级筛由刮板运输机供料,在运输机的底部有一排可调整其落料口开度大小的调整板,便于刨花在分级筛的整个筛分宽度上均匀分布。筛分系统由 36 个直径为 80mm、长度 3000mm 的镀铬辊组成。镀铬辊表面呈钻石形状,故又称为钻石辊,各钻石辊之间由齿形带传动,通过辊的转动使刨花从辊之间的间隙落下,被筛分成表层刨花、芯层刨花和过大刨花。表层刨花通过表层运输螺旋和表层刮板进入表层料仓,芯层刨花通过芯层运输螺旋和芯层刮板进入芯层料仓,过大刨花则通过运输螺旋进入打磨机进行打磨。辊的花纹深度、各辊之间的间隙和辊的转速是影响筛分效果的主要参数。前端筛分表层刨花辊的花纹深度较浅,随着辊间隙的加大,花纹深度逐渐加深,辊表面的钻石粒度逐渐加大,芯层刨花和过大刨花逐渐被筛分出来。辊的转速可通过变频器进行调整。辊与辊之间的间隙调整是通过调整轴两端轴承间楔形块的位置来实现的,其理论间隙为:1~15辊之间为 0.5mm,

15～16 辊之间为 3.0mm，16～24 辊之间为 0.5mm，24～36辊之间为 2.0mm。

在其他参数保持不变的情况下，通过变频器可提高辊的旋转速度和筛分能力。如果提高前端辊的速度，细刨花（即表层刨花）的筛分能力就下降。所以当原料质量发生变化时，要重新调整各辊间隙和旋转速度，使其筛分能力和筛分效果达到最佳状态。

15～16 辊之间的间隙是 3.0mm，在该间隙下方有一部直径为 138mm 的螺旋运输机，其两端螺旋叶片分别为左旋和右旋。该螺旋机将落下来的砂石、大刨花和细小刨花输送到分级筛两端的砂石分离器中，砂石分离器将砂石分离出来，从落料口落下，可再利用的刨花则通过风送系统回到分级筛的进料口进行重新筛分。分级筛的筛分原理如图 5-16 所示。

这种辊筛具有结构简单、操作方便，调整方便、筛分精度高，故障率低、维修方便等优点。

4）滚筒筛

刨花板生产中还经常用到滚筒筛，其结构简单，但产量较低，分选效果欠佳。筛网规格只有一种，可将刨花筛分成粗、细两种规格。有的滚筒筛筛网有几种规格，即分成若干筛选区，根据各筛选区的筛网孔径不同将刨花筛分成几种规格。这种分选设备多用于木片分选。

2. 气流分选

气流分选主要是按刨花质量进行分选。当刨花长宽方向的尺寸基本一致时，采用气流分选可以最大限度地得到规格和厚度均匀的表层刨花。将刨花置于气流中，通过气流的运动，借助刨花的质量与表面积的比例，将其分成不同的等级。在分选室中，刨花受两个力的作用，即刨花受地球引力而产生的重力和受与刨花表面积比例变化的向上升力。由于这两个力的作用，刨花被分选开。在原料树种和刨花长度、宽度确定的情况下，包含在分选室中的运动状态主要取决于刨花厚度，本质上取决于刨花的悬浮速度。

分选室中刨花的悬浮速度 V_s 的计算式为

$$V_s = \sqrt{2g \frac{m_F}{R_v C_v}} \tag{5-2}$$

式中，V_s——刨花悬浮速度，m/s；

　　g——重力加速度，m/s^2；

　　m_F——刨花表面积密度，kg/m^2；

　　R_v——空气密度，kg/m^3；

　　C_v——空气阻力系数。

当气流速度大于悬浮速度时，刨花就上升。悬浮速度通过计算获得是比较困难的,因为刨花的表面积难以确定,一般可以通过实验来确定刨花的悬浮速度。

根据设备的结构不同,可以将气流分选分为三种类型。

1)单级气流分选

单级气流分选是借助单级气流分选机实现的,它是目前刨花板生产应用最普遍的一种分选方式,可以将混合刨花分成合格刨花(作芯层刨花用)和不合格刨花(再碎)。

典型的单级气流分选机结构和分选系统如图 5-17 和图 5-18 所示,国产单级气流分选机的主要性能见表 5-4。

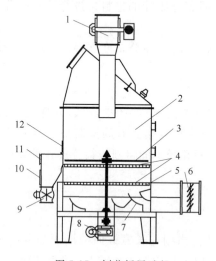

图 5-17　刨花板风选机

1,9. 旋转阀；2. 风选室；3. 分料器；4. 筛板；
5. 清扫器；6. 调节风门；7. 导流板；8. 涡轮箱；
10. 分配器；11. 观察孔；12. 调节器

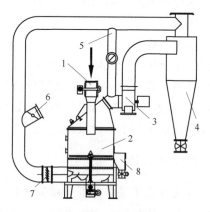

图 5-18　风选系统

1. 旋转阀；2. 风选机；3. 风机；4. 旋风分离器；
5. 平衡风管；6. 新鲜空气入口；7. 进气口调节门；
8. 复选口

表 5-4　国产单级气流分选机的主要性能

技术参数	BF212A	BF213	BF214
分选能力(绝干刨花)/(kg/h)	800～1 000	3 000	4 000
悬浮筒直径/mm	1 250	1 800	2 100
刨花分选范围/mm	0.4～1.0	0.4～1.0	0.6～1.0
旋风分离器直径/mm	1 400	2 000	2×1 600
上筛板孔径/mm	2	2	2
下筛板孔径/mm	5	5	5
进料口尺寸(长×宽)/mm		402×342	
抽风口直径/mm		560	700
粗料出口尺寸(长×宽)/mm		282×222	220×400
回风口尺寸/mm		960×690	594×700

续表

技术参数		BF212A	BF213	BF214
主风机参数	风量/(m³/h)	12 000	22 500	34 560
	风压/Pa	3 236	3 726	3 334
	电动机功率/kW	30	45	55
装机总容量/kW		33.8	49.4	60.2
配套生产线规模/(m³/年)		15 000	30 000	50 000

单级气流分选系统由分选机、风机、旋风分离器和进风排风管道组成,见图 5-18。分选机悬浮室在正常工作时处于负压状态,待分选的物料经进料阀落入分选室内,在气流作用下处于沸腾翻动状态,悬浮的合格刨花随气流经管道由旋风分离器下部排出送往料仓,不合格的刨花落在上层筛板上由拨料器送到侧面的粗料阀排出。系统的工作风量由风机提供,与排风管相连可以循环使用。来自旋风分离器的循环气流和可调空气补给口的新鲜空气从主风门通过导流板、下部及上部筛板面均匀地进入分选室,携带着物料通过风机送进旋风分离器。分选室上部还设置了旁通管,通过主风门和旁通管的调节,可调节上部气流,获得物料筛选的优化分布。悬浮室上部的真空度可以用仪器测出,并给出预警信号。分选机顶部设有照明灯、观察器、灭火喷头、清洁喷头。

2)两级气流分选

两级气流分选机如图 5-19 所示,其分选原理和单级气流分选机一样,刨花进入经上分选室分选后,细刨花被分离出来从上部抽走,粗料从上分选室下部经旋转阀进入下分选室,较粗刨花从下分选室上部抽走,粗料从下分选室下部排出。

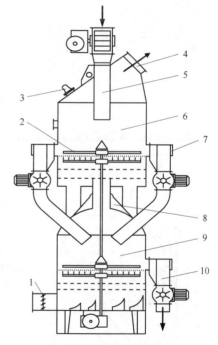

图 5-19　两级气流分选机

1. 进气量调节阀;2. 拨料辊;3. 负压头;4. 细料出口;5. 进料管;6. 上分选室;7. 复选门;8. 中等料排出口;9. 下分选室;10. 粗料排出口

同样的分选过程可连续进行两次。第一次在上室内,可将表层细料分选出来,第二次在下室,可将芯层料及过大料分开。

分选机内空气可循环使用,工作时每次循环使用的空气量约 95%,排出量较少。其优点是除了能减少车间内空气中尘埃的污染外,一个更大的优点是循环气流的湿度变化较小，因而能保持已干物料含水率的稳定。

　　曲折型（又称迷宫型或 Z 字形）气流分选采用这种方法，可以分选出芯层和表层中较厚的刨花，其结构如图 5-20 所示。通过封闭型进料螺旋，将刨花送至进料口，风机将高速气流穿过倾斜的网眼板，送入分选室内，气流将刨花（包括一部分大刨花）吹起，分选室上部有 12 根垂直的分选管，刨花就在这些管道内进行分选。

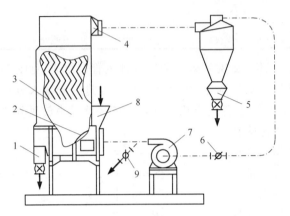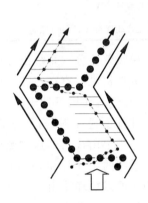

图 5-20　曲折型气流风选机结构示意图　　　图 5-21　曲折型管道内刨花分选原理

1. 粗料出口；2. 网眼板；3. 分选室；

4. 分选头出口；5. 细料出口；6. 风量调节阀；

7. 风机；8. 进料口；9. 风量调节阀

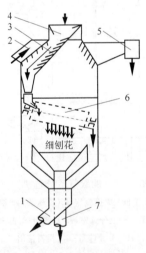

图 5-22　气流-机械分选机
原理示意图

1. 粗刨花出口；2. 空气进口；3. 栅板；

4. 入料口；5. 粉尘排出口；6. 圆筒筛；

7. 合格刨花出口

　　分析过程如图 5-21 所示，分选气流在曲折管内曲折上升，气流方向不断改变，刨花在曲折管内，细料沿着曲折管壁内侧随气流上升，最后经旋风分离器将细料从空气中分离，粗料沿管壁曲折下降，最后从排料口排出。

　　3)气流-机械分选

　　气流-机械分选机的结构如图 5-22 所示，刨花从顶部进料口进入，在分选机的负压作用下，刨花中的细刨花随着气流从一室进入二室，最后从出料口处排出。稍粗一些的刨花落入旋转式圆筒筛内进行机械分选，合格刨花通过筛网从出料口排出，过大过厚的刨花从粗料口排出。这种筛选机体积庞大，高约 11m，国内刨花分选很少使用。

5.2.2　刨花再碎

刨花再碎是指将过大过粗的刨花通过锤打或研磨的方式加工成满足工艺要求的合格刨花，或者是调节生产中不同形态尺寸刨花的比例，将较大形态尺寸的刨花加工成较细的刨花，达到生产平衡。

刨花再碎有湿法和干法两种工艺，但干法为目前普遍采用的方法。湿法再碎工艺具有刨花形态好、粉尘少的优点，但产量低，干刨花再碎需要进行加湿处理，将需要重复干燥，使工艺复杂化。

刨花再碎设备主要有冲击型再碎设备和研磨型再碎设备两大类。冲击型再碎设备主要利用刨花宽度方向强度低、易于再碎的特点，将刨花宽度变窄；研磨型设备是利用磨齿对刨花进行研磨，可以将刨花几何形态尺寸均进行改变，用于制造表层刨花。

1. 冲击型

冲击型机床主要用来进行木片或刨花的再碎，其再碎是靠冲击作用完成的，如锤式再碎机。

图 5-23 为锤式打磨机横剖面示意图。当轮毂以 700～2200r/min 的高速旋转时，锤子由于离心力的作用，在锤鼓上径向张开。此时，锤头与固定在重型铸铁机架上的底刀板和筛格之间仅存在很小间隙。锤头和底刀板等在大多数情况下均经过淬硬处理。通过锤子和筛格或底刀板之间的相互作用，进行木片的撕裂或击碎。筛格的安装位置，如图 5-24 所示，或安装在旋转锤鼓的下半部。

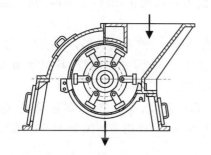
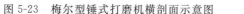

图 5-23　梅尔型锤式打磨机横剖面示意图　　图 5-24　单转子锤式再碎机设备

生产能力和功率消耗取决于要求再碎的程度，以及树种、含水率、再碎原料的规格和对工厂生产能力的要求。

图 5-25 为单转子锤式再碎机，它的主要工作机构是一个绕轴线旋转的转子，转子上铰接着锤板，外边用机壳封闭，转子与机壳之间有固定筛板。转子转动时，

铰接在它上面的锤板在离心力作用下随之呈辐射状甩动,打击送入机内的木片或刨花,达到再碎的目的。再碎后的刨花尺寸主要取决于网壳(筛板)网眼的尺寸和形状,以及再碎原料的含水率。

锤式再碎机筛孔的形状有两种,即圆形和细长形。网眼一般为棋盘式布置,如图 5-26 所示。

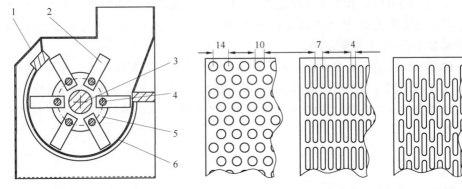

图 5-25　单转子锤式再碎机　　　　图 5-26　锤式再碎机筛板的形状尺寸及布置

1. 机体;2. 锤片;3. 主轴;4. 销轴;

5. 辐板;6. 筛板

网眼尺寸,圆形网眼孔径为 8～12mm,细长形网眼尺寸为 3mm×35mm、4mm×50mm、8mm×40mm 和 9mm×60mm。

锤式再碎机有单转子和双转子两种。

十字形再碎机也是冲击型机床,它的再碎原理与锤式再碎机基本相同,但是,它的打击机构为叶片状,并固定装在十字形转子上。此外,在壳体的内壁配有齿纹环,以利于打碎刨花。送入壳体内再碎的木片和刨花,由转子抛向网壳,通过转子叶片,齿形环和网壳之间被打碎。

十字形再碎机网壳网眼常用的也有两种:一种为细长形,网眼尺寸为 6mm×60mm 或 9mm×60mm,供制造表层刨花用;一种为方形网眼,其尺寸为 30mm×30mm 或 40mm×40mm,供制造芯层刨花用。

鼓式再碎机由机座总成、刀辊总成、筛网总成、底刀总成、罩盖总成、电气总成等部分组成,用来再碎经削片筛选后的过大木片,也用来切削细木工边脚料及其他短料、碎料等。

2. 研磨型

研磨型机床再碎是通过研磨作用达到的。它主要是用来将刨花、小木片等研磨成微型刨花,作为多层结构刨花板的表层材料,齿盘式研磨机如图 5-27 所示。

1）齿盘式研磨机

齿盘式研磨机（又称为齿盘式打磨机）主要由上、下齿盘组成。刨花或木片是在回转的下磨盘和固定的上磨盘之间被研磨的。原料从顶部料口落下，经上磨盘圆孔落入下磨盘中心的甩料螺旋上，随着磨盘的回转，刨花或木片被均匀地抛向磨盘四周，并向磨盘边缘移动，逐渐被上、下磨盘切碎成狭长刨花。经研磨后的刨花，被抛向磨盘外凹槽内，由出料口排出机壳。上、下磨盘间隙可由调整手轮调节。磨盘是用高锰钢铸成的，直径一般为 800～1000mm，转速 500r/min，磨盘研磨面的形状常用弧形或齿纹形两种，

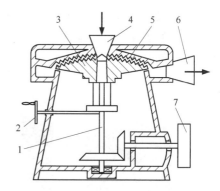

图 5-27　齿盘式碾磨机示意图
1. 旋转轴；2. 手轮；3. 旋转锯齿形磨盘；4. 进料口；5. 固定锯齿形磨盘；6. 出料口；7. 皮带轮

其形状根据原料种类和尺寸选择，调节磨盘之间的间隙，就可以得到需要尺寸的刨花。

在生产中，应根据工厂情况，因地制宜地选择合适的加工设备。例如，当用原木或小径木等做原料时，可以先用削片机把原料加工成木片，再送入刨片机加工成细刨花；也可用长材刨片机直接加工成刨花。当用锯屑做原料时，可直接用研磨机一步就加工成多层结构板的表层材料。废料刨花和其他木材加工剩余物（如单板条、齐边条等）可以用刨片机，也可以用锤式再碎机加工成粗刨花用于芯层，或用研磨机加工成微型刨花用于表层。

2）环式打磨机

德国 Pallmann 双鼓轮再碎机 PSKM 型是有代表性的设备。其结构型式是外鼓轮的边缘两侧带有筛孔，再碎后的刨花。一般年产 $5×10^4 m^3$ 的车间，需配一台再碎机。例如，PSKM10 型再碎机，其生产能力（筛孔 3mm）约 1700kg/h（绝干），鼓轮直径为 800mm，筛板宽度为 $2×90mm$，装机容量 110kW，见图 5-28。

齿筛式打磨机（又称为筛环式打磨机）是一种性能良好的再碎型机床，能制造各种尺寸的表层刨花，应用比较广泛。

筛环式打磨机由一个筛环和一个叶轮组成打磨机构。筛环可以是固定不动的，也可以是反向旋转的。它由三部分组成，中间区域是一个宽度为 175mm 的研磨环，装有 42 片 V 形齿磨片，与叶片一起形成研磨区。两侧为筛网，用于控制所加工刨花的尺寸。更换磨片和改变筛网规格，可以获得所需形态的刨花。叶轮上装有 20 片叶片，由电动机带动高速旋转（达 2300r/min 以上）。工作过程中，叶轮旋转产生高速气流，将粗大刨花抛向磨齿和筛网，通过磨齿与叶片的研磨作用以及刨花与筛环的撞击作用，顺纤维方向撕裂、研磨成细小刨花。合格的细刨花在气流的

带动下穿过筛网被送入出料口,粗大的刨花被筛网挡住继续再碎。经过筛环式打磨机加工的刨花尺寸大体为:长 15～25mm,宽 2～4mm,厚 0.15～0.25mm,为合格的表层刨花。

图 5-28　PSKM 型齿筛式打磨机

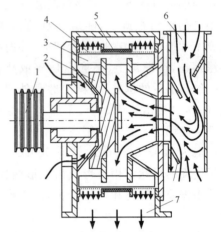

图 5-29　PSKM 型齿筛式打磨机结构原理图
1. 皮带轮;2. 叶轮;3. 叶片;4. 筛网;
5.V 型磨齿;6. 进料口;7. 出料口

PSKM 型打磨机(图 5-29)外环由一个 V 型磨齿组成的一个中间圆环和两个带切削作用的圆环筛组成,内环由绝干断面为矩形的飞刀固定在叶轮上,叶轮和磨齿的最小距离为 6mm,圆环固定不动,飞轮快速旋转,由此产生对刨花的撕裂和碾磨,将刨花细化。其原理是:粗刨花在风力的作用下,进入打磨机中间环带,即磨道区,在旋转叶片的拨动内,与磨道粉碎。而进入筛网区,有些过不了筛网的刨花,继续由叶片拨动与筛网磨碎。筛网是一个粉碎装置,同时,利用它又可以控制刨花尺寸。粗刨花可以在打磨区和筛网环区粉碎,以此来提高打磨机产量和改善细小刨花的组分,所谓细小碎料不需再分选取,可直接用做表层料。由于筛鼓固定,使打磨机产量减少,特别是粉碎湿刨花时,因此它常用做粉碎干刨花。

另外还有 PPS、PPSR 和 PPSM 型。

PPS 型:由网鼓和叶轮构成,没有磨道。用 2～3mm 网孔,作表层用。

PPSR 型:齿状筛网和磨道交错排列。

PPSM 型:与 PSKM 相似,只是内外环均转动。在叶片的端部装有磨道。

两组打磨,与 PPSR 相近,只是在第 1 组筛鼓外周再加一个叶轮和一个筛网鼓且带磨道。

PSKM 型系列再碎机与国产环式打磨机技术数据见表 5-5 和表 5-6。

表 5-5　PSKM 型双鼓轮再碎机技术数据

型号	PSKM 6-350	PSKM 8-460	PSKM410-530	PSKM12-600	PSKM14-660	PSKM15-720
鼓轮直径/mm	600	800	1000	1200	1400	1500
刀板宽度/mm	120	150	180	210	230	250
筛板宽度/mm	2×100	2×140	2×160	2×180	2×200	2×220
重量/kg	650	1200	1800	2800	3800	4700
电机容量/kW	55~75	90~110	132~200	200~315	250~400	315~500
需要风量 /(m³/min)	75	100	130	150	200	250
外形尺寸/mm　长	900	1120	1400	1550	1820	1930
宽	1060	1300	1590	1840	2150	2300
高	900	1160	1435	1710	1940	2115

表 5-6　国产环式打磨机主要技术参数

项目名称	型号		项目名称	型号	
	BX566	BX568		BX566	BX568
磨筛环直径/mm	686	800	生产率/(t/h)	0.3~0.7	0.5~1.0
磨筛环宽度/mm	150	175	主电机/kW	55	90
V 形齿磨片/块	30	42	振动电机/kW	0.4×2	0.4×2
叶轮直径/mm	586	780	外形尺寸/mm （长×宽×高）	1775×1500×2150	1293×1250×2050
叶片数量/片	14	20			
叶轮转速/(r/min)	2950	2320	整机质量/kg	1500	2060

5.3　纤 维 加 工

5.3.1　纤维分选

通常从热磨机出来的纤维其形态均匀性很差,甚至含有一些纤维束,经过分级处理可除去粗纤维束,提高纤维质量。铺装时可将细纤维和粗纤维分开,粗纤维用于芯层,细纤维用于表面。这样做既节约原料,又降低成本,还有利于保证产品的物理力学性能。

干法中密度纤维板在使用时对表面质量要求很高,尤其在进行表面装饰时特别要求板材表面平整、细腻并有很高的结合强度。在采用三层结构时,需要将表芯层纤维分开贮存,表层细纤维量占 40%,芯层粗纤维量占 60%,此种工艺需要对纤维进行分级。在采用单层结构时,虽然不对纤维进行分级,但通常在纤维输送管道底部开孔,以除去特大纤维束、生浆秆和颗粒物等。

纤维分选方式有两种,即预分选和自然分选。

1. 预分选

纤维预分选是采用专门的设备将混合纤维先分为粗料和细料两类，然后再分别进行铺装，用于多层结构板的生产。这种工艺方式可以定量地控制表层和芯层粗细纤维用量的比例，易于保证产品质量。但是要增加专用分级设备和料仓的数量，从而使工艺设备复杂化且增加投资。

预分选是借助分选器，根据粗细纤维的重量不同，在一定的涡流气流中产生不同的运动状态，从而达到纤维分级的目的。预分选分为一级预分选和二级预分选两种方式。

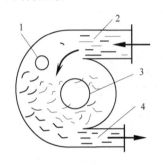

图 5-30　离心式气流分选
器工作原理图
1. 叶片；2. 混合纤维管道；
3. 细纤维管道；4. 粗纤维管道

1）一级纤维分选

一级预分选的工作原理如图 5-30 所示。

混有纤维的气流按一定速度进入分选装置，形成涡流。纤维伴随着气流在分选装置内作离心旋转运动，粗纤维因质量大故离心力大，沿着管道运动并从小管中排出，再经旋风分离后落入粗料仓；细纤维在叶片和涡流作用下，进入风选装置内侧旋转。其中夹杂的少量粗纤维因其离心力大被叶片导向外侧，叶片外侧夹杂的部分细纤维，经叶片产生的涡流被旋进内侧，多次进出，达到粗细纤维分路输送的目的，细纤维从中央管道被吸走。调节叶片的角度能够改变纤维的分选程度。分选装置还配有空气补充管道，并由流量阀控制，调节流量阀可以调节纤维输送速度，以防止纤维在管道中聚集。

悬浮式分选器的工作原理和分选系统如图 5-31 和图 5-32 所示。纤维分选系统主要由纤维打散辊、回风箱、调节箱、主分选箱、调节风门、次分选箱、旋转阀、下回风管和上回风管组成。

纤维分选机上口直接连接干纤维干燥系统的防火螺旋（皮带）运输机落料口，干纤维首先落在打散辊上，被打散后落入调节箱内。调节箱外有调节螺杆，转动调节螺杆可移动调节箱内的调节板，从而调节进入下方分选箱的纤维浓度，进而控制分选后纤维的粗细程度。分选机侧面有上下回风管。由系统中旋风分离器出口来的气流一部分通过下回风管进入次分选箱，再通过其上方的调节风门进入主分选箱。部分气流通过上回风管进入主分选箱，气流将下落的干纤维吹起悬浮，较细的干纤维就会被吹向回风箱，通过风机被送到旋风分离器而进入干纤维料仓；较粗的干纤维、胶斑和碳化的纤维因浮力不够就会落向下方的调节风门。调节风门上有四组可调风门，通过它们可调节下方次分选箱进入主分选箱的气流方向和流量，

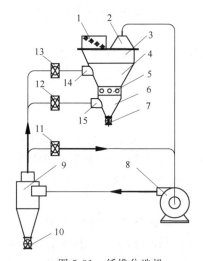

图 5-31 纤维分选机

1. 纤维打散辊；2. 回风箱；3. 调节箱；4. 主分选箱；5. 调节风门；6. 次分选箱；7,10. 旋转阀；8. 风机；9. 旋风分离器；11～13. 调节风门；14. 上回风管；15. 下回风管

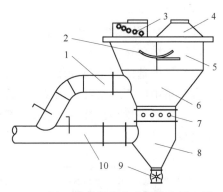

图 5-32 纤维分选机分选原理图

1. 上回风管；2. 调节板；3. 纤维打散辊；4. 回风箱；5. 调节箱；6. 主分选箱；7. 调节风门；8. 次分选箱；9. 回转阀；10. 下回风管

从而调节分选的效果。落下的粗的干纤维、胶斑和炭化的纤维最后通过分选机最下方的转阀被排出。

　　带除尘系统的纤维分选系统的原理和系统如图 5-33 所示。分选系统中从旋风分离器出来的气流一部分通过风机 7 和除尘器 8 排出，这部分气流占系统风机风量的 20%～25%；然后再通过引风机 1 补充新鲜空气，使系统风量平衡。引风机 1 补充的风经加热器 2 加热，使旋风分离器 6 排出的纤维温度保持在 70℃ 左右。系统不仅可除去干纤维中粗的纤维、胶斑和炭化的纤维，而且由于该系统排出的合格纤维温度可保持在 70℃ 左右，铺装预压后板坯芯层温度较常规的板坯芯层温度高，进而热压时板坯芯层达到固化时间比常规的短，所以热压周期

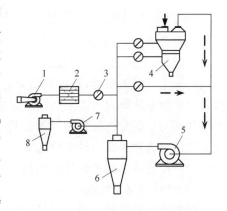

图 5-33 去粉尘的纤维分选系统图

1. 引风机；2. 预热器；3. 调节风门；4. 分选器；5. 主风机；6. 旋风分离器；7. 风机；8. 除尘器

也短，热压机产量也增加。另外，由于该系统排出的合格纤维温度可保持在 70℃ 左右，这样可避免干燥后的干纤维在冬春季节发生"结露"现象。但由于它需增加排风系统和引风加热系统，所以不仅设备投资大而且运行成本也高。如果将整个

系统进行保温,完全可避免干燥后的干纤维在冬春季节发生"结露"现象,而且系统排出的合格纤维也可保持一定的温度。

此外,国产纤维板生产线有采用无气流循环的纤维气流分选机,其结构特点是用安装可调百叶窗式进风口替代循环管道,简化了设备结构、节省了动力消耗,但增大了纤维含水率,尤其是在潮湿天气。

2)两级纤维分选

两级纤维分选工艺是将纤维分为不合格纤维、粗纤维和细纤维三个级别。首先将混合纤维中的不合格纤维去除,然后再将合格纤维分为粗纤维和细纤维的一种方法。但随着纤维分离技术的提高,纤维质量改善,分层铺装很少,因此二级分选应用很少。

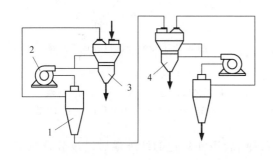

图5-34　两级气流纤维分选机
1. 旋风分离器;2. 风机;3. 一级分选机;4. 二级分选机

两级气流分选串联预分选装置工作原理如图5-34所示。混合纤维进入一级分选器,不合格纤维从分选器底部排出,合格纤维经旋风分离器后进入两级分选器,粗纤维从分选器直接排出来进入纤维料仓,细纤维则需经过旋风分离器排出进入细纤维料仓。

两级机械-气流联合预分选。根据纤维重量和表面积进行分级,它包括振动筛分选和风力分选两道分选步骤。第一步,混合纤维进入第一级机构振动筛上部时,由于从底部有一股向上运动的气流,使大部分合格的混合纤维在下落至筛网时被上升气流吸走,经振动筛分选后的纤维送入第二级涡流分选装置,不能被吸走的粗颗粒从筛网中落下送往指定地点另作他用。包含有粗细两种类型的合格纤维按照与一级分选装置相同的原理,在二次分选装置中将粗细纤维分开。两级预分选的分选效果比一级预分选好。

3)纤维分选系统的设计和调整

(1)纤维分选系统的设计。

根据纤维分选机原理要求,以主分选箱吸口处风速5~8m/s来确定风机的风量。一般配套年产$3\times10^4\sim5\times10^4$m³/MDF生产线的纤维分选机主分选箱吸口处截面积为1.56m²;配套年产$8\times10^4\sim10\times10^4$m³MDF生产线的纤维分选机主分选箱吸口处截面积为2.0m²。根据公式$Q=3600\times F\times v$(其中F为截面积,m²;v为风速,m/s)来确定风机风量;根据公式$D=\sqrt{4Q/\pi\times v}$(其中Q为管道中风量,v为管道风速)来确定风管直径。为了减小管道中压力损失,进而降低系统的能耗,管道中风速以25m/s计。再计算系统总压力损失,根据公式$P=P_1+P_2+P_3$(其中,P_1 为纤维分选机压力损失,其值为 900Pa;P_2 为整个系统中管道压力损失,Pa;P_3 为旋风分离器压力损失,其值为 1500Pa)。而 P_2 计算如下:

$$P_2 = (1 + \sum \xi + \lambda \frac{L_n}{d}) \times \frac{v^2}{2} \times 1.2$$

式中,$\sum \xi$——系统局部阻力系数之和;

　　　λ——管道摩擦阻力系数;

　　　L_n——管道当量长度;

　　　d——风管直径,cm;

　　　v——管道风速,m/s。

根据风机的风量和风压参数选定风机型号。确定风机型号时须注意风送系统中的混合浓度,并对系统的总压损进行校核。

确定了风机型号和参数后,根据风机的风量来确定旋风分离器的型号和参数,并根据输送纤维量来确定转阀的大小。另外,调节风门 6 处旁通风管直径以可调节离心风机 1/4 的风量来确定其直径。

(2)纤维分选系统的调整。

纤维分选系统调试安装完毕后,首先进行系统空运转,启动纤维分选机、离心风机和转阀,关闭调节风门,调节调节风门,使主分选箱中呈负压状态;然后带料运行,当供给干纤维时,缓慢打开调节风门,并调节调节风门,调整主分选箱的负压至适当值,此时检查纤维分选机转阀排出的废料情况,若有合格纤维排出,则关小调节风门。必要时可适当调节调节风门。当热磨系统带式螺旋运输机转速改变时,上述调节风门必须重新调节。使用过程中,分选机的风机转速在试车时已经确定(参考转数 1180r/min),无特殊情况不宜随便更改。当磨机出现问题导致纤维的含水率突然升高和纤维形态变粗时,应根据下落料口的落料情况(纤维粗或含水率高,落料多)适当提高分选机的转速,反之则降低风速。当风机的转速提到较高的速度时,下落料口处落料还较多,这时需要开大风机闭环循环的管道最下面的管道闸门。如果二次分选的粗料选不出来,就要相应地关小分选机上部小螺旋处的补风门,以便让正常纤维中的粗料落下。正常情况下,分选机闭环回风的三根管的调节阀开度由上到下是依次增大的(也就是说,最下面的开得最大)。

2. 自然分选

自然分选是指对纤维的分级是在成形时同时完成的。主要是利用粗细纤维自身重量不同,借助机械或风压对不同重量的纤维产生的离心力或浮力不同,而进行自然分级。因此,当采用不同的铺装头时,自然分级的作用原理也不一样。能形成自然分级的铺装头有三种类型。

采用机械式铺装头时,纤维在抛辊的旋转作用下,因粗细纤维的重量不同而获得的动能不同,在离心力的作用下致使粗纤维抛落得远,细纤维抛落得近,粗细纤维被分级。

采用气流式铺装头时,细纤维重量轻、浮力大,气流可将其吹得较远,而重的粗纤维则浮力小,抛的距离较近,从而使粗细纤维分级。

采用机械气流混合铺装时,由于上述两种分级共同作用,纤维分级过于强烈,对产品结构不利,通常利用这两种作用相反的分级原理,将两种分级方式综合在一起,调节粗细纤维的分配比例。

这类分选是在铺装成形过程中自然形成的。它使板坯从表层到芯层,由细到粗地逐渐分级,形成渐变的多层结构。自然分选的优点是成形系统可以省去专用的纤维分选设备,但产品的结构不像预分选那样可自由地控制。

5.3.2　粗纤维处理

随着热磨机制造技术及热磨工艺技术的不断进步,热磨机生产出来的纤维完全可以满足干法纤维板的生产,纤维两次分离只是在湿法纤维板生产线上使用,在此不赘述。

经过风选出来的不合格纤维数量很少,一般不单独处理。

5.4　半成品的贮存与输送

半成品的输送是人造板生产工艺中重要的环节,是连接前后工序、保证生产连续进行和有足够的缓冲能力的手段。被胶接单元的类型和大小规格不同,所采用的输送方式和手段也不一样。

半成品的贮存主要有料场堆放和料仓贮存两种方式。

5.4.1　单板类的贮存输送

1.单板贮存

胶合板生产中单板的数量大、种类多,必须有秩序地管理才能保证连续生产。如果其中某一工序失调,必然会影响均衡生产。同时,各种胶合板的表板、背板和芯板必须配套,且各自的单板尺寸、质量和数量要求不同。由于原木的材质差别,旋出的单板被剪切成各种宽度、长度和等级,它与成品配套的要求会有一定差距。因此,建立能贮存一定数量的单板仓库,对单板进行有效管理,是非常必要的。

1)单板仓库的作用

作为单板质量和数量的验收处,弄清入库单板的规格、数量和质量等级,是掌握生产动态的一个重要手段。并可根据成品生产计划和库内能配套的单板数量来确定原木锯断、蒸煮、旋切、干燥和剪切等工序的生产任务,这样可防止出现车间单板很多,但不配套而停工待料的现象,或因不配套而将高等级单板配成低等级的胶合板,造成优材劣用的现象。

组织单板合理配套。胶合板板坯要求严格按等配套,只有当单板仓库的各种单板有一定的贮存量后才有可能组织合理配套,从而避免高等低配,以提高成品的等级率。

在生产过程中起缓冲作用。在单板制造工段如果造成某些局部不平衡,则可动用单板仓库存量来调节生产,以保证胶合板制造工段生产的不停顿。

提供单板消耗和降等情况。从单板仓库的账目上可以清楚地看出各工序消耗木材的数量。单板仓库发出去的单板是按计划上的规格、等级、数量配好套的板坯,胶压后如果因为设备或工艺的原因而降等,从前后等级对比就可知道降等率。从而分析原因,提出节约木材和提高产品质量的有效措施。

2)单板仓库的要求

要有一定的贮存面积,过大过小都不宜,过量贮存积压资金,过小则不利于周转。一般情况下,以满足 3～5 天生产所需量为宜。但对于某些特殊情况(名贵单板、进口单板和特殊规格单板),允许单板过量贮存。

单板贮存要实行科学管理,建立出入原料登记制度,建立品种、尺寸、等级和数量等一系列数据的计算机管理。

单板仓库要避免潮湿、漏雨,空气要流通,堆放要整齐,过道要畅通,做好防火工作,贯彻"先来先用"的原则。

单板贮存是一个系统工程,可根据自身的具体情况,应用现代数学理论,合理规划,不断创新,努力提高管理水平。

2. 单板运输

在胶合板生产中,除了在生产线上通过皮带、网带或滚筒来完成单板输送外,各工序之间的单板输送也是不可缺少的。通常分选整理后的单板按照不同等级和用途成垛堆放,集中贮存。单板搬运根据动力来源可分为人力搬运和机械搬运;根据装卸形式可分为散装式和集装式搬运。

人力搬运是胶合板厂作为主要的单板传送工具。有固定式和活动式两种形式。活动式使用时,把小车沿长度方向插入单板垛的下部,小车将单板垛连同托架一起运送。如果采用液压叉车运输,单板托架无需行走轮,有的手动拖车只带有一个活动拖头,那么托架一段就需要两个行走轮,搬运时,拖头插入另一端,将托架拖走;也有的生产线的单板输送就是将待运输单板直接放上带有行走轮的小车上,然后直接进行推运。很多厂家采用固定式人力搬运方式,小车根据单板堆垛的需要而特制，搬动灵活及时。人力运输工具结构简单、操作方便、造价低廉，但运输量受到限制，对于长距离搬运，则劳动强度大、生产率低。

机械搬运与人力搬运相比，具有装载量大、操作简便和劳动强度低等优点。其动力源可以是燃油燃气或者充电电瓶。利用叉车输送单板，具有许多优点，但要求车间内有宽敞的通道，运输成本相对较高。

叉车在人造板生产线上普遍使用，包括原料、半成品和成品等运输，因此，单板搬运的叉车还可在其他工序进行作业，叉车利用率高，见图 5-35。

(a)散装式搬运　　　　　(b)人力集装式搬运　　　　　(c)机械集装式搬运

图 5-35　单板搬运形式

5.4.2　散料单元的贮存与运输

1.刨花和纤维贮存

1)料仓的作用、种类和特点

料仓的一般作用就是贮存，除贮备一定的物料以平衡设备的产能外，就是连续供料和定量供料。除此之外，还可按比例混合物料，实现物料搭配。有些特殊料仓还具备功能性作用，如木片预热仓。由于纤维板和刨花板都是全自动化生产线，很多设备的进料量必须按一定数量供给，甚至要求适时调整，而前端的设备又无法实现随动，这就要求工序间配备有料仓来实现供料。不同来源的原料送入不同的料仓，这就可以实现比例供料。

料仓的种类按物料的运动方向可分为卧式料仓和立式料仓两大类，卧式料仓的物料在料仓中做水平流动，而立式料仓的物料做垂直流动。一般卧式料仓水平方向比较宽大，从而占地面积大，立式料仓高度方向比较大，所以占地面积比较小。由于纤维和刨花堆积密度比较小，所以料仓体积就大，从几十至几百立方米不等。

2)刨花的贮存

刨花板生产一般均为连续化、自动化作业。为了保证自动化工艺生产能不间断地进行工作，工序之间必须有足够数量的备用材料。因此，工艺生产线上需要设有料仓,以贮存一定数量的刨花,保证连续和定量供应。

刨花堆积时容易出现起拱或架桥现象,其原因是刨花的流动难度大。刨花含水率越高,树脂含量越高,刨花越大,料堆体积越大,贮存时间越长,则起拱或架桥现象就越容易出现。当刨花料堆出现起拱或架桥时,造成切料困难,刨花不能正常输送,使供料不均匀或间断,影响正常生产。因此,保证刨花在料仓中畅通无阻,就成为对料仓的一个最基本的要求。

料仓按刨花流向,可分为卧式料仓(刨花水平流动)和立式料仓(刨花垂直流动)两种。

卧式料仓又分为上出料和下出料两种,见图 5-36。

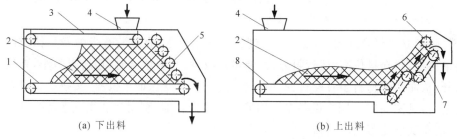

(a) 下出料　　　　　　　　　　　(b) 上出料

图 5-36　卧式刨花料

1. 底部运输机(皮带式或刮板式);2. 刨花;3. 匀料器;4. 进料口;5. 针辊;
6. 定量扫平辊;7. 倾斜运输机;8. 出料带

上出料卧式料仓如图 5-36(b)所示,刨花在料仓中主要做水平流动,料仓的长度大于宽度和高度。卧式料仓的刨花一般从料仓后端进入,落到仓底运输机上,随运输机的回转,刨花向前移动,料仓顶端有倾斜运输机把刨花运出料仓,供下段工序使用。运输机速度一般不超过 1~2m/min。

图 5-36(a)是一种下出料卧式料仓。这种料仓的出料端不设倾斜输送机,而由一排针辊来控制输出刨花的数量。

卧式料仓因为堆积高度低,刨花堆密度均匀,所以不容易起拱或架桥。但是它占地面积大,动力消耗也大。卧式料仓适于贮存平刨花。

立式料仓中刨花是靠重力作用垂直流动的,即刨花从料仓顶部落下,从仓底卸出。料仓高度大于宽度和长度。

立式料仓因为刨花料堆高度大,容易起拱或架桥。同时由于料堆有时高有时低,使料堆密度不同,卸料不均匀。为了防止堵塞现象,一般在卸料口设有电磁振动器,或旋转刺辊等装置,使卸料通畅。这种料仓的优点是占地面积小,动力消耗少。一般木片、碎料多采用这类料仓。

立式料仓有方形和圆形两种。图 5-37 为带卸料刺辊的方形立式料仓。卸料刺辊装在料仓底部,在两组杠杆传动机构带动下,使每个刺辊都能绕自身的轴心作

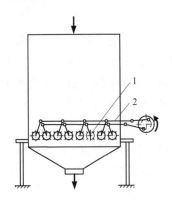

图 5-37　方形立式刨花料仓

1. 卸料刺辊；2. 曲柄连杆机构

半圆往复回转,相邻两刺辊的回转方向又恰好相反,这就能使刨花从每个刺辊两侧轮番排出。刺辊拨下的料从卸料斗落到运输机上,供下一工序使用。为了避免堵塞现象,这种料仓一般做成锥台形状,即上小下大,其锥度一般为 6°～10°。卸料漏斗也不应有死角,即在接角处做成圆角或在接角里面用弧形板垫起。

此外,方形立式料仓还可以将底部做成一组螺旋水平并排排列的出料形式,料仓下部做成有一定斜度的倾斜壁,朝螺旋方位倾斜,以减少螺旋数量。

圆形立式料仓如图 5-38 所示。刨花从仓顶落入,仓底装有带弹簧片构成的旋转推料器,料仓料位高,运行阻力大,弹簧片收拢;当料位低时,运转阻力小,弹簧臂张开,从而实现物料多时推料少,物料少时推料多,既保证了供料,又减少了设备运行阻力,见图 5-39。国产设备多采用液压装置推料器,利用油缸往返运动推动出料板,使仓底刨花落入出料器上。

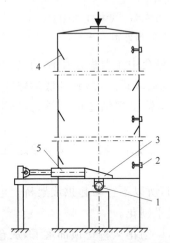

图 5-38　立式刨花料仓基本构成

1. 测速可调出料螺旋；2. 料位指示器；
3. 推料器；4. 防搭桥板；5. 活塞油缸

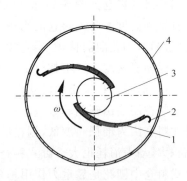

图 5-39　立式刨花料旋转推料装置

1. 组合弹簧臂；2. 勾料器；3. 驱动装置；4. 料仓

圆形料仓比方形料仓优越,因为它无死角,能产生较好的重力流,木片或刨花不易堵塞,可贮存大量刨花或木片(50～300m³)。方形料仓内因为有死角,容易产生堵塞现象,难以卸料,需要经常检查,适于贮存数量不多的木片或刨花(5～10m³)。为了防止立式圆形料仓刨花"搭桥"的问题,可在料仓内壁分段焊接倾斜钢板,使刨花不至于堆积过紧。

立式料仓的特点:结构简单、占地面积小,但贮存密度大,容易产生搭桥现象,造成不能连续供料,但是,推料装置的作用和料仓形式的改变,搭桥现象基本解决。

结构:仓体、推料装置、出料装置和料位指示器。

搭桥就是指料仓底部架空,由于刨花压实,刨花与料仓壁的摩擦力作用,当下部刨花送出之后,上部刨花不能落下,造成"缺料"的现象。解决办法就是做成"上小下大"或者仓壁内部加设斜板的仓体,以减小刨花和料仓仓壁之间的摩擦力。

阻尼式料位控制器(图 5-40)之叶片是利用传动轴与离合相接,在未接触物料时,发动机保持正常运转,当叶片触物料时,发动机会停止转动,机器会同时输出一点信号而测出料位高度料仓堵塞信号。并相应发出有料、无料的显示信号。

图 5-40 阻尼式料位控制器

这种料位器采用全封闭性,室内室外都可使用。独特的油封设计可防止粉尘沿轴渗入。扭力稳定可靠,且大小可调节。结构轻巧、安装简易。叶片承受过重负荷时,发动机回转机器自动打滑,确保发动机不受损坏。不必从料仓上整体拆除,即可轻易地检查维修内部零组件。采用铝合金铸造,强度高,重量轻。

3)纤维贮存

纤维贮存是纤维板生产的一个重要中间环节,是保证生产连续化进行的保障。生产方法不同,纤维的贮存方法和设备亦不同。湿法生产中,纤维分离后用水稀释成浆料直接送到储浆池贮存;干法生产中,分离后的纤维经干燥机干燥后送入纤维料仓贮存。

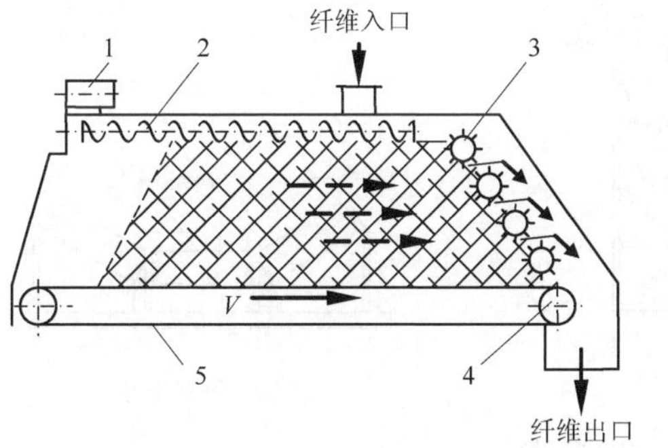

干法生产中纤维贮存多采用卧式料仓,其结构示意图如图 5-41 所示。由于干燥后纤维的堆积密度小,所以纤维料仓的体积比刨花料仓大,

图 5-41 纤维料仓的结构示意图
1. 螺旋驱动装置;2. 匀料螺旋;3. 旋转耙;
4. 皮带主动轮;5. 出料带

贮存量根据生产规模不同一般在 5～20min 生产所需纤维用量。纤维采用闪击式气流干燥,基于防火需要,料仓底部采用运输皮带传送,料仓后侧是可开启的大门,顶部设有自动灭火喷水装置。正常生产时,后门关闭,纤维由传送皮带载运向前移动至出料口,一旦发生着火,料仓顶部喷水,同时料仓后门打开,传送装置反向移

动,将纤维排出料仓。为了保证纤维蓬松,便于气力输送,在料仓的上部设有螺旋均料器,在出料口侧设有抛撒刺辊。

2.刨花和纤维输送

刨花和纤维输送对象具有堆积密度小、实质密度小、体积蓬松、输送量大,且属于易燃类和可燃类材料的特点,而纤维与刨花在形态特征方面还存在很大的差异。

1)刨花输送

刨花和纤维尽管在形态上有一定的差异,但均属于碎料范畴,其输送特性及所采用的输送装置大致相似。输送的基本要求是输送能力应与生产能力相适应,可连续稳定工作,对被输送物料形态不产生破坏,输送成本低等。常见的输送方式包括机械输送和气力输送两大类。

(1)机械运输机。

机械输送包括带式运输机、链槽式运输机、刮板式运输带、斗式提升机和螺旋运输机等。

①带式输送。

带式运输机结构简单、运输可靠,适用于水平或 20°~30°坡度以下的长距离运输。为了防止输送过程中被运输物料飞扬,应将物料封闭输送。其结构如图 5-42所示。

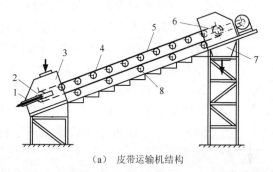
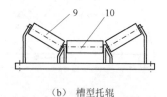

（a）　皮带运输机结构　　　　　　　　　　（b）　槽型托辊

图 5-42　皮带运输机

1.张紧及跑偏调整装置;2.从动轮;3.防尘罩;4.上托辊;5.运输皮带;6.主动轮;
7.下料斗;8.下托辊;9.倾斜托辊;10.水平托辊

倾斜托辊与水平托辊的最大夹角称为槽型托辊的槽角。槽型托辊的槽角是决定输送能力的重要参数之一,旧的系列一般采用20°,随着输送带的改进,带的横向挠曲性能的提高,槽角也逐渐增大,我国目前 TD75 系列已将槽角增加到30°。

大倾角皮带输送机采用具有波状挡边和横隔板的输送带(图 5-43),因此可以达到大倾角输送物料的目的,最大倾角可达 90°垂直输送,其结构紧凑、占地少,是大倾角(或垂直)输送的理想设备。大倾角皮带输送机倾斜输送的最大高度可达 20m,在工作环境温度为 −15～+40℃的范围内输送堆积比重为 0.5～4.2t/m³ 的各种散状物料;对于输送有特殊要求的物料,输送倾角为 0°～90°,最大垂直输送物料粒度为 400mm。大倾角皮带输送机的布置方式见图 5-44。

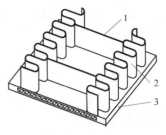

图 5-43 波状挡边大倾角皮带

1. 隔板;2. 波状挡边;3. 基带

(a)"一"型水平或小倾角　(b)"S"型大倾角给料,卸料段变角　(c)"L"型大倾角给料段变角　(d)"倒L"型大倾角卸料段变角　(e)"一"型大倾角

图 5-44 大倾角皮带布置方式

为获得较好的受料和卸料条件,大倾角皮带运输机的布置形式采用"Z"形布置形式,即设有上水平段、下水平段和倾斜段,并在下水平段受料,在上水平段卸料。上水平段与倾斜段之间采用凸弧形段机架连接,下水平段与倾斜段之间采用凹弧段机架相连以实现输送带的圆滑过渡,见图 5-45。

上水平段:为了适应不同的卸料高度的要求,头架分为低头架(头架高度 $H_0 = 1000mm$)、中式头架(头架高度 $H_0 = 1100 \sim 1500mm$)和高式头架(头架高度 $H_0 = 1600 \sim 2000mm$)。

倾斜段:无论上水平段采用的是低式、中式或是高式中间架支腿,倾斜段均采用低式中间架支腿。当输送机倾角 $\beta \geqslant 45°$ 时,推荐采用 II 型低式中间架支腿。

下水平段:下水平段采用低式中间架支腿。

大倾角皮带输送机的主要优点:

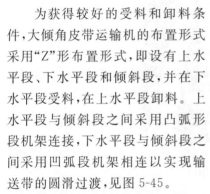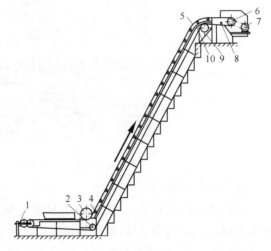

图 5-45 大倾角波状挡边皮带运输机基本结构及原理图

1. 张紧装置;2. 改向滚筒;3. 压带滚轮;4. 托辊;
5. 带隔板波状挡边皮带;6. 驱动辊;7. 动力装置;
8. 清料装置;9. 支架;10. 凸弧机架

一是大倾角皮带运输机输送倾角大，最大可达 90°，是大倾角输送和垂直提升的理想设备。因此可以节约占地面积，节省设备投资和土建费用，取得良好的综合经济效益。

二是结构简单、运行可靠、运行平稳、噪声小、能耗小。

三是垂直挡边机还可以在机头和机尾设置任意长度的水平输送段，便于与其他设备衔接。

波状挡边输送带由波状挡边、横隔板和基带形成了输送物料的"闸"形容器，从而实现大倾角输送。

②链槽式运输机。

链槽式运输机的主体是一循环链条。链条上装有"U"形托架，托架从进料口接料并在回程处卸料。链槽式运输机可以在既有水平又有垂直转换的场所使用，占地空间小，动力消耗少，整个输送过程处于封闭状态，其结构如图 5-46 所示。

图 5-46　链槽式运输机

③刮板式运输机。

刮板式运输机的结构与链槽式运输机类似，主体为两条平行的滚柱链，链条上装有木制或金属制的刮板，借助刮板作用带动物料运动，它可以在任何场所卸料。尤其适用于长距离和倾斜度（45°）较大的场所。其缺点是速度慢、生产效率低，且易挤碎被输送物料。其结构原理如图 5-47 所示。

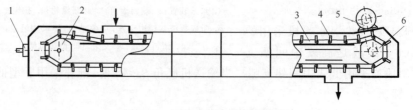

图 5-47　刮板运输机结构原理图

1. 张紧装置；2. 从动轮；3. 牵引链；4. 刮板；5. 驱动装置；6. 主动轮

④螺旋运输机。

螺旋运输机是一种常用的刨花运输装置,主体为装在半圆槽中的螺旋轴。螺旋运输机适合在水平或低于 20°的场所使用。螺旋运输机结构简单、紧凑,封闭输送,不污染环境,其结构原理如图 5-48 所示。

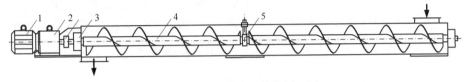

图 5-48　螺旋运输机结构原理图
1. 电动机;2. 减速箱;3. 轴承座;4. 螺旋;5. 中心吊架

⑤斗式提升机。

斗式提升机适用于垂直输送,主体为垂直运动的循环链条,链条上装有提升斗。斗式提升机结构简单、占地面积小、运行成本低,特别适合于输送高度较大的场所。但是,其工作结构易被损坏。斗式提升机的结构原理如图 5-49 所示。

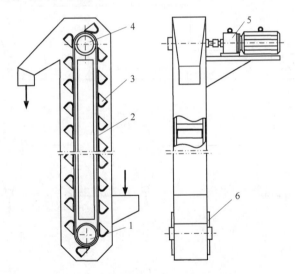

图 5-49　斗式提升机结构原理图
1. 从动轮;2. 皮带;3. 提升斗;4. 主动轮;5. 驱动装置;6. 张紧装置

(2)气流输送。

气流输送可以在不适合使用机械运输的地方发挥作用,尤其是被用在长距离且有多处转换的场所。气流输送可以在水平、垂直或任何倾斜角度的条件下输送物料,可以安装在室内或室外,占地面积小,生产能力大,在干法纤维板和刨花板生产中广泛使用。不足之处是气流速度高、能耗大、管道易磨损。

气流输送由输送管道、风机和旋风分离器三部分构成,风机用于产生一定压力的气流，使被输送物料呈悬浮流动状态，管道是物料输送的通道，旋风分离器是将悬浮状物料与气流分开的装置。

气流输送可以根据生产需要组合成各种不同的系统，如图 5-50 所示。其中两个负压输送系统，物料不经过风机，对被输送物料的形态破坏较小，尤其适合于定向刨花板所用大片刨花的输送。气流速度与物料混合浓度是设计气流输送装置的主要技术参数，混合浓度一般取 $0.1 \sim 0.3 \mathrm{kg/m^3}$ 为宜。气流速度因被输送物料的形态、含水率等参数而异，几种物料的气流输送速度见表 5-7。

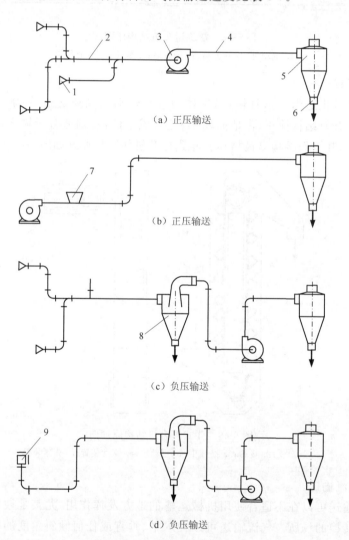

（a）正压输送

（b）正压输送

（c）负压输送

（d）负压输送

图 5-50　气流输送系统示意图

1. 吸料口；2. 负压风管；3. 风机；4. 正压风管；5. 旋风分离器；6. 旋转阀；7. 供料器；

8. 一级旋风分离器；9. 吸料器

表 5-7　几种物料的气流输送速度

物料种类	气流速度/(m/s)	物料种类	气流速度/(m/s)
木片	18～25	废板坯料	25～30
刨花	20～28	锯屑	20～25

2)纤维输送

湿法纤维板生产的纤维以水作为载体进行输送,采用泵送方式。热磨机排出来的纤维到稀释器内加水,将纤维稀释成浆料,然后通过管道由浆泵直接送入精磨机进行精磨或送入浆池稀释后再精磨,后续输送直到进入成形机的网前箱都是采用水为载体的输送方式。目前,我国的湿法纤维板生产因废水处理等问题,绝大部分改造为干法生产或转产,还在生产的企业为数很少。

干法纤维板生产的纤维由于堆积密度很小、体积蓬松,加上纤维干燥的特殊工艺,纤维输送主要是采用气力输送方式。此外,还有皮带输送和螺旋输送,其输送原理和设备与刨花输送基本相同。

参 考 文 献

东北林学院. 1981a. 胶合板制造学[M]. 北京:中国林业出版社.

东北林学院. 1981b. 刨花板制造学[M]. 北京:中国林业出版社.

东北林学院. 1981c. 纤维板制造学[M]. 北京:中国林业出版社.

科尔曼 F F P,等. 1984. 木材与木材工艺学原理(人造板部分)[M]. 北京:中国林业出版社.

顾继友,胡英成,朱丽滨,等. 2009. 人造板生产技术与应用[M]. 北京:化学工业出版社.

华智元. 1994. BF178 矩形摆动筛平衡系统的研究[J]. 林业机械,(3):15-17.

李道堉. 1990. 圆形摆动筛运动轨迹的理论分析[J]. 木材加工机械,(4):9-12.

李孝军,王素俭,陈超. 2009. 浅谈刨花板生产中几种刨花筛选设备[J]. 林业机械与木工设备,37(2):39-41.

刘翔. 2004. 纤维风选机的结构与应用[J]. 林产工业,31(6):30-31.

南京林产工业学院. 1981. 木材干燥[M]. 北京:中国林业出版社.

沈学文. 2010a. 刨花矩形摆动筛的结构与使用(续)[J]. 中国人造板,(4):25-27.

沈学文. 2010b. 刨花矩形摆动筛的结构与使用[J]. 中国人造板,(3):23-27.

沈学文. 2010c. 刨花气流分选机的结构与使用[J]. 中国人造板,(5):18-20.

沈学文. 2010d. 刨花圆形摆动筛的结构与使用[J]. 中国人造板,(3):21-24.

谭长敏,李维邦. 1992. 矩形摆动筛运动原理浅谈[J]. 木材加工机械,(1):12-16.

唐忠荣,周淑晔,胡孙跃,等. 杨木单板斜接研究[J]. 木材工业,20(6):23-26.

王英,臧洪伟. 2010. CS3 型分级筛使用效果分析[J]. 林业机械与木工设备,38(8):38-39.

向仕龙,李赐生. 2010. 木材加工与应用技术进展[M]. 北京:科学出版社.

徐咏兰. 2002. 中高密度纤维板制造与应用[M]. 长春:吉林科学技术出版社.

中国林科院木材工业研究所. 1981. 人造板生产手册(上下册)[M]. 北京：中国林业出版社.

中国林学会木材工业学会论文集(1). 1988. 新技术革命对木材工业影响的展望[M]. 北京：林产工业编辑部.

中国林学会木材工业学会论文集(2). 1988. 刨花板应用技术[M]. 北京：林产工业编辑部.

周定国. 2011. 人造板工艺学[M]. 北京：中国林业出版社.

朱奎，张美正. 1992. 气流分选在非木质刨花板生产中的研究[J]. 木材加工机械,(3)：17-20.

朱正贤. 1992. 木材干燥[M]. 2版. 北京：中国林业出版社.

第6章 施　胶

人造板是由构成单元和胶黏剂等构建的一个复合体系,胶黏剂的种类及分子组成、施胶方法及施胶工艺直接影响甚至决定了人造板物理力学性能及使用环境。施胶的关键在于将尽量少的胶黏剂均匀地施加到人造板构成单元表面,以及选择适合人造板生产工艺需要及产品性能需要的胶黏剂种类及特性。施胶对象不同,所采用的施胶方法不同,胶黏剂种类及胶合条件不同,调胶配胶的工艺也不同。施胶和调胶配胶的目的就是最大化地发挥胶黏剂的胶合作用和胶合能力,用最少量的胶黏剂生产出优质合格的人造板产品。

胶合过程包括三方面,即胶黏剂、胶合材料和胶合方法,这三因素都直接影响胶合结果。因此为了实现理想胶合,必须考虑三方面:首先,必须是合适的胶黏剂种类及特性,否则难以生产出合格的产品;其次,胶合对象的材料特征,特别是影响胶合质量的因素,如材料表面对胶黏剂的润湿扩散性能、材料 pH 及抽提物等;最后,合理的胶合方法及胶合条件,以保证胶黏剂的均匀分布、充分流展、充分固化,以及胶合对象的充分接触。

胶黏剂是根据胶合对象及胶合条件进行调配,胶合对象包括胶合对象的种类、物理力学性能、结构特征和制造方法等,对象的种类包括木材植物纤维材料和非木材植物纤维材料,其中木材植物纤维材料包括实木板方才、单板、刨花和纤维等。物理力学性能包括木质材料的表面粗糙度、平整度、表面能、表面润湿性等表面特征。此外,木材结构特征、木材缺陷、木材含水率、pH 等物理性能和对象的力学性能都与胶合性能直接相关,而胶合对象的表面性能对胶合的影响最大。胶合条件包括冷压条件和热压条件,其中热压条件包括热压温度、热压压力和热压时间等。

胶合则是将胶黏剂作为媒介,通过物理、力学或化学以及由三者共同作用将两个表面结合在一起的过程。为此,把在胶合过程中能够将物质结合起来的物质称为胶黏剂,作为胶黏剂应能很好地润湿胶合对象表面,经过产生物理化学变化而固化,并形成一定的结合强度。

6.1　胶 液 调 配

6.1.1　人造板常用胶黏剂

胶黏剂是木材加工行业重要的化工原料,它们在木材加工生产与技术进步中发挥着举足轻重的作用。在优质天然木材资源锐减、木材供给结构发生了根本性变化，以及人们对木质材料的广泛需求的条件下，利用速生材、小径材、间伐材、劣质材和非木材植物纤维原料通过胶黏剂进行实木胶合（如集成材、胶合木材）和人造板生产（如胶合板、刨花板、纤维板、细木工板、重组木、LVL 和 FRP 等）是解决木质材料供给问题的有效途径。

自古以来，长期使用的骨胶是地上与水中动物的骨、皮、筋腱、脏器在温水中的溶出产物，是具有当温度降到室温时立即凝固特性的胶合物质，也是最适合于木材胶合用的胶黏剂物质。它们的主体是称为胶原的蛋白质，是平均相对分子质量从五万到数十万的天然高分子化合物。以前和现在广泛使用的淀粉胶是由小麦、马铃薯、板栗、玉米、番薯等提取的淀粉与水混合加热后得到产物，这类淀粉是 $500\sim1000$ 个葡萄糖相互连接起来的相对分子质量非常大的天然高分子化合物。作为木材胶黏剂最初合成的高分子化合物是酚醛树脂，其后出现脲醛树脂、三聚氰胺树脂，乙酸乙烯酯树脂乳液胶黏剂是乙酸乙烯单体聚合度在 1000 左右的典型的合成高分子化合物。

人造板生产最早使用米糊、大豆蛋白胶黏剂，现在主要是室内人造板广泛使用的脲醛树脂胶黏剂，室外人造板使用的酚醛树脂胶黏剂和装饰用的三聚氰胺树脂胶黏剂等合成树脂胶黏剂。我国 2011 年人造板年生产量统计达 $2.35\times10^8\,\mathrm{m}^3$，胶黏剂用量在 $4\times10^7\sim5\times10^7\,\mathrm{t}$，其中主要是脲醛树脂胶黏剂，其次是乙酸乙烯酯乳液胶黏剂、三聚氰胺树脂胶黏剂、酚醛树脂胶黏剂、尿素-三聚氰胺共缩合树脂胶黏剂和水性高分子异氰酸酯树脂胶黏剂等。

热固性树脂占胶黏剂大半的是甲醛加成缩合类的脲醛树脂、三聚氰胺树脂、酚醛树脂、间苯二酚树脂。由甲醛采用加成缩合而高分子化的制品，在胶合后还释放游离甲醛。此外，作为万能胶黏剂的环氧树脂与耐候性优良的聚酯树脂也属于这一类别。当热固性树脂加热时，相对分子质量增大，立体网状结合固化形成不溶不熔的坚硬固形物的高分子。因此，胶层非常坚硬，可以得到特别高的剪切胶合强度值。

热塑性树脂是分子链为线型的高分子，在常温条件下具有固形物的形态，而在高温条件下变软、熔融、成为液体，具有可成为任何形状的性质，依靠热作用可改变其形状。利用这种热塑性的性质，做成热熔胶。胶合板单板的拼接与家具部件的封边使用的热熔胶黏剂是以乙烯-乙酸乙烯共聚树脂（EVA）为基质材料的热熔胶黏剂。

淀粉胶黏剂，多用于壁纸与牛皮箱板纸的胶合，特别是对于多孔质的木材胶合，广泛用做以脲醛树脂为首的许多胶黏剂的调配增黏剂和填充剂；骨胶为最常见的热熔胶，作为瞬间胶黏剂即使是现在仍具有充分的存在价值，尤其是在工艺品胶合上广泛应用。在蛋白质类中量最大的是大豆胶，在 20 世纪 50 年代广泛应用，现在的使用量很少,近年成为研究的热点。牛奶蛋白的酪素胶用于特种胶合板制造。

天然高分子的纤维素类,其改性纤维素是将由木材制造的纸浆通过化学修饰制成的硝基纤维素作为无烟火药与赛璐珞广泛使用,也广泛用做万能速干胶黏剂。现在主要的改性纤维素有水溶性的甲基纤维素(MC)、羟甲基纤维素(EC)、羧甲基纤维素(CMC)等,用做水性胶黏剂的黏度稳定剂、改性剂。此外还用做糊料、调黏剂。

合成橡胶之一的氯丁橡胶是用有机溶剂溶解的橡胶类胶黏剂,不但用于木材胶合,还可用于所有异种材料的胶合,也称为万能胶。尽管存在需要两面涂胶与预干燥操作复杂的问题,但是贴合接触后即产生胶合力,具有压敏胶的特性,是现场胶合与金属板胶合的重要胶种。

复合类树脂胶黏剂是化学组成不同的两种以上高分子化合物的单体、低聚物配合在一起形成的胶黏剂,固化时相互结合交织,产生交联,成为具有更为复杂结构的高分子化合物。双方取长补短形成单独任何一方都不具备的胶合性能,具有功能的新胶黏剂。

脲醛树脂胶黏剂具有胶合强度高、耐候性能好、固化速度快、原料来源广、价格相对低廉等优点,因而广泛应用于人造板生产中,成为室内用人造板目前暂时无法替代的胶黏剂品种,但此类胶黏剂中含有未能完全参与反应的游离甲醛,导致在人造板生产和使用过程中释放出甲醛,严重影响和危害人们的身体健康。我国 2001 年发布了人造板及其制品中甲醛释放量限量标准,国内科技工作者对降低脲醛树脂胶黏剂中游离甲醛含量和降低人造板甲醛释放量进行了大量的研究工作。近几年来,国内学者加强了天然高分子胶黏剂的改性和无机胶黏剂与有机高分子胶黏剂混合使用等方面的研究,以期替代醛类胶黏剂的使用。

总之,无醛胶黏剂成为未来人造板的主要胶黏剂将会是一种必然趋势,新型胶黏剂的开发、复合胶黏剂的使用、无胶结合的研究将成为人造板单元结合的研究的主题。

表 6-1 中所列胶黏剂主要是用于木材胶合的胶黏剂。

表 6-1 主要胶黏剂分类一览表

化学组成		胶黏剂种类	商品形态	固化条件		固化形态	强度性能	木材胶合
				配合	温度			
天然高分子化合物	淀粉	各种淀粉胶	粉末、水溶液	单组分	常温	溶剂挥发型	非结构、非耐水	使用
		小麦粉	粉末	增量剂	加热		非结构、非耐水	多用
		糊精	粉末、水溶液	单组分	高温	溶剂挥发型	非结构、非耐水	—
		可溶性淀粉	粉末、水溶液	单组分	常温	溶剂挥发型	非结构、非耐水	—
		改性淀粉	粉末、水溶液	单组分	中温	化学反应型	非结构	—

化学组成		胶黏剂种类	商品形态	固化条件		固化形态	强度性能	木材胶合
				配合	温度			
天然高分子化合物	蛋白质	骨胶	固体、水溶液	单组分	常温	冷却凝固型	非结构、非耐水	多用
		酪蛋白胶	粉末、水溶液	单组分	常温	化学反应型	准结构、弱耐水	使用
		大豆胶	粉末、水溶液	单组分	常温	化学反应型	非结构、非不耐水	使用
		白蛋白	粉末	增强剂	加热	化学反应型		使用
	纤维素	硝酸纤维素	有机溶剂溶液	单组分	常温	溶剂挥发型	非结构	使用
		甲基纤维素	粉末、水溶液	单组分	常温	溶剂挥发型	非结构、非耐水	使用
		羧甲基纤维素	粉末、水溶液	单组分	常温	溶剂挥发型	非结构、非耐水	使用
		乙基纤维素	粉末	配合	高温	冷却凝固型	非结构	使用
	其他	生橡胶	有机溶剂溶液	单组分	常温	溶剂挥发型	非结构	—
		阿拉伯树胶	粉末、水溶液	单组分	常温	溶剂挥发型	非结构、非耐水	—
		大漆	水分散液	单组分	中温	化学反应型	非结构、中耐水	多用
		沥青	固体、有机溶剂	单组分	常温	溶剂挥发型	非结构	—
合成高分子化合物	热固性树脂	脲醛树脂	溶水液	双组分	常温	催化反应型	非结构、中耐水	多用
		脲醛三聚氰胺树脂	水溶液	双组分	高温	催化反应型	准结构、高耐水	多用
		甲阶酚醛树脂	水溶液、胶膜	单组分	高温	热固化型	结构、高耐水	多用
		线型酚醛树脂	有机溶剂溶液	双组分	中温	催化反应型	结构、高耐水	使用
		间苯二酚树脂	水溶液	双组分	中温	加成反应型	结构、高耐水	多用
		环氧树脂	液状	双组分	常温	加成反应型	结构、高耐水	使用
		不饱和聚酯树脂	液状	双组分	常温	加成反应型	准结构、高耐水	—
	热塑性树脂	乙酸乙烯树脂	乳液	单组分	常温	溶剂挥发型	非结构、非耐水	多用
		乙酸乙烯树脂	甲醇溶剂	单组分	常温	溶剂挥发型	非结构、弱耐水	使用
		丙烯酸树脂	乳液	单组分	常温	溶剂挥发型	非结构、中耐水	多用
		乙烯-乙酸乙烯共聚树脂	乳液	单组分	常温	溶剂挥发型	非结构、中耐水	多用
			颗粒	配合	高温	冷却凝固型	非结构、中耐水	多用
		聚乙烯醇（PVA）	粉末、水溶液	单组分	常温	溶剂挥发型	非结构、非耐水	使用
		聚酰胺树脂	薄膜	单组分	高温	冷却凝固型	准结构、高耐水	—
		聚乙烯醇缩醛树脂	薄膜	单组分	高温	冷却凝固型	非结构、高耐水	—
		聚氨酯树脂	液状	单组分	常温	亲和反应型	非结构、中耐水	使用
		氰基丙烯酸酯	液状	单组分	常温	亲和反应型	非结构、弱耐水	使用
	弹性体	氯丁橡胶	有机溶剂溶液	单组分	常温	溶剂挥发型	非结构、非耐水	多用
		丁腈橡胶	有机溶剂溶液	单组分	高温	加成反应型	准结构、高耐水	—
		苯乙烯-丁二烯树脂	胶乳（水）	配合	常温	溶剂挥发型	非结构、非耐水	多用

续表

化学 组成		胶黏剂种类	商品形态	固化条件		固化形态	强度性能	木材 胶合
				配合	温度			
合成高分子化合物	复合型胶黏剂	酚醛-丁腈橡胶	液状	单组分	高温	交联反应型	结构、高耐水	—
		环氧-酚醛	液状、薄膜	单组分	高温	加成反应型	结构、高耐水	—
		尼龙-环氧	薄膜	单组分	高温	加成反应型	结构、高耐水	—
		丁腈橡胶-环氧	液状	单组分	高温	加成反应型	结构、高耐水	—
		乙酸乙烯-间 苯二酚	乳液	双组分	常温	加成反应型	准结构、高耐水	使用
		乙酸乙烯-酚醛	乳液	双组分	常温	加成反应型	准结构、高耐水	使用
		水性高分子异 氰酸酯类	溶液(水)	双组分	常温	交联反应型	准结构、高耐水	多用
		烯烃-马来 酸酐树脂	乳液	双组分	常温	交联反应型	非结构、中耐水	使用

1.脲醛树脂胶黏剂

脲醛树脂胶黏剂以其价廉、生产工艺简单、固化速度快、使用方便、色浅不污染制品、胶接性能优良、用途广而著称。但用脲醛树脂作为胶黏剂所制的人造板普遍存在着两大问题:一是板材释放的甲醛气体污染环境;二是耐水性,尤其是耐沸水性差。国内外学者对如何降低脲醛树脂所制板材的甲醛释放量进行了多方面研究,提出了强酸-弱酸-碱(中性)的合成新工艺;控制 F/U 摩尔分数;采用甲醛二次缩聚工艺;向成品胶黏剂中加入甲醛捕捉剂;在板制成后进行后期处理。为提高其耐水性,则通过加入改性剂共聚、共混,改变树脂的耐水性能,在合成过程中加入一定量的异氰酸酯(PMDI)或硼砂等。

脲醛树脂是在众多木材胶黏剂当中使用量最多(在 70% 以上)的胶黏剂。当在脲醛树脂中添加酸或强酸的铵盐固化剂时,逐渐高分子化,最终形成三维立体网状的巨大分子。通常将氯化铵、硝酸铵、硫酸铵等强酸的铵盐作为固化剂使用,其中氯化铵(NH_4Cl)价格低廉使用方便,因此使用得较多。氯化铵与胶黏剂中的游离甲醛反应生成盐酸和六亚甲基四胺(乌洛托品)及水,pH 逐渐降低,固化开始进行。

$$4NH_4Cl+6CH_2O \longrightarrow 4HCl+(CH_2)_6N_4+6H_2O$$

树脂 pH 下降的速度因温度不同而不同,所以其凝胶化时间受气温影响较大。固化剂的用量与固化剂的种类对固化速度影响也较大,在人造板生产过程中应根据树种、原料的 pH 缓冲量、生产工艺、气候等,选择不同的固化剂,调整固化剂的使用量。

脲醛树脂在涂胶时还是低相对分子质量物质,其黏度比较低,对于多孔性的木材类被胶合物容易因过度渗透而缺胶。另外,在形成三维立体构造的固化过程中会产生很大的体积收缩，造成固化后树脂龟裂。在胶合板生产中，为了防止这些缺陷的产生，可以添加各种填充剂与增量剂，如小麦粉等。还采用与聚乙酸乙烯酯等热塑性树脂共聚合或者共混，增加脲醛树脂的韧性，改进其耐老化性能。

在脲醛树脂生产中，加入适量的三聚氰胺，可以有效改善脲醛树脂胶黏剂的耐水性能。可以制造防潮型人造板。

脲醛树脂在胶合板、刨花板和纤维板的制造上大量使用，其胶合固化产品释放游离甲醛造成的环境污染已经成为广泛关注的社会问题。为了解决这一问题，采用如下方法可以得到有效解决：①降低甲醛对尿素（F/U）的摩尔分数（减少甲醛用量）；②与三聚氰胺、苯酚等共缩合；③添加能捕捉胶黏剂中的游离甲醛的捕捉剂（甲醛捕捉剂、尿素、三聚氰胺、各种胺类、蛋白质等）；④改变脲醛树脂的合成方法。

2. 三聚氰胺树脂胶黏剂

三聚氰胺-甲醛树脂胶黏剂耐水性好、耐候性好、胶接强度高、硬度高、固化速度比酚醛树脂快，其胶膜在高温下具有保持颜色和光泽的能力。但成本较高、性脆易裂、柔韧性差、贮存稳定性差。在三聚氰胺-甲醛树脂胶中引入改性剂甲基葡萄糖苷，不仅能提高树脂的贮存稳定性，还可以降低成本，改善树脂的塑性，提高树脂的流动性，降低游离甲醛含量。

三聚氰胺树脂是三聚氰胺和甲醛［摩尔分数在1∶（2～3）］由碱性催化剂通过加成缩合反应生成的初期缩合物，是以羟甲基三聚氰胺为主要成分的胶黏剂。在酸性条件下，常温下也可以固化，因为其固化树脂的物性不好，所以一般不采用室温固化。

三聚氰胺树脂比脲醛树脂的热反应性高，在120～130℃条件下即使不添加固化剂也能固化。人造板生产多使用三聚氰胺和尿素共缩合型树脂（MUF）胶黏剂。三聚氰胺-尿素共缩合树脂与纯三聚氰胺树脂相比贮存时间延长，贮存稳定性好，还可降低成本。三聚氰胺-尿素共缩合树脂。

三聚氰胺树脂除了用于制造人造板，主要用于制造人造板贴面用浸渍纸。

三聚氰胺-尿素共缩合树脂胶黏剂与脲醛树脂相比，胶合耐久性优良。在120℃左右条件下固化反应速度非常快。

用三聚氰胺-尿素共缩合树脂胶黏剂制造的胶合板可用于建筑的屋檐基础、承载壁、地板基材、外壁基础和水泥模板等。

3. 酚醛树脂胶黏剂

酚醛树脂胶黏剂原料易得，具有良好的耐候性，但存在着热压温度高、固化时间长和对单板含水率要求高等缺点。为了降低成本又不太影响其性能，可引入改性剂和替代物。另外,提高固化速度,降低固化温度是 PF 树脂胶黏剂研究的主要方向。

木材加工用胶黏剂所使用的是初期生成物的可溶性酚醛树脂(A 甲阶酚醛树脂),没有水溶性时则为醇溶性。加热或在催化剂作用下进行缩合反应,经过部分交联形成乙醇、丙酮可溶的乙阶酚醛树脂(B 乙阶酚醛树脂),最终形成具有三维立体网状构造的不溶不熔的丙阶酚醛树脂(C 丙阶酚醛树脂)。

当苯酚与甲醛摩尔分数(F/P)在 0.7 以下反应时,即使加热也不固化,易形成不溶于水的黏稠树脂且难以分离。这种线型树脂可与木粉混合用于制造酚醛塑料。将此线型树脂溶于乙醇中,即常温固化酚醛树脂胶黏剂,用聚甲醛和对甲苯磺酸(PTS)作固化剂,可在中温条件下固化。但是,因为是溶剂型,使用后的器具不能用水清洗,溶剂等危险物也对木材工业不利,而且中温固化还需要高频加热,能耗大。

当苯酚与甲醛摩尔分数在 2 左右时,使反应体系为碱性,形成 1~3 个苯环相互聚合的褐色液体混合物。此低聚物为乙醇与酮等可溶物,通常当碱(NaOH)过量时,为 pH=11~13 的强碱性水溶液。甲阶酚醛树脂即使在常温条件下缩合反应也在缓慢进行,长时间放置时黏度增大产生凝胶化,因此贮存时需要冷却装置。这种树脂为加热固化型,在 130℃ 左右条件下可快速固化。其固化速度因碱含量和 F/P 摩尔分数不同而异,F/P 摩尔分数越高、碱(NaOH)含量越多固化速度增长存在一个极大值,对不同 F/P 摩尔分数的酚醛树脂取碱含量极大值(固化速度最快的点)处的碱含量数值最为适宜,过多或过少都不利于固化速度的提高。

酚醛树脂与胺类树脂相比固化温度高、时间长,这是甲阶酚醛树脂的最大缺陷。为解决这一问题,采取添加粉末状线型酚醛树脂、加大甲阶酚醛树脂的反应程度而提高低聚物的平均相对分子质量、提高树脂缩合度后以发泡糊液形式使用。将碳酸钠(Na_2CO_3)与碳酸丙烯酯[$CO(CH_2O)2CH_3$]、甲二醇等与胶液配合使用,将天然物的单宁和从爱沙尼亚产石油页岩中得到的对烷基苯酚化合物与其进行配合或共缩合等,都可有效地提高酚醛树脂胶黏剂的固化速度。

热压用酚醛树脂虽然是单组分,对于胶合板类的胶合,通常采用在调胶时加入椰壳粉、核桃壳粉、小麦粉等填充剂,解决因强碱性导致的高渗透性问题,提高黏度。再加上碳酸钠等固化促进剂,总的增量剂添加量在 10%~20%。

酚醛树脂具有高耐水、耐热、耐煮沸性。水溶性酚醛树脂用于建筑外装修、结构用胶合板、刨花板等的制造。在保持水溶性的同时为了降低固化温度,使用间苯二酚与其共聚合(PRF)及与间苯二酚树脂共混,即采用添加间苯二酚的方法。

酚醛树脂除了液状以外,还有经喷雾干燥制造成粉状型。也有将液体树脂浸渍于纸上,经干燥后制成固含量在 $50\%\sim100\%$ 的酚醛树脂浸渍纸型,用于胶合和贴面。

常温胶合用醇溶性强酸固化的酚醛树脂胶黏剂,主要用于木工、集成材制造。

苯酚-三聚氰胺共缩合树脂是为了降低酚醛树脂胶合成本而诞生的一种共缩合树脂。树脂的性能与苯酚和三聚氰胺的配比有关,P/M 摩尔分数在 1 左右时可达到特级耐热耐水性能。在中性条件下三聚氰胺的固化优先,之后酚醛开始固化。普通胶合板生产工艺的热压时间对酚醛的固化不充分,尽管沸水煮沸所展现的胶合强度高,但冷水浸渍试验时也有胶合强度不够充分的问题。至少应使用与三聚氰胺相当的固化温度,并且热压时间还要足够长。

4.间苯二酚树脂胶黏剂

间苯二酚树脂是间苯二酚与甲醛的加成缩合物,为水溶性胶黏剂。间苯二酚具有两个酚羟基($-OH$),因此反应活性大。甲醛以非常快的速度进行加成反应,制成含有未反应的间苯二酚和早期缩合形成的线型低聚物。此反应非常激烈且放热量大,一般采用甲醛分批滴加方法控制反应放热和反应速度。

F/R 摩尔分数一般为 $0.5\sim0.8$,摩尔分数过高时贮存性不好,摩尔分数过低时游离的间苯二酚量增加,黏度低凝胶时间变长。以碱做催化剂时水溶性好,添加甲醇、乙醇时可延长可使用时间。通常的胶黏剂为线型,pH 在 $6\sim9$,一般为乙醇/水的 50% 溶液。固化剂为聚甲醛等即使在常温条件下也可以固化,若在中高温条件下固化加速。

作为木材用胶黏剂,间苯二酚树脂胶黏剂是耐久性最好的,但因其价格高仅用于集成材的制造。为了降低其价格,多与苯酚共缩合,固化后胶层为黑褐色。

5.环氧树脂胶黏剂

环氧树脂胶黏剂是主剂含有环氧基的化合物,包括双酚 A-环氧氯丙烷型共有 10 种以上。固化剂的种类也多,有酸、酸酐、胺、聚酰胺等。根据主剂和固化剂的组合,反应性与胶合性能等的差别也非常大。

主剂环氧树脂的类型比较多,因此必须知道环氧基的比例。为此,用环氧值和环氧当量指标。环氧值是环氧 1g 当量相当于环氧树脂的质量。环氧当量为 100g 的树脂中所含环氧基的物质的量,可使用 100/环氧值计算。

环氧树脂不含溶剂,固化时体积收缩小。并且即使加压压力小时也可胶合,是具有孔隙填充性的胶黏剂。除木材外,可胶合金属、塑料、混凝土、无机材料等多种材料。

6.聚乙酸乙烯酯树脂乳液胶黏剂

乙酸乙烯酯树脂是乙酸乙烯单体聚合的热塑性高分子。乙酸乙烯酯树脂不溶于水,可直接作为热熔型胶黏剂单独使用或者同其他树脂配合使用。将树脂溶于有机溶剂之中制成溶剂型乙酸乙烯酯,特别是乙醇溶剂的产品是作为隔热材料广泛使用的聚苯乙烯泡沫的唯一胶黏剂,具有重要的用途。

木材胶合使用的几乎都为乳液型。若聚合完成,则不溶于溶剂,因此在水中进行聚合制成乳液。将乙酸乙烯与胶体保护剂(聚乙烯醇等)及催化剂(过硫酸钾等)混合,在搅拌的同时进行加热聚合得到的乳浊液为 PVAc。制成的乙酸乙烯酯树脂乳液胶黏剂为白色的黏稠液体,黏度在 $20\sim100Pa\cdot s(30℃)$。

乙酸乙烯酯乳液由于是以水做介质,无毒且廉价,作为木材胶黏剂其用量仅次于脲醛树脂,是主要的木工用胶黏剂。通过水的散失能够干燥成膜,胶膜近乎透明,膜的适宜性可由增塑剂(邻苯二甲酸二丁酯等)的量进行调解。聚乙酸乙烯酯乳液是以多孔性材料为胶合对象的胶黏剂,除木材以外,还用于纸袋、包装、纤维等的胶合。

由于乙酸乙烯酯乳液胶黏剂的耐水性和耐热性差,将酚醛树脂等预先与乳液混合,加入强酸使其一部分形成交联的乙酸乙烯酯乳液用于集成材、家具的制造。非乳液的溶剂型乙酸乙烯酯树脂用于木材之间及异种材料的胶合与建筑现场施工。

7.水性高分子异氰酸酯类胶黏剂

水性高分子异氰酸酯类胶黏剂通称水性乙烯聚氨酯类胶黏剂,是代表性的复合型胶黏剂。在含有聚乙烯醇(PVA)、乙酸乙烯酯乳液、乙烯-乙酸乙烯酯乳液等线型高聚物的水系树脂液中,配合 SBR(苯乙烯-丁二烯胶乳)、填充剂、增黏剂、稳定剂等作为主剂,具有两个以上异氰酸酯基(—NCO)的 MDI(二苯基甲烷二异氰酸酯)、TDI(甲苯二异氰酸酯)以及它们的预聚体等化合物掩蔽以后做固化剂(交联剂),是由两个组分构成的胶黏剂。在主剂高聚物中存在大量的羟基,羟基与异氰酸酯基反应形成氨基甲酸酯键(—NHCOO—)与脲键(—NHCONH—),使高聚物之间交联,形成巨大的复杂的高分子。但是,由于主剂中含有大量的水,异氰酸酯与水反应生成二氧化碳,影响脲键的形成。为了防止异氰酸酯与水的反应,将异氰酸酯掩蔽起来。胶黏剂的固化是伴随着水分的散失而成膜的,此外,异氰酸酯和主剂成分的反应也在同时进行。

异氰酸酯化合物与水混合后迅速反应消耗异氰酸酯基,用邻苯二甲酸二辛酯(DOP)与液状石蜡类溶剂溶解异氰酸酯化合物,在其分散于水中时提高其稳定性。将适当的掩蔽剂适当配成掩蔽固化剂,并能于水系胶黏剂糊液混合是此胶黏剂的关键点。水性高分子异氰酸酯胶黏剂其固化交联剂的用量可在很大范围内变化，随着固化交联剂用量的增加，交联密度提高，胶合强度的耐水性能同时提高。通常相对于主剂（100％质量分数）添加 15％～25％质量分数的固化交联剂可达到与间苯二酚树脂相当的胶合性能。

水性高分子异氰酸酯的优点：①水系乳液，操作简单容易；②非甲醛系，不必担心由被胶合物释放 VOC；③几乎为中性，不污染木材，木材不劣化；④改变固化交联剂用量可以调节胶合性能，具有间苯二酚类的高耐水和耐久性；⑤常温、低温（最低可达 5℃）固化性好，可以在非常广泛环境下使用，而且还可以热压、高频胶合；⑥初期强度好，固化树脂富有黏弹性，不但可以胶合木材，也可以胶合金属。其缺点：①双组分型，适用期短；②交联固化剂的异氰酸酯化合物有毒性，在空气中的蒸汽压也高；③机械上的附着物的清洗与剥离困难等；④价格较高。

水性高分子异氰酸酯在木材、集成材、板材、家具的胶合中广泛使用。还可用于塑料板与薄板、无机质板材、金属板和箔等多种被胶合材料的胶合。

8. 热熔胶黏剂

所谓的热熔胶黏剂是加热熔融时为流动性的液体，冷却后凝固为固形高聚物的热塑性树脂。作为基础树脂广泛使用乙烯-乙酸乙烯共聚树脂（EVA）。胶黏剂的构成除了基础树脂、增黏剂（松香、萜烯树脂、酚醛树脂等）、黏度调节剂（蜡等）三个成分，还包括抗氧剂、填充剂（滑石粉、碳酸钙等）。

一般为淡黄色至暗褐色，有粉状（颗粒）、片状（切片）、膜状等形状。自古就使用的由动物的骨、皮等制成的骨胶（明胶）也是热熔胶黏剂的一种。

9. α-烯烃马来酸酐共聚胶黏剂

α-烯烃马来酸酐共聚胶黏剂是由异丁烯和马来酸酐的共聚物、金属氢氧化物和金属氧化物等无机化合物、SBR 胶乳、环氧树脂 4 种成分构成的。它是 20 世纪 70 年代日本为解决食品柜等甲醛释放问题而开发的，用于胶合板、家具制造的非甲醛类木材胶黏剂，具有胶压时间非常短的特点，也用于建筑板材制造与石板等异种材料胶合。

此种树脂不溶于水，与碱性化合物烧碱配合时形成钠盐则溶于水，然后与无机化合物的氢氧化钙等作用形成不溶于水的钙盐螯合交联凝集，高聚物和金属盐之间尽管是离子键，也产生连接作用而凝胶化。这种不溶于水的高聚物可溶解，再不溶化，凝胶化的机制与蛋白质胶黏剂的酪蛋白胶的固化机制相类似。近而具有两个以上环氧基的环氧树脂在本体高聚物间产生交联反应，形成更为复杂的网状结构，水分散失时迅速凝集固化。

α-烯烃马来酸酐共聚胶黏剂具有初期黏结性好、胶合时容许含水率高的特征。采用冷压法制造胶合板时，单板含水率不论是 2%～3% 还是 10% 或 20%，其胶合强度均无差别。另外，胶压压力非常小时胶压时间也非常短。因为胶黏剂组分中的无机材料多，耐热性和耐久性好，有助于提高木质材料的耐火性。胶合木材制品可达到耐热水与沸水浸渍，冷水浸渍时其胶合强度的变化也不大。由于胶层中含有烧碱，长时间冷水浸渍时胶黏剂润胀，凝聚力迅速降低，而高温会促进碱的流脱而有助于树脂固化。

湿润膨胀后的胶层当水分干燥后，可以恢复初期水平的胶合强度，具有溶剂挥发型胶黏剂机制，湿润时没有再湿型胶黏剂的活性再恢复特性。

10. 氰基丙烯酸酯类胶黏剂

氰基丙烯酸酯类胶黏剂是以烷基-α-氰基丙烯酸酯单体为主成分的胶黏剂。利用被胶合物体表面的微量水分进行快速阴离子聚合，形成坚硬的高聚物，具有强固的胶合性能，瞬间完成胶合，可在短时间内胶合陶瓷器具、金属等。木材加工用氰基丙烯酸酯胶黏剂是混有胺的增黏型胶黏剂，用于家具、乐器、工艺品等小面积胶合。

11. 合成橡胶类胶黏剂

合成橡胶类胶黏剂种类多，主要是丁腈橡胶、丁二烯橡胶（NBR）和氯丁二烯橡胶（CR，氯丁橡胶）等。在这些橡胶类高分子中配合硫化剂（氧化镁、氧化锌）、增强剂（酚醛树脂等）、填充剂等混炼，然后用有机溶剂溶解作为胶黏剂使用。使溶剂（甲苯等）挥发，表面指触干燥后贴合即可胶合，称为接触型胶黏剂，用于木材、橡胶、皮革、石板等的胶合。

6.1.2　添加剂

添加剂是指在人造板生产过程中，施加的除胶黏剂以外的其他化学药剂。施加这些添加剂的目的是改善或赋予人造板以特殊性能，满足人造板在某种条件下的使用功能要求。通常使用的添加剂包括防水剂、填充剂、阻燃剂、防腐剂等。

1. 防水剂

在人造板生产中，利用刨花和纤维类胶合单元制造的板材通常在施胶时都要加入防水剂，主要目的是提高其尺寸稳定性。木质材料表面富含羟基等极性基团，极易吸湿吸水，当木质原料的体积变小时其比表面积大量增加，吸湿吸水能力大幅度提高，吸湿吸水后直接导致木质原料膨胀，最终致使胶合制品的尺寸增加，影响其尺寸稳定性。为了防止利用细小木材单元制造的人造板因短时间接触水与吸湿产生尺寸的过度膨胀，通常利用低表面能的憎水类物质，如石蜡等遮盖及阻断水气进入木质原料内部,从而提高其防水性能。

防水剂的防水实质是石蜡等憎水物质附着在木质单元表面,遮盖表面的极性吸水基团(如羟基等),堵塞水气进入木材内部的通道,从而达到暂时性防水作用。一旦防水剂脱落或长时间与水接触,就会失去防水效果。永久的防水效果必须封闭极性吸水基团,如采用化学作用减少羟基数量或降低极性吸水基团吸水性能。

防水剂的种类很多,有石蜡、松香、沥青、合成树脂、干性油、有机硅树脂等。由于石蜡的防水性能较好,资源丰富且价格相对低廉,所以在人造板生产过程中广泛使用石蜡做防水剂。

石蜡不溶于水,也不能被碱所皂化。湿法纤维板和刨花板生产,石蜡必须乳化成高度分散的稳定乳液才能施加到纤维浆料中或与胶液混合。乳化剂的作用是增加乳液的稳定性,它是表面活性剂的一种,可防止石蜡液滴聚集而凝结。乳化剂是双亲分子,分子的一端亲水,另一端亲油,并能溶于单体。工业上广泛使用的乳化剂,根据其亲水官能团分为阴离子型、阳离子型、非离子型和两性型。纤维板生产常用的乳化剂有油酸铵、合成脂肪酸铵、烷基磺酸钠、硬脂酸和松香酸的钠皂、铵皂等,这些都是阴离子型乳化剂。选择乳化剂时,必须考虑其乳化能力、货源和价格等问题。

石蜡乳液比松香乳液防水性能好,并能提高板材的绝缘性,但由于分子结构不同,石蜡与纤维之间的附着力比松香弱,石蜡乳液防水的持久性差,而且影响板材的强度。此外,与松香乳液相比,制作石蜡乳液的难度较大。石蜡乳液在人造板生产中广泛应用,除提高产品的耐水性能外,还可减少热压粘板现象,有利于改善板面质量。

松香乳液俗名松香胶,按其所含游离松香量分为褐色松香胶(也称中性松香胶,含游离松香很少)、白色松香胶(含游离松香 40%~45%)和高游离松香胶(含游离松香 70%~90%)。高游离松香胶的防水效果最好,但制作工艺较为复杂。总体来说,制作松香乳液比较简便,无需另施加乳化剂。松香乳液主要用于造纸行业,在人造板中多用于软质纤维板生产。

石蜡-松香乳液实际上是以白色松香胶作乳化剂的石蜡乳液,其性能介于石蜡乳液和松香乳液之间。石蜡-松香乳液中的石蜡含量以 20%~40% 为宜。这种乳液也多用于软质纤维板生产。

松香是一种透明的凝固树脂,性脆,相对密度在 1.01~1.09,软化温度 50~70℃,熔点 80~135℃。松香的颜色由淡黄到暗褐,以其颜色深浅分成 13 个等级,颜色越浅越纯,用做防水剂的松香多在 3~6 级。松香的化学组成比较复杂,主要成分是松脂酸($C_{19}H_{29}COOH$),也称松香酸。松香溶于某些有机溶剂,但不溶于水。纯碱或烧碱可使松香皂化,生成能溶于水的松香酸钠(也称松香皂)。松香的

皂化反应是可逆的,即松香酸钠可水解重新生成游离的松香酸:

$$C_{19}H_{29}COOH + NaOHP \Longleftrightarrow C_{19}H_{29}COONa + H_2O$$

控制用碱量,可以制成游离松香含量不同的各种松香乳液。松香的质量可以其皂化值来评价。工业上把在加热的情况下,中和1g油质所需要的氢氧化钾的毫克数,称为皂化值。皂化值大,说明松脂酸含量高,松香质量好。

直接施加石蜡工艺被干法纤维板生产普遍采用。直接施蜡是将熔融石蜡直接由高压泵打入热磨机的磨室,然后依靠磨盘的摩擦挤压作用使石蜡均匀分散于纤维表面。直接施蜡工艺既省掉石蜡乳化设备,又省掉乳化剂,乳化剂为表面活性剂,对防水效果不利。直接施蜡工艺关键是使石蜡均匀分散,另外由于石蜡受热磨机的高温高压作用,并且纤维还要经过高温干燥,所以石蜡的熔点,即石蜡相对分子质量的大小对防水性能有一定影响。这是因为低熔点的小相对分子质量石蜡会因高温作用汽化,而随干燥介质排出而降低石蜡的留着率,从而降低了石蜡的施加效果。目前,在刨花板生产中也有采用直接施加熔融石蜡,即将熔融石蜡直接喷到拌胶机进料口处的刨花上,雾化的石蜡液滴与刨花在拌胶机内进一步混合,以达到均匀分散的目的。

1)石蜡

石蜡是石油工业的副产品,是一种内聚力较强的油性有机物,不溶于水,不能皂化。按其状态可分为液状石蜡、固体石蜡和微晶蜡3大类。主要成分为19~35个碳原子的直链或支链的烷烃化合物,其化学分子式的通式为C_nH_{2n+2}。石蜡憎水、柔软、易熔、颜色由白至黄(由其纯度决定,黄色含油量高熔点低),熔点在42~75℃,人造板工业使用的石蜡其熔点一般在52~58℃,石蜡的密度与其熔点和温度有关。石蜡化学性能稳定,不能皂化,但能溶于汽油、苯、三氯甲烷等许多有机溶剂。

石蜡是固态高级烷烃混合物的俗名,分子式为C_nH_{2n+2},其中$n=20\sim40$。碳原子数为18~30的烃类混合物,主要组分为直链烷烃(为80%~95%),还有少量带个别支链的烷烃和带长侧链的单环环烷烃(两者合计含量20%以下)。石蜡不与常见的化学试剂反应,但可以燃烧。

石蜡又称晶形蜡,通常是白色、无色无味的蜡状固体,在47~64℃溶化,密度约0.9g/cm³。它不溶于水,但可溶于醚、苯和某些酯中。纯石蜡是很好的绝缘体,其电阻率为$10^{13}\sim10^{17}\Omega\cdot m$,比除某些塑料(尤其是特富龙)外的大多数材料都要高。石蜡也是很好的储热材料,其比热容为2.14~2.9J/(g·K),熔化热为200~220J/g。石蜡是蜡烛的主要成分。

石蜡的主要性能指标是熔点、含油量和安定性。

(1)熔点。

石蜡是烃类的混合物,因此它并不像纯化合物那样具有严格的熔点。所谓石蜡的熔点是指在规定的条件下，冷却熔化了的石蜡试样，当冷却曲线上第一次出现停滞期的温度时，各种蜡制品都对石蜡要求有良好的耐温性能，即在特定温度下不熔化或软化变形。按照使用条件、使用的地区和季节以及使用环境的差异，要求商品石蜡具有一系列不同的熔点。

影响石蜡熔点的主要因素是所选用原料馏分的轻重，从较重馏分脱出的石蜡的熔点较高。此外，含油量对石蜡的熔点也有很大的影响，石蜡中含油越多，其熔点就越低。

（2）含油量。

含油量是指石蜡中所含低熔点烃类的量。含油量过高会影响石蜡的色度和储存的安定性，还会使它的硬度降低。所以从减压馏分中脱出的含油蜡膏，还需用发汗法或溶剂法进行脱油，以降低其含油量。但大部分石蜡制品中需要含有少量的油，这对改善制品的光泽和脱模性能是有利的。

（3）安定性。

石蜡制品在造型或涂敷过程中，长期处于热熔状态，并与空气接触，假如安定性不好，就容易氧化变质、颜色变深，甚至发出臭味。此外，使用时处于光照条件下石蜡也会变黄。因此，要求石蜡具有良好的热安定性、氧化安定性和光安定性。

影响石蜡安定性的主要因素是其所含有的微量的非烃化合物和稠环芳烃。为提高石蜡的安定性，就需要对石蜡进行深度精制，以脱除这些杂质。

固体石蜡根据加工精制程度不同，可分为全精炼石蜡、半精炼石蜡和粗石蜡 3种。每类蜡又按熔点，一般每隔 $2℃$，分成不同的品种，如 52、54、56、58 等牌号。粗石蜡含油量较高，主要用于制造火柴、纤维板、篷帆布等。

油酸铵（$C_{17}H_{33}COONH_4$）是由油酸和氨水相互作用制成的。油酸为不饱和脂肪酸，分子链中有一个双键。油酸是利用动、植物油制成的。用油酸铵做乳化剂制作石蜡乳液时，氨水的恶臭不利于操作。

合成脂肪酸铵是合成脂肪酸与氨水反应的产物，合成脂肪酸由石蜡氧化而制得，是中碳直链饱和有机酸，室温下呈黄色软膏体，熔点 $60℃$，酸值 $170\sim220$，可以被皂化，但皂化物在硬水中不稳定。对合成脂肪酸和油酸来讲，酸值是重要的性能指标。酸值是中和 1g 合成脂肪酸或油酸所需氢氧化钾的毫克数。酸值越大，酸的用量就越小。

烷基磺酸钠为淡黄色透明液体，其代表式为 $C_{19}H_{33}SO_3Na$，即碳链为饱和烃。它在碱性、中性和微酸性溶液中比较稳定，在硬水中不生成沉淀物，能保持良好的乳化能力，热稳定性良好，温度高于 $270℃$ 时才出现分解变黑现象。烷基磺酸钠是石油的副产品，原料来源丰富，乳化工艺比较简单。

此外，松香乳液、硫酸盐皂（塔尔油）、茶皂素等也可用做石蜡乳化剂。

沉淀剂在湿法纤维板生产中用来沉淀浆料中的石蜡,使其附着在纤维表面。常用的沉淀剂有硫酸铝、硫酸、盐酸和硫酸铁。

2)石蜡乳液的类型

乳化蜡是包括石油蜡在内的各种蜡均匀地分散在水中,借助乳化剂的定向吸附作用在机械外力的作用下制成的一种含蜡含水的均匀流体。根据所使用的表面活性剂的类型可分为阳离子型乳化蜡、阴离子型乳化蜡、非离子型乳化蜡。只有根据乳化剂种类,选择合理的配方和操作规程,各种乳化剂都能制出合格的乳液。

阳离子型乳化蜡的生产一般使用胺盐型表面活性剂。由于其乳化液中带有正电荷而通常在水中的固体表面带负电荷,这就使用阳离子型乳化蜡易于吸附在这些固体表面其成膜更加均匀,覆盖性更好。因此阳离子型乳化蜡在纺织方面可用做纺织品的抗静电剂和柔软剂。

阴离子型乳化蜡的生产一般使用羧酸盐类、磺酸盐类和硫酸酯盐类作为表面活性剂。广泛应用于人造板工业、造纸工业、上光剂工业、农业、陶瓷工业。

非离子型乳化蜡的生产使用的非离子型的乳化剂,包括聚氧乙烯型多元醇型和聚醚型等。非离子型乳化剂对水的硬度最不敏感,所以使用最为广泛。

但是,由于使用不同表面活性剂的产品都有各自明显的缺点,所以,将不同类型的表面活性剂混合使用也是现在研究的热点和趋势。

3)乳化原理

石蜡是具有直链碳氢结构的长链化合物,分子中不含亲水基团,油性极强。石蜡的乳化就是要使其分散于水中,借助乳化剂的定向吸附作用,改变其表面张力,并在机械外力作用下成为高分散度、均匀、稳定的乳液。要想获得质量稳定的乳化蜡产品,必须选择好乳化剂并通过乳化来实现。乳化剂是两性表面活性物质,它们的分子一端亲水,一端亲油,能较大地降低油水界面张力。石蜡乳化的关键,就是将石蜡分散成微小的液滴,并使其表面定向吸附乳化剂分子,在蜡水界面形成具有一定力学强度,带有电荷的乳化剂单分子界面膜,亲油基团朝蜡,极性基团朝水,使蜡滴稳定分散于水中而不易聚结。

乳液制备就是一种液体以细滴状分散在另一种液体中的物系,称为乳状液,简称乳液。在胶体化学中,一切与水不相溶化的液体或熔融态的有机憎水液体都称为油,用"O"表示,水用"W"表示。根据这一定义,同样一种与水不相溶的液体可以制成两种类型乳液:油在水中的乳液,即 O/W 型乳液,也称水包油;水在油中的乳液,即 W/O 型乳液,也称油包水。制作乳液还必须有第三个组分作乳化剂和稳定剂。湿法纤维板生产多用阴离子型乳化剂。

从化学结构来看,表面活性剂的分子结构具有不对称性,即由极性和非极性两部分组成。极性部分是亲水性的,非极性部分是亲油性的,属两亲分子。固体石蜡的内聚力较强,不易分散,乳化前必须将其融化。融化的石蜡加入乳化剂之后,在机械搅拌作用下,被分割成 $1 \sim 4 \mu m$ 或更细小的颗粒,石蜡的表面积成万倍增加,具有巨大的相界面,需要一定的能量。除机械外力之外,还要吸收一定的热量。在搅拌过程中,乳化剂分子的憎水基团与水有斥力,被水排挤而指向石蜡微粒表面。石蜡将憎水基团吸附在自己的表面上。与此同时,乳化剂分子的亲水基团被拉向水中。这就是两亲分子的定向吸附作用。

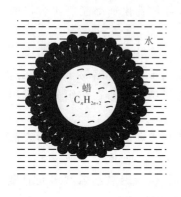

图 6-1　乳化剂的单分子膜

乳化剂的定向吸附作用使互不相溶的两种液体界面之间的表面张力发生变化。如果使用阴离子型乳化剂,因为其是水溶性乳化剂,在较大的极性基团被拉入水层后,能够降低水的表面张力,使石蜡的表面张力大于水的表面张力,水被石蜡液滴拉过去,并包裹着石蜡液滴,形成了 O/W 型乳液,即在高度分散的石蜡微粒表面形成一层具有一定强度、富有弹性的乳化剂单分子膜,如图 6-1 所示。

作为乳化剂使用的表面活性剂,其乳化性能与其本身的化学结构有一定关系。表面活性剂的亲水性（HLB 值）与其相对分子质量的大小相关,相对分子质量越大,亲水性越好。一般作为 O/W 型乳液使用的表面活性剂,其 HLB 值应在 $8 \sim 20$,石蜡乳化剂的 HLB 值在 $9 \sim 10$ 为好。其次乳化剂与石蜡的亲和力要大,否则表面活性剂就会脱离乳化粒子,自己形成胶束而溶于水中,使被乳化物分离出来。另外以表面活性剂相对分子质量较大的作乳化剂为好。

石蜡乳液中的石蜡微粒有很大的比表面积,即具有巨大的表面能。因此,石蜡微粒有自动降低分散度,以减少表面能的趋势。据此,石蜡乳液是不稳定的,石蜡微粒之间有相互凝聚的能力。然而实际情况是石蜡乳液比较稳定,这主要是石蜡胶体粒子带电的缘故。

胶体化学中将形成胶粒的不溶质点称为胶核。胶核具有很大的比表面,易在界面上有选择地吸附某种离子。被吸附的离子又能吸引溶液中过剩的异电离子。由于离子的热运动,异电离子随着距胶核表面的远近,有一定的浓度分布,形成了漫散双电层,如图 6-2 所示。图中 MN 表示胶核表面,靠近胶核表面的一层反粒子浓度较大,随着距离的增大,反粒子浓度逐渐降低,直到距胶核表面为"d"处,反粒子浓度为零。因此,漫散双电层又可分成两部分。一部分为附着在胶核表面的不流动层,称为吸附层,其中包括被胶核吸附的离子（吸附离子）和部分反粒子。厚度为"σ",即从胶核表面 MN 到虚线 AB 。另外一部分包括从 AB 到距胶核表面为"d"的 CD 处,称为漫散层。在外电场作用下,当胶核和液体相对运动时,滑动面不是在胶核表面,而是在 AB 面上。因为吸附层和漫散层各带相反电荷,所以两者之

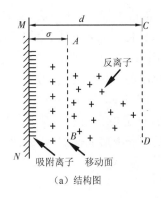
（a）结构图

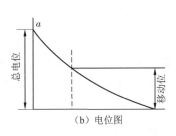
（b）电位图

图 6-2　漫散双电层的结构与电位图

间存在电位差,称动电位。胶核表面和反粒子所带电荷也完全相反,两者之间也存在电位差,称总电位。由于吸附层中的反粒子抵消了胶核表面的部分电荷,故动电位始终小于总电位。胶核与其周围的双电层所组成的整体称为胶团,整个胶团为电中性。由胶核和吸附层组成的离子称为胶体粒子,简称胶粒。胶粒是带电的,可看做胶体离子。正是因为胶体离子带电而相互排斥,减少了胶粒之间的凝聚作用,增加了乳液的稳定性,而且胶粒带电量越大,胶粒间的相互斥力就越强,乳液也就越稳定。

乳化蜡的基本原料是石蜡、微晶蜡或石油脂。选用不同的原料、确定不同的原料数量、配以不同的乳化剂、采用不同的乳化工艺等,就可根据不同的使用要求而调制出不同质量的适用的乳化蜡产品。

乳化石蜡的制备工艺按照乳化剂(一般为表面活性剂)的加入方式分为四种:

(1)剂在水中法,即将乳化剂直接溶于水中,并在激烈搅拌条件下将蜡加入水中。

(2)剂在油中法,即将乳化剂溶于蜡中,然后将水加入混合物中得到 W/O 型乳液,继续加水乳液转相由 W/O 型转化为 O/W 型。所以此法也称为转相法。乳化剂溶解到油相得到的可溶化油,在加水过程中先转变成层状液晶结构,再转变成表面活性剂,连续相所包裹的油滴 O/D 凝胶状乳液结构最后才转变成 O/W 型乳状液。由于在乳化过程中表面活性剂连续相形成 D 相结构,把油滴分散溶解,使它不能聚集变大,所以得到比较细微的乳状液。

(3)初生皂法,即将脂肪溶于蜡中,将碱溶于水中,两相接触在界面上即有皂生成。

(4)轮流加液法,即将水和蜡轮流加入乳化剂,每次只加少量。石蜡乳液常采用剂在水中法,但这种方法制得的乳液往往质量不稳定,而采用剂在油中法和初生皂法制得的乳化蜡稳定性一般会更好。

为获得稳定的乳化蜡,必须考虑亲水亲油平衡值 HLB、乳化温度、反应时间、颗粒度等主要影响因素,同时也要考虑乳化剂用量、乳化剂加入方式、冷却速度与搅拌速度、乳化设备、乳化水、气泡等这些相关的影响因素。制乳化蜡的一般工艺条件为:HLB 值为 9~12,乳化剂用量为 10%~20%,乳化温度为 80~95 ℃,搅拌速度不小于 100r/min,反应时间为 15~30min,稳定乳液粒度为 0.1~0.5μm。

松香乳液的制作原理与石蜡乳液基本相似,只是松香酸皂本身就是阴离子型表面活性物质,它能在未皂化的游离松香酸微粒的周围形成保护膜,因此无需另外施加乳化剂。

4）石蜡乳化工艺

石蜡与水的接触角远大于 90°,只有采用合适的工艺,才能将其制造成既具有亲水性又具有疏水性的石蜡乳液。

制备石蜡乳液的设备有石蜡乳化装置、石蜡融化罐、氨水稀释罐、热水罐、石蜡乳液储槽、循环泵和计量器等。

在结构上,石蜡乳化锅、融蜡罐等均应有夹套水浴或蛇形管加热,要保证液体有均匀、稳定的温度,要便于控制、调整和清理。石蜡乳化锅的搅拌器非常关键,要有足够的转速和均化能力,保证乳液得到充分、均匀的搅拌。人造板生产乳液制备所用乳化罐的结构如图 6-3 所示。

以合成脂肪酸铵（或油酸铵）为乳化剂的石蜡乳液配方如表 6-2 所示。

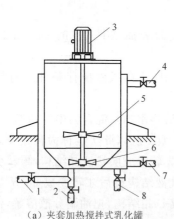
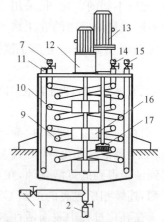

（a）夹套加热搅拌式乳化罐　　　　　　（b）蛇形管加热剪力式乳化罐

图 6-3　石蜡乳化罐结构及原理

1. 排料口；2. 排污口；3. 乳化搅拌装置；4. 热水出口；5. 可移动翼片；

6. 固定翼片；7. 蒸汽进口；8. 清洁管；9. 蛇形冷却管；10. 蛇形加热管；

11. 蒸汽出口；12. 慢速搅拌装置；13. 快速乳化装置；14. 冷水出口；

15. 冷水入口；16. 搅拌叶片；17. 乳化器

表 6-2　合成脂肪酸铵(或油酸铵)石蜡乳液配方

配方	石蜡	合成脂肪酸(或油酸)	氨水	乳化水	稀释水
配比	100	8~13	6~9	1~2	1880
每次用量	30	4	2.5	合成脂肪酸的 4~8 倍	按制备浓度要求而定
重量/kg	150	32(油酸)	17	40+20	240

合成脂肪酸用量与其酸值有关,可用下述经验公式确定:

$$M = 6 + \frac{A - A'}{10} \tag{6-1}$$

式中,M——合成脂肪酸占石蜡重量的百分数;

A——理论酸值(18 碳脂肪酸的理论酸值为 210);

A'——实际酸值。

氨水用量取决于合成脂肪酸(油酸)的用量和酸值,其理论用量可按皂化反应式计算:

$$RCOOH + NaOH \longrightarrow RCOONa + H_2O$$

氨水的实际用量应稍大于理论值,以保证合成脂肪酸(油酸)充分皂化,并使乳液 pH=8~9,有助于乳液稳定。若氨水用量过多,制备过程中会产生大量泡沫,破乳时还将增加沉淀剂的消耗量。

石蜡乳液的配方:

石蜡　　　　　　　100 份

合成脂肪酸　　　　10 份

氨水　　　　　　　5 份

水　　　　　　　　100 份

石蜡乳液质量指标:

(1)乳液质量指标:pH 为 7.0~8.5。

(2)密度(20℃)为 0.94~0.96g/cm³。

(3)颗粒度:≤1μm 者占 90% 以上存放两天,不分层,不凝聚。

石蜡乳化工艺:

(1)按配方将水、石蜡、合成硬脂肪酸加入乳化罐中,加蒸汽压力不超过 1kg/cm²。

(2)待石蜡全部熔融后,温度至 70℃,开慢速度搅拌。

(3)温度至 88℃停汽,开高速度搅拌,同时加入氨水,此过程 3~4min,乳化温度为 88~92℃。

(4)停止高速搅拌(一般为 6~9min),开始慢速搅拌降温至 70℃,停止搅拌。

(5)50℃ 左右,打入储罐备用。乳液指标:含量大于 30%,无凝聚物,不成膏状。

5)影响石蜡乳化的工艺因素

(1)乳化剂的选择。

蜡是一种内聚力较强的油性有机物质,不溶于水,不能皂化。石蜡乳化就是将石蜡均匀地分散在水中,借助乳化剂的定向吸附作用,改变其表面张力并在机械外力作用下形成乳液。评价乳化蜡的性质主要有稳定性、分散性、流变性等,其中最重要的是稳定性。乳化蜡作为一种乳状液是热力学不稳定体系,放置时容易产生相分离。影响乳化蜡稳定性的因素很多,如乳化剂的选择、用量,乳化水的加量,乳化温度、时间、搅拌速度等,其中乳化剂的影响最大。

石蜡乳液的不稳定突出表现在破乳和分层,其分层速度可由 Stockes 公式表示如下:

$$V = \Delta\rho \times d^2 \times \frac{g}{18\eta} \qquad (6\text{-}2)$$

式中,V——分层速度;

$\Delta\rho$——两相密度差;

d——乳粒半径;

g——重力加速度;

η——外相黏度。

由式(6-2)看出:要使乳液稳定不分层,即减小 V,则应尽可能减小两相密度差 $\Delta\rho$ 和乳粒半径 d 及增大乳液外相黏度 η。对石蜡乳液来说,要使 $\Delta\rho$ 减小很困难,因此,只有使乳液粒子尽可能细小、均匀。此外,若表面活性剂在乳液粒子表面形成的吸附层不够致密、界面膜强度低,将导致乳粒相互靠拢合并成大颗粒而破乳,乳液一旦破乳则很快分层。因此要制得颗粒细小、均匀稳定的乳化蜡,乳化剂的选择是首要条件。

通常复配型的乳化剂比单一乳化剂所制得的乳化蜡在稳定性方面要好。最早使用的是单一的表面活性剂做乳化剂,如以胺类做石蜡的乳化剂,还有以非离子表面活性剂做石蜡的乳化剂。但单一乳化剂往往对蜡的乳化效果不好,有的乳化剂虽然降低了物系的 ΔG,能形成蜡的乳状液,但却增加了乳液的界面自由焓,不能使体系保持稳定。由两种表面活性剂组成的复配型乳化剂可以很好地解决上述问题。目前国内外所研制的乳化蜡大都是非离子型和阴离子型乳化蜡的复配,而阳离子型乳化蜡,由于其产品不稳定易分层,研制成功的甚少。

乳化剂分子中存在着亲油基和亲水基两种基团,乳化剂 HLB 值表示乳化剂分子中亲油和亲水的两个相反基团的大小和力量的平衡。HLB 值越高,乳化剂亲水性越强,HLB 值越低,则亲油性越强。由亲油性到亲水性的转变点为 10。通常选择出与乳化石蜡的 HLB 值(10~13)相近的表面活性剂作为乳化蜡的乳化剂。复配的乳化剂只有具有和石蜡匹配的 HLB 值时才能得到性能稳定的乳化蜡。

（2）乳化剂的用量。

当表面活性剂作为乳化剂时其作用有：①降低界面张力；②形成牢固的保护膜；③分散双电层。这三个作用都是在界面发生的，即乳化剂由于能明显降低界面张力，其分子必然吸附在两相界面上，随着吸附分子的增加，界面张力逐渐下降。当界面完全被乳化剂分子覆盖时，界面张力下降到最低值，并形成完整的保护膜，并建立了稳定的双电层，即制得了稳定的乳化蜡。若继续增加乳化剂的浓度，则只能使其分子在水溶液中形成球状和棒状的胶团，此开始形成胶团的乳化剂浓度即临界胶团浓度。

试验表明，在临界胶团浓度附近除界面张力降至最低值外，其他许多性质如导电性、溶解度、渗透压等都会发生突变。根据这些性质的突变，可以确定乳化剂的临界胶团浓度，即乳化剂的最低用量。试验已证明表面活性剂作为乳化剂时，其在界面上形成吸附膜的强度与界面活性剂的浓度有关，只有加入足够量的乳化剂才能达到最佳乳化效果。当蜡与表面活性剂的配比增大到一定程度时，即乳化剂的量减小到一定程度，乳液的稳定性开始变差。乳化剂用量过多虽能得到稳定的乳液，但由于含有多余的乳化剂，形成的产品气泡太多，而影响其质量。因此乳化剂的用量一般遵循采用必不可少的最低用量的原则，通常为总固含量的 10% ～30%。且随着乳化剂浓度增加，乳化蜡的黏度增大。非离子乳化剂浓度为 5% 以上时，黏度剧增，从黏度角度看非离子乳化剂用量不宜过高，5% 较为适宜。同时随乳化剂用量增加，乳液负触变性增加，5% 以上有显著负触变性。负触变性产生可能与蜡乳粒的表面结构、形状和浓度有关。

（3）乳化水用量及加入方式。

乳化液的质量与乳化水的用量及其加入顺序和方法有关。乳化水用量过少不易形成水包油型乳化液，乳化水用量过多乳化液浓度降低，对蜡滴表面吸附双电层的形成不利，乳液不稳定。一般认为，乳化水的用量在 65% ～70% 时才能得到稳定的 O/W 型乳化蜡。据大量试验和实践证明，一般应当控制在乳化剂用量的 1～2 倍为宜。

在试验中，水的加入方式对乳液粒子的大小影响很大。大量试验研究证明，转相乳化法中水分多次加入所得乳液质量要远好于一次加入足够的水所得的乳液。在加水的操作过程中应注意：①先加入的热水不宜过多，以防形成的 W/O 型乳液黏度过高附着在搅拌桨上，造成后来加助表面活性剂时搅拌不匀或由于先加的热水量过多，乳液直接由 W/O 型到 O/W 型，而没有经过 O/D 液晶相过程。②在形成 W/O 型微乳液后应快速加完热水，若此时加水速度过慢，由于转相前乳液黏度过高附着在搅拌桨上，使得乳化蜡分散不均匀。

一般可以先将乳化剂溶于蜡液中，然后在激烈持续搅拌下慢慢将水加入，加入的水开始以细小颗粒分散形成 W/O 型乳液。随着水的添加，乳化液变稠，最后黏度急剧下降转相为 O/W 型乳液。乳化水的硬度对乳液质量也有很大影响。硬水中的钙、镁离子能与合成脂肪酸（或油酸）发生离子交换作用生成沉淀物，使部分乳化剂丧失乳化作用。另外，硬水中的电解质还会影响石蜡微粒的带电状况，破坏乳液的稳定性。

有研究将总乳化用水量分为两部分，即热水 β 相和常温水 α 相。$\alpha + \beta = 1$。通过实验不断增加常温水 α 相与热水 β 相的比例，发现 α 值在 0.5～0.6 制得的石蜡乳液在外观、滴入水中观察和离心稳定性方面同全用热水乳化，即 β 为 1 时制得的乳化蜡基本没有差别。但是 α 相，即常温水的加入速度很重要，常温水应缓慢加入，否则由于降温过快蜡分散不均匀。由于使用了部分常温水而降低了能耗、节约了能源，即所谓的低能乳化法。

乳液浓度越大，石蜡微粒的碰撞机会越多，石蜡凝聚的可能性越大，不利于乳液的稳定性。如乳液浓度过低，则难以保证形成足够强度的、稳定的单分子保护膜，加之水中电解质的作用，乳液易分层。乳液浓度低于 1% 时，石蜡微粒的凝聚作用就很明显。湿法纤维板生产所用乳液的浓度在 5%～10%，刨花板和干法纤维板生产所用乳液浓度在 20%～40%。

（4）乳化温度。

石蜡乳液的乳化过程就是产生乳化剂的分子吸附在水-石蜡界面上，形成牢固保护膜，并建立稳定双电层的过程。从热力学观点来讲，吸附过程是放热，因此，升高温度不利于吸附过程的进行。但是石蜡熔化需要一定的热量，目的是使其熔化降低，其内聚能以便于搅拌时更好地分散，因此乳化温度必须高于石蜡的熔点。所以人们通常在制备乳化石蜡时常常采用高温熔融、低温乳化的方法。通常选择的乳化温度在 80～90℃。为了使混合的两相在接触时变为同温，添加相的温度应高2℃左右。另外在乳化过程中，乳化水与稀释水的温度一般应高于石蜡熔点，乳化时间一般在 20～30min 为宜。

（5）乳化时间。

最佳的乳化时间不仅能保证产品质量，同时也能提高生产效率降低能源消耗。乳化时间太短，石蜡不能充分乳化，时间太长则造成浪费。实验证明，乳液粒径开始时随时间的延长而变小，但一定时间后粒径不再变化。这说明单纯依靠延长乳化时间不能提高乳化质量。一般认为 30min 就可充分乳化完毕。

（6）搅拌速度。

石蜡颗粒的分散程度取决于搅拌速度。只有搅拌速度达 800～1000r/min 时，才有可能获得直径为 2μm 左右的石蜡微粒。颗粒越小，乳液越稳定。通常搅拌翼片的线速度以 600m/min 为宜。石蜡颗粒的直径达到 5～6μm 时，乳液就已比较稳定。采用带剪切小直径乳化装置时，其高速搅拌速度可达 2900r/min。

研究发现,在乳化过程中,搅拌器的搅拌方式和搅拌速度也会影响乳化蜡的性质。搅拌速度过低,不能使蜡与表面活性剂混合均匀,不能将油相较好地乳化,乳液颗粒不均匀。搅拌速度过高,则易带入大量的气泡,消泡困难,影响乳液质量。并且搅拌速度太高,会使乳化蜡破乳,影响其稳定性。因此较适宜的搅拌速度为1000r/min。有的研究者认为采用间歇式搅拌为宜,开始时激烈搅拌以利于石蜡的分散,随即要减速搅拌以利于吸附,其主要原因是乳化剂分子吸附到界面上需要一定的时间,若在吸附到达稳定前又激烈搅拌不利于牢固保护膜和分散双电层的形成。

(7)介质的 pH。

介质的 pH 对石蜡微粒表面电荷影响很大,对乳化剂保护膜的完整及其聚结作用有决定性影响。皂型乳液的 pH 保持在 8~9 时稳定性较好。

6)石蜡乳液的流变性及其影响因素

研究发现,乳化蜡为 W/O 型时,随水浓度的增加黏度增大;而乳化蜡为 O/W 型时,随水浓度的增加黏度减小。当水浓度为 60% 时,乳化蜡黏度陡然下降,此点表明该乳状液发生变型,从 W/O 变为 O/W 型。在理论上,Einstein 公式表示了乳状液浓度与黏度的关系,即

$$\eta = \eta_0(1 + 2.5\Phi)$$

式中,η——乳状液介质的黏度;

η_0——分散介质的黏度;

Φ——相体积。

在变型点之前,乳状液是 W/O 型,水是分散相,油是分散介质,$\Phi = \dfrac{V_{水}}{V_{水} + V_{油}}$。其中 $V_{油} + V_{水}$ 是定值,η_0 是分散介质蜡的黏度。当 $V_{水}$ 增加时,Φ 增加,则 η 也增大。发生变型后,乳状液由 W/O 型转相为 O/W 型,水是分散介质,油是分散相,$\Phi = \dfrac{V_{油}}{V_{水} + V_{油}}$。其中 $V_{油} + V_{水}$ 是定值。随着 $V_{油}$ 的下降,Φ 值减小。η_0 随乳状液类型的变化,由 η_0 为蜡的黏度变成水的黏度,使乳液黏度在变型点处陡然下降。乳化蜡黏度与其稳定性具有一定的关系。当乳液为 W/O 型时,随分散相水浓度的减少,黏度降低,稳定性变好。转相后形成 O/W 型乳液。此时,加过多的乳化水不能形成稳定的乳状液,即随乳化水用量的减少,黏度的增大,乳状液的稳定性变好,这样在实际应用中是有利的。由此可以通过黏度初步判断乳化蜡的稳定性。乳状液的黏度还是乳化剂用量的函数。Sherman 提出经验公式:

$$\ln\eta = a \times c \times \Phi + b$$

式中,η——乳状液黏度;

c——乳化剂浓度;

a、b——常数；

Φ——相体积。

由此可以看出,当相体积 Φ 不变时,乳状液黏度 η 随乳化剂浓度 c 增加而增大。乳化剂的作用是使两种不相混溶的液体之间形成界面膜,乳化剂的用量越多,形成界面膜的强度就越大。而乳化剂形成的界面膜对乳状液的流动性有很大影响,界面膜越坚固,乳状液流动性越差,则乳状液的黏度越大,反之亦然。由此也可以看出,随乳化剂用量的增加,乳液黏度增大,界面膜越坚固,水和蜡之间越不易分离,即乳状液稳定性越好。乳化蜡黏度还受合成中搅拌速度的影响。一个粒度粗的乳状液经过均化之后其颗粒度大小和分布会大大改变,黏度也随着粒度的减小和分布的均匀而增加。因此搅拌速度加快,乳化蜡的颗粒变小,乳液黏度也随着增大。

7)石蜡乳液主要技术指标

评价石蜡乳液产品性能的主要技术指标包括外观流动性、稳定性、分散性、平均粒径、pH、水溶性和非挥发物含量等。

乳化蜡的黏度表征流动性的大小。对于特定的配方,黏度也表征了其在水中的分散性或稀释性。最常见的乳化蜡黏度检测设备包括杯式黏度计,如福特杯和旋转式黏度计、博力飞(BROOKFIELD)黏度计。前者测试的是运动黏度,而后者测试的是动力黏度。其中以动力黏度为佳。

乳化蜡的颗粒度就是粒径,是非常重要的指标。同时还对耐磨性、吸附力、渗透力、流平性等重要性能具有影响。早期的方法是用显微镜法,现代一般都使用激光粒度仪。

显微镜将优先看到大颗粒。在大颗粒中分布一些小颗粒,是一种二维结构。计算平均粒径时是一种抽样统计法,随意性比较大,后来也发展了拍照片的方法,但还是很难量化。最关键的是显微镜的放大倍数(1600 倍)的局限性,一般来说,对于 $2\mu m$ 以下的乳液就很难观察。而现代的微乳液一般粒经可以到 $0.020\mu m$,所以这个方法的缺点就暴露无遗。激光粒度仪是在三激光光源下进行扫描、采集和分析,从而获得粒径的详细分布,测定的粒径断层是三维结构。再根据粒径的模型推算出整个的颗粒度分布,也可以在此基础上进一步计算出通常意义下的粒径。可以说早期的显微镜法对大多数乳化蜡没有意义,只对一些蜡分散体有实用价值。而现代的激光粒度仪价格非常昂贵,一般乳化蜡应用企业没有必要建立这项测试方法。

pH 是任何水性物料的重要指标。这个指标取决于组成物的酸碱平衡,也在一定程度上决定了该物料的使用范围。最简单的测试方法是使用 pH 试纸。对乳化蜡来说,酸碱一般不是很强,相互之间差异也不是很大,所以只需用窄范围的 pH 试纸。对于一些敏感的乳化蜡来说,必须使用玻璃电极的 pH 计才能够精确测定。

非挥发物含量通常又简称为固含量或有效含量,是乳化蜡的重要指标之一。

一般测试都是通过"热重法"来测试,从而计算出非挥发物含量的。目前主要有两种方法,即常规的烘箱法和现代的卤素干燥法。烘箱法的优点是条件常规,缺点是手工操作步骤多,对高温硬蜡测试时容易偏高。卤素干燥法是用卤素辐射器所发出的光线而使样品内分子发生震荡转变成热能,从而使挥发物组分从样品中分离。红外卤素快速水分测试仪是对传统烘箱热重法的一种改进,优点是快速高效,缺点是需要购买专用仪器。对乳化蜡用户来说,如果品种不多、用量不大,似乎没有多少必要。

8)石蜡乳液的保存和运输

(1)乳化蜡保存注意事项。

① 密封盖子必须盖紧。在使用过程中,尤其需要注意未使用完的乳化蜡,其容器必须及时盖紧密封,否则其表面非常容易因为水分挥发而导致形成一个固体膜,甚至全体凝固,从而影响进一步使用。另外,盖子不紧还容易进入灰尘及其他异物,甚至进入细菌/真菌导致发臭发霉。

② 常温 5~35℃。高于 40℃容易凝结成固体非挥发物,含量越高的乳液越容易因为高温变坏。低于 0℃容易结冰,非挥发物含量越低的乳液越容易因为低温变坏。对大多数乳化蜡来说,两种都可能导致不可逆转的破坏。

③ 室内避免阳光直射造成局部过热和冷空气直吹造成局部过冷。不良后果就如高温和低温。另外室内放置也可以减少阳光对包装桶的破坏。

(2)乳化蜡运输注意事项。

① 避免高空不稳滑落、摔下导致桶破坏,乳化蜡洒出,既浪费又影响环境。

② 避免放置在有尖状突出的车厢或其他货物上,否则导致桶局部破坏,乳化蜡流出,既浪费又可能影响其他货物及环境。

③ 夏季注意高温,冬季注意低温。

2. 填充剂

胶黏剂在使用过程中,为了改善其工艺性能或降低成本,通常在调胶时加入一定量的不同种类的填充剂。填充剂的种类根据其性质和对胶合性能的作用而不同,通常有增量剂、增强剂、甲醛捕捉剂等。

增量剂可以提高胶液的固含量、黏度和初黏性,避免胶液因相对分子质量过小与黏度过低而过度往木材内渗透,从而引起胶合缺陷,还可减少胶黏剂在固化过程中因胶层收缩所产生的内应力,提高胶层的耐老化性能,如木粉、小麦粉、大豆粉、椰壳粉、核桃壳粉、碳酸钙粉等。

增强剂可以提高胶黏剂的强度,通过添加蛋白质类物质可以提高脲醛树脂等的耐水性,通过添加热塑性合成树脂可以改进热固性树脂的韧性,从而提高胶合强度,如大豆粉、聚乙酸乙烯酯树脂、PVA 等。

由于脲醛树脂胶合制品所释放的游离甲醛污染环境,影响生产工人和消费者的身心健康,对人造板的甲醛释放量有严格强制限量标准。因此,除了使用低甲醛释放脲醛树脂胶黏剂之外,在调胶过程中添加一定量的甲醛捕捉剂也可解决高 F/U 摩尔分数脲醛树脂的甲醛释放问题。甲醛捕捉剂通常是易于和甲醛反应的胺类物质、尿素、三聚氰胺等,也包括能够消耗甲醛的氧化剂等。

作为填充剂应具备以下条件:化学性质稳定,对胶液和胶合质量无副作用;原料来源丰富,价格低廉;与胶液的相容性好,易混合,不产生分层沉淀;易于加工,且可加工成细度大于 100 目以上的粉末,加工成本低。

填充剂的加入量,应根据树脂的性能、生产工艺要求和用途的不同而异,用量一般为液体树脂的 5%～50%。

3. 阻燃剂

1)阻燃剂的类型及使用

根据历史文献记载,早在 2000 多年前的古代中国和埃及,人们就使用明矾和醋作为木材的阻燃剂,而阻燃科学的系统研究始于 1821 年,人们研究了用磷酸铵和硼作为阻燃剂处理纤维材料,直到今天,磷、氮、硼仍然是阻燃剂的主要成分。目前全世界阻燃剂的消费量大约 3.6×10^5 t,产值 11.69 亿美元,其中溴化合物 1.15×10^5 t、有机磷化合物 1×10^5 t、氧化锑 6×10^4 t、氯化物 4×10^4 t、其他阻燃剂 3.8×10^4 t。其中塑料工业占 65%,橡胶工业占 25%,纤维织物占 5%,油漆和胶黏剂行业占 3%,木材和纸张仅占 2%。这表明木材和纸张阻燃处理的产品少、范围小。

(1)阻燃剂的类型。

根据阻燃机理,木材及人造板用阻燃剂分为添加型、反应型和膨胀型 3 种。

添加型阻燃剂在木材、人造板和胶黏剂内以物理填充形式存在,多数无机系列阻燃剂属于添加型,如氧化锑、卤素化合物、铵盐、氢氧化铝、氯化锌、硼化合物等。硼化合物是良好的木材及其纤维阻燃剂,渗透性、持久性好而且兼具阻燃和防腐作用。应用最多的是磷酸铵,在高温下磷酸起到脱水作用,能促进炭的生成和抑制可燃气体的产生,而磷化合物阻燃剂的不足是增加了 CO 和 CO_2 的释放量,所以它经常同氮、硼等化合物一起使用,使它们发挥协同效应。无机阻燃化合物一般采用浸泡处理木材和人造板,使用量为质量的 10%～20%。有些无机化合物处理后会增加材料的吸水性,不仅会降低木材的强度,而且会导致木材和人造板金属连接件的腐蚀。溴和氯等卤素化合物在塑料行业中广为使用,一般添加量为质量的 15%～30%,有研究认为它们燃烧过程中产生的气体会危害环境。

反应型阻燃剂能够与木材纤维或胶黏剂发生化学反应,形成化学交联。许多氨基类的阻燃剂属于反应型,能够克服无机阻燃剂容易吸潮的缺点。具有阻燃作用的有机化合物能够与木材纤维素发生化学反应而形成牢固的结合,因而阻燃效果持久而稳定。有些反应型阻燃剂,它们之间能够发生化学反应。例如,FRW 阻燃剂就是由有机磷、氮、硼组成的复合体系阻燃剂。

膨胀型阻燃剂主要用于木材的表面和油漆处理。膨胀型阻燃剂燃烧时可以形成厚厚的泡沫层,体积能够膨胀 50～200 倍,起到隔绝热源保护木材表面的作用。膨胀型阻燃剂含有成炭化合物、脱水剂、发泡剂和改性剂等成分,成炭化合物如多元醇、多羟基醇、多元酚、碳水化合物和树脂,它们燃烧时能产生 CO_2、水蒸气和焦油,其作用是形成炭保护层;脱水剂包括磷酸、磷酸铵、聚磷酸铵、尿素、三聚氰胺和硫酸铵等;发泡剂的作用是形成泡沫层,如双氰胺、三聚氰胺、尿素和胍等;加入改性剂的目的是最大限度地形成含碳物质的膜保护层。

在阻燃木材及人造板生产中常用的阻燃剂如表 6-3 所示。

表 6-3　阻燃木材及人造板生产中常用的阻燃剂

形式	类别		常用阻燃剂
添加型阻燃剂	无机类阻燃剂	铵盐	$NH_4H_2PO_4$,$(NH_4)_2HPO_4$,$(NH_4)_2SO_4$,NH_4Cl,NH_4Br
		金属盐	K_2CO_3,K_3PO_4,Na_2CO_3,$NaCl$,$Na_2Gr_2O_7$
		含硼化合物	H_3BO_3,$Na_2B_4O_3 \cdot H_2O$,$Zn(BO_3)_2$,$(NH_4)BO_3$
		硅酸盐	Na_2SiO_3,K_2SiO_3
		金属化合物	Sb_2O_3,Al_2O_3,MgO
		其他	$MgCl_2$,$CaCl_2$,$ZnCl_2$,$Al_2(SO_4)_3$,$Al_2(SO_3)_3$,$Mg(OH)_2$,$Al_2(OH)_3$
反应型阻燃剂	有机类阻燃剂	有机硼	Organoboronchlorine
		有机氯化合物	Organophosphorus halogen (P,N,S,X)
		有机磷化合物	含磷、氮、硫的化合物 Compond containing P,N,S
		氨基化合物	三聚氰胺、胍等
膨胀型阻燃剂	综合类	成碳化合物	多元醇、多羟基醇、多元酚、碳水化合物和树脂
		脱水剂	蚁酸、磷酸、磷酸铵、聚磷酸铵、尿素、三聚氰胺、硫酸铵
		发泡剂	双氰胺、三聚氰胺、尿素和胍

(2)阻燃人造板的制造。

阻燃人造板的制造方法有 3 种:第一种是胶合前进行阻燃处理;第二种是胶合后进行阻燃处理;第三种是将阻燃剂加入胶黏剂中直接热压制造阻燃人造板。这 3 种处理方法各有利弊,采用第一种方法阻燃处理的单板、刨花或纤维,能够提高阻燃效果,但却阻碍胶合,降低胶合强度;第二种方法阻燃处理胶合板需要进行二次干燥,易产生变形和损坏;第三种方法对阻燃剂要求较高,而且施加量有限,阻燃效果不明显。

北美开发的阻燃人造板有阻燃胶合板、阻燃刨花板、阻燃大片刨花板、阻燃中密度纤维板和阻燃定向刨花板。人造板生产使用的脲醛树脂胶、三聚氰胺树脂胶有一定的阻燃性能，但是效果不明显，所以一般采用下面的方法进行处理：①采用阻燃剂溶液浸渍处理单板、刨花或者纤维；②在人造板生产原料中添加阻燃的无机物质；③使用阻燃胶黏剂；④在单板、刨花、纤维原料中使用膨胀型阻燃剂。为了提高阻燃效果，在实际生产中，上述方法可以交叉结合使用。添加型阻燃剂主要有硼酸、磷酸铵、硼酸铵、硫酸铵、氯化铵、氯化锌、硼酸锌、氧化锑等，添加量一般为绝干质量比 5%～10%。氢氧化铝是无机阻燃剂，具有良好的抑烟性，可以直接加入胶黏剂内不会改变 pH，不会影响胶合强度。

北美人造板产量以定向刨花板所占比重最大，而定向刨花板主要用于工业建筑、商业建筑、公用建筑和家庭民居等建筑结构中，而这些场所是建筑防火的主要内容，因此开发阻燃定向刨花板对于提高建筑物安全性和扩大定向刨花板应用市场具有重要作用。目前存在的主要问题是：在制造工艺上，采用阻燃剂处理刨花会影响胶黏剂的固化时间，从而影响在线生产工艺；另外阻燃定向刨花板的应用也受到建筑规范的约束，例如，阻燃处理后的定向刨花板对金属连接件的使用寿命有一定的影响，因而在应用中受到一定的限制。

北美国家对于火灾研究不仅关注单个建筑材料的阻燃性，而且更加关注建筑结构整体的防火阻燃性，特别是整个建筑的滞火性，延长滞火燃烧时间，降低火灾现场烟密度，提高能见度，以便为遇险人员提供相对安全的逃生时间。他们对建筑结构的燃烧和火灾现场进行了大量的模拟试验研究。火灾评估研究表明，发生火灾威胁人生命的重要因素是燃烧材料释放的烟雾和有毒气体，阻燃材料的抑烟性能比阻燃更重要。因此近年来北美国家在研究、选择、评价阻燃剂的阻燃性能时，更加关注阻燃剂和阻燃材料的抑烟性和低毒性。

美国、日本等发达国家都具有众多的木材阻燃检测、性能和应用标准体系，如美国有相关标准 27 个。与发达国家相比，我国在阻燃木材研究和生产方面相对落后，木质阻燃材料的应用技术规范和标准尚属空白。我国目前仅颁布实施了 GB/T 18958—2003《难燃中密度纤维板》、GB 18101—2000《难燃胶合板》以及 GB 14101—1993《木质防火门通用技术条件》等少量阻燃木制品的性能标准，缺乏针对木质材料阻燃性能的检测方法标准。2007 年 3 月 1 日我国开始实施 GB 20286—2006《公共场所阻燃制品及组件燃烧性能要求和标识》，该标准对公共场所应用阻燃制品及阻燃制品标识做出了明确的强制性规定。按照该标准要求，普通木质地板、家具、人造板将无缘公共场所的装饰和装修。该标准同时规定阻燃制品生产企业必须依法获得阻燃制品证书和阻燃标识。

由于人造板的原料是有机化合物，属于易燃物，对于用于建筑、车船制造等特殊场合条件下使用的人造板，要求具有阻燃性能的人造板必须进行阻燃处理，阻燃处理时能够赋予人造板阻燃性能的药剂称为阻燃剂或滞火剂。

赋予人造板阻燃性能主要通过对木质胶合单元进行阻燃处理。阻燃剂可分为单一或几种阻燃原料配合的化合物,有无机盐类和有机化合物类。处理方法有在施胶过程中添加、对木质单元进行浸渍、对素板进行涂饰等。经阻燃防火处理后的人造板材具有防火功能,在一定程度上降低烟的产生,减轻明火燃烧和火焰的传播速度。

阻燃剂应具备以下条件:阻燃性能好;化学性能稳定;无腐蚀性,对人畜无害;适于生产工艺要求,对成品板材的强度和耐水性等影响小;不影响胶合、涂饰及其他二次加工;资源丰富、价格低廉等。阻燃剂的种类很多,适于人造板制造的阻燃剂主要有以下几类。

2)常用阻燃剂

(1)磷-氮类阻燃剂。

包括各种磷酸盐、聚磷酸盐和铵盐,这类防火剂主要含磷、氮两种元素。这两种元素都起阻燃作用,两者的协效作用好,因而是效果最好的一类阻燃剂。磷酸盐中尤其以磷酸二氢铵$[(NH_4)H_2PO_4]$阻燃效果最好。聚磷酸铵(简称PPA)是磷-氮系列的聚合物,聚合度越高阻燃效果越好,用其处理的木质原料具有抗流失性,板面无起霜现象。磷-氮类阻燃剂在火焰中发生热分解,放出大量不燃性氨气和水蒸气,起到延缓燃烧的作用,其本身还有缩聚作用,生成聚磷酸铵。聚磷酸铵是一种强力的脱水催化剂,可使木质材料脱水炭化,使燃烧基板表面形成炭化层,降低了传热速度。

(2)硼类阻燃剂。

包括硼酸、硼砂、多硼酸钠、硼酸铵等硼化物。硼类阻燃剂为膨胀型的阻燃剂,遇热产生水蒸气,本身膨胀形成覆盖层,起隔热、隔绝空气作用,从而达到阻燃的目的。硼酸可减弱无焰燃烧和发烟燃烧,但对火焰传播有促进作用,而硼砂能抑制表面火焰传播。因此,这两种物质经常配合使用。硼砂与硼酸的质量比为1时,其特点是在水中的溶解度大,并能调节溶液的pH,使其趋于中性,从而减少了对金属的腐蚀。硼酸、硼砂等阻燃剂的优点是兼具防腐、杀虫功能,且毒性小,对基材强度影响小,但由于严重不足易析出,影响胶合和板面质量。

(3)氨基树脂阻燃剂。

氨基树脂阻燃剂是由双氰胺、三聚氰胺等有机胺与甲醛、尿素和磷酸在一定条件下反应制成的。它的种类很多,根据组成的成分、配比和不同反应条件进行制备,用于人造板浸渍和涂饰处理。其阻燃剂机理是在150~180℃开始发泡,起到隔火作用,并在高温下放出氨气,稀释周围空气中的氧含量。常用的有尿素-双氰胺-甲醛-磷酸树脂和三聚氰胺-双氰胺-甲醛-磷酸树脂等。

(4)防火涂料。

涂饰于人造板基材表面,有装饰、防腐、耐老化、延长使用寿命的作用,又可使人造板具有阻燃功能。防火涂料按组成的基料通常分为无机型和有机型。按防火性能分为膨胀型和非膨胀型两类。非膨胀型防火涂料基本上是以硅酸钠为基材,掺入石棉、云母、硼化物等无机盐,这类涂料基本靠其本身的高难燃性或不燃性来达到阻燃目的。膨胀型防火涂料是以天然或人工合成高分子聚合物为基料,添加发泡剂、碳源等构成防火体系。遇火时形成蜂窝状或海绵状碳质泡沫层,起到隔热隔氧的作用。

4.防腐剂

防腐剂是对木质材料能够起到防止、抑制或终止细菌、微生物及昆虫危害的化学药品。用于人造板制造的防腐剂有如下要求:对各种真菌、细菌和昆虫有杀伤力,但在处理过程中不使人、畜中毒和造成环境污染;化学稳定性好,不易挥发,又不遇水流失;与胶黏剂有好的协效性,不影响胶合和涂饰等二次加工;原料来源广泛,价格低廉等。

防腐剂的种类很多,大致分为三类,即水溶性防腐剂、油溶性防腐剂和油类防腐剂。不同种类防腐剂性能有差别,处理方法和处理效果也不一样,使用时可根据板种、用途和处理方法进行选择。在人造板生产中经常使用的防腐剂有如下几种。

1)五氯酚钠

它具有防腐、防虫效果,特别是防霉效果好。五氯酚钠为白色针状或鳞片状结晶,熔点378℃,易溶于水、甲醇、乙醇和丙酮,有强烈的刺激性气味。五氯酚钠的化学性能稳定,其水溶液呈弱碱性,加酸酸化时析出五氯苯酚。常与氟化钠、硼砂、碳酸钠混合使用。

2)烷基铵化合物

多数防腐剂不仅对菌和虫有毒性,还给周围环境带来危害和污染。由长链季铵和叔胺盐类化合物作为防腐剂,有其独特之处,因为这类化合物为阳离子表面活性剂,一般具有可与蛋白质产生反应的性能,所以,它们是很好的杀菌剂。烷基胺类化合物对金属无腐蚀作用,性能稳定,有良好的抗流失性,对胶黏剂、油漆无不良影响,是一类很好的防腐剂,经常使用的有烷基二甲基苄基氯化铵、二烷基二甲基氯化铵和烷基二甲基乙酸铵等。烷基铵类化合物的价格较贵,但因为它比铜铬砷类对菌的毒性高,用量较低,故其综合成本并不算高。

6.1.3 调配工艺

1.胶黏剂调配的目的和作用

调配胶是进行胶合的重要工序,它是调整胶黏剂的操作性能、工艺性能和胶合性能的重要手段。调配胶技术是胶合技术的重要组成部分,它不但可以调节胶黏剂的工艺性能,还可以降低用胶成本。通过调配胶可以调整胶黏剂的固体含量、适用期、凝胶时间、固化速度、固化程度、涂胶量、黏度、pH,从而满足不同胶合目的的要求。

对于双组分胶黏剂,必须保证固化剂的均匀混合,木材胶合除了固化剂之外还有其他不同目的的调配。木材是多孔性材料,为了防止胶液过分往木材内部渗透,需要在胶黏剂中添加填充剂与增黏剂,以达到提高胶合强度目的的添加剂为增强剂,为实现胶黏剂有效涂施的黏度调节剂。增量剂可以达到降低胶黏剂成本的目的,添加剂可以改善胶黏剂对被胶合物的预压性能和提高胶黏剂的成膜性。这类添加剂多为粉末状,胶黏剂调胶时使胶黏剂在水中混合。调胶工序根据胶合对象种类、调胶量、胶黏剂与调配物的种类不同,采用不同的调胶设备。

调胶所使用的主要添加物有有机物和无机物。有机物包括木质纤维类,即木粉、核桃壳粉、椰子壳粉;淀粉类,即小麦粉、各种淀粉、大麦粉、米粉;蛋白质类,即血粉、大豆粉;合成品类,即 MC、EC、CMC、PVA、PVAc、EVA、SBR、表面活性剂、有机溶剂。无机质类包括天然类,即滑石粉、白胡粉、抛光粉、石英砂、钛白粉;化学品类,即碳酸钙、碳酸镁。

添加剂应根据目的要求和效果进行选择,主体胶黏剂若为酸性固化型则不能使用碱性或与酸反应的添加剂,以防阻碍固化。大部分添加剂为化学不活泼性或接近中性物质。木材胶合,希望使用与木质纤维粉末同类性质的物质,但其会因吸收胶黏剂中的水分膨胀后使其粒度增大,胶液的流动性变差。为了减少这种障碍,使用核桃壳与椰子壳等不易膨胀的坚硬的木质果壳,将其磨成 200 目以上的粉末。

小麦粉添加到胶黏剂中,溶解后有增加黏度起调节黏度的作用,但因小麦的种类、小麦粉的种类不同其性质不同,应根据使用目的要求进行选择。淀粉有根茎淀粉和果实淀粉之分,都是常温水溶性物质,不能提高胶液黏度,可在为使胶液固体含量提高时使用。

无机类添加剂具有提高固含量效果,除表面平滑等外,还可在胶液中使 pH 改变促进催化反应。使用特殊的玻璃粉能吸收 UF 树脂固化后残留的酸,防止 UF 树脂的酸水解,从而提高 UF 树脂的耐水煮性能。

在胶液中添加防腐、防虫剂,可赋予胶黏剂防腐防虫效果,添加铅化合物的胶合板胶层具有屏蔽电子射线效果,加入导电物质粉末可赋予其导电性能。

在人造板生产中,有时了为区分防水板、防潮板和防火板,需要加入染料使板材着色。通常灰色代表防水板,绿色代表防潮板,红色代表防火板。

2.固化剂及固化特性

在人造板生产所用胶黏剂中,除了脲醛树脂、三聚氰胺改性脲醛树脂、三聚氰胺-尿素共缩合树脂在调胶时需要添加固化剂之外，酚醛树脂也常常加入一些固化促进剂。由于我国人造板生产主要使用脲醛树脂、三聚氰胺改性脲醛树脂、三聚氰胺-尿素共缩合树脂，所以仅就脲醛树脂调胶时固化剂的作用及其固化特性加以说明。

脲醛树脂的固化是将线型可溶性树脂转化成体型结构的过程，是缩聚反应的继续，也是形成胶合强度的关键过程，对产品的胶合质量起至关重要的作用。

普通脲醛树脂胶黏剂使用酸性盐作固化剂即可固化。然而对于低甲醛/尿素摩尔分数（F/U）脲醛树脂胶黏剂，由于树脂中的游离甲醛含量非常低，使用酸性盐固化剂时脲醛树脂胶黏剂固化迟缓，乃至不能完全固化。为此对于低 F/U 摩尔分数的脲醛树脂胶黏剂，必须使用复合固化剂或新的固化体系。适当地选用固化体系和固化剂用量，使凝聚在胶层中酸的浓度得到控制是固化剂使用的关键。此外，使用不同类型的固化剂形成的胶层质量也有较大差别。

通过利用 TBA 对 UF-1、UF-2、UF-3 的相对刚性率变化的研究，如图 6-4 所示。

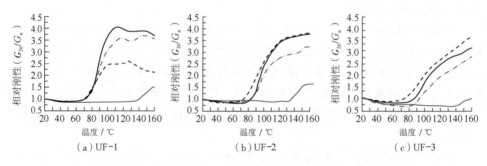

（a）UF-1　　　　　　　（b）UF-2　　　　　　　（c）UF-3

图 6-4　UF 树脂相对刚性随固化温度的变化规律

———不加固化剂；-·-·-固化体系 A；----固化体系 B；———固化体系 C

结果表明，不添加固化剂的 UF 树脂相对刚性率在升温过程中一直在下降，直到 135℃时其相对刚性率才开始缓慢增加，且在 100℃左右基本不发生缩聚交联反应，冷却后树脂迅速变硬，相对刚性率增大，表现出热塑性树脂的特性。因为这种固化产物虽然交联程度极低，但因其相对分子质量在加热固化过程中相对增长较大，所以也具有一定的胶合作用，只是其内聚力低，湿强度和耐环境老化性能不好，而其干强度与热塑性树脂胶黏剂相类似，并能满足一定使用要求。

添加固化剂的脲醛树脂在 60～70℃即开始固化反应，相对刚性率迅速提高，固化交联反应主要发生在 70～110℃，但不同固化体系及不同种类脲醛树脂的固化反应速度和历程及程度不同，初期刚性率增加速度最快，随后增加速度减缓。这是因为温度进一步升高使树脂分子运动更加剧烈，其流动性提高，当相对刚性率增加量大于因温度进一步升高而引起的相对刚性率降低量时,曲线继续走高;当相对刚性率增加量小于因温度进一步升高而引起的相对刚性率降低量时,曲线走低。在脲醛树脂的固化进程中,固化交联反应快速进行时刚性率增加速度快。因此,通过观察脲醛树脂在升温固化过程中其相对刚性率的变化,可以探之脲醛树脂在固化过程中其内聚力变化的规律。

不同改性方法合成的脲醛树脂的化学构造不同,其固化反应速度和固化程度及固化历程不同。

同一种 UF 树脂,使用不同固化体系时其固化反应程度不同,且与不添加固化剂的树脂相比都发生了交联缩聚反应,这说明脲醛树脂在胶合固化时必须使用固化剂,并根据胶合的固化要求选用不同的固化体系来满足生产工艺需要。

热固性树脂的固化过程包括分子链的生成、线性增长、支化和交联等反应,此时体系将由相对分子质量低的液体转变为相对分子质量为无穷大的非晶网络,该过程为放热化学反应。脲醛树脂为热固性树脂,在固化过程中要放出热量。因此,利用 DSC 对 3 种 UF 树脂在三种固化体系下的固化反应历程进行了研究,其结果如图 6-5 所示。

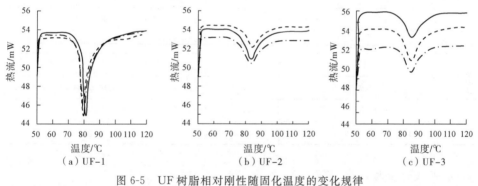

图 6-5　UF 树脂相对刚性随固化温度的变化规律

——固化体系 D;----固化体系 F;-·-·-固化体系 E

由图 6-5 可见,3 种脲醛树脂在不同固化体系下 DSC 曲线的形状和固化反应参数有所差别。在相同的升温速度下,UF－1 的 DSC 曲线的放热峰尖而窄,放出热量最多,说明反应进行得比较剧烈,其他两种树脂的放热峰宽而平滑,放出的热量较少,反应进行得较平稳。不同固化体系下 3 种树脂固化反应起始温度不同,UF－1 稍低一些,说明其固化速度较快。

由上述可知,固化剂对胶黏剂的胶合性能具有重要影响,因此,在调胶时固化剂的选择非常重要。同一种胶黏剂当胶合对象不同时,对胶黏剂的固化特性要求也不同;同一种被胶合对象,当使用不同种类或性能不同的胶黏剂时,也可以通过固化剂的选择来调整其工艺适应性。

3.胶液浓度计算

将胶黏剂及其辅液（防水剂、固化剂、缓冲剂、水、防火剂、防霉剂等）按工艺要求，均匀混合。调胶要求包括如下两方面：①所有液体必须搅拌均匀；②计量要准确。调胶后，一般要求胶的活期性为3～4小时，夏天停机2小时以上，必须清理掉或加氨水等缓冲剂。

调胶后胶液中胶和水等的比例计算是一个加权计算方法，通过理论计算，掌控调胶后胶液中胶的固体含量和水分比例，对施胶控制非常重要。下面以刨花板用脲醛树脂生产工艺配方为例，说明计算方法，见表6-4。

表 6-4　刨花板用胶的调胶计算

项目			表层 SL		芯层 CL	
名称	浓度	密度/(g/cm³)	质量/kg	体积/L	质量/kg	体积/L
UF	65%	1.28	77.5	60.5	77.5	60.5
石蜡乳液	30%	0.95	5.7	6	8.55	9.0
固化剂	20%	1.05	1	0.95	10.0	9.5
氨水	16%	1.1	1.6	1.45	0.45	0.4
水		1.0	33.25	33.25	0	0
合　　计			119.05	102.2	96.5	79.5
胶液浓度			50/119.05＝42%		50/96.5＝51.8%	
水的比例			66.6/119.05＝56%		41.5/96.5＝43%	
固体胶质量∶水质量			42∶56		52∶43	

4.胶液计量与定量

调胶控制就是实现对不同胶料的比例添加控制。由于纤维板和刨花板生产过程中实现了连续化、自动化，其胶液计量和定量也需要满足生产相应要求。在生产中常用的计量定量控制方法按检测元件的不同可分为以下几种。

（1）液位控制法。

对计量筒内液位高度进行检测，当达到预设高度后，液位计或探针给泵发出信号停止继续输入。这种方法简单可靠。

（2）称重计量法。

利用微型计算机（包括单片机和工业计算机）对计量筒内输入的液体直接称重，当称重结果达到预定重量时，给泵发出信号停止继续加入。此控制方法与液位控制法相同。这种方法比较先进，设备简单。

（3）流量计法。

利用电磁流量计或椭圆齿轮流量计，对泵输出的液体进行直接检测，如图 6-6 所示。当流量达到预定数量时则给输入泵发出信号，停止继续加入。

（4）计量泵法。

通过控制计量泵的转速控制原料的加入量。虽然控制不是很复杂，但是它仍然不能很好地使各种原料按配比进行精确调胶。

图 6-6　施胶计量系统

6.2　单 板 施 胶

单板类大幅面胶合对象的施胶多采用涂胶方法，其胶合原理属于面胶合，即在两个被胶合对象的界面上形成连续的胶层。对于特殊要求的胶合则采用浸胶方式。

6.2.1　胶黏剂调配工艺要求

1. 施胶要求

单板类被胶合单元施胶时，要求胶液黏度高、初黏性好，以满足涂胶和预压工艺需求；对于薄表背板厚芯板工艺和薄木贴面，为适应快速胶压工艺需求，胶液的固化速度要快。因此，调胶时除了添加固化剂外，还需要添加填料等助剂。

使用脲醛树脂等时，添加填料可以减少用胶黏剂用量，改善胶合性能，降低胶黏剂固化时的收缩应力，改善胶黏剂的使用性能。添加面粉可起到保水、增黏作用，通常用量在 10%～30%。膨润土具有吸水、降低成本作用，通常用量在 9%～10%。砂光木粉可降低成本，其用量在 3%～5%，水可调整胶液黏度。调胶后胶液的性能，通常黏度为 1200～1800Pa·s，过大涂胶不均，可通过添加面粉、水进行调整；固化速度根据热压温度与热压时间要求，通过固化剂用量调整；适用期根据涂胶要求确定，一般应大于 4h，最短也不应低于 1h；pH 一般在 4.8～5.2 为宜，夏季高一些，在 5.0～5.2，可调到 5.4，冬季要低一些，在 4.8～5.0，低摩尔分数脲醛树脂的 pH 为 4.2～4.3（适用期 1.5h）。

目前国内使用酚醛树脂时，多用面粉、树皮粉、核桃壳粉等做填料，再加入一定量的固化促进剂。例如，DPF 水溶性酚醛树脂胶用于制造胶合板时调胶实例如下（酚醛树脂分两次加入）：H_2O 为 26.5%（以下均为质量比）、树皮粉为 3.35%

(120～140 目)、稳定剂为 0.1%、酚醛树脂为 37.4%(第一次加入量)、面粉为 4.4%、50%NaOH 溶液为 3.1%、固体 Na_2CO_3 为 0.5%、酚醛树脂为 25.1%(第二次加入量)。

涂胶后单板应进行闭口陈化,一般陈化 60～90min,然后预压 30min 左右。陈化作用:水分向单板与空间移动,从而提高了胶层黏度(固含量增加),水分移动速度与温度、湿度有关,PVA 增黏剂的黏性只有当含水率适当时才能体现出来,水分过多或者过少都不能充分体现出 PVA 的黏结作用;预压时胶黏剂重新分布,适当向木材中渗透,单板含水率高时,陈化时间要长;可在一定程度上提高胶合强度。

以往调胶多使用低速搅拌的翼板式调胶罐,搅拌效果不好,在加入面粉量较大时易出现面团疙瘩,影响涂胶效果。最好使用高速搅拌调胶罐,其搅拌器的搅拌原理与洗衣机叶轮相同,既有旋转剪切作用,又有垂直翻滚混合作用,转速在 1000r/min 左右,搅拌叶轮直接与转轴相连通过电动机直接驱动,调胶罐的大小可依据生产量确定。对于微薄木贴面使用的高黏度胶液,可使用双轴搅拌机调配。

2.施胶定量

施胶量(对单板类常称为涂胶量)是指单板施胶后单位面积上胶黏剂的质量,其单位用(g/m^2)表示。由于我国胶合板生产施胶主要采用滚筒式涂胶机,单板是双面同时涂胶,所以计算涂胶量常以双面涂施的胶量表示。有些国家是以单面涂胶量计算的。涂胶量是影响胶合质量的重要因素,胶量过大,使胶层厚度增加,会造成胶层相对收缩量加大,引起较大的胶合应力,而导致胶合强度下降,并且浪费胶液,增加成本。胶量太小则形不成连续胶层,也不利于胶液向另一个胶合面转移,严重时出现缺胶而影响胶合强度。

施胶量的大小由胶种、树种、单板厚度和质量决定。若对厚度为 1.25～1.50mm 的单板施胶,采用酚醛树脂胶黏剂(固含量为 45%～50%),桦木单板的涂胶量(双面)为 200～220g/m^2,椴木单板为 220～240g/m^2,水曲柳单板为 260～280g/m^2;若采用脲醛树脂胶黏剂(固含量为 60%～65%),桦木单板为 220～250g/m^2,椴木单板为 250～280g/m^2,水曲柳单板为 280～320g/m^2。

胶合板生产一般采用人工计量方法,可以采用称重法也可以采用体积计量法。

6.2.2　单板类施胶方法

单板类大面积被胶合材料的施胶方法,按胶黏剂的状态划分为干法施胶和液状施胶两类。干法施胶是指使用胶膜和胶粉,但胶粉很少在生产上应用,主要是胶粉的留存问题。液状施胶,主要采用辊涂、淋胶和喷胶等方法。

1. 胶膜施胶

胶膜通常使用热固性酚醛树脂预浸渍的薄纸（如硫酸盐特种纸），浸渍纸经干燥制成胶膜。使用时按规格剪裁，加入各层被胶合材料中，热压时靠胶膜纸中树脂将被胶合材料胶合在一起。这种施胶方法可在单板厚度较小、采用涂胶时易破损的情况下使用。其特点是胶黏剂分布均匀，胶合质量高，但胶膜纸的制造成本较高，因此广泛大量应用受到限制。

2. 辊涂施胶

辊涂属于接触式施胶，常见的有双滚筒涂胶机和四滚筒涂胶机，其涂胶原理如图 6-7 所示。

双滚筒涂胶机上滚筒上的胶液是靠下滚筒传递上来的，涂胶时单板从两滚筒中间通过，靠接触使滚筒上的胶液涂在单板上，涂胶量的大小主要通过调节滚筒之间的间隙、滚筒上沟纹形式和沟纹数量来实现。不同胶种对滚筒沟纹有不同的要求，合成树脂胶黏剂多使用平滚筒表面包覆有带螺纹的橡胶类涂胶辊，液面高度以达到下滚筒 1/3 为宜，液面太高或太低都会影响涂胶量。

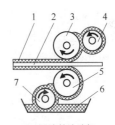

(a) 双滚筒涂胶机　　　(b) 四滚筒涂胶机

图 6-7　滚筒涂胶机原理

1. 胶层；2. 单板；3. 上涂胶辊；4. 挤胶辊；
5. 下涂胶辊；6. 胶槽；7. 上胶辊

双滚筒涂胶机结构简单，便于维护，但其工艺性差，涂胶量不易控制，单板厚度偏差大时易被压坏，涂胶效率低。

四滚筒涂胶机在一定程度上克服了双滚筒涂胶机的缺点，增加了两个钢质的挤胶辊（定量辊）。挤胶辊的速度低于涂胶辊 15%～20%，起着刮胶定量作用。挤胶辊与涂胶辊之间的间隙是可调的，用以控制涂胶量。由于四滚筒涂胶机的上、下同时供胶，故涂胶均匀性好，见图 6-8。

图 6-8　四滚筒涂胶机

为了保证涂胶机良好的工艺性能，应注意机器保养，使用时应注意各处进料均等，以避免辊间不均匀磨损，定期用温水清洗，如遇到胶在滚筒上局部固化，可用

3％～5％氢氧化钠溶液和毛刷去垢，然后用酸中和。滚筒沟纹磨损后要注意及时修复。

随着胶合板生产技术的发展，配合芯板整张化，四滚筒涂胶机增加了滚筒的长度，为了施胶均匀性，防止压坏单板，则在硬橡胶覆面的滚筒外加一层肖氏硬度为40～60的软橡胶，涂胶速度也可提高到90～100m/min。

3.淋胶

淋胶是一种高效率单面施胶方法，它借鉴油漆的涂饰原理。其工作原理，首先使胶液形成厚度均匀的胶幕，基材通过胶幕便在表面淋上一层胶液，淋在基材上的胶层厚度与胶液的流量、黏度、材料表面张力和基材的进给速度有关。增加胶液的流量，提高胶液的黏度，降低单板的进给速度都能使胶层增厚。为了回收多余的胶液，淋胶头下边的单板输送带装置是断开的，中间设有回收槽，回收的胶液经过过滤回到胶槽再用泵打到淋胶头中。淋胶头距单板的高度为60～100mm，淋胶头与单板成60°～85°，淋胶头内部压力为0.1MPa，进料速度为1.5～3.3m/s。

淋胶的特点是设备结构简单，使用方便，便于清除余下的胶液，胶黏剂损失量在3％～5％。这种方法虽然是单面施胶，但比滚筒施胶方法生产效率高得多。采用此法单板不能过分翘曲不平，否则施胶不均，对胶液的温度和性能也应很好控制，在技术上要求较高。淋胶时胶液的温度略高于20℃，不影响胶层厚度的均匀性。淋胶在集成材生产中应用较多。

4.挤胶

挤胶装置是由储胶槽和装在其下部的一排圆柱形流胶孔组成的。储胶槽的胶液受到一定压力作用而不断流下，压力来自压缩空气或胶泵。挤胶机分固定式和移动式两种。固定式挤胶机的工作原理如图 6-9 所示。施胶时胶槽固定不动，单板移动，留下的胶液成条状均匀地分布在单板表面。移动式挤胶机为单板固定不动，胶槽移动进行施胶。挤胶法施胶量的大小由胶液的黏度、密度、挤胶孔的大小和孔距、胶液的压力和单板移动速度等决定，挤胶法流到单板表面的胶液呈条状，为使胶条以后容易扩展成均匀的涂层，胶条应垂直于木材纹理，并应注意单板进料方向。胶条

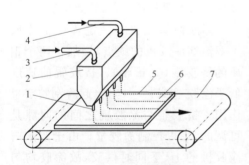

图 6-9　固定式挤胶工作原理

1. 挤胶孔；2. 胶槽；3. 压缩空气入口；
4. 胶液入口；5. 胶条；6. 单板；7. 运输机

可以在板坯加压过程中展开,有时用装在挤胶机后的辊涂机使其展开。辊涂机上的滚筒包覆硅橡胶层,以防止滚筒黏胶。

挤胶法所用的胶黏剂为泡沫胶或加有大量填料的高黏度胶液。使用泡沫胶可以降低胶的用量,起泡后胶液的密度在 $0.25 \sim 0.3 g/cm^3$ 时,胶量可下降到 $55 \sim 60 g/m^2$。涂布高黏度胶液时施胶效果也很理想。用此法施胶进料速度可高达 70m/min,胶液损失低于 5%。

5. 喷胶

普通喷胶法是利用压缩空气使胶液在喷头内雾化,然后再喷出,这种方法胶液损失大。压力喷胶法是给胶液施加一定的压力,使其从喷嘴中喷出,喷出的胶液是旋转着前进的,胶液的分散性好。为了施胶均匀,喷嘴直径应尽量地小,一般仅为 $0.3 \sim 0.5 mm$,为防止喷嘴堵塞,要求胶液清洁,黏度要小。压力喷胶法效率高,但施胶量较难控制。喷胶法工作原理与淋胶法相似,也是单板在前进中施胶。

我国胶合板生产由于生产规模小、规格多变和材质等问题,普遍使用滚筒式涂胶机。淋胶法、挤胶法和喷胶法的共同特点是生产效率高,施胶质量好,便于实现涂胶和组坯连续化。

6. 浸胶

浸胶是将单元体浸没于胶液中一定时间后再将单元体取出,并将多余的胶液去除。浸胶时间、浸胶温度和胶液黏度都直接影响上胶量。这种方法多用于构成单元需要强化或构成单元不规则等工艺。例如,单板层积材的单板强化和竹材人造板的竹席、竹篾施胶等。浸胶一般在胶黏剂中加入稀释剂(水)以降低胶黏剂的黏度,增大胶黏剂的渗入深度和控制上胶量。

6.3　刨花施胶

刨花与单板相比是形态、规格和比表面积完全不同的被胶合对象,其胶合原理也不同。刨花的比表面积远大于单板,胶液在刨花表面的分布是不连续的,属于点胶合。因此,刨花的施胶与单板不同,多采用拌胶的方法。又因为刨花板生产多采用渐变及多层结构,所以刨花施胶其表芯层是分开进行的。

生产上都希望制造一种用胶量小而强度高、质量好、成本低的刨花板,因此对施胶工艺和拌胶设备都提出了较高的要求。正确地选择刨花和施胶量的适宜比例,以及如何使少量的胶液均匀地分布到大量刨花的表面上,都是很重要的问题。

6.3.1　胶黏剂调配工艺要求

1.刨花施胶机理

刨花之间的结合力是靠胶黏剂的胶合作用获得的,而刨花的比表面积大,因此施胶均匀非常重要。刨花胶合所用胶黏剂属于热固性胶黏剂,需要加热才能实现固化胶合,其固化过程是不可逆的。我国刨花板生产主要使用脲醛树脂胶黏剂,为了保证热压效能,必须使用固化剂。由于板坯热压采用接触式加热,即板坯内表层与芯层的传热速度不同而产生温度梯度,并且表层温度在热压过程中一直高于芯层温度,若表芯层施加相同量的固化剂,则会导致表芯层胶黏剂固化速度不同步,为此,表芯层所用胶液必须分别调胶以满足其同步固化要求。

刨花施胶要求胶黏剂具有一定的初黏性,以保证板坯运输过程中不散坯,对于多层压机采用无垫板装卸板工艺时,还必须保证板坯初始黏结强度能够满足装卸板要求。同时还要求胶液的分散性好,以保证施胶均匀,因此调胶后的胶液的黏度必须在一个适宜范围内。

刨花施胶所用胶黏剂除了要满足工艺要求和胶合性能要求,还需要满足环保要求。对于特种板材如阻燃、防腐、防潮和防水板,在调胶时还要添加不同助剂。

由于刨花原料比较复杂,变异性大,所以要求调配后的胶液需有较宽的使用范围和较好的稳定性,调配好的胶液其适用期通常要求在4～6h。

刨花板用胶液的调配除原胶外,还需加入固化剂如强酸弱碱盐(氯化铵、硫酸铵、磷酸铵等)或酸,通常配成20%左右的水溶液使用,固化剂的用量与热压工艺、季节和树种的pH缓冲量的大小有关,一般为0.5%～3.0%;防水剂如石蜡乳液或液态石蜡,石蜡乳液的浓度通常应大于20%,也有直接使用熔融石蜡的,石蜡用量通常在0.5%～1.5%;固化缓冲剂如氨水等,用量在0.5%～3%;用水调整胶液的黏度和固含量;其他助剂如阻燃剂、防霉剂、着色剂等。

刨花施胶时,表芯层所用胶液经调胶系统调配混合,表芯层所用混合胶液依据工艺要求不同,其调配比例不同。以生产16mm厚砂光刨花板(毛板厚为17.2mm),设定密度为700kg/m³,表芯层刨花比例为37%和63%,使用DN-6号E_1级胶黏剂,其表芯层胶液调胶配比如表6-5所示。

调配后胶液固含量:表层用胶液42%～48%,芯层用胶液52%～56%;固化速度表层用胶液200～300s,芯层用胶液50～70s;pH为7～8;表层施胶量8%～9%,芯层施胶量6%～7%;黏度:表层用胶液50～150mPa·s,芯层用胶液200～350mPa·s。

表 6-5 表芯层胶液调胶配比

原料	表 层					芯 层				
	浓度 /%	密度/ (g/cm³)	干物质重 /kg	溶液重 /kg	体积 /L	浓度 /%	密度/ (g/cm³)	干物质重 /kg	溶液重 /kg	体积 /L
原胶	65	1.26	34.40	52.92	42	65	1.26	34.40	52.92	42
石蜡乳液	20	0.97	0.78	3.88	4	20	0.97	0.87	4.37	4.5
氨水	25	0.91	—	0.46	0.5	—	—	—	—	—
复合固化剂	20	1.09	0.17	0.87	0.8	20	1.09	0.35	1.74	1.6
水	—	1.00	—	10.12	10.12	—	1.00	—	5.0	5.0
混合胶液	50.49	1.19	35.35	68.13	57.3	53.72	1.21	35.62	64.03	53.1

干刨花含水率<3%,平均施胶量为9%~10%,表层施胶量为10%~12%,芯层施胶量为7.5%~9.5%。施胶后混合刨花平均含水率为8%~10%,表层刨花含水率为10%~13%,芯层刨花含水率为6%~8%。

2.调胶控制

胶液调配时,各种原料的计量可以采用体积或重量计量。体积计量是利用液位探针或流量计自动控制和调节不同原料每次配胶所需体积,然后依次靠自重流到调胶罐内进行混合。重量计量是利用安装在调胶罐上的重量传感器,按程序累计称量每次配胶所需各种原料的重量,投入原胶后在加入其他添加剂时即开始搅拌。调胶系统设有胶黏剂和各种添加剂的储罐、泵、控制阀门、计量装置、搅拌罐、表芯层胶液储罐及控制器等。每次调配好的胶液送到调胶缓冲罐暂时贮存,再通过液位流量计由计量胶泵送往拌胶机。重量计量调胶系统原理如图 6-10 所示。

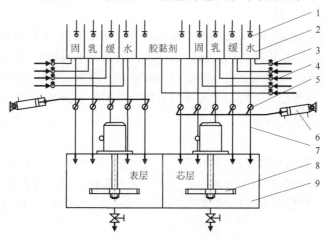

图 6-10 调胶系统原理图

1. 液位探测器;2. 定量筒;3. 电控节流阀;4. 入料管;5. 球阀;
6. 气缸;7. 下料管;8. 搅拌器;9. 调胶箱

调胶时，加入固化剂后胶液的相对分子质量和黏度即开始增长，温度越高，增长速度越快，特别是在气温高的季节，前次调胶剩余的胶液与新调配的胶液其固化速度产生差别，这样就会造成送往拌胶机胶液的固化速度产生波动，从而影响胶合性能波动。另外，直接加入固化剂的胶液的适用期有一定限度，还会在调胶缓冲罐壁上凝结。为了克服这个问题，目前的调胶系统将胶液与固化剂分开调配贮存，分别由计量泵送往拌胶机，在进入拌胶机之前再混合或分别进入拌胶机内混合。

6.3.2　刨花施胶方法

刨花施胶有两种方法，即摩擦法、喷雾法。摩擦法是将胶液连续不断地送入搅动着的刨花中，靠刨花间的相互摩擦作用使胶液分散于刨花表面，施胶设备采用高速拌胶机。喷雾法是利用空气压力（或液压）的作用，使胶液通过喷嘴雾化，然后喷到呈悬浮状态的刨花上。

1. 喷雾法施胶

1）雾化原理及装置

喷雾法施胶效果主要取决于喷嘴，常用的喷嘴有三种基本形式，即压力式喷雾喷嘴、气流式喷雾喷嘴和离心式喷雾喷嘴。

施胶方法不同，胶液在刨花表面分布情况和均匀程度亦不同，施胶均匀性直接与施胶量和胶合性能相关。由实验表明，采用喷雾法施胶时，50%～100%刨花表面被胶液所覆盖的刨花量占总刨花量的90%左右，而摩擦法则少于60%，可见喷雾法施胶效果优于摩擦法。

在刨花板实际生产中，刨花的大小和几何形状变化较大，施胶时使胶液在刨花表面均匀分布较难，故施胶均匀是施胶工序的关键性技术问题。刨花越细小，其比表面积越大，在同样条件下，刨花越细小，施胶量相对越小，反之，施胶量相对越大。另外，刨花的表面质量对施胶量也有一定的影响。刨花表面越光滑平整，胶液的分布越好。因此，完整无损而光滑的刨花，在相对较低的压力条件下比表面粗糙的刨花胶合性能好。

施胶条件一般包括喷嘴的类型、雾化程度、刨花量、搅拌时间和速度、刨花质量和温度等，其中雾化程度对施胶均匀的影响较大。雾化后胶滴越细小，其在刨花表面分布越均匀。雾化程度与压缩空气的压力、胶液流量、喷嘴个数、喷嘴在拌胶机中的位置等有关。

通常增加压缩空气压力和降低胶液流量时，喷出的胶滴平均直径减小，胶滴数量相对增加，雾化程度好，可有效保证施胶均匀。胶滴平均直径在 $8\sim35\mu m$ 时较为理想，实际工业喷胶设备仅能达到 $30\sim100\mu m$。

喷胶速度增加,会使胶滴增大,相对胶滴数量减少,致使施胶均匀性下降。喷嘴数量增加、喷嘴出口距拌胶机中刨花的高度距离增加,以及搅拌轴的转速提高均可获得较好的施胶效果。喷嘴数量和喷嘴距刨花距离增加,即增大了喷嘴所形成的雾化圆锥体的几何尺寸,降低了每一个雾化圆锥体内胶液的分布浓度,使拌胶机中胶液分布区的面积增大,从而可提高胶液分布的均匀性。

提高转速,即提高了单位时间通过喷嘴的刨花数量,虽然相对减少了通过喷嘴一次所获得的胶液量,但由于喷嘴数量的增加,喷到刨花表面上的总胶液量增加。

采用喷胶工艺时,通常压缩空气的压力取 $0.2\sim0.35\text{MPa}$,胶液黏度在 $150\sim600\text{mPa}\cdot\text{s}$ 时,可获得 $50\mu\text{m}$ 左右的小胶滴。

刨花施胶是借助机械搅拌和施胶装置来完成的,所以刨花施胶机通常称为拌胶机。拌胶机按拌胶过程,可分为连续式和周期式。

连续式拌胶机,在工作时刨花和胶液连续进入拌胶机,拌好胶的刨花连续不断地输出,故生产效率高,劳动强度低,这是刨花板生产普遍采用的刨花施胶方法。周期式拌胶机,设备简单,投资少,易于维护,但劳动强度大,仅在小规模生产线使用。无论采用何种拌胶机,均要求在拌胶过程中尽量减少刨花的破碎,最大限度地保持刨花原有形态。

胶黏剂在空气压力(或液压)的作用下,通过喷嘴形成雾状,喷到悬浮状态的刨花上。

喷雾法主要通过不同喷头来实施,常用的雾化装置有压力式喷雾、气流式喷雾和离心式(旋转式)喷雾。现介绍常用的三种基本形式。

压力式喷雾喷头(图 6-11 (a))。此法又称为无空气雾化,由泵使胶液在高压(8MPa)下通过喷头,喷头内有螺旋室,液体在其中高速旋转,然后从出口呈雾状喷出。该喷头能耗低、生产能力大,可将高黏度胶液雾化,由于是无空气雾化,工作环境好,对减轻气体污染效果明显,但需高压泵。压力喷雾法应用比较广泛。

气流式喷雾喷头(图 6-11 (b))。此法采用表压为 $0.1\sim0.7\text{MPa}$ 的压缩空气压送胶黏剂

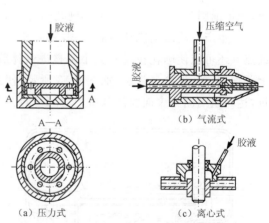

图 6-11　常用雾化装置原理结构图

经喷头成雾状喷出。气流式喷雾法适合喷胶量较低时使用,操作比较方便,雾化胶滴较小,能处理含有少量固体的溶液,所以这类喷头应用较多,但必须注意设备密

封,防止雾气泄漏,污染工作环境。

离心式喷雾喷头(图 6-11(c))。胶黏剂送入一高速旋转圆盘中央,圆盘上有放射叶片,一般圆盘转速为 4000~20 000r/min,液体受离心力的作用而被加速,到达周边时呈雾状甩出。离心式喷雾喷头也适合于处理含较多细小固形物的胶黏剂。

2)喷雾施胶设备

(1)搅拌式喷雾拌胶机。

这种拌胶机由前后壁的圆筒、拱形顶盖、进料口、搅拌轴、出料装置和喷嘴等组成,如图 6-12 所示。

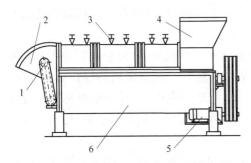

图 6-12 喷雾式连续拌胶机

1. 针辊;2. 出料口;3. 喷嘴;4. 进料口;
5. 动力装置;6. 拌胶槽

经称量的刨花连续不断地从进料口进入拌胶槽,装在拌胶机顶盖上的喷嘴向胶槽内喷胶,喷嘴的胶液由输胶泵供给,喷嘴的压缩空气由空气压缩机供给。电动机带动搅拌轴搅动刨花,使刨花呈悬浮状态与胶液混合。拌胶槽有一定倾斜角,使刨花往出料口侧移动。在出料口处有针辊,将拌胶后的刨花耙松,避免带胶刨花结团,影响板面质量。这种拌胶机的缺点是在拌胶过程中,刨花易被打碎,当粗细刨花一起拌胶时,细小刨花的着胶量多。

在生产三层结构刨花板时,一般采取表芯层刨花分开喷胶,这样可以避免上述缺点。还可以使刨花按尺寸大小调整进入拌胶机的位置。另外,在喷雾式拌胶机上部增加一气流分选设备,如图 6-13 所示,使细小刨花最后进入喷嘴处并快速通过,达到粗细刨花表面胶液分布均匀的目的。

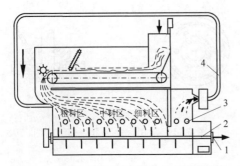

图 6-13 带气流分选的喷雾式连续拌胶机

1. 刨花出口;2. 搅拌轴;3. 喷胶嘴;4. 回风管

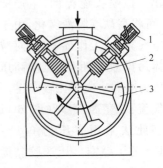

图 6-14 铲式拌胶机

1. 输胶管;2. 喷雾期;3. 搅拌铲

由于拌胶机机体加长和增设细刨花进料装置,拌胶机的充实率和容量大为提高。如采用高速搅拌,刨花会因摩擦发热,容易使胶黏剂产生预固化,为此,有些拌胶机的搅拌轴和机壳设有冷却装置。

(2)铲式喷雾施胶机。

这种拌胶机由德国人设计,在滚筒内装有旋转轴,轴上安装有搅拌铲,在旋转轴的作用下,搅拌铲带起刨花旋转,使其在机内形成环状刨花流。搅拌铲有助于使刨花内外交换运转,拌胶时间为 1～2min,施胶采用高速离心喷雾器,在喷雾器上开有 125 个小孔,用以喷洒胶料,如图 6-14 所示。这种拌胶机适于大片刨花施胶,刨花尺寸大且薄,一般在拌胶机内的运动性、旋转性和流动性都较差,可以借助搅拌铲的作用使刨花运动。

(3)滚筒式喷雾拌胶机。

这是一种喷雾式连续拌胶机。拌胶机通过滚筒的旋转翻转刨花,通过喷嘴将胶液喷洒到刨花表面上。滚筒式拌胶机的设计形式繁多,其基本原理是在旋转滚筒的内侧吊装有与滚筒轴线相平行的吊杆,其上装有喷嘴。胶液的喷洒角度与滚筒轴线成直角,滚筒内被翻转的刨花形成"幕帘",使喷洒胶液的损耗降至最低限度,其施胶原理如图 6-15 所示。

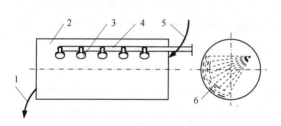

图 6-15　旋转滚筒及喷雾嘴结构原理

1. 出料口;2. 旋转滚筒;3. 喷嘴;
4. 胶管;5. 进料口;6. 刨花

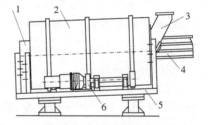

图 6-16　滚筒式拌胶机

1. 出料口;2. 拌胶滚筒;3. 进料口;
4. 喷胶系统;5. 机座;6. 传动系统

图 6-16 是一种定向结构刨花板生产施胶用滚筒式拌胶机的结构。拌胶机主要由拌胶滚筒、进料口、出料口、传动系统、机座、喷胶系统等组成。

干刨花经进料口连续不断地进入拌胶滚筒内,滚筒在无级调速电动机带动下旋转,滚筒内装有抄板,抄板使刨花升举到一定高度后落下,形成连续的刨花帘,在滚筒负坡度的作用下,刨花一面翻滚,一面向出料口移动,最后从拌胶滚筒的另一端排出。胶黏剂和其他添加剂混合后,经高压泵送至多个喷嘴雾化,喷洒到刨花帘上,使刨花施胶。进入拌胶筒的刨花量根据胶液流量而定,从而在出料口获得具有一定施胶比的施胶刨花。拌胶机为中空结构,因此不会对刨花产生破损作用,对刨花形态影响小。另外刨花随滚筒的转动上下翻动,相互之间有一定的摩擦作用,有利于刨花间胶液的转移,使胶液分布得更为均匀。

为使刨花施胶均匀，主要根据刨花形态和大小，决定其在拌胶机内的工作状态与其对应的施胶方式相配合的情况，也就是选择合适的拌胶机，如图 6-17 所示。

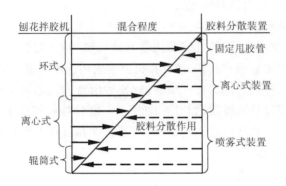

图 6-17　刨花混合与胶料分散程度间的关系

2.摩擦法施胶

摩擦法施胶是利用刨花之间的相互摩擦，将胶黏剂进行转移的一种施胶方法。由于刨花之间及刨花与搅拌装置之间的高速碰撞、冲击，会使刨花形态产生改变，甚至产生很多细小刨花和粉料。摩擦法施胶主要用于普通刨花板的生产中，其主要设备有环式拌胶机、快速拌胶机、离心喷胶式拌胶机等。此法拌胶质量取决于刨花在机内的停留时间。这种方法适用于细小刨花的施胶，设备用高速拌胶机。

1)环式拌胶机

这是目前刨花板生产普遍使用的拌胶机，其结构原理与离心喷胶式拌胶机大致相同，见图 6-18。所不同的是，胶液不是从空心轴进入的，而是在上机壳靠近刨花进料口处设置多个喷胶嘴，胶液在压力（输胶泵产生的）或与压缩空气共同作用下，喷入拌胶机内，主要靠机械搅拌的摩擦作用对刨花进行施胶。

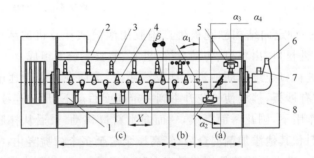

图 6-18　环式拌胶机结构原图

1. 出料口；2.拌胶机外壳夹套；3.拌胶爪；4.空心轴；5.进料片；

6. 冷却水入口；7.冷却水出口；8.机座

带有压缩空气的喷胶嘴有助于胶液雾化，从而提高施胶均匀性。也有单独设置固化剂喷嘴的,以及在胶液进入喷嘴前设置胶液与固化剂静态混合器的,这类拌胶机可以克服胶黏剂的相对分子质量、黏度和适用期因调配后存放时间不同(特别是夏季高温情况)而产生波动的问题,有助于提高产品胶合稳定性。

在国内刨花板生产中,有使用简易式高速拌胶机。这种拌胶机仅设进胶槽,槽底部直接与装在机壳上的胶嘴相连,胶液由胶泵送至胶槽,然后靠自重流入拌胶机内,这种简易式拌胶机的施胶均匀性差一些。

拌胶机的空心轴仅通冷却水冷却,不通胶液,可以有效防止胶黏剂因固化等造成堵塞空心轴和甩胶管难以清理的问题。甩胶管改为搅拌桨,搅拌桨多为空心牛角形,其安装角度可以调节,与空心轴相连,内通冷却水冷却。机壳也全部为夹层结构,通冷却水冷却。

2)离心喷胶式拌胶机

用压缩空气喷胶,胶滴过小易飞扬,胶滴过大会影响拌胶质量。离心喷胶式拌胶机可很好地解决这个问题,如图6-19所示。

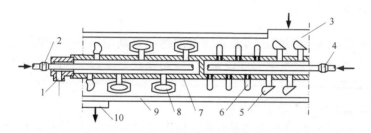

图6-19 离心喷胶式拌胶机结构原理

1. 冷却水出口;2. 冷却水入口;3. 刨花入口;4. 胶黏剂入口;5. 进料铲;6. 甩胶管;
7. 空心轴;8. 搅拌桨;9. 夹套;10. 刨花出口

机内有一根长空心轴,轴的两端固定在胶槽外的轴承上。轴的前端有进料铲,中部有甩胶管,甩胶管上有许多甩胶孔,孔径为2.54mm,后端有搅拌桨,其高度可调节。

工作时,刨花从进料口进入机内,在进料铲的作用下,刨花呈螺旋状前进。胶液和刨花都是定量供应的。胶液通过分配管进入空心轴的进胶口,依靠空心轴旋转时(约1000r/min)产生的离心力将胶液以0.1MPa的工作压力从甩胶管上部的小孔甩出,分布到刨花的表面,经过搅拌桨的搅拌,并将刨花推至出料口排出。

拌胶机后半部,搅拌轴和搅拌桨都用冷却水冷却,冷却水温度一般要求低于12℃。冷却水从冷却水入口进入,从排出口排出。拌胶机的外壳也做成夹套式,通冷却水冷却。冷却的目的是防止刨花和胶液因高速摩擦而过热,由于机壳和轴及搅拌桨一直在通冷却水,冷却湿热的刨花产生结露而起到润滑作用,避免在表面产生结胶现象。

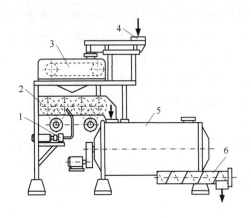

图 6-20　快速拌胶机
1. 输胶泵；2. 拌胶箱；3. 计量秤；4. 下料口；
5. 调节冷却仓；6. 出料螺旋

3)快速拌胶机

这种拌胶机由拌胶部分和调节仓两部分组成,如图 6-20 所示。拌胶部分共有四个拌胶箱,每个拌胶箱内都装一个高速搅拌轴,拌胶箱互相连通。在第二个拌胶箱内,胶液靠离心力作用,从空心轴搅拌桨的孔眼甩出。

在另外两个拌胶箱中,可以使刨花相互摩擦,达到均匀涂胶的要求。刨花通过拌胶箱的时间很短,只有 10～30s。在拌胶箱下面有调节仓,用来贮存和冷却拌胶刨花。调节仓内有搅拌器和螺旋排料器,搅拌器和仓壳都有冷却水冷却。

3. 施胶方法的比较

为了使刨花能很好地胶合,必须使有限的胶黏剂均匀分布到刨花表面上。研究与实践认为,影响分布均匀性因素较多,如施胶方法、施胶工艺、刨花形态与大小、施胶设备等。

1)施胶方法对施胶效果的影响

施胶方法不同,胶液在刨花表面覆盖情况和均匀程度也不同,这样会导致制品胶合强度的差异。从表 6-6 和表 6-7 可以看出,采用喷雾法施胶时,表面被胶液覆盖 50%～100% 的刨花占总量的 90% 左右,而摩擦法则小于 60%。因此,喷雾法胶合强度比摩擦法好。

2)刨花大小和几何形状对胶黏剂分布的影响

当刨花的大小和几何形状变化较大时,施胶很难使胶液在刨花表面分布均匀。细料由于表面积较大,往往着胶量较多,粗料上胶量较少。刨花的上胶量与刨花的表面积之间存在一种相似的线性关系。刨花大小由粗到细变化时,表面上胶量随之增加。

表 6-6　施胶方法对刨花表面胶覆盖率的影响

刨花表面被胶覆盖面积百分率/%	施胶方法	
	摩擦法	喷雾法
100	41.6	66.7
50	16.7	25.8
20	37.5	4.2
0	4.2	3.3

表 6-7　施胶方法对胶合强度的影响

刨花种类	项目指标	施胶方法	
		喷雾法	摩擦法
松木刨花	MOR/MPa	125	98
	吸水率/%	18.5	20.0
桦木刨花	MOR/MPa	116	86
	吸水率/%	23.1	39.0

　　另外,刨花的表面质量对上胶量也产生影响。刨花表面破损越小,则胶液分布越好,所以,完整无损的、光滑的刨花,在较低的压力下比粗糙的、表面破坏的刨花胶合得更好,使胶黏剂的胶合作用能够得到充分的发挥。

　　3)喷胶条件对胶黏剂分布的影响

　　喷胶条件一般包括喷嘴类型、雾化程度、刨花量、搅拌时间和速度、刨花质量和温度等。其中雾化程度最为重要。

　　雾化程度就是指胶黏剂经过喷嘴将胶滴分离的程度,雾化程度直接影响喷胶质量。胶滴越细,其在刨花表面分布越均匀。

　　雾化程度与空气压力、喷嘴流量、喷嘴数量、喷嘴位置等有关。

　　据有关研究得知,空气压力增加和喷嘴流量降低时,喷出的胶滴平均直径减小,胶滴数量相对增加,雾化程度较好,胶液可达到均匀分布的目的。

　　研究认为,胶滴平均直径为 $8\sim35\mu m$ 时较为理想。实际工业喷胶设备只能达到 $30\sim100\mu m$,刨花中有 $10\%\sim25\%$ 未涂上胶,从而影响刨花板的强度。

　　喷嘴胶料流速的增加,将产生较大胶滴,使分布均匀性降低,结果影响板的性能,如图 6-21 所示。喷嘴数目、喷嘴位置及搅拌机轴的转速与喷涂质量都有关系,有关研究如图 6-22 所示。喷嘴数量增加、

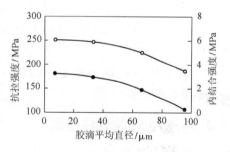

图 6-21　胶滴平均直径对板强度的影响

喷嘴出口到搅拌机中刨花高度距离增加,以及搅拌轴转速的提高可获得最好效果,即板的强度增高,厚度膨胀率和吸水率下降。这是因为喷嘴数量和距离增加,即增大了喷嘴所形成的雾化圆锥体的几何尺寸,降低了每一雾化圆锥体内胶液的分布浓度。由于拌胶机中胶分布区面积增大,提高了胶液分布的均匀性。提高轴的转速,也就是提高单位时间通过喷嘴刨花数量,虽然减少通过喷嘴一次所得到的胶液量,但是由于喷嘴数的增加,喷到刨花表面上的总胶量增加。

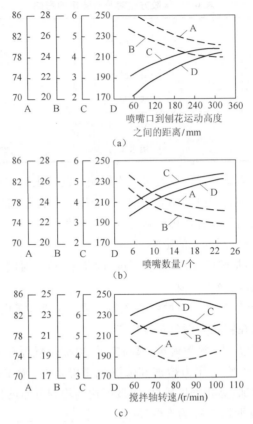

图 6-22　喷胶条件对三层结构刨花板物理力学性能的影响
A. 24h 吸水率（%）；B. 吸水厚度膨胀率（%）；C. 内结合强度（MPa）；D. 静曲强度（MPa）

　　一般采用空气压力 0.2～0.35MPa，胶液黏度 0.15～0.6Pa·s 时，可获得 $50\mu m$ 左右小胶滴。

6.3.3　刨花施胶系统控制

　　刨花板生产施胶量是以干胶量与绝干板材质量的百分比形式给出的，而实际生产过程是以控制刨花流量和胶液流量来实现施胶量控制的。刨花通过皮带秤或固体流量计（冲量秤）及间歇秤等控制其单位时间流量，由含水率测定仪测定刨花的含水率后，即可知道单位时间内绝干刨花流量。胶液经调胶系统调配混合后，由表 6-5 可知其干胶含量、干物质含量与密度，然后由体积计量通过胶泵送入拌胶机，通过控制胶泵转速达到控制胶液流量的目的。刨花与胶液流量通过比例积分调节系统或单板机完成施胶量控制。在实际生产过程中，各参数都存在一定的波动范围，必须随时掌握刨花干燥后和施胶后的含水率，并以其为依据调节工艺参数，达到稳定施胶量的目的。

在生产线上,施胶量的大小是通过调控施胶比而进行控制的,即控制单位时间内刨花流量和混合胶液流量。在生产过程中,随着工艺的变更,将适时调整施胶比。瞬时施胶比还可以通过测定施胶前后刨花含水率,根据混合胶液的干物质含量进行计算后而实施对瞬时施胶量的检测。

1. 施胶量

通常刨花施胶量是指绝干刨花的重量与干胶重量的百分比,脲醛树脂胶黏剂的施加量一般在 8%～12%。而在刨花板生产中,施胶量往往用耗胶量表述,即生产每立方米成品刨花板所消耗的胶黏剂重量,其中包括裁边和砂光部分所含胶黏剂的重量。这种耗胶量便于生产成本计算和控制,但耗胶量的大小直接由裁边量的大小、砂光量的多少和胶黏剂的固体含量决定。生产同样规格的刨花板,当胶黏剂的固体含量一定时,裁边量和砂光量越大,耗胶量越高。因此,连续平压法生产的板材因裁边损耗小,故其耗胶量小于单层大幅面压机生产的板材;而单层大幅面压机生产的板材其耗胶量又小于多层压机生产的板材。通常使用脲醛树脂胶黏剂,当其固体含量为 65% 时,无垫板装卸板坯的多层压机生产线的耗胶量在 115～130kg/m³,单层大幅面压机生产线的耗胶量在 100～115kg/m³,连续平压法生产线的耗胶量更低些,一般在 100kg/m³ 左右。

施胶量的大小,不但关系到生产成本,还关系到板材的物理力学性能。在相同密度情况下,板材的静曲强度(MOR)、内结合强度(IB)随着施胶量的增加而提高,而其吸水厚度膨胀率(TS)随施胶量的增加而减小。虽然增加施胶量可显著提高板材性能,但还必须考虑生产成本问题,故在保证成品板材胶合性能满足要求的前提下,应尽量减少施胶量。施胶量还与所使用胶黏剂的性能和质量、产品结构、刨花的形态等因素有关。生产单层结构板材,一般酚醛树脂胶黏剂的施胶量为 5%～8%,脲醛树脂胶黏剂为 8%～12%;生产三层或多层结构板材,各层施胶量可以不同,通常表层施胶量大于芯层,如以生产密度为 0.6～0.7g/cm³ 的刨花板,芯层施胶量在 5%～8%,表层施胶量为 9%～12%;渐变结构刨花板的施胶量在 8%～12%。这主要是表层刨花细小而比表面积大,为了保证板材的 MOR 和表面性能,必须提高表层刨花的施胶量。

刨花因树种不同,施胶量也不同,阔叶树材刨花的施胶量要比针叶树材刨花的施胶量高 10% 左右。

刨花的形状和尺寸对施胶量的影响也很大。据研究,同一密度的 100g 绝干刨花,随着刨花厚度的减小,刨花的比表面积增大,如表 6-8 所示。在相同施胶量的前提下,施加到刨花单位面积上的胶量相对减少,如表 6-9 所示。例如,1mm 厚的 100g 的杨木刨花,刨花的比表面积为 0.55m²,若用 8g 固体粉胶,折合每平方米刨花表面上的施胶量为 14.5g;当刨花厚度为 0.25mm 时,刨花的比表面积增加到

2.2m²,用同样 8g 固体粉胶,折合每平方米刨花表面上的施胶量为 3.6g。因此,使用薄刨花做原料,要相应提高用胶量,否则会因缺胶而影响刨花板的质量。

表 6-8　100g 不同厚度和密度的木质刨花的比表面积　　　　　　(单位:m²)

刨花厚度/mm	树种及密度/(g/cm³)				
	杨木	云杉	桦木	山毛榉	红铁木
	0.36	0.43	0.60	0.68	1.00
1.00	0.55	0.47	0.33	0.20	0.20
0.50	1.10	0.94	0.66	0.59	0.40
0.25	2.20	1.88	1.32	1.18	0.80
0.10	5.50	4.70	3.30	2.90	2.00
0.05	11.00	9.40	6.60	5.90	4.00

表 6-9　100g 绝干刨花,施胶量为 8g 固体粉胶时每平方米刨花表面的施胶量

(单位:g/cm³)

刨花厚度/mm	树种及密度/(g/cm³)				
	杨木	云杉	桦木	山毛榉	红铁木
	0.36	0.43	0.60	0.68	1.00
1.00	14.40	17.20	24.00	27.20	40.00
0.50	7.20	8.60	12.00	13.60	20.00
0.25	3.60	4.30	6.00	6.80	10.00
0.10	1.44	1.20	2.40	2.72	4.00
0.05	0.72	0.66	1.20	1.36	2.00

施胶时刨花表面质量对施胶量也有影响,表面粗糙的刨花耗胶量大些,表面平滑的刨花耗胶量相应小一些。

施胶量的大小直接关系到产品的胶合质量和生产成本,随着市场竞争的日益激烈,在保证产品胶合性能的前提下,降低施胶量是普遍关注的问题。

生产中影响施胶量的因素很多,除了上述影响因素之外,为了降低施胶量,还可以采取以下方法:改进刨花筛选设备,将刨花中的锯屑和粉尘含量由 25%～30%减少到 10%～15%,施胶量可以降低 5%。采用新型拌胶机,提高拌胶均匀性,也可使施胶量降低 10%左右。应用板坯厚度自动检验和调节装置,提高铺装精度,可节省胶黏剂 3%左右。以高硬度热压板替代刚度和硬度较差的热压板,可使刨花板的厚度误差从±1mm 减少到±0.6mm,从而使砂光余量由1.8mm 减小到 1.5mm,可使用胶量降低 1.5%左右。另外,提高削片机与刨片机刀具和切削部件的工作精度和耐磨性,可进一步改善刨花表面质量,也可以适当降低施胶量。

2. 计量方法

1) 刨花计量

在刨花板生产中,刨花和胶黏剂的计量可按容积计量,也可以按质量计量。胶黏剂的计量,因其密度稳定,多采用容积计量。在周期式拌胶机内,用专门的容器计量。连续式拌胶机采用调节输胶泵的转速控制胶量。刨花采用容积计量控制比较困难,因为刨花形状和大小不一,装料容器稍有振动就会产生误差,影响计量的准确性,所以生产中通常采用质量计量。计量秤有周期性动作和连续性动作,可以用电动或气动控制,进行自动称量。

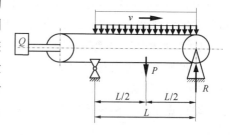

图 6-23 是电子皮带秤的计量原理图,从图可知:

图 6-23 电子皮带秤计量原理

$$R = \frac{P}{2}$$

$$Q = \frac{P}{L} \times v = \frac{2R}{L} \times v \tag{6-3}$$

式中,Q——单位时间的输送量,kg/min;

R——压力传感器的读数,kg;

L——电子皮带秤的有效长度,m;

v——电子皮带的运行速度,m/min。

电子皮带秤一般是将经过皮带上的物料,通过称重秤架下的称重传感器进行检测重量,以确定皮带上的物料重量;装在尾部滚筒或旋转设备上的数字式测速传感器,连续测量给料速度,该速度传感器的脉冲输出正比于皮带速度;速度信号与重量信号一起送入皮带给料机控制器,产生并显示累计量/瞬时流量。给料控制器将该流量与设定流量进行比较,由控制器输出信号控制变频器调速,实现定量给料的要求。可由上位 PC 设定各种相关参数,并与 PLC 实现系统的自动控制。它可以采用两种运行方式:自动方式和半自动/手动方式。

力学传感器的种类繁多,如电阻应变片压力传感器、半导体应变片压力传感器、压阻式压力传感器、电感式压力传感器、电容式压力传感器、谐振压力传感器和电容式加速度传感器等。但应用最为广泛的是压阻式压力传感器,它具有极低的价格、较高的精度和较好的线性特性。

以金属丝应变电阻为例,当金属丝受外力作用时,其长度和截面积都会发生变化,从式(6-3)中可很容易看出,其电阻值即会发生改变,当金属丝受外力作用而伸长时,其长度增加,而截面积减少,电阻值便会增大。当金属丝受外力作用而压缩时,长度减小而截面增加,电阻值则会减小。只要测出加在电阻的变化(通常是测量电阻两端的电压),即可获得应变金属丝的应变压力。

图 6-23 是刨花板生产中应用最广泛的电子定量/计量皮带秤,它由电动滚筒、从动滚筒、皮带、压力传感器和计算机系统等组成。电动滚筒由动力部分、传动减速结构和滚筒组成,皮带速度固定,工作过程中由称重结果与工艺设定结果进行比对,并发出信号给上一设备来调整出料重量。

电子皮带秤的基本组成如下。

(1)皮带输送机及其驱动单元。对于输送机式皮带秤,称重托辊和运行到其上方的输送皮带构成了承载器。

(2)称重单元。称重传感器是将被称物料的重力转换为模拟或数字电信号的元件。

(3)测速单元。用来测量被称物料运行速度的测速传感器也是保证计量准确度的重要元件。

(4)信号采集、处理与控制单元。是用以接收、处理传感器输出的电信号并以质量单位给出计量结果,以及完成其他预定功能的电子装置。

2)胶液计量

干法纤维板和刨花板生产的产量高、胶黏剂用量大、生产自动化程度高、调胶施胶都采用自动化连续计量方法。主要由容积式计量筒计量、重量式计量筒计量和流量计计量 3 种系统控制计量胶液的连续输出速度,这些系统不但可以连续计量,同时还可以实现动态补偿,即胶黏剂的输出量可随着刨花或纤维的变化而变化,保证施胶量稳定。

(1)计量方法。

①容积式计量筒计量系统。

以意大利 IMAL 公司制造的设备为代表,国内生产中小型中密度纤维板和刨花板成套设备多以此种批量式调施胶设备配套。容积式调施胶设备的胶料配制与TC/80 计量系统主要由配胶机(上部有 5 个储罐,分别为树脂胶罐、水罐、固化剂罐、氨水罐和备用罐,下部为一个胶料混合器)、输出计量、泵组、控制与显示以及各种储罐、管道组成。

②重量式计量筒计量系统。

以德国 Diefenbaeer 公司开发的 GRADO 胶料系统为代表,系统包括纤维进给、纤维称重、胶的配给、按重量控制原理的调胶与减重系统、胶料泵组单元、信号检测和反馈、数据采集、打印等。该系统已广泛用于中密度纤维板和刨花板等不同板种的人造板生产。

③流量计计量系统。

在胶料管道上装有电磁流量计,由显示仪和调节器组成。从显示仪中可以直接读出胶的流量。进入调节器的电流信号,与来自纤维或刨花重量称量信号经调节中心运算后输出一个信号,此信号经过计算机触发可控硅操作器控制施胶机的转速,使施胶随刨花或纤维的进料量的变化而得到相应的调整。

(2)计量系统。

①计量筒体积计量系统。

体积计量法是将对计量筒内胶液液面的下降速度来考量胶液的输出体积,以达到连续计量的目的。对于如图 6-24(a)所示体积计量方法,其流量计算如下:

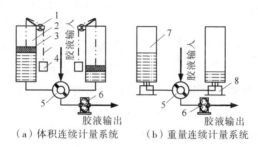

(a)体积连续计量系统　　(b)重量连续计量系统

图 6-24　胶液连续自动计量原理及结构

1. 转速计;2. 计量筒;3. 浮子;4. 平衡块;5. 气动十字换向阀;

6. 输胶泵;7. 称重桶;8. 称重传感器

$$V = \pi\omega \times r \times R^2$$

式中,ω——转速计转速,r/min;

r——转速计转盘的有效半径,mm;

R——计量筒半径,mm。

从图中可以看出,计量筒内筒壁上的预固化胶液将会严重影响胶液计量结果,因此,对于这些预固化物必须及时清理干净。

体积计量法将计量筒胶液体积的减少量作为胶液输出量指标,最终需要将胶液体积换算成质量后与构成单元的重量进行比较和相匹配,然后进行调控。

②计量筒重量计量系统。

重量计重法与体积计量法计量系统结构相近,只是胶液输出结果直接以计量筒内胶液质量的连续减少来衡量胶液输出的质量。

其原理是在计量筒底部安装一个称重传感器来检测胶液的输出量(图 6-24(b))。该称重传感器为圆柱形压缩式电阻应变式称重传感器,其原理是将电阻应变片贴在弹性元件上,弹性元件受力变形时,其上的应变片随之变形,并导致电阻改变。测量电路测出应变片电阻的变化并变换为与外力大小成比例的电信号输出。电信号经处理后以数字形式显示出被测物的质量。电阻应变式称重传感器的

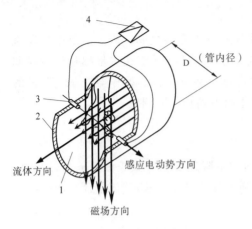

（管内径）

流体方向

感应电动势方向

磁场方向

图 6-25　电磁流量计原理图

1. 流体；2. 测量管；3. 电极；4. 转换器

称量范围为几十克至数百吨，计量准确度达 1/1000～1/10 000，结构较简单，可靠性较好。

③流量计计量系统。

流量计计量系统是采用电磁流量计对胶泵的输出量进行计量，并将计量结果反馈给胶泵，以实现胶量的输出调节。

电磁流量计原理是法拉第电磁感应定律，即导体在磁场中切割磁力运动时在其两端产生感应电动势（图 6-25）。其电磁流量计原理为导电性液体在垂直于磁场的非磁性测量管内流动，与流动方向垂直的方向上产生与流量成比例的感应电势，电磁流量计原理中的电动势的方向按"弗莱明右手规则"，其值为

$$E = k \times B \times D \times V \tag{6-4}$$

式中，E——感应电动势，即流量信号，V；

k——系数；

B——磁感应强度，T；

D——测量管内径，m；

V——平均流速，m/s。

设液体的体积流量为

$$Q = \frac{\pi D^2}{4} \times V$$

则

$$E = k \times B \times \frac{4Q}{\pi D} = \left(\frac{4kB}{\pi D}\right) \times Q = K \times Q \tag{6-5}$$

式中，K——仪表常数，$K = 4kB/\pi D$。

电磁流量计原理宏观上把导电液体看成导体，流体的流动看成导体作切割磁力线运动。实际上用电磁感应法测量导电液体流速，其内部情况远比固体导体在磁场中作切割磁力运动要复杂得多。作为空间的质点，磁感应强度的矢量场处在有限的均匀范围内，导电液体的流动也只能是连续介质中的质点运动。

3. 施胶控制

1)动态计量控制

全动态计量控制是将刨花和胶料都预设一个基本供料速度，并对刨花和胶料

进行动态计量和补偿供料,且可根据刨花的实际计量进行胶量调整和控制。一定
质量的刨花,经带式秤(也称为皮带秤)连续称量,根据秤上刨花的质量控制胶液流
量,其工艺原理如图 6-26 所示。这套自动控制装置可以与生产线上其他设备相
连。当皮带秤上刨花的质量有变化时,输胶泵会自动调节转速,保证胶液与刨花的
配比即施胶比的稳定,当胶泵和喷嘴堵塞时,还可自动进行补偿调节。

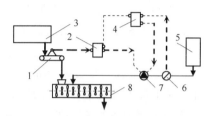

图 6-26　刨花和胶自动称量施胶系统
1. 带式秤;2. 刨花和胶料比例调节器;
3. 供料装置;4. 补偿调节器;5. 储胶罐;
6. 流量计;7. 胶泵;8. 拌胶机

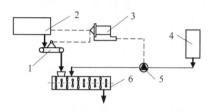

图 6-27　刨花质量固定的施胶系统
1. 带式秤;2. 供料装置;3. 调节器;
4. 储胶罐;5. 胶泵;6. 拌胶机

2)补偿计量控制

(1)刨花固定法。

这种方法是胶液固定,刨花补偿,将一定容积的刨花送往连续称量的带式秤。
带式秤自动调节线速度,使每一瞬间流经其上的刨花质量连续稳定。这种装置能
保证连续稳定地供应规定重量的刨花。因此,输胶泵不用再装调节装置,只要用固
定流量供应胶液,就可使胶液和流经带式秤的刨花始终保持要求的施胶比,其工艺
原理如图 6-27 所示。

(2)胶液固定法。

胶液预先定量,固定输胶泵的转速,
用流量计来控制胶液流量,间歇地往拌胶
机内加入定量的刨花,活塞每次行程即可
完成胶液输送和排空的动作。该方法的
工艺原理如图 6-28 所示。

采用双行程活塞,当活塞推向右侧,
胶液从右侧排出,同时经四通阀从左侧进
入胶液。活塞与脉冲发生器连接,活塞在
前进运动时,前进一定距离发出一定脉
冲,有脉冲计数器记录,每次称量胶液的
脉冲数在控制器中预先设定好,在达到规
定脉冲数时就给间歇秤发出放料信号,刨
花落入拌胶机内。当活塞运动到终端位

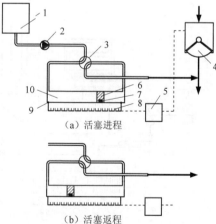

（a）活塞进程

（b）活塞返程

图 6-28　按胶量调节间歇称量刨花的施胶系统
1. 胶液储罐;2. 输胶泵;3. 四通阀;4. 间歇秤;
5. 调节器;6. 活塞;7. 脉冲磁铁;8. 脉冲轨道;
9. 终点限位脉冲;10. 缸体

置,右侧胶液全部排出,同时左侧装满胶液。在四通阀换向后,活塞推向左侧,胶液从左侧排出,与拌胶机内刨花混合,同时从右侧进入胶液。

在实际生产中,为了准确地控制施胶比,还需要有一套完善的树脂贮存、树脂进料和出料装置,并能随时精确地测定树脂的用量。树脂进料和出料装置应能快而有效地清洗全套设备,储胶槽应具备清洗时用的管道,槽底应有树脂出料口,槽外树脂管道上应装有阀门。在第二个储槽前树脂管道上也应装有阀门,以防止不相容的树脂和添加剂在管道中互相混合。如果可能应具备易于清洗所有管道的冲洗设备和直接通道。

另外,贮存树脂要有适当的温度,因此储槽的安装应能保持冬夏两季都具有适宜的温度。接近 15℃ 的贮存温度较为适宜,因为这个温度使树脂缩聚作用减缓,有利于树脂稳定。一般情况下,并不需要专门设置低温条件来贮存树脂,因为刨花板生产树脂用量大,通常不会存放太长时间。

为了使胶液通过喷嘴时能很好地雾化分散,可在喷胶前将胶液加温至 25～40℃。加热装置最好是带有加套和搅拌装置的容器,便于添加助剂。

胶液进入喷嘴前需要通过过滤器过滤,防止脏物、凝胶颗粒和其他杂物堵塞喷嘴。

整个喷胶系统最好装有快速改变连接的装置,以便于在常规维修或喷胶系统偶然出现堵塞时,能够较快地更换喷嘴,这样可缩短正常维修和清洗时间。

胶泵及整个输送系统应能适应快速进料和出料的要求。任何一槽内的树脂抽出或送入,再循环,以及必要的混合都应能操作灵活,而且维修量小。

3)实用案例

图 6-29 是刨花板生产中施胶系统典型案例。首先根据铺装要求设定刨花流量初始值和施胶量,并由计算机换算出胶黏剂流量初始值;拌胶开始时,由直流电动机驱动的刨花运输螺旋会根据电子皮带秤的称量结果自动调整刨花输送速度,并使之在刨花流量初始值的误差允许范围内;刨花称量的动态结果会及时地传输给输胶系统,并使胶液输出速度和刨花流量成恒定比值。

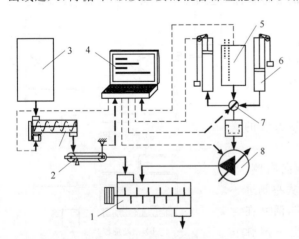

图 6-29　刨花板生产线施胶控制系统原理图

1. 拌胶机;2. 电子皮带秤;3. 刨花料仓;4. 计算机;
5. 调胶缓冲箱;6. 胶液计量筒;7. 十字换向阀;8. 输胶泵

6.4 纤 维 施 胶

纤维施胶原理和方法因纤维板生产工艺不同而不同。传统的湿法纤维板生产工艺属于无胶胶合工艺,通常不用施加胶黏剂而依靠水热对纤维的作用可自胶合成板。这种湿法生产工艺,仅需对纤维浆料进行防水、阻燃和防腐等处理,特殊情况对纤维浆料进行增强处理,即将酚醛树脂直接加入纤维浆料里面搅拌即可。

干法生产工艺,纤维之间无法利用水热作用进行自胶合,因此必须对纤维施加胶黏剂,然后通过热压使树脂胶黏剂固化,从而将纤维胶合成板。故此干法生产工艺,必须对纤维进行施胶,同时还需要施加防水剂对纤维进行防水处理。此外,根据需要还可施加阻燃剂、防腐防霉剂和染色剂等。

由于纤维的比表面积远大于刨花等被胶合单元,并且纤维极易聚结成团,所以纤维施胶原理和方法也有异于其他胶合单元。

6.4.1 纤维施胶机理

1.纤维防水机理

植物纤维原料是一种亲水材料,由植物纤维制成的未经防水处理的纤维板材,同样具有很大的吸湿性和吸水性。纤维板吸水后即发生变性,降低强度,增加传热、导电性,易腐蚀或发霉,从而影响板材的应用范围和使用寿命。因此,作为纤维板生产必不可缺少的工艺程序之一,就是对湿法的纤维浆料和干法的纤维进行防水处理,以提高纤维板的耐水性。此外,为了提高湿法纤维板强度和阻燃、防腐防霉性能,也可对浆料进行增强、阻燃和防腐防霉处理。干法生产除了上述处理之外,还应必须进行施胶,有时为了区别板材的防水或防潮性能还应进行着色处理。

1)纤维板吸湿、吸水机理

水分传递途径与木材一样,纤维板中的水分是通过内部孔隙传递的。纤维板内部的孔隙有三种:第一种是细胞壁内的微毛细管(指微细纤维内的无定形区和微细纤维之间的孔隙);第二种是细胞腔;第三种是纤维之间的孔隙。

纤维板内的总空隙量可以粗略地计算出来,如果取木纤维的真密度为 1.5g/cm^3,则密度为 0.85g/cm^3 的高密度纤维板和密度为 0.7g/cm^3 的普通中密度纤维板内部的孔隙分别为

$$\left(1-\frac{0.85}{1.5}\right)\times100\%\approx43.3\%, \left(1-\frac{0.7}{1.5}\right)\times100\%\approx53.3\%$$

纤维板在潮湿空气中吸湿时,空气中的水蒸气分子经干纤维之间的孔隙、纹孔和细胞腔内的微毛细管,使纤维细胞壁充满水分。也就是说,在吸湿过程中,纤维

之间的孔隙和细胞腔只是水蒸气分子通过的渠道，而真正吸着水分的机构却在细胞内部。如果将干状的纤维板直接放在水里，则液态水首先将充满细胞腔和纤维之间的孔隙，而后逐渐进入细胞壁内。

由于纤维的重新排列和对纤维进行了各种处理，纤维板中木纤维水分传递的天然渠道不同程度地被堵塞和错位，板内各种毛细管也并非全是连通的。

纤维细胞壁从空气中吸着水分的原因有二：一是纤维表面的吸附作用；二是微毛细管的凝结作用。

纤维表面的吸附作用。纤维细胞壁内拥有巨大的自由表面积，如 1g 纤维素就有 $5 \times 10^4 \sim 5.2 \times 10^6 cm^2$ 的自由表面积（也称活性面积），而且微细纤维内的结晶度越低，自由表面积越大。若将纤维素分子链之间形成一个水分子膜，称为单分子吸附；若出现多分子层，则称为多分子吸附，或称多层吸附。水分子进入纤维细胞壁内的毛细管后，将增加大分子链的链间距离，使体积膨胀，无定形区原有的不完善负价键结合点遭受破坏，产生新的吸着中心。这种因表面吸附作用而被吸着的水分称为吸附水（也称结合水）。吸附水在羟基的影响下，排列是有方向的，与纤维之间有一定结合力，其密度比游离水高 5％～7％。吸附过程中产生一种称为吸着热的热量，这是纤维材料膨胀时产生的机械能转换成热能的结果。纤维表面吸附水是影响纤维板尺寸变化和变性的主要因素。

此外，纤维表面带负电荷，对极性水分子也有吸引力，从而增强了纤维表面的吸附能力。据报道，表面电荷可使纤维表面形成 5％～6％的吸附水。

应该指出，进入纤维细胞壁内部的水分，不能进入纤维素的结晶区。

微毛细管的凝结作用。无定形区的纤维表面被吸附水饱和之后，半径小于 $5 \times 10^{-7} cm$ 的微毛细管，便开始从空气中凝结水蒸气，纤维材料继续吸着水分。

液体对于固体表面上所表示出来的饱和蒸汽压与固体表面的曲率半径有关。因为水分在纤维毛细管中能够很好地润湿，故管内液面将呈凹形。此时，管内液面上的饱和蒸汽压将低于这种液体呈平面状态时的饱和蒸汽压。也就是说，对于平面状态的液面尚未达到饱和状态的蒸汽，对毛细管内的凹形液面就可能已经达到饱和状态，并开始凝结。这就是毛细管凝结现象。这里所指的毛细管，其孔的半径不得大于 $5 \times 10^{-7} cm$，称微毛细管，否则不会出现水蒸气凝结现象。孔的半径越小，上述饱和蒸汽压的压差越大，水蒸气就越容易凝结。毛细管凝结水是以表面张力与纤维结合的。

纤维素无定形区的多数微毛细管是暂存的，在原有不完善的结合点未松动之前是不能形成的。因此，只有在纤维表面吸附一定水分之后，微毛细管的凝结作用才有可能比较明显地显示。当然，表面吸附作用和微毛细管凝聚作用也可以同时发生。至于哪种作用占优势，除毛细管孔径外，还与周围的水蒸气压力有关。水蒸气压力较低或毛细管孔径较大时，吸附作用有可能占优势；若水蒸气压力较高或毛细管孔径较小,凝结作用有可能占优势。

通常将表面吸附水和微毛细管凝结水,统称为吸湿水。木材的吸湿水量与温度和空气的相对湿度有关,温度越高,空气的相对湿度越低,木材的吸湿水量就越少。在一定温度条件下,当空气的相对湿度为 100％时,纤维材料的吸湿水量所能达到的最高值,称为纤维饱和点。木纤维各化学成分的吸湿性能不同,半纤维素的吸湿性能最强,木素最弱,纤维素居中。未经处理的纤维板,其吸湿性能与木材相差不多。湿法硬质纤维板的纤维饱和点为 17％～20％,经热处理后可降低到14％～15％,如施加酚醛树脂增强剂,则其纤维饱和点还可降低。干法生产的纤维板,特别是中密度纤维板其纤维饱和点,由于其密度低和纤维自身的吸湿能力高等,所以要比湿法硬质纤维板的纤维饱和点高得多。

当纤维细胞壁中的吸湿水达到纤维饱和点时,纤维板就不能再从空气中吸收水分。然而,如果将纤维板浸入水中,它将继续吸水,填充纤维的细胞腔和纤维之间的孔隙。纤维板浸水后的吸水原因有二:一是毛细作用;二是渗透作用。

毛细作用。液体与固体表面接触时,固体和液体的分子之间有相互作用力,而且这种作用力具有一定的作用半径。在靠近固体表面,厚度等于上述作用半径的一层液体,称为附着层。在固体分子引力作用下,附着层内液体的密度与附着层以外的液体密度不同。纤维板中拥有大量半径大于 5×10^{-7} cm 的毛细管。如上所述,液体水是能够润湿固体纤维毛细管的。水与纤维毛细管接触时,在木纤维的引力作用下,增加了附着层内水分子的密度,并使作用在附着层液面上的一层液体的斥力大于引力,结果是水沿着管壁上升,管内液面呈凹形。此时,由于水的表面张力作用,管内液面里侧的压强小于外侧的压强,即毛细管上升现象致使水沿着管壁上升。管内液面上升高度与毛细管半径成反比,即半径越小,液面升得越高。以表面张力与木纤维相结合的毛细水,虽然不影响纤维的体积膨胀,但是由于纤维板中拥有大量的毛细管,能够吸收大量的毛细水,所以显著地提高了纤维板的吸水率。

渗透作用。纤维板浸水后会出现上述渗透现象。细胞壁上的纹孔膜相当于半透膜。纹孔膜只允许水溶液通过,不允许纤维中的水溶物质进出。纤维中不少水溶物的浓度在纤维细胞壁的内外是不一致的,这个浓度差就是纤维渗透吸水的原因。纤维中的水溶物质越多,细胞壁内外的水溶物浓度差越大,渗透作用就越明显,纤维中的渗透水就越多。渗透水能够使纤维轻微变形。

2)防水机理及措施

(1)防水机理。

根据吸湿、吸水原因,纤维板中的水分可分为表面吸附水、微毛细管凝结水、毛细水和渗透水。其中表面吸附水是引起纤维板尺寸变化和变形的主要因素。因此,要从根本上解决吸水变形问题,关键在于减少纤维板的吸附水,即降低纤维表面的吸附作用。为此,必须减少存在于纤维表面和纤维素无定形区的游离羟基数量和降低纤维表面的负电荷。凡属能够减少纤维的游离羟基或降低纤维表面负电荷的防水措施,均称为持久性防水措施。反之,凡不能减少纤维的游离羟基或降低纤维表面负电荷的防水措施,都称为暂时性防水措施。

为了提高纤维板的耐水性能,生产中采用的主要措施是施加防水剂,对于湿法硬质纤维板还可通过施加酚醛树脂胶黏剂和纤维板进行热处理等。

施加防水剂。施加防水剂是目前人造板生产中应用最广泛的一种防水措施,其实质就是将石蜡、松香等憎水物质附着在纤维表面上。纤维表面吸附着憎水物质之所以防水,主要是因为它能部分地堵塞纤维之间的孔隙,截断水分传递渠道和缩小水与纤维的接触面。由于憎水物质与纤维表面的附着力很弱,在变化无常的大气条件下,憎水物质的颗粒或薄膜容易龟裂或脱落。因此,施加防水剂属于暂时性防水措施。当然,分散在纤维表面上的憎水物质也可能部分地遮盖游离羟基,因此降低纤维表面的吸附能力,但这绝不是主要防水原因。通常憎水类物质均属弱界面物质,它在提高板材防水性的同时也减弱了纤维之间的结合力,若施加过多势必影响板材的结合强度。

施加合成树脂。这种防水方法是将热固性合成树脂胶黏剂施加在纤维表面上。与施加防水剂的不同点是分散在纤维表面上的热固性树脂的活性官能团(如羟甲基、羟基),在热压时能与纤维表面上的游离羟基形成化学键和氢键,降低纤维表面的吸附能力。所以,施加合成树脂胶黏剂属于持久性防水措施。由于纤维表面形成大量氢键,部分纤维之间的孔隙受堵,水分传递渠道被截,所以也降低了凝结、毛细管和渗透吸水作用。这种方法成本较高,主要用于提高纤维板强度,施加酚醛树脂的湿法纤维板主要是提高其湿强度。

纤维板热处理。纤维板经过热处理可以获得一定程度的持久耐水性能。这是因为在热处理过程中,纤维素无定形区和纤维表面上的部分游离羟基形成氢键或钝化。热处理法的效果虽不及施加合成树脂胶黏剂,但方法简单、成本低、无污染,而且它是目前使用的几种防水措施中,唯一能够降低纤维细胞壁内部表面吸附水的方法。

在湿法纤维板生产中,硫酸铝主要用做防水乳液的沉淀剂。生产实践表明,单独施加硫酸铝也可降低纤维板的吸水率,这是因为硫酸铝能够降低纤维表面的负电荷,减少表面吸附能力。其他铝盐,如氯化铝等也有类似的作用。

油是憎水物质,能形成耐水薄膜以覆盖纤维表面和堵塞毛细管。干性油具有不饱和键和极性官能团,与纤维的结合力较强,薄膜本身又有一定强度,因此,浸油处理既能增加纤维板的耐水性能,又能提高纤维表面强度。

(2)防水措施。

纤维板生产使用的防水剂种类很多,应用最广的是石蜡乳液、松香乳液、石蜡-松香乳液和石蜡。

①直接施蜡。

在纤维板生产中,除采用乳液施蜡外,也有采用直接施蜡工艺,特别是干法纤维板生产普遍采用直接施蜡技术。直接施蜡是将石蜡直接施加到纤维上。湿法纤维板生产采用直接施蜡的目的是解决因废水回用而给乳液施蜡工艺带来的"酸性施蜡"难题,废水大量回用时浆料 pH 明显下降,使施蜡效果受到影响。

直接施蜡的方法很多,如将固体蜡块直接加入木片料仓或与木料一起投入削片机,或将熔融石蜡液喷洒在湿板坯表面上,而常用方法是将熔融石蜡滴入热磨机的进料口。最佳方法是将熔融石蜡由高压泵从热磨机运输螺旋处进入磨室体,施蜡量还可利用运输螺旋的转速进行定量控制,这是目前干法纤维板生产普遍采用的石蜡方法。

湿法纤维板生产实践表明,采用直接施蜡工艺时,成形和热压过程的石蜡流失量减少,纤维板的石蜡留着率提高,板材的防水性能达到要求。但是,对纤维板耐水持久性的研究表明,直接施蜡的纤维板耐水的持久性不如乳液施蜡的纤维板。为了保证直接施蜡的防水效果,也应注意浆料温度要低,并且必须施加沉淀剂硫酸铝。

石蜡是饱和烃,属非极性物质,化学性能稳定。仅在热作用下石蜡与纤维表面各组分之间不可能发生化学反应。它们之间的附着力只能是分子间的引力,属于范德华引力范畴。分子间的引力与距离的六次方成反比,所以为了提高石蜡与纤维之间的附着力,必须尽量缩短石蜡与纤维分子之间的距离。

热磨过程为缩短石蜡与纤维之间的距离创造了条件。磨室内的高温可降低石蜡内聚力,提高其流展性,增加渗透力等。高压(磨浆压力)使石蜡与纤维之间的距离有可能缩小到形成范德华引力所需的范围。

干法纤维板施蜡工艺是在蒸煮后的木片上直接喷施石蜡液体的方法。首先将石蜡加热熔化过滤后,用柱塞泵经保温的管道送到热磨机磨盘进料口,并借助部分蒸汽动力将石蜡喷洒在木片上。附着石蜡的木片进入磨室后,在两磨盘的挤压和揉搓下,使石蜡均匀地与纤维混合在一起。正常情况下熔化石蜡在 60℃保温,保持输送管道畅通。石蜡加入量为绝干纤维重量的 1%～1.5%。当超过 2.5%时就会影响纤维间的胶合强度。

②乳化施蜡。

乳化施蜡是将施蜡乳化后,将乳化剂和胶黏剂等调配均匀或者直接将乳化剂单独施加到纤维表面上。

2.纤维施胶原理

干法纤维板生产，由于干燥后纤维含水率低、塑性差，仅靠温度和压力作用，不能像湿法工艺那样通过水、热和压力作用使纤维自胶合成板，必须借助胶黏剂的胶合作用才能使纤维结合成板，因此施胶是干法工艺的重要工序之一。

干法纤维板的施胶工艺有两种：一种是纤维干燥后采用高速搅拌机进行施胶，另一种是湿纤维在进入干燥机前的输送管道中施胶，称为管道施胶。

拌胶机施胶是将干燥后的纤维在高速搅拌机中施胶。拌胶工艺的缺点是胶液与纤维混合时很难搅拌均匀，不可避免地存在胶滴，易形成胶团，致使板面产生胶斑而影响板面质量，而且因干燥后纤维含水率过低（3％～5％），必须采用燃气式高温闪击式干燥，干燥机进口温度高达315℃，着火概率大。优点是胶黏剂不受干燥的高温影响，无胶黏剂因干燥而产生的预固化问题，施胶量低。

管道施胶干燥后纤维含水率在9％～11％，则干燥温度可降低到150～170℃，可以使用蒸汽作热源加热空气，干燥机着火概率降低。管道施胶具有施胶均匀、板面无胶斑缺陷，干燥介质温度较低、最终纤维含水率较高，着火概率小，施胶工艺流程简化等优点。因而国内的中密度纤维板生产线几乎都采用这种工艺路线。

管道施胶是先将一定量的脲醛树脂等胶黏剂按比例加入固化剂、氨水、水等搅拌均匀，然后经2.5MPa压力的齿轮泵，将胶液由管道输送至热磨机排料阀后面，再经特制孔径为3mm左右的喷嘴喷入管道内与纤维混合。为提高施胶均匀性，胶液在进入喷嘴前由分配器分成三路或多路后与喷嘴相连接，喷嘴沿管壁呈120°错开分布，喷嘴装在带夹套冷却水的管道内，用以冷却胶枪防止胶黏剂凝固，堵塞喷嘴，其原理如图6-30所示。为了防止胶液凝固，也有将固化剂和胶液分开，固化剂由单独的喷嘴施加。施胶纤维利用磨室排出的部分蒸汽输送至干燥管道中喷放，经过扩散和在紊流状态高速气流的剧烈搅动作用下，胶雾与高度分散的纤维相遇，均匀地附着于纤维表面上。

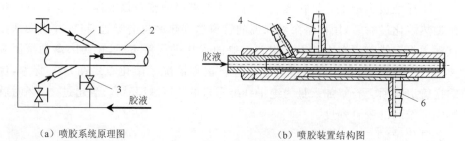

　　（a）喷胶系统原理图　　　　　　　　　　（b）喷胶装置结构图

图6-30　管道施胶装置原理结构图

1.喷胶装置；2.施胶管；3.调节阀；4.压缩空气管；5.冷却水进口；6.冷却水出口

也有将胶液和石蜡液体借助压缩空气将其雾化，分别喷入热磨机排料管道中，直接喷洒在处于高速悬浮分散状态的纤维上,但要求必须合理地控制气流速度,否则会使胶液和纤维混合不够均匀,出现胶斑。

一般施胶量为绝干纤维重量的 8%～12%(干胶)。管道施胶工艺的缺点是,由于胶液的扩散损失、胶黏剂因高温作用而产生预固化,导致施胶量高,耗胶量增加 5%～10%,施胶量比拌胶工艺高 1%～2%。热压制板时预固化层厚,致使砂光量大。但设备简化,可节省投资和维修费用。

为了降低施胶量,可将管道施胶和高速搅拌机施胶配合使用。胶液分两段施加,管道施胶施加一部分胶液,干燥后再利用高速拌胶机施加另一部分。这样既可采用相对较低的干燥温度,又减少了因高温干燥造成的胶液浪费。

由于纤维的比表面积大,为使板材达到一定的性能要求,其施胶量与单板和刨花相比施胶量高。纤维形态好、均匀,施胶量可适当降低。施胶方法不同施胶量也不同,图 6-31 为细小纤维分别采用管道施胶和拌胶施胶方法时其施胶量的变化情况。由图 6-31 可知,纤维细小,施胶量增加;在相同纤维分离度条件下,管道施胶方法的施胶量大于拌胶方法的施加量。

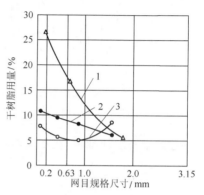

图 6-31　纤维形态和施胶方法对施
胶量的影响

1. 细小纤维；2. 管道施胶；3. 拌胶

为了提高板材的物理力学性能,可以采用提高施胶量的方法,但胶黏剂所占成本高,通常采用提高板材密度的方法更有效。图 6-32 是三种不同密度的多层结构中密度纤维板,其施胶量、密度与板材静曲强度和内结合强度的关系。由此可见,提高板材的密度,施胶量可相应地降低。多层结构的板材其表层施胶量可略高于芯层,如表层施胶量为 10%～12%,芯层施胶量为 8%～12%。

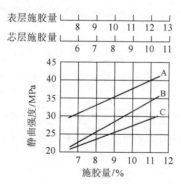
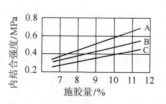

图 6-32　施胶量对不同密度中密度纤维板强度的影响

A、B、C 密度分别为 0.680g/cm³、0.625g/cm³、0.585g/cm³

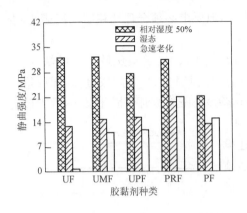

图 6-33　不同环境条件下胶黏剂种类
与中密度纤维板静曲强度的关系

板材的使用环境和性能要求与所施加的胶黏剂种类有关。这是因为胶黏剂的种类不同，其胶合性能不同，特别是耐环境老化性能差异很大。例如，普通脲醛树脂属于Ⅱ类非耐水胶种，适用于室内环境条件下；三聚氰胺-尿素共缩合树脂耐水性优于脲醛树脂，但长期耐老化性能不如酚醛树脂，适于制造防潮与准耐水板种；三聚氰胺树脂、酚醛树脂、间苯二酚树脂和异氰酸酯树脂属于Ⅰ类防水胶种，适于制造室外级防水板种。图 6-33 为使用不同种类胶黏剂制造的中密度纤维板，在不同环境条件下，其静曲强度对比情况。

3.胶黏剂调配工艺要求

调胶工艺是指根据工艺要求，把各种所需胶液原料送入调胶罐按比例混合调制成可以直接施用的胶液。调好的胶液需有较高的胶合强度，以及耐水、耐久、耐老化性能，在胶合过程中能达到较快的固化速度、提高生产效率，同时要具有较好的操作性能，具有一定活性期，一般调制后的胶液可使用的时间达到 3～4h。因此，调胶部分主要解决各调胶组分的制备质量、配比精度、混合均匀度及所形成的胶液固体含量、胶液形态和活性期等关键问题。调胶设备一般包括原料储罐、计量罐（计量体积或重量）、混合罐、储胶罐、检测与控制元件及执行元件等。调制好的胶液最后存在储胶罐，供施胶时使用。目前胶料多使用脲醛树脂胶。

目前，生产中/高密度纤维板使用的胶黏剂有脲醛树脂、三聚氰胺改性脲醛树脂、酚醛树脂和异氰酸酯树脂等。胶黏剂种类的确定必须根据树脂的胶合性能、产品的用途和成本等综合考虑。

室内使用的中/高密度纤维板，如用于家具、家用电器、地板基材和建筑内部装修材料等，最常用的胶黏剂是脲醛树脂。因为脲醛树脂的胶合性能好、成本低、颜色浅（乳白色）、能够满足室内使用的耐水要求。

中/高密度纤维板生产使用的脲醛树脂是尿素与甲醛在催化剂作用下，发生化学反应形成的。它具有较高的胶合强度和耐冷水性能，耐热水性能较差（临界温度 70～80℃），耐化学药剂的侵蚀。

1）调胶原理

以脲醛树脂为例，根据脲醛树脂的固化原理，树脂交联缩聚固化时（热压成板）要恢复树脂进行缩聚反应时的条件：缩聚反应所需温度由热压机提供保障，为解决芯层胶固化问题,应采用表芯层分别施胶,使芯层胶液的固化速度高于表层;树脂缩聚反应所需 pH 通过加固化剂恢复酸性条件,固化剂有氯化铵、硫酸铵、磷酸铵等,酸性盐与甲醛反应释放出酸使树脂 pH 降低,氯化铵本身 pH 在 5.6~5.8。

调胶的目的是使胶液的固化性能满足制板工艺要求。因此,固化剂的施加还必须考虑纤维原料本身的 pH 缓冲量问题,当纤维原料本身 pH 较低时,应减少固化剂的用量,反之应增加固化剂的用量。另外,还要考虑热压温度和气候变化的影响问题,热压温度高或夏季气温高时,应减少固化剂的用量,反之,热压温度低或冬季气温低时,应增大固化剂用量。

纤维的比表面积非常大,为提高纤维施胶的均匀性,干法纤维板生产用胶黏剂的黏度不能过高,否则会影响胶液的雾化分散效果。同时在调胶时加入适量的水可以增加胶液相对比例,有利于施胶均匀,并且加入水后还可相对降低胶液的黏度,有利于胶液雾化分散。干法纤维板生产所用脲醛树脂,通常不脱水,固体含量在 50% 左右,原胶液黏度(25℃)为 0.03~0.05Pa·s。

采用管道施胶时,胶在干燥时易产生预固化,因此应在调胶时加入缓冲性固化剂(如 NH_4OH),或者使用复合固化剂。

脲醛树脂的老化特性是不耐热、耐水性差,热压固化时若过度固化交联,再在高温作用下则会产生降解,致使胶合强度下降,严重时造成胶合失效(黄芯,软芯)。因此,对于高密度板材生产,在施胶后生产过程和板材进一步加工过程中应当注意:夏季高温季节不能热堆放;强制降温(通风)、减少板堆高度;二次贴面时,要凉板而绝不能热堆放;不能无限制地使用固化剂;在能保证产品性能的前提下,不使胶黏剂过度固化。

纤维热压时,板坯传热效率低、表心层胶液固化速度不同步,调胶后胶液固化速度一般控制在 90~120s。

由于干法纤维板生产多为单层结构,在使用多层压机时,板预固化层控制是直接影响生产成本和生产效能的重要工艺问题。预固化层的形成原因:表层胶液在压实之前固化,进一步压缩致使胶合点破坏,造成表层结构疏松,即预固化层产生;表层纤维含水率过低,纤维塑性低,弹性大不易压实,致使结构疏松产生松软层;压机闭合速度慢,板坯下表面直接接触压板受热,而板坯上面受热辐射作用致使水分蒸发,导致表层含水率降低,纤维弹性增加而压不实。预固化层结构松软,必须砂掉,若预固化层厚,则砂光量大,原材料损失大,生产成本高。

干法纤维板生产调胶原理与刨花板等基本相同,其不同点是,被胶合单元纤维的比表面积大、传热效率低、施胶纤维需经高温干燥,为保证施胶均匀性和胶黏剂在热压过程中的胶合效能,调配后胶液的理化性能不同。

2）原料要求

（1）胶黏剂的要求。

目前，我国中/高密度纤维板生产采用的脲醛树脂胶，甲醛与尿素的摩尔分数为 1.5～1.2，尿素分批加入。反应温度控制在 75～95℃，反应液的 pH 为碱-酸-碱工艺，树脂终点的控制是当反应液黏度达到 0.2Pa·s 时。树脂生产周期为 3.5～4.0h，其技术指标见表 6-10。

表 6-10　中密度纤维板用脲醛树脂胶黏剂性能指标

项目名称	指标	项目名称	指标
外观	乳白色液体	游离甲醛含量/%	≤0.3
pH	7.0～7.5	活性期/h	≥24(25℃)
固体含量/%	50±1	水溶性	3～4 倍(20℃蒸馏水)
黏度/(Pa·s)	(25±5)×10⁻³	密度/(g/cm³)	1.20±0.05(20℃)
固化速度/s	90～120(100℃)		

另一类为脲醛-三聚氰胺树脂，是由尿素、甲醛、三聚氰胺、硫酸铵等为原料，在低温（70℃）下调制而成的。当胶浓度为 50% 时，其黏度为 0.5Pa·s。它与一般脲醛树脂的不同之处在于：在胶黏剂调制中不发生聚合反应，而是在施胶后的热压过程中一次聚合而成，因此又称为"现场"型胶黏剂。胶中三聚氰胺的存在不仅使胶液具有较好的渗透性和较低的热塑温度，而且使胶具有广泛的树脂适应性，使中/高密度纤维板的材质有较好的稳定性和坚硬性。

室内防潮型和室外型中/高密度纤维板，使用的胶黏剂为酚醛树脂或异氰酸酯树脂等。其原因是这些树脂的胶合强度高，耐水性能好。

用于中/高密度纤维板生产的胶黏剂，首先应能适应干法制造工艺，与纤维有很好的结合性能，原料来源丰富，价格便宜。除此之外，还应具备：

①一定的固化速度。当温度在 165℃ 或更高时，其固化时间不超过 1min。

②酸碱度应随纤维的酸度而定。因为热压时，pH 对胶黏剂的固化速度具有较大的影响，一般 pH 为 7～8。

③与其他添加剂如防水剂、防火剂、防腐剂等有较好的混溶性。

④黏度大小直接影响着施胶量、胶液分布的均匀性、胶液的流动性和渗透性。生产中/高密度纤维板的胶黏剂不同于刨花板、胶合板生产用胶。这主要是因为纤维比刨花、单板具有更大的比表面积。为使纤维板具有足够的结合强度，胶黏剂必须充分地覆盖纤维表面。为此，胶黏剂应具有低黏度和较高的渗透性。一般要求黏度低于 0.5Pa·s。

⑤中/高密度纤维板生产用的胶黏剂固含量为 55%～60%，这是对中/高密度纤维板生产用胶黏剂的最基本要求，但是使用不脱水胶，固体含量低于此标准。

（2）固化剂的要求。

当使用脲醛树脂胶时，为了提高缩聚反应速度，缩短固化时间，使树脂能达到一定胶合强度，一般使用前应在树脂中加入固化剂。脲醛树脂胶的固化剂有酸和酸性盐两类。酸有草酸、磷酸、柠檬酸等；酸性盐有氯化铵、硫酸铵、盐酸苯胺、氯化锌等。这些固化剂的性质不同，效果不一，使用时应依脲醛树脂的理化性能、气温条件、热压工艺等确定合适的施加量。目前，国内外广泛使用的固化剂是氯化铵（NH_4Cl），一般施加量为 $0.5\% \sim 1.5\%$（固体氯化铵与固体树脂之比）。

6.4.2　纤维施胶方法

施胶过程主要是将调好后的胶液按比例与物料（纤维）混合，形成达到工艺要求的施胶纤维。施胶部分主要解决物料计量、胶液输送、胶液计量控制和施入方式等问题。在干法纤维板生产中，施胶有多种方法，按施胶的先后顺序，分为纤维干燥前施胶和干燥后施胶；按方式不同可分为搅拌机施胶和管道施胶。目前，国内多采用纤维干燥前管道施胶的方法，即采用纤维先施胶后干燥的生产工艺。

目前干法纤维板生产主要采用管道施胶和机械拌胶方法进行施胶。

1.热磨机施胶

在干法中密度纤维板生产中，施加胶黏剂有多种方法。不同的施加方法有各自的特点，且有相应的适用范围或局限性。在木片进行纤维分离时，从热磨机的带式螺旋与磨室体间加入（图 6-34）胶黏剂。这是较早采用的施胶方法，虽然能达到纤维与胶料均匀混合的目的，但由于高温会引起部分胶料的提前固化，所以一般仅限于酚醛树脂的施加。现在很少采用这种方法。

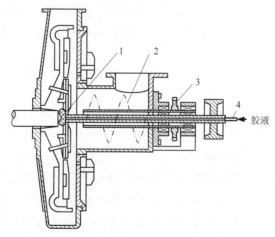

图 6-34　高速磨浆机中施胶示意图
1.混胶室；2.纤维入口；3.进料螺旋驱动链轮；4.胶入口

2.拌胶机施胶

先将热磨后得到的纤维干燥,然后在高速搅拌机中施加胶黏剂,这种施胶方法称为拌胶机施胶,可准确控制施胶量。由于不会产生胶黏剂干燥时的预固化现象,所以施胶量相对节省。但是若胶黏剂浓度低、黏度小,则易使纤维含水率过高,增加热压工艺的难度;反之,胶液浓度高、黏度增大,则难以渗透,由于纤维蓬松易结团,从而导致胶黏剂分布不均,板坯铺装不匀,板材密度、厚度的稳定性受到影响,并且还会产生板面的胶斑、胶块等外观缺陷。纤维拌胶机的原理如图 6-35 所示。

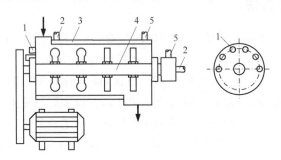

图 6-35 纤维拌胶机原理图

1. 喷胶管;2. 冷却水入口;3. 夹套;4. 空心轴;

5. 冷却水出口

拌胶机直径 812mm,长 2438mm,筒内装搅拌器(转速为 600r/min,电动机为 75kW)。沿着侧壁半圆有 6~8 个均匀分布的喷胶嘴。外壁圆筒为夹套式,搅拌轴为空心,它们分别通冷水,冷却水使拌胶机始终处于 5~10℃的低温状态下工作(一般约为 7℃)。纤维进入拌胶机的入口温度约 75℃,出口温度为 30~50℃,这样可保证在拌胶过程中不易产生黏胶现象,使纤维与胶液混合均匀。由于冷却水与热纤维的热交换作用,在拌胶机内壁形成水膜,从而防止内壁和搅拌轴黏胶,大约 10 天清洗一次即可。

3.管道施胶

管道施胶是目前干法纤维板生产使用的主要方法。经计量装置计量的胶液由胶泵送至喷胶嘴,再由喷胶嘴喷到热磨纤维喷放管中的纤维上,胶液与湿纤维靠气流扰动作用达到均匀施胶的目的。

管道施胶是为克服机械拌胶易产生胶斑缺陷而开发的纤维施胶方法,也是目前普遍采用系统一种纤维施胶方法。管道施胶系统原理如图 6-36 所示。

目前,国内外中/高密度纤维板生产基本上都采用先施胶后干燥的方法(图 6-37)。胶黏剂通过施胶泵送入热磨机与干燥机之间的施胶管组。纤维借助热磨机内高压蒸汽快速喷出,处于分散悬浮状态,施胶喷嘴以高于管道内汽压 0.1~

0.2MPa 的压力喷出雾状胶液,从而使胶黏剂与纤维得到充分均匀的混合。此方法通过施胶管组中分配管上的压力继电器设定压力范围,若实际压力小于设定值,则各分管上的气动球阀依次自动关闭,直到达到设定压力值;反之,若实际压力大于设定值,则各分管上的气动球阀依次自动打开卸压,直到达到设定压力值。这样就可保证喷出的胶液成雾状,以使胶黏剂与纤维得到充分均匀的混合。

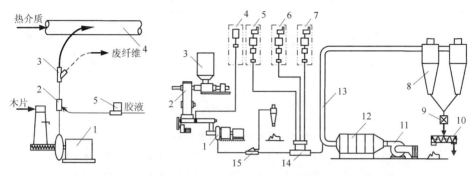

图 6-36　管道施胶系统原理图

1. 热磨机;2. 施胶管;3. 分料器;

4. 干燥管道;5. 胶泵

图 6-37　纤维先施胶后干燥工艺流程图

1. 热磨机;2. 蒸煮缸;3. 木片仓;4. 石蜡;5. 固化剂;6. 氨水;7. 胶黏剂;8. 施分分离器;9. 旋转阀;10. 防火螺旋;11. 风机;12. 热交换器;13. 干燥管道;14. 施胶管道;15. 分料阀

采用纤维先施胶后干燥工艺,不需要设备复杂的拌胶机,能简化工艺流程;施胶设备简单,费用低,操作维修方便;纤维干燥后的含水率(9%～13%)比先干燥后施胶纤维的含水率(3%～6%)要高,节省能源,也减少了干燥过程着火的可能性;施胶均匀,产品表面不会出现胶斑等缺陷。但是此方法也存在少量胶黏剂提前固化的可能性,施胶量相对较高。

4. 联合施胶

虽然管道施胶方法有效地解决了易产生胶斑的问题,并且工艺简单,但同时带来施胶量高的问题。为了解决这一问题,将管道施胶与机械拌胶有机结合使用,先采用管道施胶施加一部分胶液,经气流干燥后,再采用拌胶机施加剩余部分胶液。管道施胶与拌胶联合施胶方法,既可克服拌胶的胶斑问题,又有效地降低了施胶量,见图 6-38。

联合施胶工艺,即表层纤维采用先施胶后干燥工艺,芯层纤维采用先干燥后施胶工艺。表层纤维施加高温固化的胶黏剂,芯层纤维施加低温固化的胶黏剂。这样,尽管热压时表芯层温度不同,但表芯层的胶黏剂可同时固化,大大缩短了热压周期。

我国学者对联合施胶工艺进行了试验性研究,其试验结果见表 6-11。

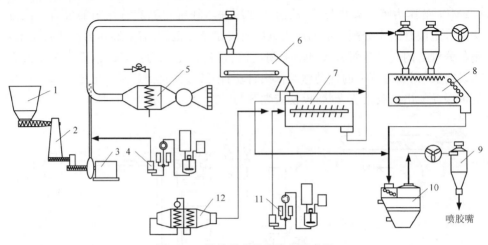

图 6-38 纤维联合施胶流程示意图

1. 木片；2. 预热缸；3. 热磨机；4,11. 调胶施胶系统；5. 干燥机；6. 纤维计量装置；

7. 纤维机械混合；8. 纤维料仓；9. 旋风分离器；10. 纤维分选器；12. 热能回收机

表 6-11 总施胶为 8.5% 时不同比例施胶对产品质的影响

施胶比例		不同施胶量的板面胶斑状况			不同施胶量的内结合强度/MPa		
管道	拌胶机	8.5%	9.5%	11%	8.5%	9.5%	11%
0	100	非常明显	—	—	0.61	—	—
25	75	明显	—	—	0.58	—	—
35	65	轻微	轻微	明显	0.58	0.65	0.67
45	55	基本消失	基本消失	轻微	0.57	0.65	0.65
55	45	消失	消失	基本消失	0.55	0.60	0.63
65	35	消失	消失	基本消失	0.49	0.57	0.60

研究表明,随着管道施胶比例的增加,产品表面胶斑减少,平面抗拉强度下降,胶黏剂用量增加。在管道施胶比例达到 45%～55% 时,胶斑现象基本消失。

6.4.3 纤维施胶系统控制

1.计量方法

干法纤维板生产纤维施胶量计量和控制原理与刨花相同。纤维计量采用皮带秤称量施胶干燥后纤维的瞬时流量,或者利用热磨机垂直预热缸下部的运输螺旋的转速间接计量木片(相当于纤维)瞬时流量,胶液计量由胶液流量计控制胶泵输出量确定,纤维与胶液施胶比通过施胶比控制器(多采用 PC)进行控制。

皮带秤的计量精度受纤维含水率波动影响,特别是在刚开机时纤维含水率波动较大。热磨机垂直预热缸下部进料螺旋的转速受木片大小和密度影响大。通常两者联合使用,正常稳定生产时使用皮带秤控制施胶比,在刚开机时或者当皮带秤出现故障时使用运输螺旋的转速计量。

施胶控制系统原理如图 6-39 所示。为了达到最佳和精确的纤维施胶比例,施胶量应根据热磨机纤维的排出量和含水率的变化,进行自动调整,全部由计算机控制。在输胶管道上装有电磁流量计,胶液经过一个交变磁场,产生一感应电动信号,此信号经转换器转换进入流量计显示控制装置中。该装置由显示仪和调节器组成,从显示仪上可直接读出胶液的流量。进入调节器的电流信号,与来自皮带秤(或者来自热磨机进料螺旋转速传感器的电流信号和木片的含水率信号)的电流信号和施胶干燥后纤维含水率电流信号,经调节中心运算后,输

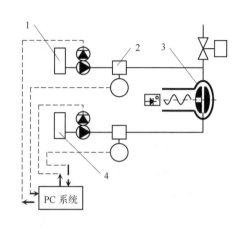

图 6-39　施胶系统控制原理
1. 胶液;2. 电磁流量计;3. 热磨机;4. 石蜡

出一个信号,此信号经计算机触发可控硅操作器控制施胶泵电动机转速,从而达到施胶量随热磨纤维流量的变化而得到相应的调整。

2. 施胶控制

1)调胶控制

调胶原料,通常包括原胶、固化剂、缓冲剂、水和其他助剂。原胶如 E1 级中密度纤维板(MDF)和高密度纤维板(HDF)用 NQ-22 脲醛树脂胶黏剂的性能指标:固体含量 50%～53%,pH 为 8.5～9.0,黏度(25℃)0.03～0.05Pa·s,游离甲醛含量(4℃)≤0.1%,固化时间 60～90s,适用期>6h,密度 1.2g/cm³,贮存期(20℃)>30d。固化剂多用氯化铵、硫酸铵等强酸弱碱盐,也可根据需要配成复合固化体系。缓冲剂多用氨水、六亚甲基四胺、三乙醇胺、尿素等,氨水在常温下显碱性,可延长胶液的使用期,高温氨水挥发后可提高胶液固化速度,尿素除了具有延缓胶黏剂固化作用之外,还可吸收部分游离甲醛。水主要用于稀释胶液,降低胶液黏度,并具有增量作用。助剂主要有防霉、防腐、阻燃和染色剂,根据具体需要选择施加。

调胶工艺通常是将原胶由胶泵打入调胶罐,胶液计量可采用称量(调胶罐上装有重量传感器),也可采用体积计量(使用流量计或液位计),开动搅拌。然后依次加入水、石蜡乳液、固化剂等,这些组分的计量与胶液的计量相同。搅拌均匀后,放入缓冲罐,然后再经液位计量器和计量胶泵送至喷胶嘴。

改进的调胶工艺是将固化剂单独施加,即固化剂不与胶液直接混合,而是由单独的固化剂计量泵送至喷胶嘴前,通过管道混合器与胶液混合后进入喷胶嘴,或者不与胶液混合而直接由单独的喷嘴喷施加到管道中与纤维混合。这种改进有效地解决了因间歇调胶,两次调配胶液的相对分子质量增长时间不同,致使胶液的适用期和固化速度产生周期式波动,从而导致板材胶合性能波动,并且有效地缓解了喷胶嘴堵塞问题。特别是夏季高温导致的胶液性能周期式波动尤为显著。目前,干法纤维板生产,防水剂普遍采用直接施蜡技术,即将石蜡熔化后由高压泵直接送入热磨机运输螺旋处,再由运输螺旋将液态石蜡和软化木片送入磨室内混合分散,很少使用石蜡乳液,即使使用石蜡乳液也多采用单独系统,通过计量泵由单独的喷嘴直接喷放到纤维上,典型的调胶工艺如图6-40所示。根据相似相容的原则,缓冲剂和其他助剂首先和水进行混合,然后再和原胶进行混合,以保证混合均匀。为防止胶液中因为固化剂的加入而致使胶液的活性期过短,固化剂则先配制成20%的溶液,然后单独喷入纤维表面。

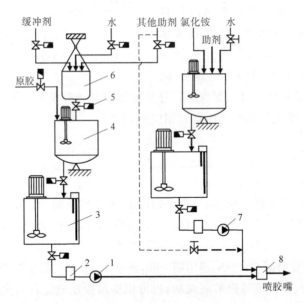

图 6-40　调胶工艺示意图
1.胶泵;2.过滤器;3.胶液缓冲罐;4.混合罐;5.电动控制阀;6.称量罐;
7.固化剂泵;8.静态混合器

2)施胶量控制

在中/高密度纤维板生产中,胶黏剂的施加量直接影响产品的质量和成本,施胶量的高低以固体胶量与绝干纤维量的百分比来表示。通常情况下,中/高密度纤维板生产的静曲强度、内结合强度随施胶量增加而增加;吸水率和吸水厚度膨胀率随施胶量增加而降低(表6-12)。

表 6-12 施胶量对中密度纤维板性能的影响

项目名称	参数及结果			
施胶量/%	6	8	10	12
密度/(g/cm³)	0.73	0.74	0.73	0.74
静曲强度/MPa	17.3	25.7	32.5	35.8
内结合强度/MPa	0.29	0.60	0.75	0.77
吸水率/%	36.5	18.6	17.7	16.5
吸水厚度膨胀率/%	20.3	9.3	8.1	7.1

由表 6-12 可见,纤维板强度提高、耐水性的改善,并非随施胶量的增加而呈直线比例提高,其中施胶量在 6%～8% 时,产品的物理力学性能提高显著;而施胶量在 8%～10% 时,产品性能指标的变化较小。这是因为施胶量增至一定程度后,胶量的增加仅能提高胶层的厚度,对纤维之间的胶合影响不大,故产品性能提高幅度较小。通常中/高密度纤维板的施胶量以 8%～12%(固体树脂对绝干纤维之比)为宜,但这个施胶量范围还应根据具体情况来调整。例如,生产多层结构板时,表层纤维施胶量略高于芯层,通常表层为 10%～12%,芯层为 8%～10%;原料中半纤维素、木素含量较高的树种配比较大时,施胶量可适当减少;纤维质量均匀、形态好,施胶量也可降低;产品使用环境不同,施胶量也应有所变化,若使用环境湿度较大,为防止产品变形,保持足够的强度和耐水性,则施胶量应适当增加。

上述施胶量是指固体树脂对绝干纤维之比,但实际生产时所使用的胶黏剂是液体状,即液体胶黏剂内有一定的固体树脂,故应将纤维的施胶量按照胶黏剂的浓度不同换算成液体胶黏剂施加量。液体胶黏剂施胶量计算公式为

$$G = \frac{W \times P}{m} \tag{6-6}$$

式中,G ——液体胶黏剂施加量,kg;

W ——绝干纤维质量,kg;

P ——施胶量(固体树脂与绝干纤维之比),%;

m ——液体胶黏剂中的固体树脂含量,%。

施胶的目的是使胶黏剂按一定的比例均匀地分布在纤维表面上。如果纤维和胶黏剂的比例不适当,会将严重影响纤维板的质量。

目前,国内外中/高密度纤维板生产中,纤维的计量有的通过电子秤连续对纤维称量,也有通过热磨机带式螺旋运输机转速的转换来计量纤维量。在采用电子秤的情况下,由于纤维堆积密度较小(22～25kg/m³),而皮带机本身质量较大(一般在 1200kg 左右),加之周围其他设备的振动和风速对其影响,其显示的量与实际量误差难以控制,所以国内绝大多数厂家采用通过热磨机带式螺旋运输机的转速

来转换成纤维质量，包括进口生产线。而此方法最大缺点是当原材料种类改变（原材料密度不同）会引起计量误差；胶液的计量有体积计量和质量计量，由于胶黏剂的密度比较稳定，所以上述两种计量精度相差不多。

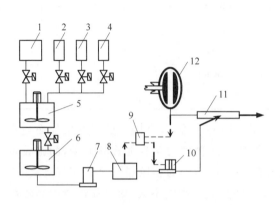

图 6-41　　纤维施胶系统原理图

1～4. 原胶、固化剂、防水剂及其他添加剂定量筒；
5. 胶液混合箱；6. 胶液缓存箱；7. 过滤器；8. 计量系统；
9. 计算机；10. 输胶泵；11. 施胶管；12. 热磨机

一般调施胶的工作原理如图 6-41 所示，原胶、水、固化剂、添加剂等原料按照设定的配方比例，分别加入调胶罐里进行搅拌，搅拌均匀后送入储胶罐，为后序的施胶过程准备胶液。调好的胶液通过施胶泵经喷嘴喷洒到纤维上，然后进行干燥。

施胶阶段的任务就是按照工艺参数要求控制纤维与施加胶液的比例，使胶液均匀地分布在纤维上。早期，主要由技术人员凭经验来不断调节胶的施加量，把尽可能少的胶尽量均匀地分布在纤维上。有的把胶量与纤维量按比例固定，不在生产过程中进行动态调节，这种方式使纤维的施胶均匀性波动很大，影响产品质量。目前，国内施胶控制部分主要采用 PID 控制，常规的 PID 自动控制系统存在着时变及惯性滞后现象，且只适用于单输入单输出的定值系统，无法解决多输入多输出、非线性、时滞和惯性滞后等诸多问题，因此常规 PID 控制很难满足施胶控制系统的要求。现在使用的较先进的方法是通过不断检测纤维的出量来动态地调节施胶量。

3. 国内外调施胶技术的应用现状

中密度纤维板（MDF）在我国起步较晚，1982 年我国在株洲利用国产设备建成第一条年产 7000m³ 的中密度纤维板生产线。20 世纪 80 年代中后期，福建福州、北京光华、天津福津、上海人造板厂、黑龙江南岔和广东三星等厂家分别从美国华盛顿铁工厂、瑞典桑斯公司、德国 Siempelkamp 公司等引进了中密度纤维板生产设备。

近年来，我国中密度纤维板生产的发展突飞猛进，生产能力快速增长，已成为全球生产第一大国，年平均增长速度高达 46%。虽然我国在中密度纤维板生产上发展很快，但在技术上仍处于比较落后的地位。目前我国一些大型企业引进的设备仅相当于国外 20 世纪 80～90 年代的水平，而国内生产的设备计量不准确、工作可靠性差，只有国外 20 世纪 70 年代的水平。我国在产品的加工精度、自动化水平和生产过程中对纤维板质量的自动检测、显示和控制技术方面同国外都有较大差距。同时由于我国在生产工艺和调施胶控制等方面的不足,使我国生产的中密度纤维板的质量与发达国家相比也存在差距。近年来,随着国内 MDF 调施胶技术的改造和发展,我国已将很多先进的控制技术如模糊控制、集散控制、组态控制等应用到调施胶系统当中,使我国对 MDF 调施胶技术的研究有了更进一步的发展。

国外人造板先进的调施胶技术,以意大利 IMAL、芬兰 Metso、德国 Schenck 公司等为代表,其调施胶工艺和设备先进,调施胶控制系统已经采用 PLC 和工业计算机网络控制。采用高精度称重和液位传感器控制化学组分,并依据施胶配方控制配比,计量准确;采用单、双闭环控制系统,电子皮带秤称重(失重计量),较精确地实现了对原料按比例定量施胶,提高了胶量和物料的计量精度和施胶均匀度,施胶量稳定,节省用胶量,满足不同原料、不同生产工艺的要求,为提高纤维板的质量(达到 E1 级欧洲标准)和生产效益而提供技术保证。

图 6-42 所示为上海人造板机器厂有限公司开发的新的纤维施胶控制系统。该系统控制原理是:根据热磨机带式螺旋转速进行转换计算纤维量,失重计量桶单位时间胶量流失信号输入控制器(PLC),与控制器中事先设置的热磨机带式螺旋转速与施胶量的线性进行比较,输出一个信号,此信号经控制器触发可控硅控制器控制施胶泵电机转速,从而达到施胶量随热磨机带式螺旋转速的变化而得到相应的调整。该系统两个失重计量桶交替使用,既能直观地显示瞬间的施胶量,又可直观地显示累计施胶量,并且可通过操作台直接打印出来。其工作原理是:调胶桶、过滤器和气动控制阀 3 在高位,胶黏剂通过自重流向失重计量桶,向施胶泵供胶。系统设定失重计量桶内胶量的上、下限,当其中失重计量桶 4 内胶量达到下限时,气动控制阀 8 自动切换到另一个失重计量桶 7,并继续施胶泵供胶,同时气动控制阀 3 切换到给失重计量桶 4 供胶。需特别注意的是,气动控制阀 3 通径,要保证其通过流量大于施胶泵的流量,这样才能满足一个失重计量桶中胶黏剂使用完了,另一个失重计量桶已灌满。

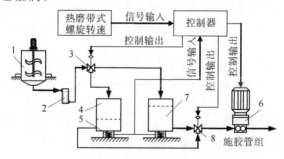

图 6-42 纤维施胶控制系统

1. 调胶混合箱;2. 过滤器;3,8. 气动控制阀;4,7. 胶液计量筒;5. 称重传感器;6. 输胶泵

参 考 文 献

陈志林. 2009. 美国阻燃人造板研究现状与应用[J]. 中国人造板,(4)：6-10.

东北林学院. 1981a. 胶合板制造学[M]. 北京：中国林业出版社.

东北林学院. 1981b. 刨花板制造学[M]. 北京：中国林业出版社.

东北林学院. 1981c. 纤维板制造学[M]. 北京：中国林业出版社.

科尔曼ＦＰＰ,等. 1984. 木材与木材工艺学原理(人造板部分)[M]. 北京：中国林业出版社.

顾继友,胡英成,朱丽滨,等. 2009. 人造板生产技术与应用[M]. 北京：化学工业出版社.

顾继友,李道安,苗连春. 1991a. 石蜡乳液制备工艺研究[J]. 东北林业大学学报,(6)：61-66.

顾继友. 1991a. 浅析干法中密度纤维板施胶工艺与产品质量的关系[J]. 建筑人造板,(3)：
　　13-14.

顾继友. 1991b. 试析石蜡乳化技术[J]. 建筑人造板,(2)：15-17.

顾继友. 1994. 刨花板生产物料流量计算与控制[J]. 林产工业,21(2)：23-25.

胡景娟,程瑞香. 2008. 杨木胶合板阻燃处理工艺及燃烧性能[J]. 木材加工机械,(2)：14-18.

黄玉亭,陆懋圣,王高峰,等. 1996. 中密度纤维板管道与搅拌联合施胶新工艺的试验研究[J].
　　林产工业,23(5)：18-21.

贾晋民,张容怀,曾和山,等. 2001. 失重流量计及其电脑施胶自动控制系统[J]. 林产工业,
　　28(2)：40-41.

金桂林,王德. 1997. 中密度纤维板管道施胶工艺[J]. 木材工业,11(3)：32.

李绍昆,刘翔. 2008. 中密度纤维板生产的纤维施胶[J]. 中国人造板,(2)：20-23.

刘艳新,赵传山,韩玲. 2004. 影响石蜡乳化的因素[J]. 造纸化学品,(4)：30-36.

南京林产工业学院. 1981. 木材干燥[M]. 北京：中国林业出版社.

潘启立,赵生贵,邢利君. 1998. 刨花板用胶生产工艺的改进[J]. 林业科技,23(4)：43-45.

孙玉泉,彭力争,张根成,等. 2011. 人造板阻燃技术与评价方法[J]. 中国人造板,(12)：1-5.

王永强. 2003. 阻燃材料及应用技术[M]. 北京：化学工业出版社.

向仕龙,李赐生. 2010. 木材加工与应用技术进展[M]. 北京：科学出版社.

徐咏兰. 2002. 中高密度纤维板制造与应用[M]. 长春：吉林科学技术出版社.

赵临五,王春鹏. 2003. 木材工业用胶粘剂的现状及发展趋势[J]. 全国人造板工业科技发展研
　　讨会：1-11.

中国林科院木材工业研究所. 1981. 人造板生产手册(上、下册)[M]. 北京：中国林业出版社.

中国林学会木材工业学会论文集(1). 1988. 新技术革命对木材工业影响的展望[M]. 林产工业
　　编辑部.

中国林学会木材工业学会论文集(2). 1988. 刨花板应用技术[M]. 北京：林产工业编辑部.

周定国. 2011. 人造板工艺学[M]. 北京：中国林业出版社.

朱正贤. 1992. 木材干燥[M]. 2版. 北京：中国林业出版社.

祖海燕,陈雪梅,张怡卓. 2007. 中密度纤维板调施胶技术的应用和发展趋势[J]. 木工机床,
　　(2)：11-13.

Berge A，Mellegard B. 1997. Formaldehyde emission from particleboard-a new method for determsination[J]. Forest Products,29 (1)：21-25.

Ernst Hs W,等. 石蜡类型及含量对华夫板性能的影响(第 24 届国际刨花板与复合材料研讨会会议录)：40-45.

Ustaomer D，Usta M，Hiziroglu S. 2008. Effect of boron treatment on surface characteristics of medium density fiberboard (MDF)[J]. Journal of Materials Processing Technology,(199)：440-444.

Gorge E M. 1984. How mole ratio of UF resin affects formaldehyde emission and other properties：a literature critique[J]. Forest Products,34 (5)：35-41.

Masahiko O，Bunichiro T，Hse C. 1995. Curing Property and plywood adhesive performance of resoltype phenol-urea -formaldehyde cocondensed resins[J]. Holzforsehung，(49)：87-91.

Laufenberg T，Ayrilmis N，White R. 2006. Fire and bending properties of blockboard with fire retardant treated veneers[J]. Holzals Roh und Werkstoff,(64)：137-143.